ISO 45001 해설을 중심으로 한

안전보건 관리시스템 3판

ISO 45001 해설을 중심으로 한

안전보건 관리시스템 3판

OCCUPATIONAL SAFETY & HEALTH MANAGEMENT SYSTEM

정진우 지음

교문사

중대재해처벌법은 안전보건관리시스템(안전보건관리체계, 안전보건관리체제)을 원래의 취지와 달리 '예방'이 아니라 '처벌'을 위한 수단으로 뒤바꿔 놓았다

안전보건관리시스템의 본질과 성격을 제대로 이해하지 못한 채 처벌에만 급급한 나머지 어이없는 촌극이 빚어지고 말았다. 그 결과, 우리 사회에서 안전보건관리시스템은 겉멋 부리는 도구로 전락하고 있다.

정부는 안전보건관리시스템의 상당 부분을 중대재해처벌법에 어설프고 왜곡된 형태로 강제화하면서 안전보건관리시스템을 형식화하는 데 핵심 역할을 하였다. 산업안전보건공단은 안전보건관리시스템에 대한 이해 부족과 조직이기주의로 KOSHA-MS라는 부실한 인증 제도를 운영하면서 안전보건관리시스템을 망가뜨리고 있다. ISO 45001 인정기관(한국인정지원센터)과 인증기관들은 산업안전보건에 대한 전문성도 없이 ISO 45001 인증을 다분히 장삿속으로 접근하고 있다.

정부, 산업안전보건공단, 인정·인증기관 관계자 모두 ISO 45001 요구사항(requirement)을 이해하기는커녕 제대로 한 번도 읽어보지 않은 사람이 대다수라는 점은 부정할 수 없는 엄연한 현실이다. ISO 45001의 내용에 대한 기본적인 지식조차 갖추고 있지 않은 자들이 정책수립·집행, 인증, 컨설팅을 하고 있는 것이다. 가히 선무당이 사람 잡는 형국이라고 할 수 있다. 안전보건관리시스템의 발전에 기여하기보다는 안전보건관리시스템의 발전을 저해하고, 나아가 안전보건관리 전체를 뒤틀리게 하고 있다. 아이러니가 아닐 수 없고 안타깝기 그지없다.

이 책은 우리나라에서 잘못 이해되고 있거나 제대로 이해되지 못하고 있는 안전보건관리시스템 국제규격인 ISO 45001에 대한 올바르고 구체적인 이해를 위해 저술되었다. 모든 제도가 그러하듯이, 안전보건관리시스템 역시 취지와 위상, 원리, 기초를 체계적으로 학습하는 것이 그것의 올바른 운영과 적용을 위해 필수불가결하다는 생각이 이 책의 가장 큰 저술 동기이다.

이번 판에서는 ISO 45001의 자매규격으로 2023년에 제정된 ISO 45002(Occupational health and safety management systems — General guidelines for the implementation of ISO 45001:2018)와 2024년에 제정된 ISO 45004(Occupational health and safety management — Guidelines on performance evaluation)의 중요한 사항을 새롭게 반영하는 것을 포함하여 책의 내용을 전체적으로 보필(補筆)하였다. 그리고 독자들의 안전보건관리시스템에 대한 깊이 있는 이해를 돕기 위해 '참고' 형태로 해당되는 부분에 추가하였고, 안전보건관리시스템이 우리나라 현실에서 어떻게 작동되고 있는지에 대해 생생하게 이해할 수 있도록 필자가 최근에 관련된 주제로 일간지와 전문지에 투고한 '칼럼'을 다수 추가하였다. 또한 책의 내용 중 어렵거나 거친 표현을 이해하기 쉽고 올바른 표현으로 바꾸거나 다듬었다.

이 책은 초판 저술 당시(2021년 7월) 우리나라에서 ISO 45001에 대한 해설서로 유일한 책이었는데 아직도 유일하기는 마찬가지다. 그래서인지 책을 더욱 충실한 내용으로 발전시켜 새로운 개정판을 하루라도 빨리 내놓아야겠다는 사명감이 들게 되었다. 이 지점에서 필자가 몸담고 있는 우리나라 안전학계의 전반적인 지적 태만과 무능을 지적하지 않을 수 없다. 안전의 메가트렌드인 안전보건관리시스템에 대해서도 별다른 관심이 없고 자신들이 당연히 알고 있어야 하는 영역으로 인식조차 하지 못하고 있다. 그렇다 보니 우리나라에서 안전보건관리시스템에 관한 또 다른 책이 저술되는 것은 기대난망일 것 같다.

이번 개정판이 나오기까지는 많은 사람의 도움이 있었다. 세종사이버대학교 산업안전공학과 최재광 교수와 서울교통공사 이세형 부장은 이 책의 원고를 꼼꼼하게 읽고 오탈자와 어색하거나 잘못된 표현을 바로잡아 주었다. 그리고 방대한 개정내용을 탁월한 솜씨로 정확하고 멋지게 편집해 준 교문사 윤정선 과장님께도 감사의 말씀을 전한다. 학문적으로 내조해 주고 있는 아내에게도 항상 감사하는 마음이다.

2025년 4월

공릉동 연구실에서 북한산 인수봉을 바라보며

정 진 우

우리나라에서 안전보건관리(경영)시스템(Occupational Safety and Health Management System)은 어떤 의미가 있는가?

정부를 포함한 많은 사람들은 안전보건관리시스템을 말하면 ISO 45001 인증 또는 KOSHA-MS 인증을 떠올린다. 대단히 잘못된 생각이다. 그런데 아직까지도 안전보건 분야에서 오래전부터 지배해 온 '안전보건관리시스템 = 인증'이라는 도그마가 맹위를 떨치고 있다. 우리나라 안전보건의 수준을 적나라하게 드러내는 부끄러운 현실이다.

이에 대한 책임을 묻는다면, 정부, 산업안전보건공단, 인증기관, 기업, 학계 모두에게 책임이 있다. 그중에서도 산업안전보건정책을 수립하고 집행하는 위치에 있는 정부와 산업안전보건공단에 가장 큰 책임이 있다고 할 수 있다. 그간 안전보건관리시스템의 내실화를 위한 여건을 조성하지 않고 올바른 방향으로 지도하지 못하였기 때문이다. 기업들이 많은 비용을 들이면서 안전보건관리시스템 인증을 받고 있는데 실질적인 안전은 제자리걸음을 하거나 뒷걸음질을 치고 있는 현실을 보노라면 답답한 마음 금할 길 없다.

ISO 45001을 이미 인증받고 있는 기업에서 KOSHA-MS를 추가 인증받다 보니 안전보건관리시스템 매뉴얼이 다른 내용으로 두 개 병존하는 혼란이 발생하고 있는 것도 큰 문제이다. 공공기관인 산업안전보건공단의 KOSHA-MS 인증이 산업안전보건 수준 향상에 오히려 걸림돌이 되고 있는 것이다. 전형적인 공급자 위주의 행정이라고 할 수 있다.

안전보건관리시스템을 둘러싼 이러한 고질적인 문제는 학계를 포함한 각계의 안전보건관계자들이 안전보건관리시스템의 기초와 본질을 제대로 이해하지 못하고 있는 데에서도 연유한다. 안전보건관리시스템에 대한 이러한 부정확한 이해는 급기야 자율규제 수단인 안전보건관리시스템을 부정확한 내용과 방식으로 강제화하는 중대재해처벌법 제정으로 이어지고 말았다.

이러한 점을 감안하여 본서는 애당초 안전보건관리시스템의 원리, 취지, 위상, 도입배경 등과 같은 안전보건관리시스템의 기초와 본질에 해당하는 사항을 상세하게 설명하는 데 역점을 두었다. 특히, 이번 개정판에서는 안전보건관리시스템을 이론적으로 해설하는 국내 최초이자 유일한 책으로서 안전보건관리시스템론의 기본서로서의 역할을 충실히 할 수 있도록 정비하였다. 그리고 책의 내용이 다소 어렵다는 지적이 있어 전체적으로 좀 더 이해하기 쉬운 표현으로 다듬었다.

바라건대, 독자들이 본서를 통해 안전보건관리시스템에 대해 피상적인 수준이 아니라 심도 있게 학습하고 이해하는 수준까지 나아가길 간절히 바란다. 이를 통해 안전보건관리시스템을 속도가 다소 느리더라도 실질적으로 작동시키려는 진정성과 전문성을 가진 기업이 많이 나왔으면 한다.

이번 개정판에서는 책의 가독성에 관한 아내의 예리한 코멘트가 많은 도움이 되었다. 사회학자로서 필자의 안전학 연구에 여러모로 통찰력을 주고 있는 아내에게 이 자리를 빌려 고마움을 표한다. 개정판을 정성 들여 깔끔하게 편집해 준 교문사 편집부에게도 감사의 마음을 전한다.

2023년 1월

정 진 우

우리나라에선 안전보건관리(경영)시스템(Occupational Safety and Health Management System)은 곧 인증이라는 생각이 팽배하다

정부(고용노동부)에서는 자율규제로서의 안전보건관리시스템을 자신의 일이 아니고 인증기관의 일이라고 생각하면서 손을 놓고 있다. 기업에서는 인증 자체를 목적으로 삼고, 인증기관에서는 다분히 비즈니스 차원에서만 접근하고 있다.

그러다 보니 우리나라에서는 안전보건관리시스템이 서류작업으로만 그치고 사업장의 안전보건관리에 실질적으로는 도움을 주지 못하고 있는 실정이다. 게다가 정부, 인증기관, 기업 모두 국제적으로 유명한 ISO 45001을 비롯한 안전보건관리시스템 규격의 원리, 취지뿐만 아니라 요구사항의 의미를 제대로 이해하고 있지 못한 것이 엄연한 사실이다. 아니 정확히 말하면 이해하려고도 하지 않는 것 같다.

ISO 45001의 국내 대응규격인 KS Q ISO 45001:2018만 하더라도 번역 자체에 조잡한 부분이 적지 않아 내용을 이해하기 어렵게 만들고 있고, 산업안전보건공단 인증기준인 KOSHA-MS 18001은 ISO 45001을 충실하게 반영하고 있지 못할 뿐만 아니라 해설자료조차 없는 상태이다. 이러한 것도 기업들로 하여금 인증에만 매몰되게 하는 한 원인을 제공하고 있다.

안전보건관리시스템을 인증으로만 접근하면 인증에 관심이 있는 기업만이 안전보건관리시스템과 관련 있는 것으로 생각하게 되고, 나머지 대부분의 기업은 안전보건관리시스템이 자신과 무관하다는 생각을 하게 된다.

그 결과, 안전보건관리시스템이 인증만을 기준으로 전부 아니면 아무것도 아닌(all or nothing) 것으로 받아들여지고 있다.

심지어는 제대로 된 준비가 안 되어 있는 중소기업 등에 대해서도 인증이라는 실적 위주로 접근하다 보니, 인증 받을 여건이 전혀 되어 있지 않은데도 무리하게 인증이 이루어져 안전보건관리시스템이 더더욱 형식화되고 있는 실정이다.

문제는 형식적으로 인증을 받게 되면 종업원들에게 "안전보건이라는 것은 문서와 실제가 다른 것이다", "문서는 겉치레로만 존재하는 것이다"라는 냉소적인 생각을 하게 만든다는 점이다. 이런 식이라면 국제기준으로 메가트렌드가 되고 있는 ISO 45001 역시 현장에서는 빛 좋은 개살구에 지나지 않을 것이다.

이처럼 안전보건관리시스템이 형식적으로 운영되고 있는 것은 기업의 잘못만은 아니다. 향도 역할을 해야 할 정부 등 공공기관뿐만 아니라, 이론적 기반을 제공해야 할 학계에서 안전보건관리시스템을 체계적이고 실질적으로 이해시키거나 확산시키려는 노력이 사실상 전혀 없었던 것도 큰 원인으로 작용했을 것이다.

이 책은 이런 점에 착안하여 기업이 ISO 45001의 원리와 본질을 이해할 수 있도록 그것의 등장배경, 취지, 각 조문의 내용 등을 구체적으로 설명하고자 하였다. 그리고 필자가 고용노동부 국제협력담당관으로 근무하면서 공식적 및 비공식적으로 입수한 자료를 통해 ISO 45001 제정과정, 특히 ILO의 입장을 생생하게 반영하였다.

안전보건관리시스템을 국제규격에 따라 종합적으로 설명하는 이론서로는 이 책이 국내에서 최초이지 않을까 싶다. ISO 45001이 제정된 지 3년이나 지난 지금에서야 국내에 안전보건관리시스템 해설서가 나오게 되었다는 것은 안전보건학계 입장에서는 자랑스러운 일이기보다는 부끄러운 일이라고 할 수 있다.

이 책은 총 4장과 부록으로 구성되어 있다. 1장은 ISO 45001이 제정된 경위와 배경을 자세하게 고찰하고 다른 안전보건관리시스템과 비교분석하는 한편, ISO 45001의 사회적 수요와 중요성을 포함하여 ISO 45001의 위상과 특징을 설명하였다. 그리고 중소기업에서 ISO 45001에 접근하는 방법과 이를 활용하는 방법을 제시하였다. 추가적으로 규격 요구사항과 인증제도의 개요와 동향을 소개하였다.

2장에서는 조직에서 ISO 45001을 도입하여 실행할 때의 포인트를 핵심적인 개념과 유의해야 할 사항을 중심으로 고찰하고자 하였다.

3장에서는 ISO 45001이 ISO 9001, ISO 14001 등 다른 ISO 관리시스템 규격과 공통되는 부분과 차이 나는 부분에 대해 구체적으로 다루었다.

4장은 ISO 45001의 각 규격 요구사항의 제정의도와 그 의미를 축조식으로 상세하게 해설하였다. 조문별로 ISO 45001 부속서(안내지침)의 해당 내용을 덧붙여 소개하는 한편 OHSAS 18001과의 비교설명도 하였다.

부록에서는 안전보건관리시스템을 둘러싼 국제적 트렌드를 파악할 수 있도록 선진외국의 안전보건관리시스템 규격 또는 지침의 개요와 영국, 미국, 일본의 안전보건관리시스템에 관한 대표적인 자료를 소개하였다.

이 책은 원래 주로 대학원생과 학부 고학년생을 위한 교재로 사용할 의도로 집필이 시작되었지만, 본격적으로 집필하면서 기업과 전문기관에서 안전보건실무에 종사하고 있는 분들로 독자를 넓히는 게 좋겠다고 생각을 바꾸게 되었다. 안전보건관리시스템을 체계적이고 깊이 있게 학습하고자 하는 기업 및 공공기관의 안전보건관계자, 안전보건컨설턴트 및 연구자들에게도 유익한 자료가 될 수 있을 것으로 기대한다.

아무쪼록 이 책이 우리나라에서 다분히 형해화되어 있고 잘못 이해되고 있는 안전보건관리시스템에 대해 많은 사람들로 하여금 올바르게 이해할 수 있도록 함으로써 안전보건관리시스템이 기업 현장에서 실질적이고 내실 있게 구축되고 운영되는 데 다소나마 일조했으면 하는 바람 간절하다.

이 책이 나오기까지는 많은 분들의 도움이 있었다. 먼저, 참신한 아이디어와 날카로운 지적으로 학문적으로 필자를 든든하게 뒷바라지해 주고 있는 아내한테 고마움을 전한다. 이번에도 아내의 희생과 학문적 내조가 없었다면 이 책이 나오기 어려웠을 것이다. 그리고 세종사이버대학교 산업안전공학과 최재광 교수는 이번에도 이 책의 원고 전체를 정독하면서 어색하거나 이해하기 어려운 표현과 오탈자 등을 꼼꼼하게 짚어주었다. 앞으로도 학문에 대한 열정과 진지한 자세가 지속되기를 바란다. 마지막으로, 투박했던 책의 전체 구성을 멋지게 디자인해 준 교문사 편집부에도 감사드린다.

2021년 6월
북한산 인수봉이 보이는 연구실에서
정 진 우

CONTENTS

1장
ISO 45001:2018의 발행과 그 활용

2장
ISO 45001 도입 및 실행 시 포인트

3장

다른 ISO 관리시스템 규격과의 비교

4장

ISO 45001:2018 요구사항 해설

부록

1장

ISO 45001: 2018의 발행과 그 활용

1. ISO 45001의 제정 배경

1) ISO와 규격

ISO(International Organization for Standardization: 국제표준화기구)[1]가 안전보건관리시스템(Occupational Health and Safety Management System = Occupational Safety and Health Management System, 이하 'OHSMS'라 한다)[2), 3)] 규격에 대하여 최초로 논의한 것은 1994년 호주 골드코스트(Gold Coast)에서 개최된 ISO/TC(Technical Committee: 기술위원회) 제2회 총회이다. 환경관리시스템 규격 논의에서, 규격에 반영할 내용의 경계선 또는 범위를 어디에 둘 것인지를 둘러싸고 논의가 있었다. 환경관리시스템도 OHSMS도 독극물, 유기용제, 소음, 폐기물 등의 관리를 커버하고 있어, 환경과 산업안전보건의 구별이 확실하지는 않다고 생각되었기 때문이다. 조직 밖에 대해서는 환경관리시스템이고, 조직 안에 대해서는 OHSMS라는 것이 당시의 대체적인 이해방식이었다.

ISO/TMB(Technical Management Board: 기술관리평의회)는 캐나다로부터 제안을 받아 1995년에 산업안전보건 임시검토그룹의 설치를 결정하였

---

1) 영어의 명칭을 그대로 줄이면 IOS가 되지만, ISO라고 표기하고 있는 것은 그리스어의 'isos(동일한)'를 채용하였기 때문이다.

2) Occupational Health and Safety Management System(OHSMS)와 Occupational Safety and Health Management System(OSHMS)은 동일한 의미이고, ILO에서는 Occupational Safety and Health Management System의 표현을 사용하고 있지만, 이 책에서는 ILO의 표현을 인용하는 경우를 제외하고는 ISO의 공식 표기에 따라 Occupational Health and Safety Management System의 표현을 사용하기로 한다.

3) OHSMS는 우리나라에서 '안전보건경영시스템', '안전보건경영체제', '안전보건관리시스템', '안전보건관리체제', '안전보건경영체계' 등 다양한 용어로 번역되고 있다. OHSMS가 '안전보건관리'의 효과적인 수단인 점, 즉 OHSMS의 '안전보건관리'와의 유기적 연계성을 고려하면 이 용어에 '경영'이라는 표현보다는 '관리'라는 표현을 사용하는 것이 바람직하다고 생각한다. 따라서 이 책에서는 OHSMS의 번역어로 '안전보건관리시스템'이라는 용어를 사용하기로 한다. 엄밀하게는 '안전보건관리시스템' 앞에 'occupational'의 번역어에 해당하는 '산업 또는 직업'이라는 수식어를 붙여야 하지만, 편의상 이를 붙이지 않기로 한다.

다. 이 그룹은 1995년부터 1996년에 걸쳐 총 3회의 회의를 열고 OHSMS의 향후 방향에 대해 협의하였다. 1996년에 제네바에서 각국의 이해관계자가 모여 워크숍을 개최하였는데, 이 워크숍에는 각국의 관심이 많아 44개국 6개 국제기관으로부터 약 400명의 전문가가 모였다. 2일간에 걸친 OHSMS의 ISO 규격화에는 찬반양론이 있었는데, 찬성 33%, 반대 43%의 결과가 되어 ISO는 이 안건을 시기상조로 보고 보류하였다.

ISO는 2000년부터 산업안전보건의 국제규격화를 시도하였지만, OHSMS에 대한 국제규격의 제정을 둘러싸고 ILO(International Labour Organization: 국제노동기구)와 활동영역에 대해 대립하게 됨에 따라 뚜렷한 진전은 없었다.

ILO는 제1차 세계대전 직후인 1919년 창설된 세계 근로자의 노동조건과 생활수준의 개선을 목적으로 하는 UN 최초의 전문기관이자 근로자의 권리를 수호하는 국제기구로서 오랫동안 활약해 왔다. 본부는 스위스의 제네바에 있고, 가맹국은 187개국(2020년 12월 기준)이다. 제1차 세계대전 직후 당시의 큰 정치문제가 되고 있었던 것은 사회 활동가에 의한 국제적인 근로자 보호를 호소하는 운동, 무역경쟁의 공평성 유지, 각국의 노동조합 운동, 러시아혁명의 영향 등이었는데, 국제적으로 협조하여 근로자의 권리를 보호하는 것이 중요하다고 생각되어 설립되었다. 이 때문에 ILO의 목적은 사회정의를 기초로 하는 세계의 항구적인 평화를 확립하는 데 있다. 이를 위해 ILO는 기본적 인권의 확립, 노동조건의 개선, 생활수준의 향상, 경제적·사회적 안정의 증진을 조직의 목적으로 내걸고 있다.

ILO는 세계적인 규모로 다양한 활동을 하고 있는데, 그중에서도 협약, 권고의 제정은 가장 중요하고 오래된 것으로 평가된다. 이들 협약, 권고를 총칭하여 ILS(International Labour Standards: 국제노동기준)라고 부르고 있는데, 2020년 12월 시점에서 협약은 190개, 권고는 206개에 이른다. ILS 중 협약은 ILO 총회에 설치된 위원회에서 2회 심의되고 본회의에서의 투표절차를 통해 채택된다. 단, 가맹국은 비준을 함으로써 비로소 당해 협약의 구속을 받는다. 협약마다 발효조건이 명기되어 있는데, 통상 2개국 이상의 비준에 의해 발효된다.

한편, ISO는 IEC(International Electrotechnicial Commission: 국제전기표준회의)[4]와 동일한 이념, 즉 세계의 소비자에게 질 좋고 안전한 제품을 공급하고 소비자가 안심하고 사용할 수 있도록 국제적으로 통용되는 규격, 표준을 개발하고 보급한다는 이념을 내걸고 1947년에 설립된 국제기관[ISO는 ILO와 달리 UN의 조직이 아니라 각국의 지원을 받는 독립적인 NGO(Non Governmental Organization)]이다.[5] 본부는 역시 스위스 제네바에 있고, 가맹국은 165개국(2020년 12월 기준)이다. 정관에는 다음 사항이 목적으로 열거되어 있다.

- 국제표준은 영리가 아니라 합의와 평등한 투표제에 의해 제정되어야 한다는 이해하에 국제표준의 궁극적인 권위를 각국 표준에 뿌리내리게 한다.
- 각국에서의 표준화활동의 정보교환에 간단하고 시스템적인 방법을 제공함으로써 표준화에 대한 국제적인 이해를 얻을 수 있는 폭넓은 활동을 전개한다.

제품의 성질, 성능, 안전성, 치수, 시험방법 등이 나라에 따라 다르면 무역에 지장을 초래하기 때문에, 이것들에 관한 규격을 국제적으로 표준화

4) 전기, 전자, 통신, 원자력 등의 분야에서 각국의 규격·표준의 조정을 행하는 국제기관으로서, 1906년에 설립되어 1947년 이후는 ISO의 전기·전자 부문을 담당하고 있다(위키백과 참조).

5) 오늘날 ISO로 알려진 기구는 1926년에 ISA(International Federation of the National Standardizing Associations)라는 이름으로 시작하였다. 제2차 세계대전 기간 중인 1942년에 활동이 멈추었고, 전쟁 후에 UNSCC(United Nations Standards Coordinating Committee)에 의해 새로운 세계 표준화 기구의 형성이 제안되었다. 1946년 10월 ISA와 UNSCC의 25개국 대표들은 런던에서 모임을 갖고 새로운 표준화 기구를 창설하기 위해 하나가 되기로 동의하고, 1947년 2월에 운영을 시작하였다(위키백과 참조).

하여 제정하고 있다. ISO가 제정한 국제규격은 ISO 규격이라고 불리며, 우리에게 익숙한 ISO 규격의 예로는 비상구의 픽토그램(pictogram), 신용카드의 사이즈, 신호기의 색, 필름의 감도 등이 있다.

ISO는 픽토그램, 제품 외에 관리시스템(management system)[6]의 국제규격도 제정하고 있고, ISO 9001(품질관리시스템), ISO 14001(환경관리시스템), ISO 27001(정보보안관리시스템)은 잘 알려져 있다.

ISO로부터 발행되고 있는 현재 유효한 국제규격은 약 2만 개이지만, 그 중 관리시스템 규격은 약 100개이다. ISO에서도 규격 제정기준(ISO/IEC Directives: ISO/IEC 전문업무용 지침)이 명확하게 제정되어 있고, 그것에는 전문위원회를 설치하고 가맹국으로부터 참가 멤버를 모집하며, 참가국의 투표로 규격의 성립, 불성립이 결정되는 절차 등이 규정되어 있다.

시스템 관점에서 본 안전보건관리시스템[7]

우리나라 안전보건 분야에서 시스템의 일종인 OHSMS를 시스템적 관점에서 제대로 이해하고 있는 사람이 얼마나 될까?

시스템이란, "어떤 특정한 목표를 가지고 이를 달성하기 위하여 상호 작용하는 여러 요소가 유기적으로 결합되어 구성된 집합체"라고 정의할 수 있다. 시스템은 지속성, 일관성, 통일성을 가진다. 일반적인 시스템의 공통적인 구성요소는 투입(input), 산출(output), 프로세스[process: 투입을 산출로 변환하는 상호 관련되거나 상호 작용하는 일련의 활동(ISO 45001 3.25)], 피드백(feedback) 등 4가지이다.

시스템은 이외에도 여러 특성이 있다. 첫째, 시스템은 목표가 있다. 시스템은 어떤 목표를 달성하기 위하여 관련 요소들이 유기적으로 결합한 것이므로 목표는 그 시스템의 존재 이유를 설명한다.

---

6) 우리나라에서 'management system'은 대체로 '관리시스템'보다는 '경영시스템'으로 번역되어 사용되고 있다.

7) 정진우, 안전저널, 2022. 9. 6.

둘째, 시스템은 분할 가능하다. 복잡하고 다양한 요소들이 함께 상호 작용하는 시스템의 경우, 여러 개의 간단하고 규모가 작은 시스템으로 분할할 수 있다. 이때 작은 시스템은 하위시스템으로 불리는데, 시스템은 여러 개의 하위시스템이 계층적으로 구성되어 있다.

셋째, 시스템은 통제되어야 한다. 시스템은 시간이 경과함에 따라 점차 그 기능이 쇠약해져 언젠가는 기능이 정지하게 되지만, 시스템이 존속하는 동안 본래의 기능을 수행하기 위해서는 피드백 등을 통한 통제가 필요하게 된다.

시스템적 접근(사고)이란, 시스템 개념을 이용하여 주어진 문제의 해결을 시도하는 과학적이고 문제 중심의 해결방법이라고 할 수 있다. 시스템을 구성하고 있는 요소와 그들 사이의 상호 작용을 고려하면서, 문제를 종합적인 관점에서 파악하고 해결하고자 하는 과학적인 접근이다.

직선적 사고(인과관계)가 아니라 상호 연관성을 보고, 정지된 스냅사진과 같은 단편이나 정적인 것이 아니라 변화의 과정을 중요시한다. 즉, 시스템적 접근은 전체의 입장에서 부분을 이해하고 상호 관련성을 추구하는 접근으로서, 전체는 부분의 합 이상의 의미가 있다는 관점을 취한다. 예컨대 소금(NaCl)은 나트륨과 염소의 화합물이지만, 이들을 분리하여 분석하면 거기에서는 소금의 특성을 확인할 수 없고, 원소의 조합과 실제 인간의 생명이 차이가 나는 것은 '전체는 부분의 합과 다르다'는 것을 극명하게 나타낸다. 이러한 사실이 시스템적 접근의 필요성을 뒷받침해 준다. 시스템적 접근에서는 개별 요소들이 모여 하나의 시스템을 이루면서 생기는 이러한 새로운(독특한) 속성으로서의 창발성 또는 개성도 불가결한 요소이다.

OHSMS는 주로 자연과학과 사회과학에서 발전된 이상의 시스템 이론에 기초하고 있다. 따라서 시스템에 대한 올바른 이해 없이는 OHSMS를 정확하게 이해하기는커녕 이해를 그르칠 수 있다. OHSMS 이전에 시스템에 대한 심도 있는 학습이 필요한 이유이다.

그런데 우리 사회에서는 시스템에 대한 충분한 이해 없이 OHSMS를 접근하는 경우가 흔하게 발견된다. 중대재해처벌법이 그 대표적인 예인데, 경영책임자 1인에게 산업안전보건에 대한 중한 책임을 물으면 OHSMS를 단기간에 쉽게 구축할 수 있다는 입장이다.

시스템적 사고에 따르면, 시스템 문제에 대해서는 구성원마다 책임의 정도 차이는 있지만 모든 계층과 부서의 구성원이 책임을 공유한다. 그 외에도 시스템적 사고에서 볼 때, 우리 사회에서 OHSMS를 오독하여 발생하고 있는 잘못된 사례가 적지 않다.

OHSMS의 구축·운영을 강한 형사처벌(중대재해처벌법)을 배경으로 그 인프라는 조성하지 않은 채 처벌 강도를 높이면서 밀어붙이기만 하는 것은 소모적이고 결국 피로감을 쌓이게 한다. 정부는 세게 밀수록 튕겨내는 반동도 크다는 시스템적 사고법칙을 간과하고 있다. 그저 강력하게 처벌하면 중대재해 문제가 쉽게 해결될 것이라는 생각에만 매몰된 나머지 정부의 거친 법정책이 문제를 악화시킨다는 사실을 보지 못하고 있다.

처음에는 상황이 호전된 것처럼 보이다가 시간이 지남에 따라 문제가 다시 나타나거나 더 심각한 문제가 발생할 수 있다. 근본적인 문제는 지속되거나 악화되고 있는데도, 엄벌과 같은 손쉬운 해결책을 채택하는 데 의존하고 그것에서 편안함을 느끼는 유혹에 빠지기 때문이다. 익숙한 해결책만 고집하고 그 강도를 높이는 것은 비(非)시스템적 사고가 지배하고 있다는 방증이다.

OHSMS는 오랜 기간의 지난한 노력을 통해 저 멀리서 찾아오는 것이다. 그런데 중대재해처벌법은 OHSMS를 단기간에 구축할 수 있다고 보았다. 단기 처방에 과도하게 의존하는 해결책은 효과가 없을 뿐만 아니라 시스템을 근본적으로 약화시키고 위험에 빠뜨릴 수 있다. 진정한 해결책이 되기 위해서는 시스템이 자신의 짐을 스스로 짊어지는 '역량'을 강화시켜야 한다는 것이 시스템적 사고이다.

오늘의 해결책이 내일의 문제를 야기할 수 있다. 문제를 시스템 이쪽에서 저쪽으로 옮겨 놓았을 뿐인 대책의 실상을 인지하지 못하는 경우가 많다. 이러한 문제는 OHSMS를 시스템적 사고로 접근하지 못하면 OHSMS에서도 얼마든지 발생할 수 있는 일이다. 산업안전보건 분야에서 선무당이 사람 잡는 일이 반복되고 있는 것 같아 안타깝기 짝이 없다. 제동이 걸릴 때도 되었건만 여전히 기대난망인가.

2) 각국의 OHSMS 규격 및 OHSAS 18001

영국을 비롯하여 약 10개국은 1996년 국제워크숍 후에 일찌감치 Occupational Health and Safety Management System(이하에서는 'OHSMS'로 약칭한다)에 관한 국가규격(가이드를 포함한다)을 제정하였는데, 이는 향후 OHSMS의 국제규격화의 주도권을 잡으려고 한 것이라고 생각된다. 초창기에 제정된 주요 국가규격(가이드를 포함한다)의 제정국가, 규격명 및 제정 연도는 표 1과 같다.

1998년 BSI(British Standard Institution: 영국규격협회)는 OHSMS 규격의 사적(私的) 제정을 각국에 호소하였다. 이것은 ILO가 산업안전보건은 ISO가 취급해서는 안 된다고 하면서 ISO의 OHSMS 국제규격화에 명확하게 반대하였기 때문이라고 알려져 있다. BSI의 호소에 호응한 조직은 약 30개 기관이었다. 이 그룹은 그 후 'OHSAS 프로젝트 그룹'이라고 불렸는데, OHSMS의 심사등록용 기준의 제정을 위한 협의를 시작으로 하여 1999년

●— 표 1. 주요 OHSMS 국가규격

국가	규격	제목
영국	BS 8800:1996	Guide to occupational health and safety management systems
네덜란드	Technical Report NPR 5001:1997	Guide to an occupational health and safety management system
덴마크	DS/INF 114:1996	Guide to occupational health and safety management systems
스페인	UNE 81900:1996	Prevention of Occupational Risks – General rules for implementation of Occupational Health and Safety Management Systems
이탈리아	UN 110616:1997	Major hazard process plants – safety management for the operation – fundamental criteria for the implementation
호주 및 뉴질랜드	AS/NZ 4804:1997	Occupational Health and Safety Management Systems – General guidelines on principles, systems and supporting techniques
일본	MOL Notification No. 53:1999	Guide to occupational safety and health management systems

4월에 OHSAS 18001[8)]을 제정하였다. 그 후 제정된 OHSAS 18002[9)]와 아울러 컨소시엄 규격 OHSAS 18001/18002라 불리게 되었다.

한편, ILO는 2001년 6월 이사회에서 Occupational Safety and Health Management Systems(Safety를 Health보다 먼저 표기, 이 경우는 'OSHMS'로 약칭한다)에 관한 가이드라인(ILO-OSH 2001)을 승인하였다. ILO는 "비(非)인증용 OHSMS 규격 작성에 대해 협력하고 싶다."는 것을 ISO에 제안했지만, 이번에는 ISO가 ILO와의 협동작업은 수용하기 어렵다고 거절하였다. 이 배경에는 1994년 이후 산업안전보건 규격의 국제규격화의 주도권을 두고는 ILO와 ISO 간 갈등이 계속되고 있었기 때문이다.

8) OHSAS 18001:2007, Occupational Health and Safety Management Systems Reguirements.

9) OHSAS 18002:2008, Occupational health and safety management systems — Guidelines for the implementation of OHSAS 18001:2007. OHSAS 18002는 OHSAS 18001 해설판에 해당하는 규격으로서 조직이 OHSAS를 수립, 이행 또는 개선하는 데 있어 일반적인 도움을 주기 위한 목적으로 제정되었다.

3) 사회적 수요

각국의 정부기관은 법적 규제 등을 통해 재해 감소의 노력을 계속하고 있지만, 여전히 사망, 심각한 질병 등 중대재해가 많은 근로자에게 발생되고 있다. ILO 조사에 의하면 매년 약 230만 명이 산업재해로 사망하고 있다. 산업재해는 일의적(一義的)으로는 법적 규제로 그 방지를 도모하여야 하지만, 강제적인 접근에 추가하여 자율적인 관리도 재해방지에 많은 효과가 있는 것으로 알려져 있다. 이 점은 영국의 로벤스(Robens) 경의 이름을 딴 '로벤스 보고서(Safety & Health at Work: Report of the Committee 1970-72)'에 자세히 설명되어 있다. 자율적 관리가 재해 예방에 효과적이라는 것은, 조직은 강제법규에 대해서는 그 규제를 최소한으로 적용하려는 경향이 있지만, 자율적 관리에 대해서는 조직의 실정을 고려하여 최대한으로 적용할 수 있다는 이론적 근거에 기초하고 있다.

관리시스템은 "방침, 목적 및 그 목적의 달성을 위한 프로세스를 수립하기 위한, 조직의 상호 관련되거나 상호 작용하는 일련의 요소들" 〈Annex(부속서) SL: harmonized approach for management system standards[10),11)] [관리시스템 규격(Management System Standard: MSS)을 위한 조화로운 접근(≒Harmonized Structure: HS, High Level Structure: HLS)][12)]

10) Annex SL은 ISO/IEC Directives 제1부 통합 ISO 보충지침(전문업무용 지침)(2022)의 일부분으로서 ISO 관리시스템 규격(MSS)의 작성방법을 규정하고 있다. ISO 관리시스템 규격들의 표준화를 위해 동일한 절(번호, 제목), 문장, 공통 용어 및 핵심 정의라는 골격(framework)을 제공하는 것으로서 기존의 ISO Guide 83을 대체한다. ISO는 이를 통해 여러 관리시스템 규격들 간의 일관성과 정합성을 확보하려고 하고 있다.

11) harmonized structure, justification study and terminology guidance 등이 포함되어 있다.

12) ISO/IEC Directives 제1부 통합 ISO 보충지침(전문업무용 지침) – ISO 전용절차:2022(ISO/IEC Directives, Part 1 – Consolidated ISO Supplement – Procedures for the technical work – Procedures specific to ISO:2022)의 Annex SL Appendix 2[Harmonized structure(identical clause numbers, clause titles, text and common terms and core definitions) for MSS with guidance for use]에 모든 관리시스템 규격이 준수해야 하는 ① 같은 배열을 가진 동일한 절 번호, 절 제목(identical clause numbers with the same sequnce, clause titles), ② 동일한 문장(identical text), ③ 동일한 공통 용어(identical common terms), ④ 동일한 핵심 정의(identical core definitions)가 설명되어 있다. 이 책에서는 이를 '공통 텍스트'라고 부르기로 한다.

SL.2.1; ISO 45001 3.10)이라고 정의된다. OHSMS의 목적은 인간존중의 이념에 기반하여 산업활동이 초래하는 위험을 배제하고 사고·재해를 방지하며, 나아가 기술혁신 등에 의한 새로운 형태의 위험 발생을 없애고, 일하는 사람들은 물론 일반 국민도 건강하고 쾌적한 생활을 향수할 수 있도록 하는 것이다.

이러한 목적을 달성하기 위한 기본은 기업 경영을 행하는 사업주 스스로가 그 책임하에 사고·재해의 미연 방지를 도모하는 것이다. 노하우, 기능, 경험에 의존하는 산업안전보건기술은 그대로는 표준이 되기 어려운 것이고, 산업안전보건을 표준화하고 '제도'로서의 산업안전보건을 확립해 가는 것이 필요하다.

이 제도가 바로 'OHSMS'이고, 그때그때의 성과에 일희일비할 것이 아니라 중요한 요소를 구조화하고 제도로서 기능하게 하는 것이 필요하다. 산업안전보건을 추진하는 기본사상은 다음과 같다.

- '사람'을 중요시한다.
- '사람'은 잘못을 저지르는 존재라는 점을 인식한다.
- 교육훈련만으로는 산업안전보건은 향상되지 않는다.
- 하드웨어와 소프트웨어 양쪽에서 산업안전보건을 향상시킨다.

산업안전보건 운영 기준은 다음과 같다.

- 산업안전보건의 실시는 최고경영자 또는 최고경영진(top management, 이하에서는 '최고경영진'으로 약칭한다)이 리더십을 발휘하여야 한다.
- 산업재해는 근본원인에 대해서까지 대책을 마련한다.
- 기계는 고장나고, 인간은 잘못을 저지른다는 것을 전제로 산업안전보건대책을 생각한다.
- 기계·설비의 설계, 제조, 설치, 운전, 보수 등의 모든 단계에서 산업안전보건대책을 생각한다.

• 안전하고 위생적이라는 판단은 객관적 증거에 따른다.

산업안전보건을 위한 요소는 크게 다음과 같은 3가지로 분류된다.

(1) 관리

사고를 발생시키지 않기 위하여 주로 인간의 행동을 관리(management)하는 것을 통해 안전을 확보하려는 요소

(2) 기계화, 자동화

인간의 판단, 관리수단 등에 따르지 않고 주로 하드웨어적 수단을 통해 안전을 확보하려는 요소

(3) 피해수준의 저감화

사고는 반드시 일어난다는 것을 인식하고 사고가 발생하더라도 재해로 이어지지 않도록 안전을 확보하려는 요소

산업안전보건을 관리하는 관리자는 그 직무를 수행할 때 다음과 같은 산업안전보건의 전제를 고려할 필요가 있다.

• 사람의 안전과 건강은 무엇보다 우선한다.
• 안전은 논리적으로 확인되고 인증되어야 한다.
• "위험은 잊어버렸을 때 찾아온다."는 원칙을 잊지 않는다.
• 안전의 향상은 생산성을 향상시키는 경우도 많다.

이상과 같은 것을 제도로 하는, 즉 시스템으로 하는 것이 ISO 45001의 명제이다. OHSMS는 '(안전보건)프로그램'이 아니라 조직의 전원이 결정한 것을 확실히 이행하는 것을 담보하는 하나의 '수단(tool)'이다. 조직에서는

'어떤 시기는 열심히 행하지만, 시기가 지나면 잊어버리거나 최종적으로는 관심을 보이지 않는' 경우가 자주 있다. 조직의 산업안전보건에서 OHSMS의 확립은 유용한 수단이지만, 반대로 OHSMS만으로는 산업재해를 방지하는 데 한계가 있다.

조직에는 관리의 노하우와 고유의 노하우라는 2개의 기둥이 필요하다. 조직이 종래 추진해 오던 산업안전보건 확보에 관한 고유의 지식, 기술, 기능은 더욱 높여 나가야 한다. 이 고유의 노하우가 없는 곳에서는 아무리 훌륭한 관리의 노하우, 즉 OHSMS를 구축하더라도 효과를 거두기 어렵다. 고유의 노하우와 관리의 노하우 2가지가 향상되어야 비로소 OHSMS도 실질적으로 작동될 수 있다.

4) 자율안전보건관리의 유효성

2022년 4월~2023년 3월의 영국의 산업재해 통계에 따르면, 산업재해에 의한 사고사망자수는 136명으로 근로자수 10만 명당 발생률로 볼 때 유럽에서 가장 낮은 수준이다.[13)]

한편, 우리나라의 경우 영국과 동일한 시기인 2022년의 산업재해에 의한 사고사망자수는 874명[14)]이다. 2022년 기준 영국의 총취업자는 우리나라의 약 117%이고,[15)] 우리나라에서의 사고사망자를 노동인구(취업자)비(比)로 수정하면 대략 1,023명이 된다. 즉, 영국의 산업재해[비(非)근로자인 취업자를 포함한다]에 의한 사고사망자(136명)는 우리나라 사고사망자 수의 약 13.3%가 된다. 영국과 우리나라는 산업구조가 다르고, 특히 영국은 우리나라와 달리 중공업 비중이 낮은 점을 고려하더라도, 사망자 수에서 큰

---

13) https://www.hse.gov.uk/statistics/fatals.htm.

14) 근로자 중 산재보험에 의해 보상된 사고사망자 수이다. 따라서 근로자이지만 산재보험이 아닌 다른 보험에 의해 보상된 사고사망자는 포함되어 있지 않다.

15) 한국노동연구원, 『2023 KLI 해외노동통계』, 2023. p. 25.

차이가 있다는 것은 부정할 수 없다. 이러한 차이는 무엇에 기인하는 것일까.

우리나라와 영국 간에는 산재예방행정조직의 전문성 외에 안전보건활동에 대한 접근방식, 수단에 큰 차이가 있는 것을 생각할 수 있다. 특히 주목되는 것은 영국에 정착되어 있는 OHSMS의 존재방식이다. 법에 의한 규제만으로는 산업재해를 방지하는 데 근본적인 한계가 있다는 점이 로벤스 보고서에 지적되어 있다. 안전은 '사람의 마음' 여하에 의존하지 않을 수 없는 측면이 있고, 법의 규제만으로는 채찍에 의해 강제적으로 다그쳐질 때처럼 소극적인 대응이 되는 경우가 많고 유감스럽게도 오래 가지 못한다. 사람은 진정 어린 의욕을 가지거나 헌신을 할 때 평소 상상할 수 없는 좋은 결과를 낳는다. 스스로에게 할 마음이 생겼을 때에, 즉 자발적으로 할 때에 최대의 성과를 내게 된다. 여기에 자율적인 OHSMS 확립의 기본적인 의의가 있다.

5) 로벤스 보고서

오늘날 영국 산업안전보건정책의 입안과 집행은 1972년에 제출된 로벤스(Alfred Robens) 보고서의 제언과 권고를 근간으로 한다. 로벤스 보고서가 제출된 이래 50여 년이 경과된 오늘날에도 동 보고서는 그 빛을 잃지 않고 있고, 현재도 영국뿐만 아니라 많은 국가의 산업안전보건정책에 큰 영향을 미치고 있다. 로벤스 보고서는 로벤스 경(전국석탄공사 사장)을 위원장으로 하는 총 7명으로 구성된 위원회(로벤스 위원회)가 2년간 조사활동을 한 후에 제출된 보고서이다.

로벤스 위원회가 자문을 요청받은 내용은 안전보건에 관한 법 정비의 바람직한 모습, 자율적 안전보건관리와 법규제 간의 균형을 도모하기 위한 정책집행의 바람직한 모습, 안전보건 대상 영역의 확대 등, 요컨대 시대의 변화에 대응한 새로운 안전보건을 향한 비전 수립을 위한 자문이다. 로

벤스 위원회는 당시의 안전보건법규와 그 집행에 관하여 다음 3가지 점을 문제로 지적하였다.[16)]

(1) 법규가 너무 많고 규제에 의존이 심하다

안전보건법규에는 이미 9개의 법령군(群)과 그것에 부속된 약 500개의 상세한 규칙이 있다. 이것들은 단편적인 것이 특징이며, 매년 증가하여 왔다. 이와 같이 지나치게 방대한 안전보건법규는 작업장 안전보건을 무엇보다도 외부기관에 의해 강요된 세부적인 법기준에 대응하는 문제로 생각하도록 길들여지게 하는 부작용을 낳았다.

한편, 안전보건법규는 근로자 참여의 배제를 특징으로 하고 있는데, 근로자 참여의 결여는 사업주에게 의무를 부과한 공장법의 유산이다. 안전을 향한 노력에서 근로자의 참여는 주로 사업주에 의해 강제되는 규율의 문제로 여겨져 왔다.

종래의 제도는 국가규제에 지나치게 의존하고 개인의 책임, 자율성 및 자발적 노력은 경시되고 있는데, 이 불균형은 시정되어야 한다. 그리고 정부시책의 역할은 일상적 사건에 대한 상세한 규정 수립에 있는 것이 아니라, 산업계 자신에 의한 자율적인 안전보건조직과 안전보건활동에 영향을 주는 구조(틀) 만들기에 중점을 두어야 한다.

(2) 많은 법규가 본질적으로 불비(不備)하다

안전보건법규의 대부분이 본질적으로 불만족스럽고 그 구성이 조악하다. 잇따라 발생하는 사고에 그때그때 대응하다 보니, 의지가 매우 강한 수범자 조차도 단념하게 할 정도로 안전보건법규가 세부적이고 복잡하게 되어 버렸다. 동시에 이들 법규는 사업장의 라인관리자, 현장감독자, 작업자

---

16) 이하의 내용은 Lord Robens(chairman), Safety and Health at Work Report of the Committee, 1970–72 참조.

등 그 행동에 영향을 미치려고 하는 사람들(이들은 법 전문가가 아니다)에게 대체로 이해할 수 없는 표현과 스타일로 쓰여 있다.

감독기관의 직원조차도 안전보건법규 모두를 온전히 이해하는 데 어려움을 겪고 있다. 그리고 이들 법규는 기계의 안전장치, 채광, 환기 등의 물리적 환경 방호에 중점을 두고 있고, 작업자의 태도, 능력, 행동과 작업자들이 일하는 장(場)으로서의 조직시스템의 효율성은 소홀히 취급하고 있다. 의회와 행정기관도 이 방대하고 상세한 법전을 시대의 변화에 조응하여 최신의 상태로 계속적으로 유지하는 것은 불가능하다. 시대에 뒤떨어지는 문제는 안전보건법규의 만성병이다. 이들 안전보건법규가 현대의 기술·지식의 진보에 보조를 맞추지 못하면 도움이 되기는커녕 방해가 될 것이 명백하다.

한편, 산업재해 중에서 구체적인 법규정 위반이 원인이 되어 발생하는 것은 전체의 약 6분의 1에 불과하고, 많은 산업재해는 작업습관, 현장의 정리정돈, 휴먼에러에 기인하여 발생한다. 따라서 설령 구체적인 법규정을 추가하였더라도 산업재해 예방에 도움이 되지 않았을 것이라고 판단된다.

(3) 행정관할이 지나치게 세분화되어 있다

과거의 역사적 경위로 인해 산업안전보건의 행정관할이 많은 기관으로 분할되어 있다. 이들 관할권의 경계선 탓에 산업안전보건을 확보하는 명료하고 종합적인 시스템을 제고하는 것이 불가능하다. 이 때문에, 개별 사업장 수준에서는 복수의 감독기관에 의한 다수의 안전보건법규에 의해 지도감독을 받는 사업장이 있는가 하면, 종합적으로는 노동인구 전체를 전혀 커버하고 있지 못하다(즉, 안전보건법규에 의한 보호가 적용 제외되어 있는 근로자가 적지 않다). 그리고 감독기관 레벨에서는 관할이 복잡하고 착종되어 비효율적인 행정이 되어 있으며, 불명확과 혼란을 초래하는 상태로 중복되어 있기도 하다. 나아가 입법과 행정의 세분화는 여러 법규정을 조화시키고 협조하며 최신화하는 일을 극도로 곤란하게 하고, 국가 레벨의 산업 안전보건 정책결정·집행과정에서 관계기관 협의 등에 많은 시간을 요하게 하는 문제를 발생시키고 있다.

로벤스 위원회는 상기 결함은 기존 시스템의 부분적 개선으로는 문제를 해결할 수 없고, 전면적인 정비가 필요하다는 결론을 내리고 있다. 보고서에서는 이들 지적을 토대로 다음과 같은 광범위한 내용을 담고 있다.

- 사업장에서 바람직한 안전보건의 모습
- 산업 레벨(단체)의 활동
- 신규 법령의 틀
- 신규 법령의 형태와 내용
- 신규 법률의 적용과 범위

이 중 핵심적인 사항은 다음과 같은 제언으로 정리된다.

- 일원화된 산업안전보건 행정집행체제의 확립
- 법령 구성의 명확화와 체계화
- 자율안전보건기준(규제)의 활용과 자율안전보건활동의 전개와 촉진
- 안전책임과 안전한 작업에 대한 일반적 원칙의(상세한 법규와 기타 규정 전체를 명확한 관점하에 조정할) 법적 선언으로의 구체화

안전보건관리시스템이 자율안전보건관리의 중요한 수단인 점을 고려할 때 로벤스 보고서는 안전보건관리시스템이 국제적으로 메가트렌드가 되는 데 있어 초석을 다지는 역할을 하였다고 할 수 있다.

2. ISO 45001의 제정

1) ISO 45001 제정 경위

ISO는 OHSMS에 관한 협동작업에 대하여 2006년에 3번 ILO에 제안하였지만, ILO 이사회에서는 ISO에 대하여 OHSMS 국제규격의 작성을 보류하도록 요청하는 내용을 결의하였다. OHSMS의 ISO 규격화가 15년에 걸쳐 3회 보류되던 중 1999년에 발표된 컨소시엄 OHSAS 18001/18002가 조금씩 각국의 인증제도에서 영향력을 강화하기 시작하였다. 각국의 기업에서 OHSAS 18001에 근거한 제3자의 심사를 받고 싶다는 요청이 증가하였다. 2013년에 들어서면서 OHSAS 18001 인증은 100개국 이상에서 실시되게 되고, 세계에서 15만 건 이상의 인증을 헤아리게 되었다(2013년 기준).

BSI는 2013년에 이와 같은 세계에서의 보급을 실적으로 하여 OHSMS의 ISO 규격 작성에 대하여 NWIP(New Work Item Proposal: 신작업항목 제안)를 ISO에 신청하였다. 2013년 6월에는 BSI의 신규제안이 ISO 가맹국의 투표로 승인되어 전문위원회 PC(Project Committee: 프로젝트 위원회) 283이 설치되고 ISO 45001이라고 하는 번호도 부여받았다. ISO와 ILO는 산업안전보건의 국제규격의 취급에 대하여 새로운 협력관계에 관한 각서를 주고받았다. 이 합의서는 20년에 걸친 ISO와 ILO의 산업안전보건에 관한 업무영역의 갈등을 해결하는 것으로서 관계자 사이에 큰 영향을 미치는 획기적인 것이었다.

ISO는 ILO와의 합의에 기초하여 ILO를 이해관계자로 초청하여 2013년 10월에 ISO 45001 기술전문위원회인 PC 283 제1회 총회를 토론토에서 개최하였다. 여기에서 ISO 45001은 ISO 관리시스템 규격의 '공통 텍스트'에 준거하여 개발하기로 결정되었다. 아울러 OHSAS 18001, ILO-OSH 가이드라인(ILO-OSH 2001), 여러 외국의 국가규격의 요소를 반영하여 개발하는 것도 승인되었다.

PC 283에는 P멤버(참가 멤버: 투표권 있음) 69개국, O멤버 15개국(옵서버: 투표권 없음), 이해관계멤버(투표권 없음) 22개 조직이 등록되었다. 이해관계자(liaison)의 참가는 ISO의 특징이고 폭넓게 의견을 수집하는 것을 목적으로 하고 있으며, PC 283에는 ILO를 비롯하여 ITUC(국제노동조합총연합), OHSAS 프로젝트그룹 등의 산업안전보건에 강한 관계를 가지고 있는 조직이 참가하였다.

2017년 7월의 국제규격안(Draft of International Standard: DIS) 2 투표결과는 투표한 P멤버의 2/3 이상이 찬성하고 반대는 투표총수의 1/4 이하였기 때문에, ISO 45001 DIS는 승인되었다. 이 투표에는 부대(附帶)된 코멘트 1,626건이 있었다. 코멘트수가 많았기 때문에, 같은 해 9월 총회에서 6일간 중요한 기술적 코멘트를 전문가 전원에게 선정하도록 하여(약 100건) 초점을 좁힌 논의를 하였다. 나머지 기술코멘트 및 편집(오탈자 등 편집상의 변경)은 회의 종료 후 사무국이 정리하고, 그것을 최종국제규격안(Final Draft of International Standard: FDIS)으로 하여 각국의 투표에 부치게 되었다. FDIS에 대한 투표는 P멤버의 2/3 이상이 찬성(93%)하고, 반대는 투표총수의 1/4 이하(6%)였기 때문에, 2018년 3월에 국제규격으로 발행되게 되었다.

ISO 45001 발행 후 PC 283은 TC 283으로 변경되었고 여러 국제규격을 개발하는 기술전문위원회로 격상되었다.

2023년 5월에는 조직(기업 등)이 ISO 45001 요구사항을 이행하는 것을 돕기 위해 ISO 45002(Occupational Health and Safety Management System — General guidelines for the implementation of ISO 45001:2018)가 제정·발표되었다. 그리고 2024년 3월에는 조직이 OHS성과를 효과적으로 모니터링, 측정, 분석 및 평가하는 것을 돕기 위한 목적으로 ISO 45004(Occupational health and safety management — Guidelines on performance evaluation)가 제정·발표되었다. 한편, 2021년 6월에는 직장에서의 심리사회적 리스크를 관리함으로써 조직이 업무 관련 부상과 질병을 예방하고 복지를 증진

하는 것을 돕기 위한 목적으로 ISO 45003(Occupational health and safety management — Psychological health and safety at work — Guidelines for managing psychosocial risks)이 제정·발표되었다.

2) ISO 규격과의 정합성

각국이 ISO 규격을 번역하거나 채용(반영)할 때 자국의 사정에 맞추어 ISO 원문의 내용을 자의적으로 변화시키면 세계적으로 공통성이 없어져 버린다. 이에 따라 ISO/IEC Guide 21-1(2005)은 ISO 규격과 각국 규격 간의 동등성 정도를 다음 3가지로 구분하고 있다.[17]

① Identical(IDT): 국제규격을 전체로서 국가규격으로 채용함. 최저한의 편집상 차이 외에는 모두 일치함

② Modified(MOD): 국제규격을 수정하여 국가규격으로 채용함. 국가규격과의 기술적 내용 및 규격 구성의 변경이 필요최소한이고 기술적 차이가 명확하게 식별되어 설명됨

③ Not equivalent(NEQ): 국가규격은 기술적 내용 및 구성에 있어서 국제규격과 동등하지 않음

규격뿐만 아니라 규격의 인증제도도 세계적인 정합성이 도모되고 있다. 각국의 인정기구(accreditation body)[18]들이 상호 간의 인정업무가 동등하다는 것을 서로 승인하면, 자국에서 취득한 인증이 상대국에서도 통용되게 된다. 이 제도를 MRA(Multilateral Recognition Arrangement: 상호승인협정)라

17) ISO/IEC Guide 21-1:2005, Regional or national adoption of International Standards and other International Deliverables-Part I : Adoption of International Standards 4.

18) 인증기관(certification body)이 공정하고 적합하게 운영되고 있는지를 심사하고 사후관리를 통해 관리감독함으로써 인증제도의 신뢰성을 유지하고 보장하는 역할을 수행하는 기관을 가리킨다.

국제표준의 필요성

만약 제품규격이 각국에서 통일되어 있지 않은 경우, 수출입 등의 사업에 지장을 초래할 가능성이 있다. 예를 들면, 우리나라와 미국의 품질규격이 완전히 다른 내용인 경우, 우리나라의 제조사는 국내용과 미국 수출용 제품을 별도로 만들어야 한다. 이와 같은 일이 생기지 않도록 각국의 규격, 인증제도를 국제적으로 정합화하려는 사고방식이 탄생되었다.

TBT 협정(Technical barriers to trade: 무역의 기술적 장해에 관한 협정)은 WTO (World Trade Organization: 세계무역기구)에 가맹하고 있는 모든 나라에 적용되고 있다. 그 주된 취지는 공업제품 등의 기준·규격, 이것들에 근거한 인증제도의 제정·운영이 무역의 장벽이 되지 않도록 방지하는 것이다.

TBT 협정에서는 WTO 가맹국이 강제규격 및 임의규격을 작성할 때, ISO와 같은 국제규격이 있는 경우에는 그것을 기반으로 하는 것을 의무화하고 있다. 이를 통해 가맹국의 국내규격이 국제규격과 일치하게 되고, 국제적인 일관성이 도모될 수 있게 되었다.

고 한다. 이 협정에 의해 우리나라의 인증기관(certification body)으로부터 취득한 ISO 규격 인증이 다른 나라에서도 해당 ISO 규격과 동등한 것으로 간주되고 있다.

3) OHSMS의 특징

ISO 45001을 포함한 모든 OHSMS에 공통되는 주요한 특징으로 다음 4가지 사항을 제시할 수 있다.

- PDCA 사이클의 자율적 시스템
- 위험성 평가 및 그 결과에 근거한 조치
- 전사적인 추진체제
- 절차화, 명문화 및 기록화(프로세스 관리, 문서화한 정보의 작성)

(1) PDCA 사이클의 자율적 시스템

OHSMS는 계획(Plan)-실시(Do)-평가(Check)-개선(Act)이라고 하는 연속적인 안전보건관리를 계속적으로 실시하는 구조에 근거하여 계획을 적절히 실시·운영하는 것이 기본이다.

OHSMS가 효과적으로 운영되면, 종래의 안전보건관리에서는 체계적으로 이루어지지 않았던 내부감사(internal audit: 시스템감사) 등에 근거한 '평가-개선'의 기능이 충분히 작동됨으로써 사업장의 안전보건수준이 나선형으로 향상(spiral up)되는 것이 기대된다.

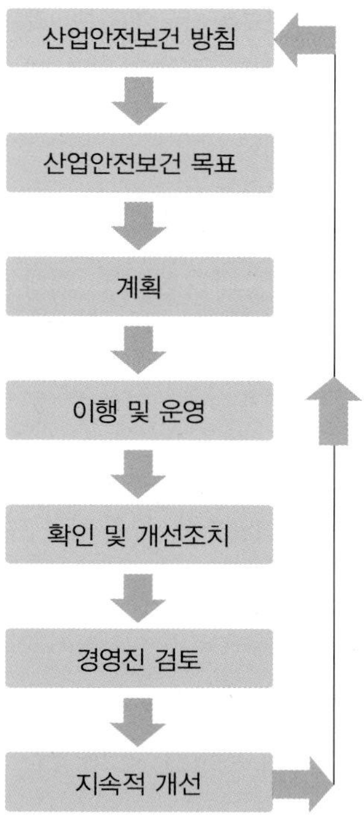

그림 1. OHSMS 모델[19]

19) OHSAS 18001:2007 Figure 1 참조.

(2) 위험성 평가 및 그 결과에 근거한 조치

위험성 평가와 그 결과에 근거한 조치의 실시는 OHSMS를 운영하는 과정에서 효과적인 산업재해 방지대책을 실시하기 위해 매우 중요한 요소이다.

ISO 45001에서도 위험원(hazard)[20]을 파악하고(조문 6.1.2.1), 그것에서 생기는 산업안전보건 리스크를 평가하며(조문 6.1.2.2), 위험원, 리스크 등에 적용 가능한 법적 및 기타 요구사항을 결정하고(조문 6.1.3), 그 리스크에 대처하기 위한 조치를 계획한다(조문 6.1.4)는 흐름은 PDCA의 Plan을 수립하는 데 있어 중심적인 위치를 차지한다.

(3) 전사적인 추진체제

최고경영진의 지휘하에 전사적으로 안전보건을 추진하는 체제를 구축하는 것은 OHSMS를 효과적으로 운영하기 위하여 불가결한 요소이다. OHSMS에서는 최고경영진이 안전보건방침을 표명하고 운영을 위한 역할, 책임 및 권한을 정하며 관리체제를 구축한다. 나아가 최고경영진이 정기적으로 관리시스템을 검토한다. 이렇게 해서 안전보건이 경영과 일체화하는 구조가 될 수 있다.

ISO 45001에서는 최고경영진이 리더십을 발휘하고 의지표명을 해야 할 사항이 13개 제시되어 있고, 나아가 최고경영진이 수립해야 할 산업안전보건 방침이 충족할 필요가 있는 6개 사항이 명기되어 있는 등 안전보건을 경영과 일체화하여 추진하기 위한 최고경영진의 자세와 대처를 매우 중요하게 여기고 있다(조문 5.1 및 5.2). 동시에, 조직 내 모든 계층의 취업자에게 OHSMS를 실시하는 데 있어서의 역할, 책임 및 권한을 할당하는(조문 5.3) 한편, 취업자와의 협의 및 참가 프로세스를 수립하는 것(조문 5.4)이 요구되고 있다.

---

20) 'Hazard'는 위험요인, 유해위험요인으로도 번역된다. 이 책에서는 위험원 또는 유해위험요인을 혼용하여 사용하기로 한다.

'취업자와의 협의 및 참가 프로세스의 수립'은 ISO의 다른 관리시스템 규격(ISO 9001, ISO 14001 등)에는 없는 것으로서 OHSMS에만 있는 사항이다.

(4) 절차화, 명문화 및 기록화(프로세스의 관리, 문서화한 정보의 작성)

ISO 45001에서는 많은 조문에서 조문별로 규정, 계획 등의 '문서류', '기록'을 문서화한 정보로서 작성·보관하는 것이 요구되고 있다.

문서화한 정보는 다음과 같은 이유에서 OHSMS를 적절하게 운영하기 위하여 필요하다.

① 조직 전체에서 공통의 내용으로 하는 것이 가능하고(표준화), 결정된 것을 언제든지 확인할 수 있으며, 실시되어야 할 것이 확실하게 실시될 수 있게 된다.
② 인사이동 등이 있어도 후임자에게 확실하게 내용이 승계되고, 조직 차원에서 계속적으로 적절한 OHSMS 운영이 가능하게 된다.
③ OHSMS 운영상황의 평가, 개선이 적절하게 이루어지게 된다.

ISO 45001에서 문서화가 강조되고 있지만, 문서는 어디까지나 OHSMS의 수단에 지나지 않는다는 점에 유의해야 한다[절차(procedures)는 문서화되지 않아도 된다고 설명하고 있기도 하다(조문 3.26 Note 1)]. 문서화 작업을 맹목적으로 하게 되면 문서화가 수단이 아닌 목적으로 둔갑하여 서류작업(paperwork)에 매몰될 수 있다.

4) OHSMS의 목적과 효과

ISO 45001 서문에는 OHSMS에 대해 "OHSMS의 목적은 안전보건 리스크와 기회를 관리하기 위한 틀(framework)을 제공하는 것이다. OHSMS의 목표와 의도하는 결과는 취업자의 업무에 관련되는 부상과 건강장해를 방지하는 것, 안전하고 건강한 작업장(사업장)을 제공하는 것이다."(서문 0.2 OHSMS의 목적)라고 설명하고 있다.

이것의 포인트는 다음과 같이 정리할 수 있다.

- OHSMS의 목적은 '안전보건 리스크와 기회를 관리하기 위한 틀의 제공', 바꿔 말하면 '안전보건관리의 틀을 만드는 것'이다.
- OHSMS의 목적과 의도하는 결과는 '취업자의 업무와 관련되는 부상과 건강장해의 방지' 및 '안전하고 건강한 작업장(사업장)의 제공'이고, 이것은 산업안전보건법 제1조(목적)가 의도하고 있는 것과 동일하다.

OHSMS는 산업안전보건 리스크를 감소시키고 안전보건관리와 경영을 일체화시켜, 안전보건관리의 노하우를 적절하게 승계하고, 그것의 효과적이고 계속적인 실시를 가능하게 하는 틀이다. 이것을 효과적으로 운영함으로써, 산업재해를 더욱 감소시키는 것을 포함한 산업안전보건 성과의 계속적인 개선이 이루어지고, 안전보건수준을 한층 향상시키는 것을 실현할 수 있다.

5) 다른 OHSMS 규격

(1) ISO 45001 외의 주요 OHSMS 규격

① **ILO OSHMS 가이드라인**(ILO-OSH 2001): 전술한 대로 1996년에 개최된 ISO 워크숍에서 OSHMS의 ISO 규격화는 보류되었지만, 그때 "효과적인 OSHMS를 개발하는 단체로 노사정 3자 구성인 ILO가 ISO보다 적절하다."는 입장에 따라, ILO는 OSHMS 개발 검토에 착수하

여 2001년에 OSHMS에 대한 가이드라인(ILO-OSH 2001)을 공표하였다. ILO-OSH 2001을 협약이나 권고로 하지 않고 가이드라인으로 한 것은 각국에서 폭넓게 실천되는 것을 지향하였기 때문이다. 각국의 OSHMS는 ILO의 이 가이드라인에 기초하여 각국의 실정, 관행을 고려하여 수립되어야 하는 것으로 설명하고 있다. 인증을 위한 규격은 아니다. ILO-OSH 2001은 2009년에 한 차례 개정되었다.

② **OHSAS**(Occupational Health and Safety Assessment Series) **18001 시리즈**: 전술한 대로 1997년에 OHSMS의 ISO 규격화는 보류되었지만, 그 무렵 유럽에서는 민간단체에 의한 OHSMS 인증규격이 난립하는 경향이 있어, 그 만연을 방지할 필요가 있었다. 그래서 BS가 중심이 되어 각국의 유지(有志)가 프로젝트그룹을 결성하고, 1996년에 발행된 영국규격 BS 8800을 기초로 하여 OHSAS 18001 시리즈를 작성하였다. 1999년에 발행된 OHSAS 18001은 인증제도로 사용할 수 있는 OHSMS 요구사항이고, 2000년에 발행된 OHSAS 18002는 OHSAS 18001을 실시하기 위한 지침이다. OHSAS 18001은 2007년에 개정되었다. 그리고 ISO 45001 발행 후 3년 후인 2021년 3월에 OHSAS 18001에 의한 인증은 폐지되었다.

③ **KOSHA-MS**(안전보건경영시스템 인증기준): 산업안전보건공단에서는 ISO 45001 제정에 맞추어 본 공단의 '인증규격(기준)'인 KOSHA 18001을 2019년 5월 2일 KOSHA-MS로 변경하였다. ISO 45001은 OHSMS '구축·이행기준'이지만, KOSHA-MS는 OHSMS '인증기준'에 지나지 않는다는 점에서 양자 간에는 본질적인 차이가 있다. KOSHA-MS는 ISO 45001을 준용하였다고 하지만, 구체적으로 살펴보면 두 규격 간에는 그 내용에 있어 적지 않은 차이가 있고, KOSHA-MS의 요구사항이 ISO 45001에 비해 내용 면에서 많이 빈

약하며, KOSHA-MS가 ISO 45001을 잘못 이해하고 있는 점이 많다는 것을 알 수 있다(표 2 참조).[21)]

표 2. ISO 45001과 KOSHA-MS의 주요 차이점

<table>
<tr><th colspan="2">구분</th><th>ISO 45001</th><th>KOSHA-MS</th><th>KOSHA-MS 문제점</th></tr>
<tr><td colspan="2">목적 및 대상</td><td>인증이 아닌 OHSMS 활성화를 목적으로 모든 기업을 대상으로 하는 규격임</td><td>인증을 목적으로 하는 인증기준임</td><td>인증을 받고자 하는 기업만을 대상으로 다분히 인증 자체에 초점을 맞춘 인증을 하게 됨</td></tr>
<tr><td rowspan="2">용어정의</td><td>관리시스템, 프로세스,[1] 산업안전보건 기회·리스크, 역량, 아웃소싱 등</td><td>OHSMS 운영에 필요한 중요 용어에 대한 정의가 설명되어 있음</td><td>OHSMS 운영에 필요한 중요 용어에 대한 정의가 없음</td><td>용어정의 누락 → 개념 및 적용상의 혼란</td></tr>
<tr><td>안전보건관리시스템,[2] 조직, 사고, 재해, 유해위험요인(hazard), 안전, 취업자(근로자),[3] 절차[4] 등</td><td>국제적으로 보편적인 표현을 사용하여 구체적이고 객관적으로 설명</td><td>국제적인 관점에서 볼 때 보편적이지 않은 표현을 사용하여 단순하고 임의적으로(부정확하게) 설명</td><td>ISO 45001을 부정확하게 반영</td></tr>
<tr><td colspan="2">리더십 의지의 실증방법</td><td>실질적인 작동을 위한 구체적인 방법을 다양하게 규정</td><td>ISO 45001에서 정하고 있는 구체적인 방법이 일부(3가지) 누락</td><td rowspan="2">ISO 45001과 외양은 비슷하지만 세부내용이 빈약하거나 잘못 표현되어 있음</td></tr>
<tr><td colspan="2">법규 및 기타 요구사항</td><td>법규 및 기타 요구사항의 준수를 위한 프로세스의 세부내용에 초점</td><td>법규 및 기타 요구사항의 준수를 위한 프로세스의 세부내용에 대해 매우 빈약하게 규정(ISO 45001을 잘못 반영)</td></tr>
</table>

(계속)

21) KOSHA-MS가 ISO 45001과 체계와 내용에 있어 단순한 차이가 있는 정도가 아니라, ISO 45001의 체계와 내용 자체를 제대로 이해하지 못한 부분이 많다는 것은 우리나라 안전보건관리시스템의 올바른 저변 확산에 심각한 문제를 낳고 있다. 공공기관의 전문성 부족이 제도의 '실질적' 운영에 어떠한 왜곡을 초래하는지를 극명하게 보여주는 전형적인 사례라고 할 수 있다.

구분	ISO 45001	KOSHA-MS	KOSHA-MS 문제점
취업자(근로자)의 협의 및 참여	취업자 협의와 참가를 다양하게 보장하기 위한 절차 수립·이행에 대한 요구사항을 규정	근로자의 협의와 참가에 관한 내용이 매우 빈약하게 규정(ISO 45001을 매우 협소하게 반영)	ISO 45001과 외양은 비슷하지만 세부 내용이 빈약하거나 잘못 표현되어 있음
취업자(근로자)대표의 활동	여러 조문을 통해 활동기회 보장	해당 내용 없음	
조직의 역할, 책임 및 권한	책임과 권한의 할당 원칙과 방법에 대해 상세하게 설명	책임과 권한이 할당되어야 한다는 원칙만 규정	
모니터링, 측정, 분석 및 성과평가	대상을 광범위하게 규정함과 더불어 구체적인 절차와 방법 등(프로세스)을 수립, 이행 및 유지하도록 규정	대상만을 한정적으로 규정(ISO 45001을 잘못 반영)	
규격 해설	부록에 상세한 해설 첨부	해설 없음	인증규격을 이해하기 곤란함 → 적용(이행)이 형식적으로 이루어질 가능성이 높음
제정 절차	많은 전문가(기관)의 참여 속에 충분한 조사와 논의를 거쳐 제정	외부전문가와의 공식적 논의 및 유관기관과의 협의 없이 제정	규격내용 부실의 큰 원인으로 작용

1 프로세스(process)는 ISO 45001에서 매우 중요한 용어이고 '절차' 외에 적합한 인력, 기계·설비 등을 포함하는 넓은 의미를 가지고 있는 용어인데(후술하는 조문 3.25 프로세스에 대한 해설 참조), KOSHA-MS에서는 이에 해당하는 용어정의가 없을 뿐만 아니라, 본문에서 '절차'라는 좁은 의미로 잘못 번역하고 있다. 절차의 의미로 이해하다 보니 용어정의를 할 필요가 없다고 판단한 것 같다.

2 KOSHA-MS에서는 안전보건관리시스템에 대한 용어정의를 '안전보건활동 등'으로 부정확하게 내리고 있다.

3 KOSHA-MS에서는 ISO 45001의 'worker'를 '근로자'로 잘못 번역하고 있다. 근로자는 'employee'의 번역어이다.

4 KOSHA-MS에서는 '절차'에 대한 용어정의를 ISO 45001(활동 또는 프로세스를 실행하기 위한 일정한 방식)과는 다르게 "안전보건활동을 수행하기 위하여 규정된 방식"이라고 매우 협소하고 부정확하게 내리고 있다. 또한 '프로세스'라는 표현을 누락하고 '활동'을 '안전보건활동'으로 대폭 축소하고 있다. 절차 개념에 대한 몰이해에서 비롯한 잘못된 정의라고 하지 않을 수 없다.

KOSHA-MS는 ISO 45001을 충실히 반영하고 있나[22]

KOSHA-MS 인증제도의 폐지 여부를 놓고 고용노동부와 산업안전보건공단이 줄다리기를 하고 있다. 고용노동부는 안전보건관리시스템(체계)의 일종인 KOSHA-MS를 인증받은 기관에서 중대재해가 발생한 경우 안전보건관리체계를 규정하고 있는 중대재해처벌법 위반으로 처벌하는 것이 스스로의 모순에 빠질 수 있다는 생각에 KOSHA-MS 인증을 폐지하려고 하고 있고, 산업안전보건공단은 중대재해처벌법과 KOSHA-MS는 분리해서 봐야 한다는 주장을 하면서 그 폐지에 반대하고 있다.

아쉬운 점은 두 기관 모두 자율적 안전보건관리의 중요수단으로서의 안전보건관리시스템을 어떻게 하면 실질적으로 발전시킬 수 있을지에 대해서는 고민하는 모습이 보이지 않고 있다는 것이다. 고용노동부는 중대재해처벌법 위반(처벌)을 둘러싼 논리적 궁색함과 현실적 딜레마를 피하려는 의도가 다분하고, 산업안전보건공단은 대기업, 공공기관 등을 상대하는 좋은 수단을 지켜내려는 속내가 작용하고 있다는 인상을 지울 수 없기 때문이다.

여기서 정작 중요한 것은 KOSHA-MS가 안전보건관리시스템의 발전에 실제 기여하고 있는가이다. 순기능이 없지는 않지만 역기능이 더 많다는 것이 중론이다. 산업안전보건공단에서는 KOSHA-MS가 기본적으로 ISO 45001를 토대로 하고 거기에 안전활동을 가미했다고 주장한다.

과연 그러한가. 피상적으로 볼 때는 그렇게 보이지만 심층적으로 분석하면 그렇지 않다. KOSHA-MS는 체계와 내용에 있어 ISO 45001과 많은 차이가 있다. ISO 45001의 원리와 콘텐츠를 제대로 구현하지 못한 부분도 적지 않다. 심지어는 왜곡까지 하고 있는 부분마저 발견된다.

첫째, ISO 45001은 안전보건관리시스템의 내실화와 활성화를 목적으로 인증을 포함한 여러 방법을 수단으로 삼는 '운영'기준이지만, KOSHA-MS는 인증을 목적으로 하는 '인증'기준에 불과하다. 게다가 ISO 45001에는 규격 요구사항에 대한 상세한 가이드(설명자료)가 딸려 있지만, KOSHA-MS는 인증기준에 대한 가이드도 없다. 그러다 보니 인증을 받고자 하는 기관에서 KOSHA-MS의 요구사항을 스스로 충족하려 노력하기보다 외부기관에 의존하여 형식적으로 구축하려고 하는 경향이 크다.

둘째, ISO 45001에서는 '프로세스(process)'를 절차(procedure)뿐만 아니라 적합한 인력, 기계·설비, 프로그램 등을 포함하는 의미를 가진 용어로 정의하면서 '절차'와는 구

22) 정진우, 안전저널, 2022. 8. 12.

분되는 핵심적인 개념으로 생각하고 있는 반면에, KOSHA-MS에는 '프로세스'라는 용어 자체가 포함되어 있지 않고 '절차'라는 용어만 사용되고 있으며, 그마저도 잘못 설명되어 있다.

셋째, KOSHA-MS가 ISO 45001과 외양은 비슷하지만 세부내용이 빈약하거나 잘못 기술되어 있는 부분이 상당수 있다. ISO 45001의 'worker'를 '근로자'로 잘못(축소하여) 번역하고 있고, 취업자대표에 관한 내용을 전혀 담고 있지 않으며, 법규 및 기타 요구사항, 모니터링, 측정, 분석 및 성과평가 등을 단순하고 한정적으로 규정하고 있는 데 머물고 있다. 그 외에도 국제적인 관점에서 볼 때 보편적이지 않은 표현으로 부정확하게 설명하고 있는 부분이 적지 않다.

넷째, ISO 45001은 그것에 적합하다는 것을 주장하기 위해선 ISO 45001의 모든 요구사항을 충족해야 한다고 규정하고 있지만, KOSHA-MS는 소규모 사업장에 대해선 인증기준을 완화하여 적용하고 있다. 소규모 사업장이라고 하여 인증기준을 달리 정하고 있는 것은 이들 사업장에 대해 억지로라도 인증을 주기 위한 고육지책으로 보인다. 안전보건관리시스템은 곧 인증이라는 잘못된 생각이 이런 편법적인 기준 설정으로 이어진 것이다.

다섯째, KOSHA-MS의 체계와 내용이 부실한 것은 그 제정절차가 전문성에 바탕을 둔 충분한 검토와 전문가와의 심도 있는 논의 없이 졸속으로 제정되었기 때문이다. 반면에 ISO 45001은 수많은 전문가(기관)의 참여 속에 충분한 조사와 논의를 거쳐 안전원리를 반영한 수준 높은 내용으로 제정되었다.

KOSHA-MS가 ISO 45001을 제대로 이해하지 못한 부분을 많이 포함하고 있다는 것은 우리나라 안전보건관리시스템의 올바른 저변 확산에 심각한 문제를 낳고 있다. 전문성 부족이 제도의 정상적인 운영에 어떠한 왜곡을 초래하는지를 보여주는 전형적인 사례라고 할 수 있다.

많은 국가에서 정부, 규격제정기관에서 정한 OHSMS 규격을 각기 가지고 있지만, 기본적인 내용은 노사가 일체가 되어 PDCA 사이클의 과정하에 안전보건수준을 계속적으로 향상시켜 가는 구조라는 점에서 일치하고 있고, ISO 45001도 동일하다. 즉, 인증 취득 유무에 관계없이 상기의 OHSMS 규격을 실질적으로 운영하여 온 기업·사업장은 이미 ISO 45001 요구사항의 많은 부분을 운영하고 있다고 할 수 있다. 그리고 상기의 OHSMS 규격에는 없는 ISO 45001에 특징적인 요구사항이 몇 가지 있는바, 이것에 대해서는 다음에서 설명하기로 한다.

(2) 다른 OHSMS 규격과의 차이

OHSMS는 각국의 법령, 문화, 관행을 반영하는 것이어서, 자국(自國)의 상황을 토대로 한 독자적인 관리시스템을 구축하고 있는 나라도 많다.

ISO 45001과 기타 OHSMS 규격의 기본적인 부분은 거의 동일하지만, 여기에서는 다른 OHSMS 규격에 없거나 약하게 규정되어 있는 ISO 45001의 특징적인 요구사항을 설명한다. OHSMS 규격을 도입하려는 조직에서는 다음 사항을 충분히 이해하고 유념하여 자사의 OHSMS을 구축할 필요가 있다.

① **조직 및 그 상황의 이해**(조문 4.1): 2015년 개정판 ISO 9001, ISO 14001에는 규정되어 있지만, 다른 OHSMS에는 없는 요구사항이다. 조직의 목적과 관련이 있으면서 OHSMS가 의도한 성과를 달성하기 위한 조직의 능력에 영향을 주는 외부 및 내부의 과제를 결정하는 것이 요구된다.

② **취업자 및 기타 이해관계자의 수요 및 기대의 이해**(조문 4.2): 이 요구사항도 2015년 개정판 ISO 9001, ISO 14001에는 규정되어 있지만, 다른 OHSMS에는 없다. ISO 9001, ISO 14001에서는 이해관계자에 취업자가 포함되지만 취업자라는 개념이 별도로 규정되어 있지 않다. 반면, ISO 45001에서는 취업자 개념을 이해관계자와 별도로 규정하고 있는 것이 특징이다. 취업자에 추가하여, OHSMS에 관한 기타 이해관계자의 수요 및 기대를 결정하는 것이 요구된다.

③ **OHSMS에 대한 산업안전보건 리스크 및 기타 리스크의 평가**(조문 6.1.2.2): ISO 45001에서 제시되고 있는 리스크는 '산업안전보건 리스크'와 '기타 리스크' 2종류이고, 이것들의 의미는 후술한다.

ISO/PC 283 국제회의에서 리스크가 2종류 있으면 사용자가 혼란스러우므로 '산업안전보건 리스크'만으로 한정하는 것이 좋다는 제안이 있었다. 그러나 '기타 리스크'도 관리하지 않으면 산업안전보건 성과는 향상되지 않는다는 의견이 많아 채택되지 않았다. 다른 OHSMS에서는 '기타 리스크'에 대한 대처를 요구하고 있지 않다.

④ **OHSMS에 대한 산업안전보건 기회 및 기타 기회의 평가**(조문 6.1.2.3): 기회(opportunity)는 ISO 공통 텍스트에서 이용되고 있는 용어이고, 2015년 개정판 ISO 9001, ISO 14001에도 있는 요구사항이지만, ILO 가이드라인 등 다른 OHSMS에서는 취급되고 있지 않은 개념이다. ISO 45001에서는 '산업안전보건 기회'와 '기타 기회' 2종류의 기회에 대해 요구사항으로 규정하고 있다. 여기에서 기회란 'OHSMS를 개선할 기회'를 의미한다.

다음 ⑤, ⑥의 2가지 사항은 OHSAS 18001에 규정되어 있기는 하지만, ISO 45001에서 강화된 요구사항이다.

⑤ **리더십 및 의지**(조문 5.1): OHSMS의 성패는 조직 최고경영진의 영향을 많이 받기 때문에, 업무와 관련된 부상과 건강장해를 방지하는 것, 안전하고 건강한 작업장(사업장)과 활동을 제공하는 것에 대한 전반적인 실행책임 및 결과책임을 지는 것 등 13개 항목이 최고경영진에게 요구된다.

⑥ **취업자의 협의 및 참가**(조문 5.4): 취업자의 협의 및 참가는 ISO 45001의 독자적인 요구사항이고, 다른 ISO 관리시스템에서는 발견되지 않는 항목이다. ISO 45001상의 취업자의 정의에 최고경영진, 관리직(managerial person)도 포함되어 있어, ISO 45001에서는 '비관리직(non-managerial person)'과의 협의 및 참가에 관한 요구사항을 규정하고 있고[조문 5.4 d), e)], 하의상달(bottom up), 즉 현장에서 취업자의 의견을 OHSMS에 반영하는 것을 중요하게 생각하고 있다.

중대재해처벌법과 ISO 45001[23)]

중대재해처벌법(이하 중처법)은 '안전보건관리체계'의 구축 및 이행 조치를 핵심적인 내용으로 규정하고 있다(법 제4조 제1호, 영 제4조). 중처법상의 안전보건관리체계가 무엇을 의미하는지는 그 내용과 범위 모두 매우 불명확하지만, 국제적으로 메가트렌드라고 할 수 있는 'Occupational Safety and Health Management System'(이하 'OSHMS')의 번역어라고 할 수 있다. 그렇다면 중처법의 안전보건관리체계와 OSHMS에 관한 국제규격인 ISO 45001은 어떤 관계라고 보아야 할까.

중처법과 ISO 45001의 관계는 교집합 벤다이어그램으로 나타낼 수 있다. 즉, 둘은 교집합 부분도 있지만 각각 차집합 부분도 있다. 중처법에는 ISO 45001에 규정돼 있지 않은 사항에 대해서도 일부 규정되어 있고(예: 재해 발생 시 재발방지 대책의 수립 및 그 이행에 관한 조치, 중앙행정기관·지방자치단체가 관계 법령에 따라 개선, 시정 등을 명한 사항의 이행에 관한 조치, 대규모 조직 본사의 안전보건 전담조직 구축), ISO 45001에도 중처법에 규정되어 있지 않은 사항이 다수 규정되어 있다. 그런데 중처법과 ISO 45001의 교집합 부분, 즉 공통적인 사항도 구체적으로 보면 상당한 차이가 있다는 것을 알 수 있다. 둘 간의 차이에 대해 주요 사항을 중심으로 살펴보면 다음과 같다.

먼저, ISO 45001은 안전보건에 대한 역할과 책임의 명확한 설정을 강조하고 있으나, 중처법에서는 이러한 내용을 담고 있지 않다. ISO 45001에서는 안전보건의 이행 책임이 기본적으로 현업부서(Line management responsibility)에 있고 안전보건부서는 현업부서의 안전보건을 촉진·보좌하는 역할을 담당한다는 것을 전제하면서 작업자를 위시한 모든 구성원과 부서의 역할과 책임을 강조하고 있으나, 중처법에는 이러한 내용이 전혀 규정되어 있지 않다.

ISO 45001에서는 '프로세스'라는 표현을 사용하고 있는 반면, 중처법에서는 '업무절차, 절차, 매뉴얼, 기준과 절차'라는 표현을 사용하고 있다. ISO 45001은 '프로세스'와 '절차'를 다른 의미로 사용하고 있다. 프로세스는 절차뿐만 아니라 역량 있는 인력, 적절한 기계·설비, 프로그램 등을 포함하는 의미를 가지고 있다. 즉, '프로세스'는 '절차'가 있어도 사람, 기계·설비 등이 적합하지 않으면 절차대로 실시하는 것이 불가능하고 의도하는 결과를 얻을 수 없다는 의미를 내포하고 있다. 중처법이 ISO 45001의 '프로세스'와는 다르게 '절차'라는 표현을 사용한 것은 KOSHA-MS의 잘못된 영향으로 보인다.

---

23) 정진우, 안전저널, 2022. 6. 21.

참고로, KOSHA-MS는 ISO 45001을 벤치마킹하였다고 하지만, 실제로는 여러 부분에서 ISO 45001을 엉성하게 반영하고 있다.

중처법에서는 사업 또는 사업장의 안전보건에 관한 목표와 경영방침을 설정할 것을 규정하고 있다(영 제4조 제1호). 목표는 경영방침을 토대로 설정되어야 하므로 경영방침이 먼저 규정되어야 함에도 목표가 먼저 규정된 것은 문제가 있다. 이에 반해, ISO 45001에서는 안전보건방침을 먼저 규정하고 이를 토대로 안전보건목표 및 그것을 달성하기 위한 계획수립까지를 규정하고 있다.

중처법에서는 안전보건에 관한 업무를 총괄·관리하는 전담 조직을 두라고 규정하고 있지만(영 제4조 제2호), ISO 45001에서는 이러한 류의 규정을 두고 있지 않다.

중처법은 위험성 평가 중 유해위험요인을 확인하여 개선하는 업무절차 마련과 업무절차에 따른 유해위험요인의 확인·개선 점검(반기 1회 이상) 및 필요한 조치를 규정하고 있다(영 제4조 제3호). 위험성 평가는 유해위험요인 확인, 개선 외에도 위험성 추정(estimation)과 위험성 결정(evaluation)을 포함하는 것인데, 중처법은 후자에 대해선 규정하고 있지 않다. 반면, ISO 45001은 위험원 파악, 위험성의 평가(assessment of risk: 위험성 추정 및 결정에 해당), 위험성 감소 등 위험성 평가에 관한 모든 절차를 규정하고 있다.

또한 중처법은 경영책임자 개인을 안전보건조치의 유일한 의무주체로 설정하고 있지만, ISO 45001은 조직, 즉 최고경영자를 비롯하여 조직 내 관련된 모든 자의 의무, 참여 및 역할을 강조하고 있다.

중처법은 절차(서) 또는 매뉴얼, 점검, 점검결과에 따른 필요한 조치 등 외형적인 것을 중심으로 단편적이고 체계성 없이 규정하고 있는 반면에, ISO 45001은 절차(서)보다 넓은 의미의 프로세스, 역량, 실질적 효과(예: 알게 해야 한다)에 초점을 맞춰 종합적이고 체계적으로 규정하고 있다.

한편, 중처법은 도급인과 수급인 중 누가 의무주체인지가 불명확하고 도급인의 의무범위 또한 불확실한 상태이지만, ISO 45001은 도급인과 수급인의 역할이 구분되어 있고 각 의무주체의 위상과 역할에 맞는 요구사항을 규정하고 있다.

이 외에도 중처법에는 안전원리 면에서 ISO 45001과 괴리가 있는 부분이 적지 않은데, 이는 중처법이 안전원리에 대한 충분한 이해 없이 다분히 '처벌'에 주안점을 두고 있는 반면, ISO 45001은 자율안전보건관리의 중요한 수단이라는 위상하에서 '예방'에 주안점을 두고 있기 때문이다.

중처법의 안전보건관리체계에 관한 규정에 국제기준에 맞지 않은 내용이 다수 포함된 것은 중처법이 '경영책임자 개인'에 대한 엄벌을 염두에 둔 결과라고 할 수 있다. 안전원리의 실현과 엄벌. 어느 것을 목적으로 할 것인가. 답은 자명하다.

3. 규격 요구사항의 개요

ISO 45001은 공통 텍스트(Annex SL)에 준거하여 개발된 것이므로 ISO 9001(품질), ISO 14001(환경), ISO/IEC 27001(정보보안), ISO 22301(사업계속), ISO 39001(도로교통안전) 등 각종 관리시스템 규격과 동일한 그림 2와 같은 구조를 가지고 있다.

각 조문마다의 축조해설은 제4장에서 다루고, 여기에서는 ISO 45001에서 중요하다고 생각되는 항목에 대하여 설명하기로 한다.

1) 관리시스템과 프로세스

ISO 45001의 주된 대상인 '관리시스템'은 ISO 45001 조문 3.10에 다음과 같이 정의되어 있다.

> "방침, 목표 및 그 목표의 달성을 위한 프로세스를 수립하기 위한, 조직의 상호 관련되거나 상호 작용하는 일련의 요소들"

ISO 45001 조문 4.4(OHSMS)에는 "조직은 이 규격의 요구사항에 합치하여 필요한 프로세스들 및 그것들 간의 상호 작용을 포함하여 OHSMS를 수립, 이행 및 유지하고 계속적으로 개선하여야 한다."고 규정되어 있다.

관리시스템의 정의(조문 3.10)와 조문 4.4(OHSMS)의 요구사항을 합치면, "조직은 산업안전보건 방침, 목표 및 그 목표의 달성을 위한 프로세스를 수립하기 위한, 조직의 상호 관련되거나 상호 작용하는 일련의 요소들을 수립, 이행 및 유지하고 계속적으로 개선하여야 한다."가 된다. OHSMS를 포함한 관리시스템에서 프로세스가 강조되고 있다는 것을 알 수 있다.

여기에서 '수립한다(establish)'는 준비를 하는 단계에서의 표현이고 확실하게 계획한다는 것을 의미한다.

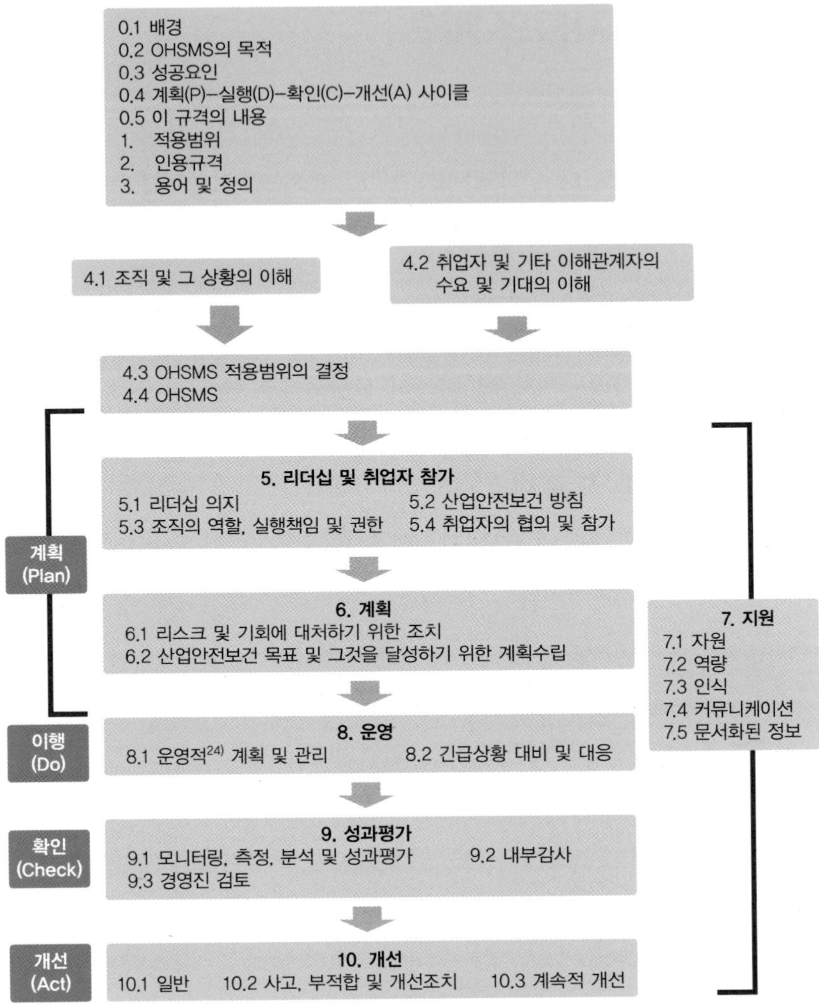

●— 그림 **2.** 관리시스템 규격의 구조

2) 의도하는 결과

ISO 45001 서문 0.2(OHSMS의 목적)의 첫 번째 문단에는 다음과 같은 규정이 있다(이하 밑줄은 필자).

24) '운영적(operational)'은 '전략적(strategic)'에 대비되는 표현이다.

0.2 OHSMS의 목적

(중략)

OHSMS의 목적 및 의도하는 결과는 취업자의 업무에 관련되는 부상과 건강장해를 방지하는 것 및 안전하고 건강한 작업장(사업장)을 제공하는 것이다. 따라서 효과적인 예방조치 및 보호조치를 취함으로써 위험원을 제거하고 산업안전보건 리스크를 최소화하는 것은 조직에게 매우 중요하다.

(후략)

그리고 ISO 45001 제1절(적용범위)의 세 번째 문단은 다음과 같이 기술되어 있다.

---

1. 적용범위

(중략)

이 규격은 조직으로 하여금 OHSMS가 의도하는 결과를 달성하는 것을 지원한다. OHSMS가 의도하는 결과는 조직의 산업안전보건 방침에 맞추어 다음 사항을 포함한다.

a) 산업안전보건 성과의 계속적 개선

b) 법적 및 기타 요구사항을 충족하는 것

c) 산업안전보건 목표(objective)의 달성

(후략)

서문 0.2에도 상기 조문의 a)~c)와 유사한 내용이 기술되어 있다. a)~c)는 OHSMS의 목적에 해당하는 "취업자의 부상과 건강장해를 방지하고 안전하고 위생적인 작업장(사업장)을 제공하는 것"을 달성하기 위한 수단, 대책이라고 보면 된다.

ISO 45001 조문 4.1에는 "OHSMS가 의도하는 결과를 달성하는 조직의 능력…"이라고 하는 설명이 있다. 그리고 조문 5.1의 최고경영진에 요구하는 사항인 f)에는 "OHSMS가 의도하는 결과를 달성하는 것을 보장한다."고 하는 내용이 있다.

조직은 서문 0.2(OHSMS의 목적) 및 제1절(적용범위)에 규정되어 있는 것을 참고로 조직 고유의 OHSMS의 '의도하는 결과'를 정하면 된다.

3) 프로세스의 수립

조문 4.4(OHSMS)에는 다음과 같은 요구가 있다.

> "조직은 이 규격의 요구사항에 따라, 필요한 프로세스들 및 그것들 간의 상호작용을 포함하여 OHSMS를 수립, 이행 및 유지하고 계속적으로 개선하여야 한다."

그리고 프로세스의 정의 조문 3.25에는 "투입을 산출로 변환하는 상호 관련되거나 상호 작용하는 일련의 활동"이라고 규정되어 있다. 따라서 '프로세스의 확립'을 위해서는 프로세스에의 투입과 프로세스로부터의 산출을 명확히 해두어야 한다.

나아가 조문 6.1.2.2(OHSMS에 관한 산업안전보건 리스크 및 기타 리스크의 평가)에는 다음과 같이 규정되어 있다.

> "조직의 산업안전보건 리스크의 평가에 대한 방법(methodology)과 기준(criteria)은 대응적이 아니라 선제적이도록, 그리고 체계적인 방법으로 이용되도록 산업안전보건 리스크의 범위, 성질 및 시기에 관하여 결정되어야 한다. 이 방법과 기준은 문서화한 정보로 유지·보존되어야 한다."(밑줄은 필자)

이 요구는 프로세스 수립의 일환으로 "산업안전보건 리스크의 평가방법과 기준"을 결정해 두어야 한다는 점이 포함되는 것을 의미한다.

4) 취업자

ISO 45001 중에는 취업자(worker)라는 용어가 여러 곳에 나온다. ISO 45001 조문 3.3에 worker의 정의는 이하와 같이 기술되어 있다.

3.3 취업자(worker)

조직(3.1)의 통제(control)하에서 업무를 하거나 업무 관련 활동을 행하는 자

참고 1: 업무 또는 업무 관련 활동은 정규 또는 일시적으로, 단속적 또는 계절적으로, 임시 또는 파트타임으로, 유급 또는 무급으로 등과 같이 다양한 방식으로 이루어진다.

참고 2: 취업자에는 최고경영진(3.12), 관리직 및 비관리직이 포함된다.

참고 3: 조직의 통제하에서 이루어지는 업무 또는 업무 관련 활동은 조직에 의해 고용된 취업자에 수행될 수도 있고, 외부사업자의 취업자, 수급인, 개인, 파견근로자에 의해 수행될 수도 있으며, 그리고 조직의 상황에 따라 조직이 업무 또는 업무 관련 활동에 대한 관리를 분담하는 경우 그 관리를 받는 기타의 자에 의해 수행될 수도 있다.

참고 2에는 "취업자에는 최고경영진(top management, 조문 3.12), 관리직, 비관리직이 포함된다."고 표현되어 있는데, 사실 조직에 속해 있는 모든 사람이 worker라고 정의하고 있다.

이렇게 정의한 배경은 조직에서 일하는 사람은 모두 산업안전보건의 우산 아래에 들어가야 하고, 최고경영진,[25] 관리직도 업무상으로는 지시를 하는 존재이지만, 안전이라는 시스템 아래에서는 조직의 다른 사람들과 완전히 동일한 존재가 되거나, 되어야 한다는 사고방식이다.

이러한 worker의 정의는 ILS과 다소 다르지만 대체로 정합(整合)하고 있다. ILO 155호 협약에서도 'worker'라는 용어를 사용하면서 이를 'all employed persons'로 정의하고 고용관계에 있는 모든 자라고 정하고 있

---

25) 최고경영진은 일반적으로 기업의 최상층부에서 경영계획의 의사결정 및 경영의 전반적 통할, 부문 간의 조정 등을 수행하는 사람, 기관이라고 정의되지만, 그 개념이 학문적으로 합의되어 있는 것은 아니고 엄밀성도 결여되어 있기 때문에 구체적인 정의 설정 및 기능 설명에 있어서는 논자에 따라 그 범위가 다를 수 있다.

으며, 'top management'도 고용되어 있으면 안전보건의 보호대상이 된다고 보고 있다.

우리나라 산업안전보건법상의 근로자는 근로기준법상의 근로자 정의를 인용하고 있는데, 직업의 종류에 관계없이 임금을 목적으로 사업 또는 사업장에 근로를 제공하는 자를 가리키므로, top management의 개념을 넓게 볼 경우에는[26] top management 중에서 일부는 근로자에 포함될 수 있어[27] ISO 45001의 정의보다는 범위가 좁지만 확연히 다른 것은 아니다.

5) 취업자의 협의 및 참가

ILO는 ILS에서 말하고 있는 '취업자의 협의 및 참가'의 규정을 ISO 45001의 여러 조문에 규정하도록 주장하였다. 조직 내 산업안전보건의 여러 활동에 취업자가 적극적으로 관여하는 것은 당연한 것이고, OHSMS를 유효하게 만드는 열쇠이기도 하여, ILO의 주장은 많은 가맹국의 찬성을 얻었다. 그러나 규격의 기술방식을 둘러싸고 여러 견해가 제시되었다. ILO의 주장에 따른 기술방식으로 하면 많은 조문에 '취업자의 협의 및 참가'의 요구가 나타나게 되어, 규격 사용자에게는 번잡한 인상을 주게 될 수 있다. 이것에 대한 해결책으로 전용 조문을 새롭게 두게 되었다. 그것이 조문 5.4 '취업자의 협의 및 참가'이고, 부속서 SL(공통 텍스트)에는 없는 조문이다.

26) 임원이라 하더라도 대표이사 등의 지시감독에 따라 회사의 업무집행 이외의 업무를 담당하거나 임원의 지위·명칭이 형식적·명목적인 것일 뿐 실질적으로는 대표이사 등의 지시감독 아래 일정한 근로를 제공하거나 하여 그 대가로 보수를 받는 경우에는 근로자에 해당한다(대법 2003. 9. 26. 2002다64681).

27) 실제로 임원의 지위를 부여받고 있지만, 근로자로서의 지위를 겸하고 있는 근로자 겸 임원도 적지 않게 발견된다.

5.4 취업자의 협의 및 참가

조직은 OHSMS의 개발, 계획, 실시, 성과평가 및 개선을 위한 조치에 대하여 적용 가능한 모든 계층과 부서의 취업자 및 취업자대표(있는 경우)와의 협의 및 참가를 위한 프로세스를 수립, 이행, 유지하여야 한다.

(후략)

여기에서 협의 및 참가의 의미에 대해 설명한다. ISO 45001에서는 협의 및 참가를 정의하고 있는데, 모두 취업자가 결정과정에서 협의에 응하거나 참가하는 것을 의미하고 있다.

3.4 참가(participation)

의사결정에 대한 관여

참고: 참가에는 안전보건에 관한 위원회 및 취업자대표(있는 경우)를 관여시키는 것을 포함한다.

3.5 협의(consultation)

의사결정을 하기 전에 의견을 구하는 것

참고: 협의에는 안전보건에 관한 위원회 및 취업자대표(있는 경우)를 관여시키는 것을 포함한다.

6) 2종류의 리스크와 기회

(1) 부속서 SL 공통 텍스트의 요구

ISO 45001 조문 6.1.1에서

"조직은 대처할 필요가 있는 OHSMS 및 그 의도하는 결과에 대한 리스크와 기회를 결정할 때에는 다음 사항을 고려에 넣어야 한다. (중략)

• 산업안전보건 리스크 및 기타 리스크
• 산업안전보건 기회 및 기타 기회"

라고 요구하면서 2종류의 리스크와 기회를 규정하고 있다.

PC 283에서는 기회가 있을 때마다 '리스크와 기회'가 하나의 논점으로 집중적인 논의의 대상이 되었다. 그 골자는 규격 사용자에게 알기 쉬운 것으로 해야 한다는 것이고, 2종류의 '리스크와 기회'를 '산업안전보건 리스크 및 기회' 1종류로 줄여야 한다는 의견도 있었지만 채택되지는 않았다. 즉, 'OHSMS에 대한 기타 리스크와 기회'를 삭제하자는 제안이 있었지만 부속서 SL 공통 텍스트를 준수해야 한다는 이유로 채택되지 않았다.

그 결과, ISO 45001 조문 3.20(리스크)에는 참고 5가 추가되었다.

"참고 5: 이 규격에서 '리스크와 기회'라는 용어를 사용하는 경우 이는 관리시스템에 대한 산업안전보건 리스크(3.21)와 기회(3.22) 및 기타 리스크와 기회를 의미한다."

즉, 이 참고 5에는 2종류의 리스크와 기회, 즉 "관리시스템에 대한 산업안전보건 리스크, 산업안전보건 기회"와 또 하나인 "관리시스템에 대한 기타 리스크와 기회"가 명기되었다.

(2) 관리시스템에 대한 기타 리스크와 기회

'관리시스템에 대한 기타 리스크와 기회'는 ISO 45001 조문 4.1(조직 및 그 상황의 이해), 조문 4.2(취업자 및 기타 이해관계자의 수요 및 기대의 이해)에서 특정한 '조직 상황에 관한 과제', '이해관계자의 수요 및 기대로부터의 요구사항' 그리고 조문 4.3(OHSMS의 적용범위의 결정)에서 명확히 한 '조직의 OHSMS의 적용범위'를 검토한 '리스크와 기회'를 의도하고 있다. 조문

6.1.1에는 경영적 관점에서 OHSMS를 계획할 때에 "무엇을 고려할 필요가 있는지"가 규정되어 있다. "다음 사항을 위하여"로서 3가지 항목을 경영적 관점으로 규정하고 있다.

a) OHSMS가 그 의도하는 결과를 달성할 수 있다고 하는 확신을 준다.
b) 바람직하지 않은 영향을 방지하거나 저감한다.
c) 계속적 개선을 달성한다.

조문 6.1.1에서 결정한 리스크와 기회는 조문 6.1.4에서 요구되고 있는 '조치의 계획수립'에 근거하여 실행계획으로 구체화시켜야 한다. 이 실행계획은 조문 8.1(운영적 계획 및 관리)에서 현장 차원의 실시계획으로서 전개되고, 관리시스템의 프로세스에 통합하는 방식으로 실시된다.

이 '기타 리스크와 기회'는 '산업안전보건 리스크' 및 '산업안전보건 기회'와는 달리 경영의 관점에서 본 OHSMS에 대한 리스크와 기회를 의도하고 있다. 예를 들면 다음과 같다.

① OHSMS에 대한 기타 리스크의 예

- 산업안전보건의 불충분한 상황 분석
- 사업 프로세스에서의 불충분한 산업안전보건에 관한 고려
- 산업안전보건에 대한 재원, 인적 자원의 결여
- 주요한 직책에서의 산업안전보건의 낮은 수준의 연속성
- 최고경영진의 산업안전보건에 대한 낮은 관심
- 평판을 떨어뜨리는 낮은 수준의 산업안전보건 성과

② OHSMS에 대한 기타 기회의 예

- 최고경영진에 의한 OHSMS에 대한 지원

• 사고조사 프로세스의 개선
• 취업자의 협의와 참가의 개선
• 산업안전보건 성과의 연간 시계열 분석
• 안전보건활동 경진대회 실시

ISO 45001은 전문적, 통계적, 과학적인 '리스크' 분석까지는 의도하고 있지 않다. '기회(opportunity)'는 '리스크'의 반대개념은 아닌 것에도 주의가 필요하다. ISO 45001에 '리스크'는 정의되어 있지만, '기회'의 의미는 정의되어 있지 않아 사전(dictionary)의 의미에 따른다. 일반적으로 리스크와 기회는 세트로 하나의 구(phrase)처럼 사용되고 있다. 이 2가지 용어는 대립개념은 아님에도 불구하고, '리스크와 기회'로 세트로서 표현되고 있는 것은 마이너스의 영향을 주는 것과 플러스의 영향을 줄 가능성이 있는 것을 쌍(pair)으로 폭넓게 생각하는 것이 바람직하기 때문이다. "위기 속에 기회가 있다."는 말과 통하는 개념이다. 리스크가 결정되면 기회의 많은 것은 그것에 대한 대응을 생각하는 중에 찾아낼 수 있다.

리스크와 기회에 대처하는 계획을 수립하는 요구의 의도는 조직의 상황을 토대로 가능한 범위의 정보에 의해 일어날 수 있는 시나리오와 그것이 초래할 수 있는 결과를 예상하고, 바람직하지 않은 영향이 발생하기 전에 대응책을 취하여 예방하는 것이다.

나아가 잠재적인 편익, 유익한 성과를 가져오는 바람직한 조건, 상황을 찾고, 그러한 추구해야 할 것에 적극적으로 대응하는 것이다.

조문 6.1.4는 필요하거나 유익하다고 생각되는 조치를 어떤 식으로 OHSMS 프로세스에 반영하고 조직 내에서 이행할 것인지 그 방법의 모색을 요구하고 있다. 조문 6.1.4의 '조치의 계획수립'은 '관리시스템에 대한 기타 리스크와 기회'뿐만이 아니라 '산업안전보건 리스크'와 '산업안전보건 기회'에도 요구된다.

(3) 의도하는 결과를 지지하는 문화

ISO 45001에는 이것의 전신인 OHSAS 18001에는 거의 기술되지 않았던 '문화(culture)'라는 말이 아래와 같이 여섯 군데 등장한다.

① **0.3**(성공을 위한 요인): b) OHSMS가 의도하는 결과를 지지하는 문화를 최고경영진이 조직 내에서 형성하고 주도하며 촉진하는 것
② **0.3**(성공을 위한 요인): 조직의 상황(예: 취업자의 수, 규모, 입지, 문화, 법적 및 기타 요구사항)
③ **5.1**(리더십 및 의지): j) OHSMS가 의도하는 결과를 지지하는 문화를 조직 내에서 형성하고 주도하며 추진한다.
④ **6.1.2.1**(위험원 파악): a) 작업의 편성방법, 사회적 요인(작업부하, 작업시간, 학대, 괴롭힘, 따돌림을 포함한다), 조직의 리더십 및 문화
⑤ **7.4.1**(일반): 조직은 커뮤니케이션의 필요성을 검토할 때 다양성의 측면(예를 들면, 성별, 언어, 문화, 학식, 장해)을 고려하여야 한다.
⑥ **10.3**(계속적 개선): b) OHSMS를 지지하는 문화를 추진한다.

안전문화에 대해서는 IAEA(International Atomic Energy Agency: 국제원자력기구)에 명확한 생각이 있으므로 그것을 참조할 필요가 있다(IAEA-TECDOC-1329). 논의 결과, ISO 45001에서는 문화의 초점을 OHSMS의 '의도하는 결과를 지지하는 문화, OHSMS를 지지하는 문화'에 두게 되었다.

참고로 IAEA-TECDOC-1329에는 문화의 레벨에 대하여 다음과 같은 설명이 있다. 문화에는 명확히 보이는 것에서부터 보이지 않는 것까지 여러 가지 것이 내포되어 있다. 표 3은 문화를 구성하는 다양한 사항을 설명하고 있다.

●— **표 3. 문화를 구성하는 3가지 수준**[28)]

구분	내용
1. 인공의 산물	• 가시적이고 만질 수 있는 구조와 프로세스 • 관찰된 행동 – 해독하는 것이 어려움
2. 신봉되는 신조와 가치관	• 이상, 목표, 가치관, 열망 • 이데올로기(이념) • 합리화 – 행동, 기타 인공 산물과 합치하는 것도 그렇지 않은 것도 있음
3. 기본적인 내재적 전제인식	• 의식되지 않고 당연한 것으로 받아들여지는 신념과 가치관 – 행동, 인지, 사고 및 감정을 결정함

좋은 작물을 기르기 위해서는 비옥한 토양이 필요한 것처럼, 안전보건관리시스템을 개선하기 위해서는 안전문화를 조성하는 것이 불가결하다.

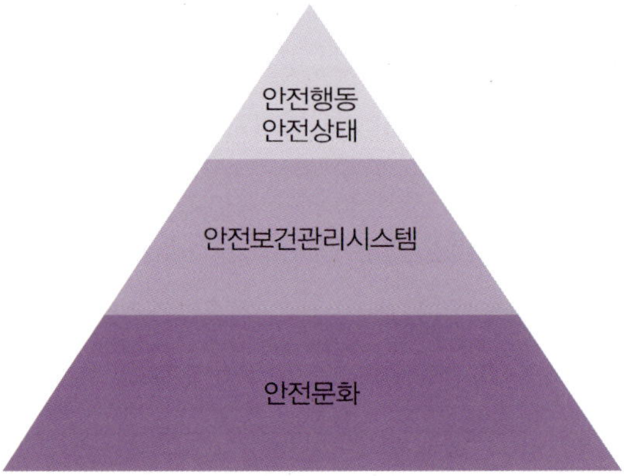

●— **그림 3. 안전문화와 안전보건관리시스템**

28) Edgar H. Schein, *Organizational Culture and Leadership*, 5th ed., Wiley, 2017, p. 18 참조.

4. 인증제도의 개요와 동향

ISO 45001이 보류되던 중 책정된 컨소시엄 OHSAS 18001을 기준규격으로 하는 심사등록제도는 국제적으로 확립되어 있는 ISO의 기존 관리시스템(품질, 환경)의 심사등록제도를 준용하는 형태로 정비되었다.

OHSAS 18001을 기준규격으로 하는 심사등록제도는 관리시스템의 인증제도로서 다음 4가지를 기본으로 하고 있는데, ③, ④가 일부 미정비된 상태로 추진되어 왔다.

① 민간 주도의 임의제도이다.
② CASCO[적합성평가(관리시스템 인증기관에 대한 요구사항)위원회: ISO 특별위원회]가 정하고 있는 요구사항(ISO/IEC 17021-1:2006)[29]에 준거한다.
③ 심사등록기관(certification body: 인증기관)용, 요원평가등록기관용, 심사원연수기관용 등의 인정(승인)기준이 있다.
④ 인정기관(accreditation body)은 관계기관[심사등록(인증기관)기관, 심사원평가등록기관]의 인정(승인)을 실시하고 있다.

심사등록기관(인증기관)의 인정에 대해서는 JAS-ANZ(Joint Accreditation System of Australia and New Zealand: 호주·뉴질랜드 공동인정시스템)가 1998년 OHSMS 인증기관에 대한 인정을 시작하였다. 그리고 RvA[Raad van Accreditatie(Dutch Accreditation Council): 네덜란드 인정기관]도 2001년부터 OHSMS 인증기관에 대해 인정을 개시하였다.

---

29) ISO/IEC 17021-1:2006은 폐지되고 ISO/IEC 17021-1:2015(Conformity assessment — Requirements for bodies providing audit and certification of management systems — Part 1: Requirements)로 대체되었다.

OHSAS 18001로부터 ISO 45001로의 이행에 대해서는 IAF(The International Accreditation Forum: 국제인정기구포럼)에서 가이드를 발표하여 이를 촉진한 바 있다.

한편, OHSMS는 국내외적으로(특히 국내에서) 산업안전보건의 향상이라는 본래의 목적을 일탈한 채 '인증'을 취득하여 보증받는다고 하는 본말전도의 방향으로 치닫는 폐해가 발생하고 있다. 인증 취득과 유지를 위한 비용이 많이 드는 것도 문제이다.

ISO를 리드하고 있는 것은 적어도 관리시스템과 관련해서는 민간의 인증기관, 특히 국제적으로 판로를 넓히고 있는 대규모 인증기관이라는 사실로부터 추측할 수 있듯이, OHSMS 인증에 상업 기반의 색채가 강하게 배어 있는 것은 부정할 수 없다.

영국 산업안전보건청(Health and Safety Executive: HSE)은 대부분의 소규모업체, 리스크가 낮은 업체는 정식의(formal) 안전보건관리시스템을 필요로 하지 않고, 간단한 Plan-Do-Check-Act 접근을 따름으로써 사업장에서의 안전보건을 효과적으로 관리할 수 있다는 입장을 취하고 있다(Introduction to managing health and safety).

안전보건관리시스템 인증 이대로 좋은가[30)]

안전보건관리(경영)시스템(OSHMS)이 요구사항(requirement) 준수보다는 인증을 중심으로 구축·운영되고 있는 것이 사회적으로 큰 문제가 되고 있다. 중대재해처벌법에서 안전보건관리시스템에 해당하는 '안전보건관리체계'를 강제하다 보니 안전보건관리시스템 인증기관에 의한 인증이 더 기승을 부리고 있다.

문제는 인증기관과 심사원(컨설턴트)이 안전보건관리시스템 구축·운영에 대한 전문성과 진정성이 태부족하다는 점이다. 특히 ISO 45001 인증기관 심사원은 산업안전보

30) 정진우, 안전저널, 2023. 12. 29.

건에 대한 경험과 이론적 지식 어느 하나도 제대로 갖추지 못한 사람들이 대부분이다. KOSHA-MS 심사원(컨설턴트)은 ISO 45001의 그것보다는 낫지만 이들 또한 불과 4일 정도의 교육을 받고 간단한 시험만 보면 자격 취득을 할 수 있다 보니, 안전보건관리시스템의 내용(요구사항)을 제대로 학습한 적이 없어 그 이해도가 많이 떨어지기는 크게 다르지 않다.

ISO 45001 인증기관이 염불에는 관심 없고 잿밥에만 관심을 보이는 것은 어제오늘 일이 아니다. 안전보건관리시스템의 정상화를 위해서는 근본적으로 메스를 가해야 한다. 이 문제가 오래전부터 지속되어 온 문제이고 최근 중대재해처벌법을 기회로 더 확산되고 있는 상태라는 점을 정부도 모르지 않을 것이다. 그런데 정부는 이처럼 문란한 안전보건관리시스템 인증시장을 정비하겠다는 비전과 전략을 제시한 적이 없다. 안전보건관리시스템의 내실화보다는 중대재해처벌법으로 안전보건관리시스템을 기업에 강제하여 처벌하는 것에 안주하고 있는 것은 아닌지 의구심마저 든다.

안전보건관리시스템 인증이 산업안전보건의 실질적인 향상에는 도움이 되지 못하고 서류작성만을 조장하고 있다는 것이 산업현장에 널리 알려진 사실이다. 산업안전보건 컨설팅이 돈벌이 수단으로 전락한 대표적인 사례이다. 현재처럼 운영된다면 안전보건관리시스템 인증은 없느니보다 못하다고 할 수 있다.

ISO 45001 인증기관에 전문성과 진정성이 없다 보니 안전보건관리시스템을 구축할 능력과 준비가 되어 있지 않은 업체, 특히 중소기업에 인증을 맹목적으로 '판매'하고 있는 실정이다. 한마디로 안전보건관리시스템을 사고팔고 있는 것이다. 이러한 현상은 선생님이 초등학생에게 대학생이나 풀 수 있는 미적분 과제를 맡긴 것으로도 비유할 수 있다. 초등학생은 어떻게든 그 문제를 풀어 제출하겠지만 답을 베끼는 방식으로 문제풀이를 할 것이다. 초등학생의 학습역량에는 하등의 도움이 되지 못할 것이라는 점은 불을 보듯 훤하다. 도움이 되지 않는 것으로 그치는 것이 아니라 산업안전보건에 미치는 폐해마저 적지 않다.

대부분의 중소기업의 경우 안전보건관리시스템 인증을 받으라고 할 것이 아니라 기업의 형편과 준비상태에 따라 안전보건관리시스템의 요구사항을 부분적으로 도입하여 적용하도록 하는 것이 바람직하다. 기업의 실정을 고려하지 않고 인증을 받으라고 하는 것은 안전보건관리시스템에 요구되는 문서와 실제 간의 괴리를 심화시키는 일이다. 게다가 인증 받은 업체 종업원의 산업안전보건에 대한 냉소적 반응을 조장하기까지 한다.

안전보건관리시스템 인증기관은 인증을 받기만 하면 중대재해처벌법 처벌을 피할 수 있는 것처럼 허황되거나 과장된 홍보까지 하고 있다. 중대재해처벌법 시행으로 한껏 고조된 기업들의 산업안전보건에 대한 공포감을 이용하여 기업의 산업안전보건 실정을 고려하지 않고, 나아가 기업의 안전보건역량을 올릴 생각은 하지 않은 채 안전보건관리시스템 인증 장사에만 열을 올리고 있는 것이다. 안전보건관리시스템 인증기관의 대대적인 반성과 혁신이 필요한 대목이다.

중대재해처벌법을 계기로 전문성이 의심되는 산업안전보건 컨설팅기관이나 컨설턴트들이 무분별하게 생겨나고 있다. 이를 바로잡기 위해서는 고도의 전문성이 요구되는 안전보건관리시스템 인증시장부터 정화될 필요가 있다. 이 문제를 해결할 수 있는 것은 인증기관을 관리하는 인정기관도 아니고 산업안전보건공단도 아니다. 이들은 권한도 없지만 이해관계 때문에도 기대난망이라고 할 수 있다. 정부만이 할 수 있는 일이다. 정부의 존재 이유를 보여줄 수 있는 좋은 기회이다. 우리나라 산업안전보건 시장의 건전한 발전을 위해서라도 더 이상 실기(失期)하지 않기를 간절히 바란다.

5. 중소기업의 ISO 45001 활용방법

1) ISO 45001 개발 시 중소기업에 대한 배려

중소기업에서는 일반적으로 ISO 규격, 인증제도에 대한 기본적 지식이 부족하고, 법적 요구사항에의 대응이 고작이며, 관리시스템의 구축·운영 등에 대응할 수 있는 사람도 적다. 그리고 규격의 요구에서는 문서, 기록의 작성이 요구되지만, 서류의 작성은 복잡하고 준비, 실시 등에 시간이 적지 않게 걸린다. 게다가, (실질적인) 인증을 받는 것은 비용, 시간 등의 문제도 있고, 조달조건, 수주조건이 아닌 한 경영에서 우선사항이 되기는 어렵다. 더욱이 사고도 발생하지 않는 경우에는 당장은 안전보건 분야에 투자하는 것을 주저하게 된다. 이러한 경향은 기업의 규모가 작을수록 두드러지게 나타난다.

중소기업의 상황에 대하여 ISO 45001을 개발한 ISO/PC 283에서도 중소기업에 대해서는 안전보건에 대한 우선성은 대체로 떨어진다는 인식을 제시하였다. 그리고 ISO/PC 283 사무국은 2014년 5월에 ISO/PC 283 참가자로 중소기업 관계자의 참가에 대한 배려를 각국에 요청하기도 하였다.

규격 개발의 과정에서는 각국으로부터 중소기업을 의식한 각종의 수정 코멘트가 제출되었고, ISO 45001 최종규격안에는 전체적으로 중소기업의 상황을 배려한 내용이 적지 않게 반영되었다.

2) ISO 45001의 활용

ISO 45001은 관리시스템의 공통 텍스트를 채용하고 있기 때문에, 경영자가 혼자서 대처하는 경우가 많은 경영적인 과제에 관련된 요구사항도 포함하고 있다. 경영적인 과제는 중소기업에서는 평상시 의식은 하고 있어도 특별히 명시화하고 있지 않은 경우가 많다.

한편, 기업은 어떤 규모라도 존속하고 있는 이상은 현장의 안전보건 확보를 위하여, 설령 그것이 문서화되어 있지 않더라도 무언가의 관리활동이 이루어지고 있고, ISO 45001은 그것을 체계화한 것을 많이 포함하고 있다. 그것을 한 번에 대처하는 것이 곤란하면, 조금씩이라도 대처하는 것을 생각해 볼 수 있다.

ISO 45001은 적용범위(제1절)에서 "이 규격은 OHSMS를 체계적으로 개선하기 위하여 전체적으로 또는 부분적으로 이용될 수 있다."라고 말하고 있다. 그리고 서문 0.5에는 "부속서 A는 이 요구사항에 대한 정보제공적 해설을 제시하고 있다."고도 설명하고 있는바, 규격의 이해를 돕기 위한 수단이자 중소기업의 이용을 돕고자 하는 의도가 있다.

그리고 ISO 45001 서문 0.5에서는 이 규격에 대한 적합성의 증명을 외부기관에 의한 인증(certification)만으로 한정하고 있는 것은 아니고, 인증보다 덜 부담스러운 방법(자기선언, 조직의 이해관계자에 의한 확인, 자기선언에 대해 조직 외부의 당사자에 의한 확인)으로 할 수 있다고 설명하고 있다.

따라서 중소기업은 ISO 45001을 먼저 '기술서'로 파악한 다음 현장의 안전보건관리의 구조를 '가시화'한다. 그것이 정착하면, 보다 효과적인 대처를 위하여 규격의 현장관리 부분의 상세한 내용에 대한 대응을 하고,

기대하는 효과가 나오고 있는지를 검증하는 것이 가능하도록 한다. 나아가, 이 규격의 특징이기도 한, 경영적인 과제에도 대처하는 구조로 해두면, 언제라도 필요한 때에 인증을 취득하는 것도 가능한 체제가 된다.

3) 단계별 대처방안 제안

(1) 단계 1: 기본적인 조치를 이해한다

ISO 45001의 OHSMS에는 다음과 같은 특징적인 포인트가 있다.

- 최고경영진의 적극적 관여
- 전원 참가
- 절차와 기록의 정비

이 중에서도 최고경영진의 관여는 산업안전보건에 관하여 이미 폭넓게 이해되고 있는 것의 하나이다. 관여의 최소한의 실증방법으로서 ISO의 각종 관리시스템 규격은 최고경영진에게 방침에 서명하여 이를 제시할 것을 요구하는데, 그 점은 ISO 45001도 마찬가지이다. 이 방침에 따라 위험성평가에 기초하여 리스크를 저감하기 위하여 본질적·공학적 대책을 실시하고, 종업원의 일상적 활동에서도 안전관리를 할 필요가 있다는 점은 일부 중소기업에서도 이해되고 있다. 이 단계에서는 종래의 안전보건관리를 ISO 45001 규격의 조항과 대비시켜 최저한의 문서, 기록의 정비로 대응할 수 있다.

단계 1: 기본적인 조치를 이해한다

OHSMS를 의식하고, CEO가 방침을 제시하며, 이를 목표 등에 반영하는 한편, PDCA를 돌려 확실하게 실시하고, 안전보건수준을 향상시킨다.

- 산업안전보건 방침

- 위험원 파악 및 산업안전보건 리스크의 평가
- 법적 및 기타 요구사항의 결정
- 산업안전보건 목표 및 그것의 달성을 위한 계획수립

---

(2) 단계 2: 기본적인 조치를 효과적으로 행한다

다음으로 전원 참가를 위한 체제의 구축, 취업자의 의견 반영을 규격에 따라 강구할 필요가 있다. 경영자, 관리·감독자가 혼자서 조치하는 것으로는 특정인의 부담이 많고, 조치의 효과도 크지 않을 것이다. 전원이 주인의식을 가지고 노력해 가는 것으로 직장의 단결력도 높아지고, 안전에 대한 긍정적 영향도 기대할 수 있다.

그리고 그것을 위한 절차, 기록을 정비하는 것으로 신규채용자 교육, 절차의 공통이해, 휴먼에러 방지 등에 효과를 기대할 수 있다. 기록은 활동을 실증할 뿐만 아니라, 활동이 형해화하거나 퇴보하는 것을 방지하는 중요한 수단이 될 수 있다.

게다가 긴급상황 시 대응 검토, 산업재해 발생원인의 조사를 거듭하면서 이를 일상관리에 반영하면 안전관리는 수세적인 대응에서 공세적인 대응이 된다.

단계 2: 기본적인 조치를 효과적으로 행한다

조직의 모든 계층과 부서의 구성원이 안전보건에 참가하는 구조가 효과적으로 작동되도록 관리하는 체제를 강구하여 이를 실행에 옮긴다.

- 조직의 역할, 책임 및 권한
- 취업자의 협의 및 참가
- 커뮤니케이션
- 역량, 인식(교육)
- 문서화된 정보(문서 및 기록)
- 운영적 계획 및 관리
- 긴급상황 시 대비 및 대응
- 성과평가
- 사고, 부적합 및 개선조치

---

(3) 단계 3: 구조를 개선한다

단계 2까지의 '안전보건관리활동'을 OHSMS로 확충하는 것이 구조의 개선활동이다. 조직적 개선을 위하여, 내부감사, 최고경영진에 의한 경영진 검토에 대처하는 것이 ISO 45001 규격에서도 요구되고 있다.

내부감사는 흠잡기가 되어서는 안 되고 시스템의 개선을 위한 문제를 검출하는 것이 중요하다. 검출된 문제를 바람직한 상태로 수정하고 재발 방지를 도모하는 한편, 동일한 문제가 다른 부서, 공정에도 있으면 아울러 전체적인 대책을 강구함으로써 직장 전체의 개선으로 연결시켜 나간다.

단계 3: 구조를 개선한다

단계 1, 2의 운영 후 기대하는 충분한 산업재해 방지의 효과가 나오고 있는지를 검증하고, 개선이 필요한 경우에는 시스템감사 결과에 근거하여 개선한다.

- 준수평가
- 경영진 검토
- 내부감사
- 개선

---

4) 중소기업에 대한 기회

중소기업이 갖는 산업안전보건에 대한 '리스크'를 살펴보면, 산업재해 증가, 중대사고 발생으로 조업정지·업무지연 등에 따른 업무부진, 회사 이미지 실추, 종업원의 이직 등 어렵지 않게 상정할 수 있는 것이 많다. 그러나 산업안전보건에 대한 '기회'의 경우에는 무엇을 가리키는지 알기 어렵다. 특히 중소기업이 이 규격에 근거한 시스템을 구축하고자 할 때 주저하는 하나의 요인이 될 수 있다.

이미 잘 알려져 있는 품질관리시스템(Quality Management System: QMS), 환경관리시스템(Environment Management System: EMS)에서도 '기회'라는 용어가 사용되고 있다. '기회'는 한마디로 향상 또는 개선의 찬스라고 이해하면 된다.

ISO 45001 Annex(부속서) A는 A.6.1.1에서 '산업안전보건 기회'와 '기타 기회'에 대해 다음과 같이 설명하고 있다.

A.6.1.1 일반

(중략)

산업안전보건 성과를 향상시키는 산업안전보건 기회의 예로는 다음과 같은 것이 있다.

a) 검사 및 기능의 감사

b) 작업 위험원 분석(작업 안전성 분석) 및 직무 관련 평가

c) 단조로운 노동 또는 잠재적으로 위험한 사전 결정된 작업속도에 의한 노동을 경감하는 것에 의한 산업안전보건 성과의 향상

d) 작업의 허가, 기타의 승인 및 관리방법

e) 사고 및 부적합의 조사, 개선조치

f) 인간공학적 평가 및 기타 부상 방지 관련 평가

산업안전보건 성과를 향상시키는 기타 기회의 예로는 다음과 같은 것이 있다.

- 시설 이전, 프로세스 재설계 또는 기계·설비의 교환에 대한 시설, 설비 또는 프로세스 계획의 라이프사이클 초기단계에서 산업안전보건의 요구사항을 통합(반영)하는 것
- 신기술을 사용하여 산업안전보건 성과를 향상시키는 것
- 요구사항을 상회하여 산업안전보건에 관한 역량을 넓히는 것 또는 취업자가 사고를 지체 없이 보고하도록 장려하는 것 등에 의해 산업안전보건문화를 개선하는 것
- 최고경영진에 의한 OHSMS에 대한 지원의 가시성(可視性)을 높이는 것
- 사고조사 프로세스를 개선하는 것
- 취업자의 협의 및 참가 프로세스를 개선하는 것
- 조직의 과거 성과 및 다른 조직의 과거 성과를 모두 고려하는 것을 포함하여 벤치마킹하는 것
- 산업안전보건을 다루는 주제에 초점을 맞춘 포럼에서 협력하는 것

(후략)

ISO 45001은 인증에도 사용할 수 있는 규격으로서 작성되어 있지만, 인증 취득은 중소기업에는 경제적으로도 시간적으로도 상당한 부담이 된다. 그러나 이 규격은 새로운 관점에서의 산업안전보건관리에 대처하기 위한

'지침'으로서도 사용이 가능하다. 즉, 중소기업 입장에서 아직 인증을 받을 형편이 되지 않았다고 하더라도, 이 규격은 사업장에서 안전보건관리를 하는 데 중요한 가이드라인 역할을 할 수 있다.

자칫하면 안전보건활동은 일상적으로 실시하는 것이어서 '자기만족'에 빠지는 활동이 되기 쉽다. 중소기업에서도 ISO 45001이 제정된 것을 하나의 기회로 파악하고, 외부의 조언과 지적도 적극적으로 받아들여 안전보건활동을 활성화하는 기회로 삼을 필요가 있다.

한편, OHSMS 인증은 임의의 제3자 평가활동이지만, 법령 준수는 중소기업에 대해서도 당연한 전제조건이므로, 중소기업에서는 최소한 이들 법적 요구사항에 대응한 활동이 어쨌든 요구된다. 따라서 인증이라는 제3자 평가활동을 법령 준수를 확실히 하는 기회로 삼을 수도 있다.

6. ISO 45001:2018과 OHSAS 18001:2007의 비교

ISO 45001:2018과 OHSAS 18001:2007을 비교하면 다음과 같은 차이가 있다.

① OHSAS 18001:2007은 ISO 9001, ISO 14001과의 정합성을 도모했지만, ISO 45001은 공통 텍스트의 출현에 의해 그 탄생부터 ISO 9001, ISO 14001뿐만 아니라 다른 관리시스템 규격 전체와 정합하고 있다.

② OHSAS 18001:2007은 산업안전보건에만 초점을 맞추고 있어 산업안전보건 리스크만을 취급하고 있지만, ISO 45001:2018은 공통 텍스트의 요구인 OHSMS에 대한 기타 리스크 및 기회까지를 취급하고 있다.

③ OHSAS 18001:2007은 부속서 SL 발행(2012년) 이전의 규격이고, 산업안전보건에 특화되어 있으므로, 산업안전보건 리스크에 대해서는 참고해야 할 것이 많다.

ISO 45001:2018과 OHSAS 18001:2007의 비교를 아래 표에 제시한다.

표 4. ISO 45001:2018과 OHSAS 18001:2007의 비교표

ISO 45001:2018	OHSAS 18001:2007
머리말 서문	서문
0.1 배경	
0.2 OHSMS의 목적	
0.3 성공요인	
0.4 계획–실행–확인–개선 사이클	
0.5 이 규격의 내용	
1. 적용범위	1. 적용범위
2. 인용규격	2. 참고출판물
3. 용어 및 정의	3. 용어 및 정의
4. 조직의 상황 4.1 조직 및 그 상황의 이해 4.2 취업자 및 기타 이해관계자의 수요 및 기대의 이해	없음
4.3 OHSMS의 적용범위의 결정	4 OHSMS 요구사항 4.1 일반요구사항(적용범위의 결정 부분)
4.4 OHSMS	4.1 일반요구사항
5. 리더십 및 취업자 참가 5.1 리더십 및 의지	4.4 실시 및 운영 4.4.1 자원, 역할, 실행책임, 결과책임 및 권한
5.2 산업안전보건 방침	4.2 산업안전보건 방침
5.3 조직의 역할, 실행책임 및 권한	4.4.1 자원, 역할, 실행책임, 결과책임 및 권한
5.4 취업자의 협의 및 참가	4.4.3.2 참가 및 협의
6. 계획 6.1 리스크와 기회에 대처하기 위한 조치 6.1.1 일반	없음
6.1.2 위험원 파악 및 리스크와 기회의 평가 6.1.2.1 위험원 파악	4.3 계획 4.3.1 위험원 파악, 위험성 평가 및 관리방안의 결정(위험원 파악 부분)
6.1.2.2 OHSMS에 대한 산업안전보건 리스크 및 기타 리스크의 평가	4.3.1 위험원 파악, 위험성 평가 및 관리방안의 결정(위험성 평가 부분)
6.1.2.3 OHSMS에 대한 산업안전보건 기회 및 기타 기회의 평가	없음

(계속)

ISO 45001:2018	OHSAS 18001:2007
6.1.3 법적 및 기타 요구사항의 결정	4.3.2 법적 및 기타 요구사항
6.1.4 조치의 계획수립	4.3.1 위험원 파악, 위험성 평가 및 관리방안의 결정(관리방안의 결정 부분) 4.4.6 운영적 관리[시스템에의 통합(반영) 부분]
6.2 산업안전보건 목표 및 그것을 달성하기 위한 계획수립 6.2.1 산업안전보건 목표	4.3.3 목표 및 실시계획
6.2.2 산업안전보건 목표를 달성하기 위한 계획수립	4.3.3 목표 및 실시계획
7. 지원 7.1 자원	4.4.1 자원, 역할, 실행책임, 결과책임 및 권한
7.2 역량	4.4.2 역량, 교육훈련 및 인식
7.3 인식	4.4.2 역량, 교육훈련 및 인식
7.4 커뮤니케이션 7.4.1 일반 7.4.2 내부 커뮤니케이션 7.4.3 외부 커뮤니케이션	4.4.3 커뮤니케이션, 참가 및 협의 4.4.3.1 커뮤니케이션
7.5 문서화된 정보 7.5.1 일반	4.4.4 문서류
7.5.2 작성 및 변경	4.4.5 문서관리(갱신, 승인 부분)
7.5.3 문서화된 정보의 관리	4.4.5 문서관리
	4.5.4 기록의 관리
8. 운영 8.1 운영적 계획 및 관리 8.1.1 일반	4.4.6 운영적 관리(절차, 기준 부분)
8.1.2 위험원 제거 및 산업안전보건 리스크 저감[31]	4.4.6 운영적 관리(관리방안 부분)
8.1.3 변경 관리	4.3.1 위험원 파악, 위험성 평가 및 감소조치의 결정(변경 관리 부분) 4.4.6 운영적 관리(변경 관리 부분)

(계속)

31) 위험원은 제거(eliminating)할 수 있지만, 위험원의 리스크(위험성)는 제로가 될 수 없으므로(절대안전은 있을 수 없으므로) 저감(reducing)할 수 있을 뿐이다. 따라서 위험원에 대해서는 '제거'라는 표현을 사용하고, 리스크에 대해서는 '저감(또는 감소)'이라는 표현을 사용하는 것이다.

ISO 45001:2018	OHSAS 18001:2007
8.1.4 조달 8.1.4.1 일반 8.1.4.2 수급인 8.1.4.3 외부위탁	없음
8.2 긴급상황 대비 및 대응	4.4.7 긴급상황 대비 및 대응
9. 성과평가 9.1 모니터링, 측정, 분석 및 성과평가 9.1.1 일반	4.5 점검 4.5.1 성과측정 및 모니터링
9.1.2 준수평가	4.5.2 준수평가
9.2 내부감사 9.2.1 일반	4.5.5 내부감사
9.2.2 내부감사 프로그램	4.5.5 내부감사(감사프로그램 부분)
9.3 경영진 검토	4.6 경영진 검토
10. 개선 10.1 일반	없음
10.2 사고, 부적합 및 개선조치	4.5.3 사고조사, 부적합, 개선조치 및 예방조치 4.5.3.1 사고조사 4.5.3.2 부적합, 개선조치 및 예방조치
10.3 계속적 개선	4.1 일반요구사항 4.6 경영진 검토

OHSAS 18001:2007의 리스크(위험성)에 관한 용어에는 ISO 45001:2018에는 규정되어 있지 않은 용어가 있다. 조직이 산업안전보건을 추진하는 데 참고가 될 수 있어 이를 소개한다.

1) 수용 가능한 리스크

3.1 수용 가능한 리스크(acceptable risk)

법적 의무 및 스스로의 산업안전보건 방침(3.16)에 비추어 조직에 의해 허용할 수 있는 수준(level that can be tolerated)까지 저감된 리스크

'수용 가능한 리스크(acceptable risk)'라는 용어는 1999년판의 '허용 가능한 리스크(tolerable risk)'라는 용어에서 치환된 것이다. '수용 가능한 리스크'란, 조직이 그 법적 의무, 산업안전보건 방침 및 목표에 대하여 상정한 리스크 수준까지 끌어내려진 리스크를 말한다.

2) 리스크

3.21 리스크

위험한 사건(hazardous event) 또는 노출(exposure)의 발생 가능성과 그 사건 또는 노출로 야기될 수 있는 부상 또는 건강장해(3.8)의 중대성의 조합

OHSAS 18001의 '리스크' 정의는 ISO 45001의 '산업안전보건 리스크'(조문 3.21) 정의와 거의 동일하다.[32] ISO 45001에서는 '리스크'를 "불확실성의 영향"(조문 3.20)이라고 정의하고, 종래부터 사용하여 온 리스크는 '산업안전보건 리스크'라고 정의하면서, '리스크'와 '산업안전보건 리스크'를 구분하여 사용하고 있다.

3) 위험성(리스크) 평가

3.22 위험성 평가(risk assessment)

기존의 모든 관리방안(감소조치, control)의 적절성을 고려하여 위험원으로부터 발생하는 리스크(3.21)를 측정하고(evaluate) 리스크가 수용될 수 있는지 여부를 결정하는 프로세스

ISO 45001에는 없는 정의이다.

32) ISO 45001에는 '위험한 사건 또는 노출'이라는 단어 앞에 '작업 관련(work-related)'이라는 수식어가 있지만, OHSAS 18001에는 그것이 없다는 차이가 있을 뿐이다.

7. ISO 45001:2018과 ILO OSHMS의 비교

ILO OSHMS에 관한 가이드라인(ILO-OSH 2001)의 작성 의도가 서문에 이하와 같이 제시되어 있다.

"조직(organization)[33] 차원에서의 위험원과 리스크의 저감 및 생산성 향상에 관련된 OSHMS를 도입하는 것의 긍정적 효과에 대해서는 현재 정부, 사용자 및 근로자에 의해 인식되고 있다. 이 OSHMS에 대한 가이드라인은 ILO 3자 구성의 각 구성원에 의해 국제적으로 합의되어 명확해진 원리를 토대로 ILO에 의해 책정되었다. 이 3자 구성에 의한 대응은 조직에서의 지속 가능한 안전문화를 조성할 때에 활력, 유연성 및 적절한 기초를 제공하는 것이다. (중략)

ILO는 이 가이드라인을 산업안전보건 성과의 계속적인 개선을 달성하는 수단으로서 조직과 권한 있는 기관을 지원하기 위한 실천적인 도구로 설계하였다."

'ILO-OSH 2001'에서는 조직이 가이드라인을 적절하게 활용할 수 있도록 다음 그림을 제시하고 있다. 이것은 산업안전보건 분야의 규제내용 등이 국가, 업종 등에 따라 차이가 있으므로, 먼저 국가 차원에서 ILO-OSH 2001을 참고로 국가 가이드라인을 책정하고, 그 다음으로 업종 등의 차이를 고려하여 국가 가이드라인을 참고로 업종 등의 가이드라인을 책정하여, 최종적으로 조직에서 이를 적용하도록 하는 것이 효과적이라는 점을 설명하고 있다(그림 4 참조).

---

33) 회사, 공사, 상점, 사업, 사업체, 기업, 공공기관, 협회 또는 이것들의 일부로서, 자체적인 기능과 관리력을 가지고 있는 것을 의미하고, 법인조직 여부, 공익이든 사익이든 관계없다. 하나 이상의 운영단위를 가지고 있는 조직의 경우에는 하나의 운영단위가 조직으로 간주된다[ILO, Guidlines on occupational safety and health management systems(ILO-OSH 2001), Glossary].

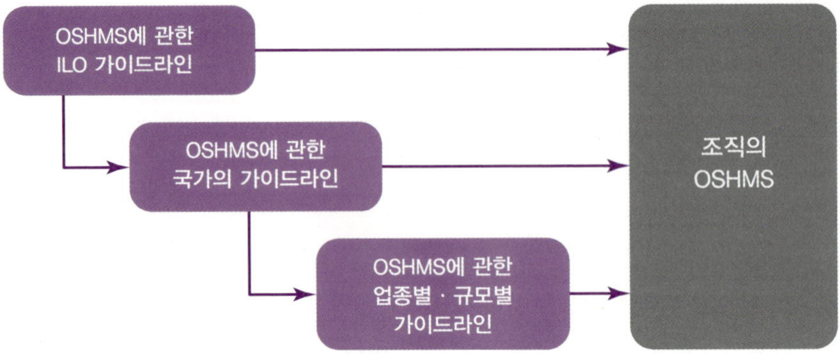

그림 4. OSHMS에 대한 국가적 틀(framework)의 요소[34)]

ISO 45001에는 참고문헌으로 ILO 가이드라인(ILO-OSH 2001)이 기재되어 있다. 양자를 비교하면, 표 5와 같이 양자의 요구사항은 전반적으로 대응관계에 있다. 그러나 구체적인 조항까지를 비교 대상으로 하면, ILO 가이드라인에는 규정되어 있지 않고 ISO 45001에만 규정되어 있는 요구사항이 있는데, 다음과 같다.

4.1 조직 및 그 상황의 이해
4.2 취업자 및 기타 이해관계자의 수요 및 기대의 이해
4.3 OHSMS의 적용범위의 결정
6.1 (리스크와) 기회에 대한 대처
7.3 인식
8.1.4.3 외부위탁
9.1.2 준수평가
10.2 (사고) 부적합 및 개선조치

34) ILO-OSH 2001, 2nd ed., 2009, p. 4.

표 5. ISO 45001과 ILO-OSH 2001의 비교표

ISO 45001	ILO-OSH 2001
1. 적용범위 2. 인용규격 3. 용어 및 정의	
4. 조직의 상황 4.1 조직 및 그 상황의 이해 4.2 취업자 및 기타 이해관계자의 수요 및 기대의 이해 4.3 OHSMS의 적용범위의 결정 4.4 OHSMS	3.7 초기조사
5. 리더십 및 취업자 참가 5.1 리더십 및 의지 5.2 산업안전보건 방침 5.3 조직의 역할, 실행책임 및 권한 5.4 취업자의 협의 및 참가	3.1 안전보건방침 3.2 근로자의 참가 3.3 실행책임과 결과책임
6. 계획 6.1 리스크와 기회에 대처하기 위한 조치 6.2 산업안전보건 목표 및 그것을 달성하기 위한 계획수립	3.8 시스템 계획, 개발 및 이행 3.9 산업안전보건 목표
7. 지원 7.1 자원 7.2 역량 7.3 인식 7.4 커뮤니케이션 7.5 문서화된 정보	3.4 역량 및 교육훈련 3.5 OSHMS 문서 3.6 커뮤니케이션
8. 운영 8.1 운영적 계획 및 관리 8.2 긴급상황 대비 및 대응	3.8 시스템 계획, 개발 및 이행 3.10 위험원 방지(방지와 관리방안, 변경 관리, 긴급상황 방지, 대비 및 대응, 조달, 계약)
9. 성과평가 9.1 모티터링, 측정, 분석 및 성과평가 9.2 내부감사 9.3 경영진 검토	3.11 성과 모니터링 및 측정 3.12 부상, 질병 등의 조사 3.13 감사 3.14 경영진 검토
10. 개선 10.1 일반 10.2 사고, 부적합 및 개선조치 10.3 계속적 개선	

안전보건관리시스템의 실행력 강화를 위해 - ISO 45002 제정에 부쳐[35)]

우리 사회는 안전보건관리시스템(OSHMS)의 체계와 내용에 대한 학습이 학계, 실무 할 것 없이 전체적으로 매우 부족하다. OSHMS라는 말은 무성하지만, 그 이해도와 실행력은 현저히 떨어진다. 정부와 기업 모두 OSHMS의 취지와 내용을 심도 있게 이해하려는 의지부터 잘 보이지 않는다.

이런 상태에서 현장에서 OSHMS가 제대로 작동하는 것을 기대하는 것은 현실적으로 무리이다. OSHMS 인증기관과 컨설턴트조차 OSHMS의 요구사항에 대한 구체적 의미를 정확하게 이해하지 못하고 있는 것이 엄연한 현실이다.

OSHMS가 제대로 이해되어 현장에서 올바로 작동되도록 하는 것이 우리 사회의 중요한 과제일 수밖에 없다. 최근(2023년 2월) ISO 45001의 실행을 촉진하기 위한 목적으로 제정된 ISO 45002(Occupational health & safety management systems — guidelines for the implementation of ISO 45001:2018)의 위상과 내용을 이해해야 하는 이유이다.

ISO 45001의 전신(前身)인 OHSAS 18001는 1994년 4월에 제정되었지만, 이것 외에 OHSAS 18001의 요구사항을 직장에서 어떻게 실행하면 좋을지에 대해 알고 싶어 하는 조직에 지침을 제공하기 위한 보완적 규격을 추가적으로 책정할 필요가 있다고 판단하였는데, 그 성과물이 2000년 2월에 발행된 OHSAS 18002이다.

ISO 45001이 2018년 3월에 제정되었을 때에 모든 산업안전보건규격을 담당하는 ISO 기술위원회 TC 283은 OHSAS 18002과 같은 지원(안내) 성격의 문서가 추가적으로 필요하다는 것을 확신하고 있었다. ISO 45001은 조직이 요구사항의 의미를 이해하는 데 도움이 되는 '해석'의 안내(요구사항의 의미를 명확히 함)는 포함하고 있지만, 실제로 요구사항에 어떻게 대처하는 것이 바람직할지를 제시하는 '실행'의 안내는 포함하고 있지 않기 때문이다.

ISO 45002(2023)는 2019년 6월에 스웨덴으로부터 개발이 제안되었고 8월에 개발이 승인되었다. ISO 45002 개발은 스웨덴 국가규격기관의 지휘하에 TC283/WG3에 의해 이루어졌다. 최초의 초안(working draft)은 상당 부분 ISO 45001, OHSAS 18002, ISO 14004:2016(Environmental management systems & General guidelines on implementation) 및 ISO/TS 9002:2016(Quality management systems & Guidelines for the application of ISO 9001:2015)으로부터 문장을 가져와 작성되었다.

35) 정진우, 안전저널, 2023. 8. 16.

ISO 45002는 ISO 45001(2018)의 요구사항을 충족하기 위하여 어떤 식으로 실행할지에 대해 실제 사례를 포함하여 지침을 제공하는 것을 의도하고 있다.

사업의 규모, 분야, 일하는 사람(worker)의 다양성에 따라 조직의 상황은 다양하기 때문에, 스스로의 조직 상황에 맞추어 ISO 45001의 요구사항을 충족하기 위해선 어떤 식으로 실행할지 내용을 조정하고 실행하는 것이 바람직하다. 이 경우 요구사항을 충족하기 위한 새로운 시스템을 구축하는 것이 아니라 기존의 시스템과 통합되도록 배려하는 것이 중요하다.

ISO 45001의 요구사항과 자신이 속한 조직의 현상 간 차이점을 명확히 하고, 산업안전보건의 새로운 개선을 위하여 무엇이 가능할지를 검토하기 위하여 ISO 45002의 각 조문에 소개되어 있는 사례를 활용하는 것이 바람직하다.

ISO 45002에서 위험성 평가와 관련하여, 위험성(risk)은 빈도(가능성)와 강도(중대성)의 조합이라는 점을 분명히 하고, 유해위험요인 파악, 위험성 감소조치 외에 위험성 추정 방법과 위험성 추정 시 고려사항을 비중 있게 소개하고 있는 점을 눈여겨볼 필요가 있다.

도급(하청) 문제와 관련해서는 도급인의 역할과 책임을 강조하면서도 우리나라 산업안전보건법규와 같이 도급인에게 수급인과 동일한 의무를 부과하는 발상은 보이지 않는다는 점과 도급업무의 성격에 따라 안전관리의 정도를 획일적으로 접근하지 않고 여러 범주로 구분하는 사례를 소개하고 있는 점은 우리에게 시사하는 바가 크다.

ISO 45002가 발행됨으로써 우리나라 정부와 기업에게는 OSHMS를 실질적으로 작동하게 할 수 있는 기회가 다시 한 번 주어졌다고 할 수 있다. 산업안전보건을 선진적인 수준으로 끌어올릴 수 있는 수단이 제공된 것이다.

정부든 기업이든 학계든 산업안전보건계에서 이 기회와 수단을 활용하지 않는다면, 형식적 OSHMS에 안주하거나 이를 방치하였다는 현재와 훗날의 비판에서 결코 자유로울 수 없음을 명심할 일이다.

2장

ISO 45001 도입 및 실행 시 포인트

1. 조직에 맞는 OHSMS의 설계

ISO 45001에서는 PDCA 사이클을 돌려 계속적인 개선을 실시하고, 의도하는 결과를 달성하기 위한 OHSMS의 구조와 그 운영에 대하여 요구하고 있다. 구조는 어디까지나 틀(framework)을 의미하고 구조의 상세, 이행의 정도에 대해서는 언급되어 있지 않다.

조문 4.3은 OHSMS의 경계 및 적용 가능성을 결정한 후, 조직 외부 및 내부의 문제(조문 4.1), 취업자 및 기타 이해관계자의 수요 및 기대(조문 4.2), 계획되거나 수행된 작업 관련 활동을 고려하여 OHSMS의 적용범위를 결정할 것을 요구하고 있다.

그리고 조문 4.4는 필요한 프로세스들 및 그것들 간의 상호 작용을 포함하는 OHSMS의 수립·이행·유지 및 계속적 개선을 요구하고 있다. 이를 통해 조직이 구조의 상세, 실시의 정도를 결정하게 된다. 예를 들면, 산업안전보건 리스크의 평가방법에 대해 간단한 방법으로 행하는 조직이 있는가 하면, 보다 정치(精緻)한 방법으로 행하는 조직도 있다.

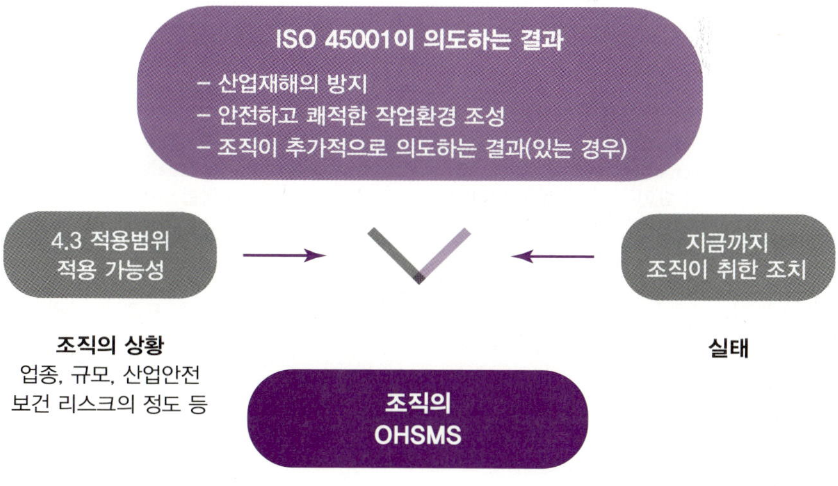

그림 5. 조직에 맞는 OHSMS의 설계

어느 정도까지 실행할지를 검토할 때는 외부 및 내부의 과제, 취업자 및 기타 이해관계자의 수요 및 기대 등을 토대로 하는 외에, 조직의 OHSMS를 활용하는 목적(의도하는 결과), 조직의 규모, 구성, 업종·업태에 의한 산업안전보건 리스크의 정도, 지금까지의 산업안전보건조치 실태 등을 토대로 설계하게 된다.

2. 사업 프로세스에의 통합(반영)

ISO 45001에서는 규격 모두의 서문에서 '성공을 위한 요인'의 하나로 '조직의 사업(business) 프로세스에의 OHSMS의 통합(반영)'이 제시되어 있다. 이것은 ISO 45001 중에 반복적으로 언급되어 있다(표 6 참조). ISO 45001의 부속서 A의 조문 4.4 'OHSMS'에 대한 해설로서 "설계 및 개발, 조달, 인사, 판매, 마케팅 등의 여러 사업 프로세스에 OHSMS의 요구사항을 통합한다."는 내용이 기재되어 있다.

다시 말해서, ISO 45001을 위하여 새롭게 구조를 만들어 특별히 조치하는 것이 아니라, 지금까지의 조치를 가능한 한 살려 조직의 사업활동

표 6. ISO 45001에서 사업 프로세스에의 통합을 언급하고 있는 곳

조문	내용
0.3 성공을 위한 요인	조직의 사업 프로세스에의 OHSMS의 통합
5.1 리더십 및 의지 c)	조직의 사업 프로세스에의 OHSMS 요구사항의 통합을 보장
6.1.4 조치의 계획수립 b) 1)	조치들의 OHSMS 프로세스 또는 다른 사업 프로세스에의 통합 및 실시
6.2.2 산업안전보건 목표를 달성하기 위한 계획수립 f)	산업안전보건 목표를 달성하기 위한 조치를 조직의 사업 프로세스에 통합하는 방법
9.3 경영진 검토	OHSMS와 기타 사업 프로세스의 통합을 개선할 기회

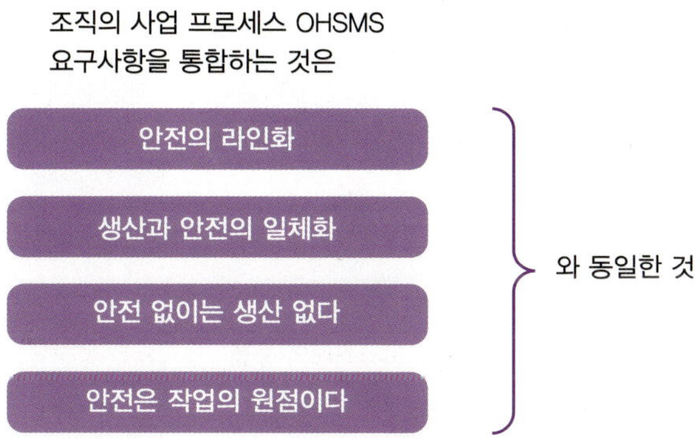

그림 6. 사업 프로세스에의 통합은 안전의 라인화 등의 구체화 수단

(경영, 생산·서비스, 지원) 중에서 실시할 수 있도록 하는 것의 중요성을 제시하고 있다.

이것은 많은 기업에서 역설하고 있는 "안전 없이는 생산 없다.", "안전은 작업의 원점이다."와 여러 국제기준에서 강조하고 있는 '안전의 라인화(line management responsibility)'와 의미가 동일하다(그림 6 참조).

1) 사업 프로세스

사업 프로세스란, 생산을 예로 들면 조사, 기획, 설계, 개발, 준비, 조달, 제조, 출하 등의 여러 주요 프로세스를 말한다. 그리고 그것들 전체의 방침을 제시하거나 컨트롤하거나 하는 경영에 관한 프로세스, 안전보건관리를 포함한 지원을 위한 프로세스도 사업 프로세스에 해당한다. 이것들의 프로세스는 산업현장에서 규정, 기준, 실시요령 등으로 규칙화되어 있는 경우가 일반적이다.

2) 사업 프로세스에의 통합

그림 7은 규격 요구사항을 사업 프로세스(주요 프로세스, 경영 프로세스, 지원 프로세스)에 통합하는 것을 모식적(模式的)으로 나타낸 그림이다. 좌측 바퀴

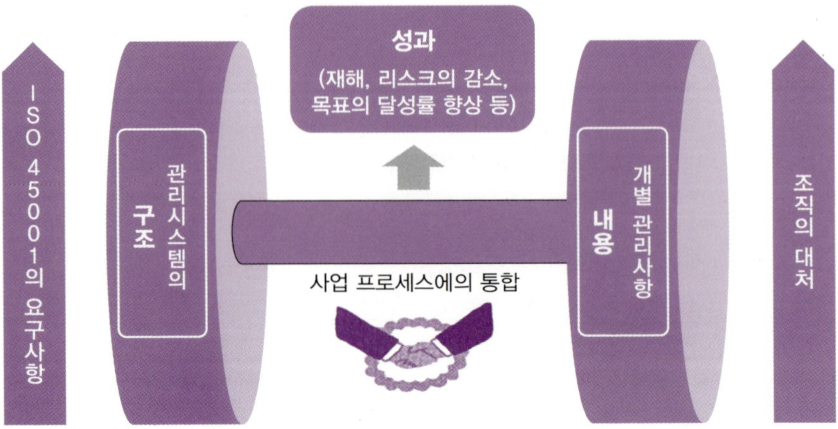

PDCA 사이클에 관한 틀
- 안전보건방침
- 계획
  - 리스크 및 기회에 대한 대처
  - 안전보건 목표 및 그것을 달성하기 위한 계획
- 운영
- 성과평가
- 개선

지원의 틀
- 조직의 역할, 책임 및 권한
- 취업자와의 협의 및 참가
- 자원, 역량, 인식
- 커뮤니케이션
- 문서화된 정보 등

개별 안전보건관리사항
- 위험성 평가 실시규정
- 설비 설치 · 수리 시 변경 관리규정
- 설비안전 기준
- 안전보건교육 규정 · 계획
- 작업절차 관리규정
- 화학물질 관리규정
- 일상적 안전보건활동 요령
- 긴급상황 대응계획
- 재해발생 시 대응요령
- 건강증진 요령 · 계획 등
- 성과평가 규정

사업 프로세스

그림 7. ISO 45001에서의 사업 프로세스에의 통합

의 구조는 ISO 45001 요구사항이자 틀(framework)이다. 이것을 실현해 가는 것이 우측 바퀴인 개별 안전보건관리사항이다. 이 관리사항은 조직의 실태에 맞추어 절차, 기준, 나아가 필요한 역량 등이 규칙화된 사업 프로세스이다. 이 통합이 확실히 이루어짐으로써 OHSMS가 효과적으로 기능하고 성과로 연결된다.

어떤 조직이라도 우측 바퀴로 나타낸 모든 개별 안전보건관리사항이 필요하다는 의미는 아니다. 해당 조직의 상황에 맞는 것이 설정되어 있으면 무방하다. 중소기업에는 중소기업의 관리사항이, 리스크가 낮은 조직에는 그 나름대로의 관리사항이 요구된다.

3. ISO 45001 도입 · 실행의 흐름

1) 도입 선언(시작단계)

ISO 45001은 취업자의 협의 및 참가를 얻어 안전보건관리를 적절하게 추진하기 위한 관리 도구(management tool)이다. 이를 위하여, 최고경영진 차원에서 산업재해의 방지, 안전하고 쾌적한 작업환경을 조성하기 위한 책무로서, OHSMS를 도입하는 것을 스스로의 언어로 취업자에게 전달하는 것이 중요하다. 그리고 조직의 OHSMS와 관련이 큰 수급인 등의 이해관계자에게도 OHSMS의 도입을 전달하여 협력을 요청하는 것도 도입을 원활하게 추진하기 위한 중요한 요소이다.

2) 도입과정에서의 준비(준비단계)

도입에 있어서는 먼저 조직의 현상을 파악한 후에 무엇을 어디까지 실시할지를 미리 정해 두는 것이 바람직하지만, 현실적으로는 ISO 45001에서 요구되는 요구사항에의 대응을 실현하는 중에 순차적으로 결정해 가게 될 것이다. ISO 45001이 의도하는 결과에 대하여 본 규격에서 제시된 것 이외의 사항을 조직 차원에서 추가하는 것도 가능하다.

그리고 OHSMS의 적용범위는 시작단계에서 방향성을 제시하고, 그 후 조직의 상황 이해의 결과, 적용 가능성을 감안한 후에 적용범위를 결정하는 것이 현실적이다. OHSMS를 설계할 때는, 산업안전보건 리스크의 크기, 지금까지 조직에서 취한 산업안전보건 조치를 면밀하게 조사한 후 이를 고려하여 사업 프로세스에의 통합을 추진하는 것이 중요하다.

ISO 45001의 사용방법 예

- ISO 45001을 부분적으로 도입한다(장래에는 전체적으로 도입한다).
- 도입 후 자기선언한다.
- 제2자(거래처, 모기업 등)로부터 감사를 받는다.
- 제3자 심사에 의한 인증을 받는다.

이 외에도 준비단계에서 중심적인 역할을 하는 담당자(또는 팀멤버)는 외부연수 등을 활용하여 규격의 요구사항에 대한 이해를 심화시켜 둘 필요가 있다. 이 담당자를 중심으로 규격에서 요구되고 있는 요구사항(프로세스 등)이 사업 프로세스에의 통합을 고려하면서 매뉴얼의 작성, 규정류의 개정을 추진해 간다. 이때에는 사업 프로세스의 관련 부문을 적절하게 참여시키는 것이 바람직하다.

나아가, OHSMS의 실시·운영 전에 각 계층의 OHSMS에 관련되는 역할, 책임, 권한을 정한 후에 교육을 철저히 실시해 둔다. 기타 위험성 평가 실시방법 등에 대한 교육 등을 순차적으로 실시하여 필요한 역량을 확보해 나간다.

실시·운영 전에 안전보건방침, 안전보건목표, 안전보건계획의 확립은 물론 모니터링, 측정 등의 방법·대상을 결정해 둘 필요가 있다.

3) 실시·운영단계

준비단계에서 실시·운영단계(경영진 검토를 실시)까지의 스케줄을 결정해 두는 것이 바람직하다. 기본적으로는 준비단계에서의 대응에 의해 필요한 사항은 갖추어지겠지만, 내부감사자의 양성 및 감사계획 수립은 실시·운영단계가 시작되고 나서 행해도 지장이 없다.

가장 중요한 것은, ISO 45001에 근거한 OHSMS의 PDCA 사이클을 처음으로 돌림으로써, 조직의 상황에 부합하고 의도하는 결과를 달성할 수 있

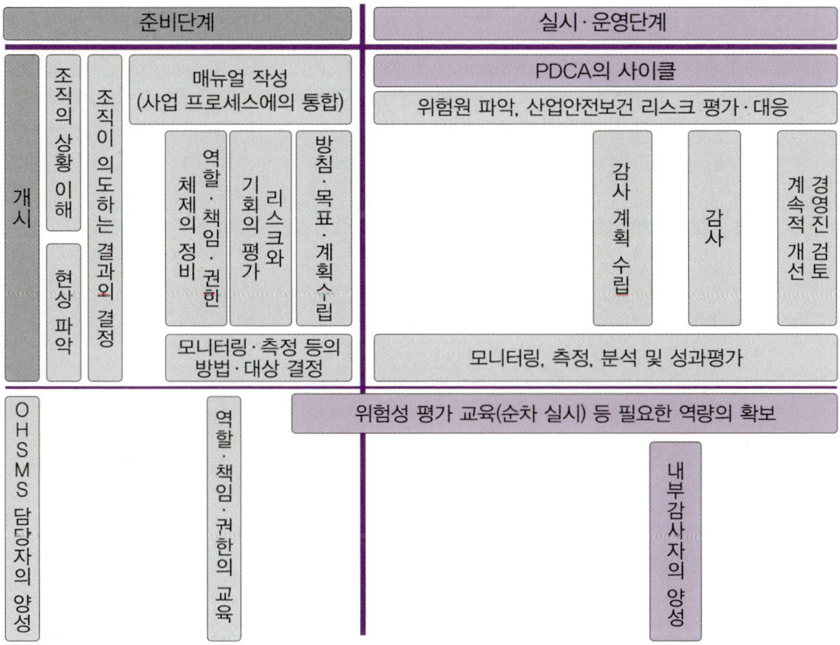

●— 그림 8. OHSMS 도입 스케줄의 예

는 OHSMS로 되어 있는지를 확인하는 것이다. 이 때문에 ISO 45001 규격 제9절의 성과평가(performance evaluation)에 근거한 개선을 적극적으로 행하는 것도 필요하다. 개선을 추진해 감으로써, OHSMS가 서서히 성숙되고 그 효과성이 보다 제고되는 것을 기대할 수 있게 된다.

4. ISO 45002(2023) : OHSMS - ISO 45001 : 2018 실행의 일반지침

1) 개발 배경 및 취지

ISO 45001의 요구사항의 실시방법에 관하여 중소기업뿐만 아니라 모든 조직(기업 등)을 대상으로 하여, 다른 ISO 관리시스템 규격을 위한 길

잡이와 마찬가지로 구체적인 예를 포함한 길잡이(지침)가 필요하다는 점에 착안하여 ISO 45002(Occupational health & safety management systems — General guidelines for the implementation of ISO 45001:2018)가 개발되어 2023년 2월에 발행되었다.

ISO 45002가 개발된 목적은 다음과 같다.

① ISO 45001 요구사항의 실행방법에 관한 안내를 제공하고 모든 취업자를 부상 및 질병으로부터 보호할 수 있도록 한다.
② 산업안전보건에 대한 지식과 경험이 풍부한 인적 자원을 갖고 있지 않은 국가에서도 실행방법에 관한 안내를 용이하게 받을 수 있도록 한다.
③ 조직의 취업자가 자율적으로 이 일반지침을 읽고 구체적인 예를 배우도록 한다.

ISO 45002는 ISO 45001 요구사항의 실행에 대해 여러 규모, 분야의 조직에서 산업안전보건의 개선에 노력하고 있는 사례를 다수 포함하고 있다. ISO 45002는 조직이 이 사례를 참고로 함으로써 ISO 45001의 요구사항에 부합하는 방법을 이해하고 실행하는 것을 기대하고 있다.

2) 개발 경위

ISO 45001의 전신인 OHSAS 18001은 1994년 4월에 제정되었지만, 이것 외에 OHSAS 18001의 요구사항을 직장에서 어떻게 실행하면 좋을지에 대해 알고 싶어 하는 조직에 설명지침을 제공하기 위한 보완적인 규격을 추가로 책정할 필요가 있다고 판단하였다. 그 성과물이 2000년 2월에 발행된 OHSAS 18002이다.

2018년 3월에 ISO 45001이 발행되었을 때, 모든 산업안전보건규격을 담당하는 ISO 기술위원회 TC(Technical Committee) 283은 OHSAS 18002와 같은 지원(안내) 성격의 문서가 추가적으로 개발할 필요가 있다는 점을 확신하고 있었다.

ISO 45001에는 조직이 요구사항의 의미를 이해하는 데 도움이 되는 '해석'의 안내(요구사항의 의미를 명확히 함)는 포함되어 있지만, 실제로 요구사항에 어떻게 대처하는 것이 바람직한지를 제시하는 '실행'의 안내는 포함되어 있지 않기 때문이다.

ISO 45002는 2019년 6월에 스웨덴이 개발을 제안하였고, 8월에 개발이 승인되었다. ISO 45002 개발은 스웨덴 국가규격기관의 지휘하에 TC283/WG(Working Group)3에 의해 이루어졌다.

최초의 작업초안은 ISO 45001, OHSAS 18002, ISO 14004:2016(Environmental management systems — General guidelines on implementation) 및 ISO/TS 9002:2016(Quality management systems — Guidelines for the application of ISO 9001:2015)을 참고하여 작성되었다.

2019년 가을 르완다에서 열린 TC283/WG3의 회의에서 ISO 45002 프로젝트의 제1회 회의가 개최되었다. 이후 제2회 회의부터는 코로나의 영향으로 Web을 통한 온라인 방식으로 진행되었으며, 2020년 5월부터 2022년 5월까지 총 39회에 걸쳐 개최되었다.

ISO 45002는 2021년 1월에 DIS 투표, 2022년 12월에 FDIS 투표로 승인되었다.

3) 제정 심의과정에서 특히 논의된 포인트

① **적용범위**: ISO 45002의 안내(guidance)는 ISO 45001 요구사항에 대한 해석을 제공하는 것을 의도하지 않는다는 점, "should(바람직하다)"라는 용어의 사용은 ISO 45001의 요구사항을 약화하거나 새로운 요구사항을 추가하는 것을 의도하지 않는다는 점, ISO 45002에 기재된 사례는 유일하거나 최선의 방법을 제안하는 것을 의도한 것이 아니라는 점을 명확히 하는 것이 합의되었다.

② **should의 사용방법**: 용어 should에는 여러 가지 의미가 있지만, 본 규격에서는 "…하는 것이 바람직하다."는 의미로 일관되게 사용하는 것이 옳다는 의견이 다수였다.

③ **사례의 레벨**: ISO 45001 요구사항의 실행방법 사례와 관련하여, 기본적인 실행사례보다도 우량하거나 고도의 사례를 추가하는 것에 대해서는 과도한 요구로 받아들여질 우려가 있다는 의견도 있었지만, 사례의 레벨에 따라 "should(하는 것이 바람직하다)", "may(해도 좋다)", "could(할 수 있다)"라는 조동사를 구분 사용하여 어떻게 받아들일 필요가 있는지를 구별하면 된다는 방침이 합의되었다.

④ **사용하는 용어**: ISO 45001 요구사항을 쉽게 이해할 수 있도록 유사 용어로 보다 알기 쉬운 표현을 사용하는 것이 좋지 않을까라는 의견이 있었다. 이것에 대해서는 유사어를 사용하면 해석 문제가 생길 우려가 있거나 ISO 45002의 목적은 해석의 설명이 아니라는 점을 고려하여 가능한 한 ISO 45001과 동일한 용어를 사용하는 것으로 합의되었다.

⑤ **ISO 45001과의 관계**: 본 규격은 ISO 45001에 근거하고 있고 그 요구사항의 실행방법을 설명하고 있으므로, ISO 45001을 인용규격으로 기재할 필요가 있다는 의견이 많았다. ISO 14001 가이드라인 문서인 ISO 14004:2016(Environmental management systems — General guidelines on implementation)에는 인용규격이 기재되어 있지 않지만, ISO 9001의 가이드라인 문서인 ISO/TS 9002:2016(Quality management systems — Guidelines for the application of ISO 9001:2015)에 ISO 9001:2015가 기재되어 있다. ISO 중앙사무국과 협의한 결과, 본 규격에 ISO 45001을 인용규격으로 기재하는 것으로 결론지었다.

⑥ **비관리직**: worker는 managerial worker(관리직)와 non-managerial worker(비관리직)로 구분된다. ISO 45001 요구사항에서는 workers

라는 용어를 사용할 때 '관리직의' 또는 '비관리직의'라는 수식어를 붙이고 있다. ISO 45002에서도 어느 worker에게 적용되는지를 명확히 하기 위해 'non-managerial worker(비관리직)'의 협의 또는 참가를 하는 것이 요구되는 곳에서는 '비관리직의'를 명시적으로 기재하고 있다.

⑦ **취업자의 다양성 배려**: ISO 45002 제정과정에서 취업자 및 기타 이해관계자에 다양한 그룹의 사람이 있다는 점을 고려할 것을 장려하는 규정의 반영 필요성이 논의되어, 해당하는 세부조항에 고려사항을 반영하기로 하였다. 4.2(취업자 및 기타 이해관계자의 수요 및 기대의 이해), 5.4(취업자의 협의 및 참가), 6.1.2.1(위험원 파악)에서는 사회적 소수자 및 여성, 고령자 및 장해가 있는 취업자에 대해 고려하는 것이 포함되었다. 6.1.2.2(OHSMS에 대한 산업안전보건 리스크 및 기타 리스크의 평가)에서는 특히 민감한 사람들(임신 중인 사람) 및 취약한 그룹(경험이 적은 사람)에 대해 고려하는 것이 기재되었다. 8.2(긴급상황 준비 및 대응)에서는 장해 및 제한이 있는 사람을 위한 고유 문제를 고려한 개인적인 긴급피난계획을 수립하는 것, 그리고 긴급상황 시 대응계획에서는 이동이 곤란한 사람(고령자, 임신 중인 사람 등), 청각·시각 장애가 있는 사람, 기타 특별한 요구가 있는 사람을 배려하는 것이 바람직하다고 기재하기로 하였다.

4) 적용범위

① ISO 45002는 ISO의 요구사항의 해석을 제공하는 것을 의도한 것은 아니다.

② ISO 45002에서의 'should'라는 용어의 사용은 ISO 45001의 요구사항을 약화시키거나 새로운 요구사항을 추가하는 것은 아니다.

③ ISO 45002 대부분의 조문에 대해 여러 형태의 조직이 요구사항을 어떻게 실행하고 있는지 실제 사례가 소개되어 있다. 이것들은 유일하거나 최선의 방법을 제안하는 것을 의도한 것은 아니고, 어떤 조직이 행한 하나의 방법을 제시하는 것이다.

5) 우리나라에 적용 시 주의사항

① ISO 45002는 ISO 45001의 요구사항을 충족하기 위하여 어떤 식으로 실행하는 것이 가능할까에 대해 실제 사례를 포함하여 안내지침을 제공하는 것을 의도하고 있다.

② 사업의 규모, 분야, 취업자의 다양성에 따라 조직의 상황은 각기 다를 수 있으므로, 스스로의 조직 상황에 맞추어 ISO 45001의 요구사항을 충족하기 위해선 어떻게 해야 할지에 대해 충분히 검토·조정하는 것이 바람직하다.

③ 이 경우 요구사항을 충족하기 위한 새로운 시스템을 구축하는 것이 아니라 기존 시스템과 통합되도록 배려하는 것이 중요하다.

④ ISO 45001 요구사항과 조직의 현상 간 차이를 명확히 하고, 산업안전보건의 새로운 개선을 위하여 무엇이 가능할지를 검토하기 위하여, ISO 45002 각 조문에 소개되어 있는 사례를 활용하는 것이 바람직하다.

⑤ 이때 적용범위의 참고 3에 있는 것처럼 본 규격에 기재된 사례는 유일하거나 최선의 방법을 제안하는 것을 의도하는 것이 아니라 어떤 조직이 행한 하나의 방법을 제시하는 것이라는 점에 주의한다.

⑥ 자신이 속한 조직의 내부 및 외부의 과제를 파악하여 개선을 위한 방법을 검토할 때에는 제4절에 있는 과제의 예, 사례에 있는 표를 참고할 수 있다.

⑦ 자신이 속한 조직의 상황을 이해한 후, 제6절에 기재되어 있는 예를 참고하여 조직의 위험원을 파악하고, 파악된 위험원에 대해 수반하는 위험성을 추정하는 한편, 제8절의 표에 정리된 관리방안을 참고하여 위험성 저감을 위한 관리방안을 수립하는 것이 가능할 것이다.

6) 주요 내용

(1) 준수사항의 결정 절차

조직이 준수하는 것이 바람직한 사항을 결정하기 위해 통상 다음 3가지 단계가 이루어진다.

① **1단계**: 취업자와 다른 관련 이해관계자의 파악(이해관계자에는 노동조합 및 취업자대표, 규제당국, 지역주민, 수급인, 공급자, 고객 등이 포함)

② **2단계**: 취업자와 다른 관련 이해관계자의 수요 및 기대 파악

③ **3단계**: 어떤 수요 및 기대가 법적 요구사항 및 기타 요구사항이거나 이것이 될 수 있는지 판단

위험성 평가와 관련해서는, 위험성(risk)은 빈도(가능성)와 강도(중대성)의 조합이라는 점을 분명히 하고 있고(6.1.2.2), 위험원 파악, 위험성 감소조치 외에 위험성 추정 방법과 위험성 추정 시 고려사항을 구분하여 자세하고 비중 있게 소개하고 있는 점을 눈여겨볼 필요가 있다.

(2) 협의 및 참가

수요·기대, 법적 요구사항 및 기타 요구사항을 어떻게 충족할 것인지의 결정, 누가 무엇을 할 것인가의 할당, 산업안전보건 방침 및 목표의 수립, 운영적 관리(operational control), 모니터링·평가 및 감사(audit)프로그램의 수립을 위해서는 협의가 필요하다.

위험원 파악, 위험성 및 기회의 평가 및 이것들을 관리하기 위한 조치를 취하는 결정에는 참가가 필수적이다. 역량, 교육훈련, 커뮤니케이션, 관리조치, 사고 및 부적합에 관한 조사의 의사결정과 그것에 대한 조치를 취하는 것에도 참가가 필수적이다.

(3) 위험원 파악

위험원 파악은 조직의 활동으로부터 생기는 신체적 또는 심리적 부상 또는 질병을 일으킬 가능성이 있는 모든 근원(source), 상황 또는 작업(또는 이것들의 조합)을 적극적으로 파악하는 것이 바람직하다.

위험원 파악 프로세스가 효과적이기 위해서는, 조직은 여러 정보원으로부터의 정보, 특히 프로세스, 작업 또는 시스템에 관한 지식을 가지고 있는 사람들로부터의 정보를 반영하는 것이 바람직하다. 위험원 파악 프로세스는 관련된 위험원 파악 방법(기법)에 관한 역량 및 작업활동에 관한 적절한 지식이 있는 자가 진행하는 것이 바람직하다.

체크리스트의 사용은 비일상적 또는 새로운 위험원을 고려하지 않는 경우가 많기 때문에 체크리스트의 사용에 과도하게 의존하지 않도록 주의한다.

(4) 위험성 추정

위험성 추정은 관련된 역량 및 작업활동에 관한 적절한 지식을 가지고 있는 사람이 행하는 것이 바람직하다.

미끄러짐, 전도와 같은 복잡하지 않은 상황에서는 간단한 리스크 매트릭스가 보다 적절할 수 있다.

위험성 추정은 파악된 각 위험원에 대해 위험성 수준(risk level)이 정해질 때 완료된다. 정보는 통상 '리스크 매트릭스'라고 불리는 문서에 모아진다.

(5) 위험성 감소조치

위험성은 빈도와 강도의 조합이기 때문에, 위험성 감소조치는 빈도나 강도 또는 둘 다를 저감하는 것이 바람직하다.

위험성 감소조치는 많은 경우 위험원을 제거할 수 없으면 위험성에 대처하기 위해 복수의 조치를 조합하는 것이 요구된다.

경우에 따라서는, 위험성 감소조치가 준비될 때까지 작업활동을 변경하거나, 보다 효과적인 조치가 완료될 때까지 일시적인 위험성 감소조치를 적용하는 것이 필요하다.

(6) 도급인의 역할과 책임

도급 문제와 관련해서는, 도급인의 역할과 책임을 강조하면서도 우리나라 산업안전보건법규와 같이 도급인에게 수급인과 동일한 의무를 부과하는 발상은 보이지 않는다는 점과 도급작업의 성격(유형)에 따라 안전관리의 정도를 차별적으로 접근하고 도급작업 사례를 여러 범주로 구분하여 소개하고 있는 점은 우리에게 시사하는 바가 크다.

3장

다른 ISO 관리시스템 규격과의 비교

1. 공통 텍스트[36](부속서 SL) 도입에 의한 공통 요소

ISO의 모든 관리시스템에 도입되어 있는 공통 요소 중에서 ISO 45001에 중요하다고 생각되는 요소를 중심으로 설명하면 다음과 같다.

ISO가 발행한 'ISO/IEC Directives 제1부 통합 ISO 보충지침(전문업무용 지침) - ISO 전용절차' 2022년판의 Annex(부속서) SL[37), 38)]의 SL.8(the "harmonized structure")[39] 서문(8.1)에는 다음과 같이 서술되어 있다.

SL. 8.1 서문

이 문서의 목적은 통일되고 합의된 조화로운 접근(harmonized approach)을 제시함으로써 ISO 관리시스템 규격의 일관성 및 정합성을 향상시키는 것이다. A유형의 MSS(및 필요한 경우는 B유형의 MSS) 모두를 정합화하고 이들 규격의 양립성을 향상시키는 것이 그 목적이다. 개별 MSS는 필요에 따라 '분야 고유의(discipline-specific)' 요구사항을 별도로 기재하는 것이 상정되어 있다.

참고: 부속서 SL.9.1 및 부속서 SL.9.4에서는 관리시스템 규격에서 취급하는 구체적인 분야(예: 에너지, 품질, 기록, 환경)를 나타내기 위하여 '분야 고유의'라는 표현이 사용되고 있다.

여기에서 A유형은 요구사항(requirement)을 제시하는 규격(조동사 shall이 사용되고 있다)으로서(예컨대 ISO 9001, ISO 14001, ISO 45001), 현재(2020년 기준) 약 30종이 있다. B유형은 가이드라인을 제시하는 규격(조동사 should가

36) 공통 텍스트는 전술한 바와 같이 정식으로는 'ISO/IEC Directives 제1부 통합 ISO 보충지침(전문업무용 지침) – ISO 전용절차의 Annex SL Appendix 2'에 제시되어 있다.

37) 부속서 SL은 2012년에 처음 발행되었고 2022년에 제13판이 발행되었는바, 2012년판과 2022년판 사이에 근본적인 차이는 없다.

38) 부속서 SL은 모든 ISO 관리시스템이 기반으로 삼아야 할 템플릿(= 상위구조(HSL))을 제공하고 있다. 이 템플릿은 10개 부분으로 구성되어 있다. i) 적용범위, ii) 인용규격, iii) 용어 및 정의, iv) 조직의 상황, v) 리더십, vi) 계획, vii) 지원, viii) 운영, ix) 성과평가, x) 개선.

39) 정식 명칭은 'Identical clause titles, identical core text and common terms and core definitions for use in management systems standards'이다.

사용되고 있다)으로서(예컨대 ISO 9004, ISO 14004, ISO 45001 Annex),[40] 현재(2020년 기준) 약 80종이 ISO에서 발행되어 있다.

1) 리스크(공통 텍스트 조문 3.9)

ISO 31000(리스크 관리－원칙과 지침)과 ISO Guide 73(리스크에 관한 용어)을 기초로 하면서도 정합화(harmonization) 논의과정에서 변경되었다. 특히 "불확실성의 영향"에서 "목적에 대한(on objective)"이 삭제된 점이 ISO 31000 및 ISO Guide 73과의 큰 차이이다. 이것은 '목적'이라는 용어의 정의가 있고, 각 규격의 요구사항 본문에서의 용법을 생각하면, 대처해야 할 리스크로서 생각하는 범위가 너무나 한정되는 등의 부정합(不整合)이 문제가 되었기 때문이다.

그리고 '리스크'는 일반적인 단어로서의 이해도 포함하여 각 분야에서의 개념 이해가 크게 다르다는 것이 공통 텍스트 검토과정에서 판명되었다. 이 때문에 JTCG(Joint Technical Coordination Group: 공동기술조정그룹)는 리스크에 대해서는 각 분야에서 각 분야에 고유한 '리스크'를 정의하는 것이 가능하다는 예외적인 룰을 마련하였다. 따라서 리스크에 관해서는 분야별 규격에서의 정의·해석을 잘 이해할 필요가 있다.

공통 텍스트를 발행할 때의 가이드 문서(JTCG N389)에는 조문 3.9(리스크)에 관하여 "분야 고유의 규격에서는 그 분야에 고유한 '리스크'를 정의하는 것도 가능하다."고 설명되어 있었다. ISO 45001에서는 분야 고유의 '산업안전보건 리스크'를 정의하고, 혼동하기 쉬운 '기타 리스크'를 삭제하는 선택지도 있을 수 있었지만, PC 283/WG 1에서는 그 선택을 하지 않고, 공통 텍스트에 있는 기존의 리스크 정의를 기초로 '산업안전보건 리스

---

40) B유형에는 4가지 카테고리가 있다. i) A유형의 용도, 적용 또는 이행에 관한 것, ii) 관리시스템의 구축, 개선 또는 증진에 관한 것, iii) A유형과 관련된 특정 주제, 요구사항, 일련의 요구사항들에 관한 것, iv) A유형과 직접 관련되지 않은 다른 가이던스에 관한 것.

크'를 추가하는 형태를 채용하였다.

'리스크'란, 공통 텍스트 조문 3.9에 "불확실성의 영향"이라고 정의되어 있다. 이것으로부터 무엇이 일어날지는 알 수 없다. 누구도 미래를 알아맞힐 수 없는 상황에 있어도, 무엇이 일어날지를 예측하고 그것에 대한 영향을 명확하게 해두는 것이 요구되고 있다. 조문 6.1에서는 동시에 '기회(opportunity)'도 명확하게 하는 것이 요구되고 있다. 조직은 계획을 수립할 때 현시점의 상황에서 최적이라고 생각되는 것을 입안할 것이다. 그러나 미래를 고려하는 것이 되면, 누구도 무엇이 일어날지를 판단할 수 없다. 조직에 가능한 것은 만약 계획대로 진행되지 않으면 어떻게 할 것인지, 즉 불안한 사항에 대비하는 것이다.

공통 텍스트는 리스크 및 기회를 결정할 때에 입인한 계획에 대해 리스크 및 기회를 상정하는 시간축은 상정하고 있지 않지만, 리스크와 기회에 대해 대처하는 것을 의도하고 있다. 리스크와 기회는 대립하는 개념은 아니다. 리스크가 있는 중에는 반드시 기회, 즉 찬스가 있다. 예를 들면, 생산이 대폭적으로 감산되면 매출이 떨어지는 리스크를 생각할 수 있지만, 그 경우에 일손에 여유가 생겨 평상시에는 할 수 없었던 교육훈련을 실시하는 것으로 효율을 높이는 찬스를 찾아낼 수 있다. 반대로, 기회라고 생각된 것이 허사가 되어 리스크를 불러들일 수 있다. 효율을 올리려고 최신 설비를 도입했는데, 조작에 익숙하지 않아 사고를 일으키는 경우도 있다.

2) 조직의 상황(공통 텍스트 조문 4)

이 조문은 공통 텍스트의 큰 특징이고, 4개의 조문으로 구분되어 있다.

- 조문 4.1 조직 및 그 상황의 이해
- 조문 4.2 이해관계자의 수요 및 기대의 이해
- 조문 4.3 ×××관리시스템의 적용범위 결정
- 조문 4.4 ×××관리시스템

공통 텍스트에서는 조직 고유의 상황을 명확하게 하는 규정을 새롭게 본 조문에 추가함으로써 보다 효과적인 관리시스템을 구축할 것을 조직에 요구하고 있다. 최고경영진은 이 4개의 조문의 규정에 따라 조직의 상황을 파악하여야 한다.

조직에 ×××관리시스템을 도입하려고 하면, 반드시 기존의 관리시스템과 조화를 시키는 것이 과제가 된다. 관리시스템은 방침 및 목표를 정하고 이것을 달성하는 프로세스를 수립하기 위한 일련의 요소들이므로, 조직에는 사업 추진의 관리시스템(수익을 추구하는 관리시스템)이 이미 존재한다. 이 동일한 구조를 가지고 있는 사업 추진의 관리시스템이 존재하는 조직에, ×××관리시스템을 구축하려고 하면, 양자(사업추진 관리시스템과 ×××관리시스템) 간의 충돌이 문제가 된다. 조문 5.1에 규정되어 있는, '사업 프로세스에 ×××관리시스템 요구사항을 통합하도록 한다'는 것에 대한 전제로서 이 조문의 요구사항이 있다고 할 수 있다.

(1) 공통 텍스트 조문 4.1(조직 및 그 상황의 이해)

여기에서의 의도는 문제를 현재화(顯在化)시켜 ×××관리시스템을 추진하는 조직의 능력에 나쁜 영향을 주지 않으려고 하는 것이다. 또는 과제를 명확히 하여 조직 능력을 유지시키고 의도한 성과를 달성하게 하려는 것이다.

조직에는 반드시 과제가 있다. 중요한 것은 문제를 현재화시켜 목표를 향해 해결하는 노력을 반복하는 것이다.

(2) 공통 텍스트 조문 4.2(이해관계자의 수요 및 기대의 이해)

조직이 사회적 존재인 이상, 이해관계자의 수요 및 기대에 관심을 갖는 것은 당연한 일이다. 먼저 조직의 이해관계자가 누구인지를 다시금 명확히 하고 이해관계자의 요구사항을 조직적 차원에서 결정하는 것이 중요하다. 사회적 책임(Corporate Social Responsibility: CSR)의 사고방식으로 보면, 조직과 관계가 있는 모든 주체는 이해관계자에 해당한다. 그러나 여기에서 중요한 것은 조직이 그 주체를 어느 정도 의식하고 있는가이다. 의식하고 있는 정도에 따라 이해관계자의 요구사항을 받아들이는 방법이 달라진다.

ISO 45001에서는 ILO의 강한 주장도 있고 해서 조문 4.2의 타이틀이 '취업자 및 기타 이해관계자의 수요 및 기대의 이해'로 되는 등 취업자가 가장 강한 이해관계자라는 점을 명시하게 되었다.

(3) 공통 텍스트 조문 4.3(×××관리시스템의 적용범위 결정)

관리시스템의 적용범위의 결정에 관한 이 공통 요구사항의 의도는 관리시스템이 적용되는 물리적 및 조직상의 경계를 설정하는 것이다. 조직의 상황에 관한 이해를 토대로 관리시스템의 적용범위를 설정한다. 적용범위의 경계를 정하는 재량은 조직에 있고, 조직은 관리시스템의 실시범위를 전사적으로 할지, 일부의 단위, 부서(복수도 가능)로 할지를 선택할 수 있다. ×××관리시스템을 도입하는 목적에 대해 적절하고 효과적인 범위로 하는 것이 요점이다.

그리고 규격에서는 '적용범위(scope)'라는 용어가 3가지 의미로 사용되고 있다. 하나는 이 조문 4.3에서 결정된 조직의 관리시스템의 적용범위이고, 두 번째는 ISO 관리시스템 규격의 적용범위(제1절)이다. 이것은 규격 그 자체가 사용되는 방법이고, 조직이 규격을 이용함으로써 기대되는 편익도 기재되어 있다. 세 번째는 '인증범위'이다[부속서 SL 개념 문서(concept document) JTCG N360 조문 4.3].

(4) 공통 텍스트 조문 4.4(×××관리시스템)

이 조문에서는 ×××관리시스템의 수립, 이행, 유지 및 계속적 개선을 요구하고 있다. 부속서 SL은 조문 8.1 서문에서도 명확히 밝히고 있듯이, 조직에 대해 관리시스템을 요구하고 있으므로, 규격의 원점은 여기에 있다. 공통 텍스트의 조문 4.1부터 4.3까지는 조직이 자신의 현상을 뒤돌아보지 않고 조직의 현상에 맞는 ×××관리시스템을 적절하게 구축하지 않는 현상에 대한 경종을 포함하여, '조직 및 상황의 이해'(조문 4.1), '이해관계자'(조문 4.2), '적용범위'(조문 4.3) 3가지를 다시금 규정했다고 말할 수 있다. '다시금'이라고 한 것은 1987년에 ISO가 처음으로 품질관리시스템(Quality Management System: QMS) 규격을 발행(ISO 9001, ISO 9002, ISO 9003)한 이래, 이들 3개 항목은 그 후의 관리시스템 규격 구축의 전제로서 고려되어야 하는 것이기 때문이다.

3) 의도하는 결과(공통 텍스트 조문 3.8, 4.1, 5.1, 6.1)

공통 텍스트에서 처음으로 관리시스템에 '의도하는 결과(intended outcome)'라는 용어가 사용되었다. 관리시스템에는 목적이 있어야 하고, 그 목적을 달성하기 위하여 방침과 목표를 확립해야 하며, 그리고 이 목표를 달성하기 위한 프로세스를 수립해야 한다. 그러나 종래의 관리시스템 규격에는 성과라고도 말할 수 있는 조직의 목적이 명확하게 규정되어 있지 않았다. 당연하지만, 세상에 있는 조직의 관리시스템의 목적은 천차만별일 것이다. 그래서 이를 규정하기 곤란하여 조직에 맡겨져 있었지만, 공통 텍스트에서는 명확하게 '의도하는 결과'를 규정하였다. 의도하는 결과는 공통 텍스트의 다음 조문에 나온다.

- **3.8**(목표, objective) **참고 3**: 목표는 다른 방식으로, 예컨대 의도하는 결과, purpose, 운영기준, ××× objective로서 또는 유사한 의미를 지닌 다른 단어(예: aim, goal, target)를 사용하여 표현될 수 있다.
- **4.1**(조직 및 그 상황의 이해): 조직은 조직의 목적에 관련되고, 그 ××× 관리시스템이 의도하는 결과를 달성하는 조직의 능력에 영향을 주는 외부 및 내부의 과제를 결정하여야 한다.

- 5.1(리더십 및 의지): ×××관리시스템이 그것의 의도하는 결과를 달성하도록 한다.
- 6.1(리스크와 기회에 대처하기 위한 조치): ×××관리시스템이 그것의 의도하는 결과를 달성할 수 있다는 확신을 준다.

4) 프로세스(공통 텍스트 조문 4.4, 5.1, 8.1)

공통 텍스트 중에 프로세스의 수립이 요구되고 있는 조문은 '×××관리시스템'(조문 4.4)과 외부위탁 프로세스를 포함하는 '운영적 계획 및 관리 프로세스'(조문 8.1)이다. 이 외에 조문 5.1(리더십 및 의지)에 프로세스 관련 규정이 있는데, 여기에는 "조직의 사업 프로세스에 ×××관리시스템의 요구사항을 통합하도록 한다."고 하여 사업 프로세스라는 개념이 등장한다.

JTCG는 공통 텍스트의 작성에 있어서 동일한 요구사항의 반복을 피하고 규격이 간단하게 되는 것을 지향하였다. 공통 텍스트 조문 4.4는 다른 조문 모두와 관련되어 있으므로, 즉 다른 조문에서 이 조문 4.4(×××관리시스템)가 참조되기 때문에, 어떤 활동(프로세스)을 한 번 행하면 그것으로 완료되는 것이 아니라, 그 후의 유지, 개선까지를 계속해 나갈 필요가 있다는 의미가 된다.

'프로세스(process)'와 '절차(procedure)'에 대해서는 JTCG에서도 많은 논의가 있었지만, 공통 텍스트에서는 일관하여 '프로세스'가 사용되고 있다. JTCG는 "절차는 행하는 것의 순서와 방법을 정한 것이지만, 프로세스는 그것에 추가하여 무엇이 들어가고(투입), 무엇이 나오는지(산출)를 명확하게 한 것으로서 좀 더 광범한 규범이다."라고 설명하고 있다. '어떻게 행할지(how)'를 정하는 '절차'는 여러 규정(투입, 산출, 판단기준, 모니터링, 측정, 성과지표, 책임과 권한, 자원, 리스크 및 기회 등)의 하나에 불과하므로, 공통 텍스트에 '절차'는 규정하지 않게 되었다.

공통 텍스트의 조문 3.8(프로세스)에서는 프로세스를 "결과를 산출하기 위해 투입을 사용하거나 변환하는 상호 관련되거나 상호 작용하는 일련의 활동"이라고 정의하고 있다. 이 정의는 매우 광범한 의미를 가지고 있다. 활동이라고 부를 때는 일반적이지만, 일단 프로세스라고 부르면 개별적, 특정적인 이미지를 갖게 된다.

프로세스의 대상은 ISO 45001의 조문 4.1부터 10.3까지의 각 요구사항이다. 이들 프로세스는 상호 간에 관련되어 있으므로 상호 작용도 명확히 할 필요가 있다.

그림 9는 ISO/TC 176이 프로세스를 설명할 때에 사용하는 것이다. 이 그림에서 프로세스는 부문(department) A, B, C, D를 횡단해 간다는 의미를 "Process linkage across departments"라는 문장으로 설명하고 있다. 프로세스는 부문을 횡단하는 수평적 작용이라고 말하게 되는데, 이 수평적 작용과 대비되는 것이 부문의 종적 작용이다. 부문은 전문성을 축으로 사람을 모으고, 부문에 부여한 미션(역할)으로부터 나온 부문 목표를 일상 관리한다. 일상관리하기 위해서는 부문의 계층에 따른 지시명령, 보고의 커뮤니케이션이 중요한데, 이 흐름을 종적 작용이라고 부른다. 종적 작용에만 관심을 두게 두면, 부문 밖은 보이기(의식하기) 어렵게 되고, 부문 내에서의 지시명령, 보고에 초점이 맞추어진다. 이 때문에, 조직의 전체적인

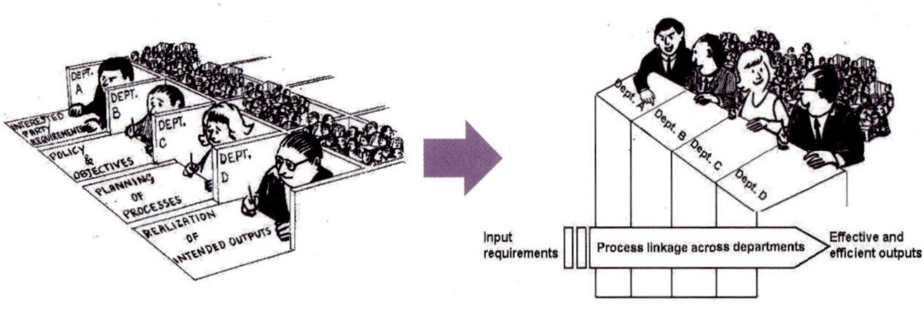

그림 9. 프로세스는 부문의 울타리를 뛰어넘는 작용41)

---

41) ISO/TC 176/SC 2/N 544R3, 2008.

효율, 이해보다도 부문의 효율, 이익을 우선시하는 행동을 하게 되는 경향이 있다.

프로세스의 작용은 서로 다른 부문 간의 벽을 뛰어넘어 조직 전체의 주요한 목표에 초점을 맞춘다. 여기에서의 과제는 프로세스 간의 인터페이스(접점)를 어떻게 관리해 갈 것인가이고, 부문 간의 협력, 커뮤니케이션이 과제 해결의 포인트가 된다. 부문의 벽을 뛰어넘는다고 했는데, 예컨대 '영업 프로세스'가 있다고 하면, 이 프로세스가 뛰어넘는 부문에는 어떤 부문이 있을까. 아마도 조직의 모든 부문이 정답일 것이다. 영업 프로세스는 영업 부서만으로 이루어지는 것이 아니다. 마찬가지로, 설계 프로세스는 설계 부서만으로 이루어지는 것은 아니다. 설계 프로세스 소관부문인 설계부서가 중심이 되어 활동을 진행해 가게 되지만, 예컨대 설계 프로세스는 영업 부서, 기술부서, 품질보증부서, 제조부서, 검사부서 등의 울타리를 뛰어넘어 조직 전체에 걸쳐 작용해야 비로소 기대되는 성과를 달성할 수 있다.

5) 사업 프로세스에의 통합(조문 5.1)

사업 프로세스에의 통합은 조문 5.1(리더십 및 의지)에 단적으로 제시되어 있는 것인데, JTCG는 관리시스템 요구사항이 사업 프로세스(통상의 업무활동이라고 말해도 무방하다)에 반영되어 통합되는 것을 중요시했다. 사업 중에 당해 관리시스템상의 요구사항을 어디까지 상세하게 그리고 어느 범위까지 통합할지에 대해서는 조직이 스스로의 재량으로 결정하는 것이 가능하고, 다만 그 결과책임은 조직에 있다.

'조직의 사업 프로세스에의 관리시스템 요구사항의 통합'은 중요하기 때문에 최고경영진의 역할로 되어 있다. '사업 프로세스'라고 하더라도, 제품 및 서비스에 관련되는 프로세스만을 가리키는 것이 아니라, 지원 프로세스(관리기능, 간접부문), 경영 프로세스도 포함한 조직의 존속에 필요한 통상의 활동을 의도하고 있다. 조직의 과제를 해결하는, 예컨대 목표를 달성하거나 ××× 성과를 달성하는 것은 공통 텍스트의 핵심 포인트이고, '사업 프로세스에 관리시스템 요구사항을 통합'하는 것에는 깊은 의도가 있다.

이 요구에서의 포인트는 2가지이다. 하나는 '사업 프로세스(business process)'이고, 또 하나는 '통합(integration)'이다. 사업 프로세스는 앞에서 이미 설명한 바와 같고, 통합은 문자 그대로 하나로 모아 합치는 것으로서, ×××관리시스템 요구사항을 일상적 활동의 어디에서 실천할지를 명확하게 하는 것이라고 해석할 수 있다. 요컨대, 조직이 일상적으로 행하고 있는 사업추진활동에 ×××관리시스템 요구사항을 반영하는 것이 필요하다.

ISO 규격인 ×××관리시스템 요구사항을 조직의 사업 프로세스에 잘 반영하고 있는 조직은 그렇게 많지 않다. 그 배경에는 프로세스라고 하는 개념을 올바르게 파악하지 못하고 있는 점, 프로세스 간의 관계에 대한 이해가 충분치 않은 점 등이 제시된다. 지금까지의 이중 구조를 해소하고 공통 텍스트가 의도하는 시스템을 구축하는 것은 조직의 과제해결에 중요한 것이다. 일상 활동에 요구사항을 통합함으로써 비로소 공통 텍스트의 의도를 실현할 수 있고, 최종적으로 공통 텍스트 조문 9.1(모니터링, 측정, 분석 및 성과평가)에 규정되어 있는 성과의 평가를 통해 그 향상을 달성할 수 있다.

예를 들면, 공통 텍스트 조문 8.1(운영적 계획 및 관리)에는 다음과 같은 요구가 있다.

"조직은 다음에 제시하는 사항의 실시를 통해 요구사항을 충족하기 위하여, 그리고 제6절에서 결정한 대처를 실시하기 위하여 필요한 프로세스를 계획하고 이행하며 관리하여야 한다."(밑줄은 필자). 여기에서 말하는 필요한 프로세스는 조문 6.1에서 결정한 리스크 및 기회에의 대처활동을 의미한다. 이 필요한 프로세스는 사업 프로세스에 편입되어 일체가 되고 이를 통해 일상적으로 운용되도록 하는 것이 공통 텍스트의 의도이다.

조직이 ×××관리시스템을 구축하려고 할 때에 주의하여야 하는 것이 있다. 그것은 이미 조직에 존재하고 있는 사업경영의 관리시스템과의 통합이다. 구체적으로 말하면, 관리시스템의 구성요소인 방침, 목표, 프로세스, 조직구조, 역할 및 책임, 계획 및 운영 등의 접목이다. 조직은 탄생했을 때부터 고객에 제품 및 서비스를 제공하고, 그 결과 수익을 올림으로써 성장하는데, 조직은 그 사업경영방법을 정례화하고 매년 조금씩 개선함으로써 금일의 사업경영방법에 이르고 있다. 이 사업경영방법은 관리시스템이라고 불러도 좋고, 모든 조직에는 관리시스템(그 좋고 나쁨은 별론으로 하고)이 본래 존재하고 있다고 해도 무방하다.

사업경영에서 조직의 관리시스템을 한 마디로 말하면 연초에 사업계획을 수립하고 그것을 실시하며 분기마다 평가하고 수정을 가하면서 연말에 총정리를 하는 것이라고 할 수 있다. 매출계획, 인원계획, 설비계획, 실행계획 등의 개별계획을 수립하고, 그것을 매일매일 실행하고 운영한다(PDCA 사이클). 이들의 일련의 활동을 공통 텍스트 조문 5.1에서는 '사업 프로세스'라고 부르고 있다. 사업경영에서 이 관리시스템이 효과적으로 기능하면, 현재의 상태를 기본적으로 유지하면서 지속적으로 개선해 나가는 것의 가능성이 높아지고 고객 등 이해관계자의 신뢰감 또한 높아진다.

즉, 통합은

- 사업 방침 vs. ××× 방침
- 사업 목표 vs. ××× 목표
- 사업 프로세스 vs. ××× 프로세스
- 사업 구조 vs. ××× 구조
- 사업 역할 및 책임 vs. ××× 역할 및 책임
- 사업 계획 및 운영 vs. ××× 계획 및 운영

등에 대해 필요한 대응을 할 필요가 있다. 공통 텍스트 3.4의 참고 1에는 "하나의 관리시스템은 단일 또는 복수의 분야를 취급할 수 있다."고 쓰여 있는데, 사업경영이라고 하는 관리시스템은 사업과 ×××라는 복수의 분야를 취급하는 것이 가능하다.

조문 5.1에서 말하는 "사업 프로세스에 ×××관리시스템 요구사항을 통합한다."란, 복수의 관리시스템 구성요소를 유기적으로 접목시키는 것을 의미한다.

6) 문서화된 정보(조문 7.5)

공통 텍스트에서는 '문서류(documentation)', '기록(record)'이라는 용어는 사용하지 않고 '문서화된 정보(documented information)'라는 용어를 도입하였다. '문서화된 정보'란, 당해 관리시스템에서 모든 형식 및 매체(7.5.3 참조)이고, 유지·관리할 필요가 있다고 결정한 정보를 말한다. 이 용어에는 문서류, 문서, 문서화된 절차 및 기록 등 종래의 개념이 포함되어 있다. '문서화된 정보'에는 종이매체는 물론이고 전자매체라도 성문화된 것(서류)에 머무르지 않고, 음성, 그림, 동영상 등의 여러 형식(포맷)을 상정하고 있다. 이것은 당초 JTCG에서 '문서'의 관리에서 '정보'의 관리로 이행하는 논의에서 탄생되었다. 최근의 정보기술의 보급과 진전을 고려하면, 데이터, 문서류, 기록 등은 이제 전자적으로 처리되는 경우가 많다.

'문서화된 정보'에 관한 공통 일반요구사항의 의도는 관리시스템에서 작성하고 관리하며 유지하여야 하는 정보의 종류에 대해 설명하는 것이다. '이 규격이 요구하는 것'에는 공통 텍스트에서 요구되는 것에 추가하여 분야별 규격에서 요구되는 것이 있다. 이것에 덧붙여, 조직이 스스로 당해 관리시스템에 필요하다고 결정한 기타의 모든 추가적인 정보가 있다.

공통 텍스트에는 '문서화된 정보'로서 최소한 다음과 같은 것이 포함된다.

- 관리시스템의 적용범위(4.3)
- 방침(5.2)

- 목표(6.2)
- 역량의 증거(7.2)
- 조직이 OHSMS의 계획수립과 운영에 필요하다고 결정한 외부 정보(7.5.3)
- 프로세스 실행의 증거(8.1)
- 모니터링, 측정 분석 및 성과평가(9.1)
- 내부감사프로그램 이행의 증거 및 감사 결과(9.2.2)
- 경영진 검토 결과(9.3.3)
- 부적합 및 후속조치의 성격, 개선조치 결과(10.2)

규격에서 요구되고 있는 것 이외에 어떠한 문서화된 정보가 필요한지를 판단하는 것은 조직의 재량이고 책임이다. 각각 조직에 의해 필요한 정도는 다르기 때문에, 참고에 열거되어 있는 요인(조직의 크기, 조직의 활동·프로세스·제품·서비스 유형, 프로세스와 그것들 간 상호 작용의 복잡성, 구성원들의 역량)이 고려된다. 그리고 원래 당해 관리시스템 이외의 목적으로 작성된 기존의 문서화된 정보를 이용해도 무방하다.

7) 모니터링, 측정, 분석 및 평가(조문 9.1)

공통 텍스트의 '모니터링, 측정, 분석 및 평가'에 관한 요구사항에서는 관리시스템의 '의도하는 결과'가 계획대로 달성되고 있는지를 확인하기 위한 체크를 규정하고 있다. 체크의 종류에는 정성적인 것도 정량적인 것도 있다. 모니터링, 측정을 하고 나서 그 결과에 대해 분석하고 평가하여 이를 개선으로 연결시키는 것이 의도되어 있다.

무엇을 언제, 어떻게 측정하고 평가할지는 조직이 스스로 결정하지만, 모니터링 또는 측정, 분석 및 평가의 대상이 되는 지표 내지 특성은 관리시스템에서 계획한 활동이 어느 정도 실행되고, 계획한 결과가 어느 정도

달성되었는지를 판단하는 데 '필요충분한' 정보를 제공할 수 있는 것으로 한다.

"조직은 ××× 성과와 ×××관리시스템의 효과성을 평가해야 한다."고 되어 있는데, 모니터링, 측정, 분석, 평가를 통하여 얻어진 정보는 현장 수준에서도 프로세스, 시스템의 '계속적 개선'(조문 10.3)을 위해 활용하는 한편, '경영진 검토'(조문 9.3)의 요구사항에 따라 최고경영진에게 제시된다.

성과의 평가에서 중요한 것은 목표 그 자체(의도하는 결과)가 적절한 것이고, 다음으로 중요한 것이 평가의 대상이다. 평가에 어떠한 것을 선정할지가 여기에서 말하는 효과성의 열쇠이다. 이 '기준(척도)'을 무엇으로 할 것인지는 어려운 문제이다. OHSMS에 관해서는, 예컨대 제조부문은 경미한 부상건수, 휴업재해수, 중대재해수, 도수율, 강도율 등의 후행지표와 아차사고보고(발굴)건수, 교육훈련 이수율, 위험성 평가 실시율, 작업절차서 제·개정건수 등의 선행지표를 생각해 볼 수 있다.

'기준(척도)'이 없는 관리는 향기 없는 커피와 같은 것이라고 할 수 있다. 조직은 목표를 설정하고 그것에 도전함으로써 환경정비, 문제의 공유화, 상호계발, 계획적인 인재육성 등에 효과를 올리고 있다. 성과목표(의도하는 결과)는 다음 조건의 몇 개를 충족해야 한다.

- 경영의 목적과 현상의 분석에 기초하여 만들어진 것이다.
- 조직의 체질 개선 방향을 제시한 것이다.
- 명확하고 간결하며 알기 쉬운 말로 서술되어 있다.
- 구체적으로 목적을 제시한 것이다(목표치가 명확하다).
- 중요문제를 제시한 것이다.
- 목적을 달성하기 위한 대책이 명확하다.
- 강제, 타협이 아니라 상하 간의 커뮤니케이션이 이루어지고 있다.
- 하위의 직위로 내려감에 따라 구체적인 프로그램이 되어 있다.

- 기한, 목표, 범위 등 실행 조건이 명확하다.
- 전달방법, 확인방법이 명확하다.
- 프로그램은 실현 가능한 형태로 되어 있다(계획, 실행, 확인, 개선 등 PDCA의 형태로 되어 있다).

2. 다른 관리시스템 규격과의 차이

ISO 45001은 상술한 바와 같이 공통 텍스트를 모체로 하여 개발되었기 때문에, ISO 발행의 다른 관리시스템 규격[ISO 9001(품질), ISO 14001(환경), ISO/IEC 27001(정보보안) 등]과 정합적인 구조, 타이틀로 되어 있고 골격에 있어서는 눈에 띄는 차이가 없다. 그러나 '산업안전보건이라는 분야 고유의 특징'이 있어 내용적으로는 다른 관리시스템과 적지 않은 차이를 보인다. 품질관리시스템(QMS), 환경관리시스템(EMS) 등과의 차이는 'ILO가 주장하는 사항'에 의해 쉽게 알 수 있다. 여기에서는 이 2가지 사항에 대해 설명하기로 한다.

(1) 산업안전보건 분야 고유의 특징

공통 텍스트의 규정에 따른 '리스크 및 기회'에 대한 요구사항은 다른 관리시스템 규격과 동일하게 ISO 45001에도 있지만, ISO 45001은 이 '리스크 및 기회'와 별도로 '산업안전보건 리스크'와 '산업안전보건 기회'라는 요구사항을 특별히 규정하고 있다. 조문 6.1.2를 중심으로 산업안전보건 리스크의 요구사항이 규정되어 있는데, 'risk assessment'라는 말은 사용하지 않고, 'assessment of risk(s)'라고 표현하고 있다. 이것은 'risk assessment'라는 용어를 사용하면, 사용자에게 특정 risk assessment 기법을 연상시켜 중소기업 등에 무리한 시스템을 구축하게 할지도 모른다는 배려에 따른 것이다. 그러나 조문 6.1.2~6.1.4까지의 내용은 위험성 평가(risk assessment)의 내용과 사실상 동일하다고 생각하면 된다.

'산업안전보건 리스크'는 그 정의(조문 3.21)에 따르면 "업무에 관련되는 위험한 사건(hazardous event) 또는 노출(exposure)의 발생 가능성과 그 사건 또는 노출로 야기될 수 있는 부상과 건강장해의 중대성의 조합"이다.

여기에서 위험원(조문 3.19)이란, "부상과 건강장해(3.18)를 일으킬 가능성이 있는 원인"이라고 정의되고 있고, 리스크가 평가되기 전에 위험원은 파악되어야 한다. 조직은 사건(incident: 사고를 포함한 사건)으로 연결되는 위험원을 인식하고 이해하며, 이들 위험원의 사람들에 대한 위험한 정도인 리스크를 평가하고, 우선순위 부여에 따라 대책(관리방안)을 실시하며, 합리적으로 실현 가능한 정도로 낮은 수준까지(As Low As Reasonably Practicable: ALARP, 부속서 A.8.1.1 및 A.8.1.2) 산업안전보건 리스크를 저감하는 것이 요구된다.

위험성 평가에서 위험성 추정의 방법은 간단한 것에서부터 대량의 문서를 이용하는 복잡한 정량적 분석에 이르기까지 수단에 따라 크게 다를 수 있다. 각각의 제품, 설비, 공정 등의 복잡성에 따라 다른 방법이 사용될 수 있다. 그리고 화학물질의 장기 노출에 따른 위험성 추정에는 특정 화학물질의 성질 파악이 불가결하다. 사무소(office)의 위험성 추정은 보다 간단한 방법으로도 무방하다.

(2) ILO의 주장

ILO는 연락(liaison)기구라는 입장에서, PC 283에 있어서는 어디까지나 옵서버(observer)적 존재였지만, 2013년에 주고받은 ISO와 ILO 각서에 근거하여 ISO 45001 개발과정의 여러 군데에서 영향력을 행사하였다. 이하에서는 ILO의 의견과 그것이 ISO 45001에 어떻게 반영되었는지에 대해 주요 사항을 중심으로 설명한다.

① **ISO/PC 283의 멤버 구성**: ILO는 "2013년 ISO 가맹국이 투표한 NWIP(New Work Item Proposal: 신규작업항목 제안)에 표현된 멤버 구성과 현재의 ISO/PC 283의 멤버 구성은 차이가 많은 상태로 되어 있다."고 주장하고, 새롭게 NWIP에서 '중요한 과제'로 인식된, PC 및 WG 3자 구성(정부, 사용자조직, 근로자조직)을 요구하였다. 이하는 ILO의 요구문서로부터의 발췌이다.

- 3자 참가의 구성이 없는 국내위원회에는 관련 정부기관, 사용자조직, 근로자조직에 문의하여 참가를 요구한다.
- 국내 위원회 및 국내의 ISO 표준화 단체는 3자 참가의 구성원부터의 코멘트에 특별한 주의를 기울이는 것이 바람직하다.
- ISO/PC 283은 각국의 3자 참가의 구성원, IOE(International Organisation for Employers: 국제사용자연맹), ITUC(International Trade Union Confederation: 국제노동조합총연맹) 및 ILO로부터의 코멘트에 특별한 고려를 하는 것이 바람직하다.

[대응결과] ILO의 요구에 회원국 모두 최대한의 노력을 하기로 약속하였다.

② **취업자의 협의 및 참가**: ILO의 설립 목적은 '근로자의 권리보호'이고, ILO 가이드라인의 조문 3.2에도 근로자의 참가가 명기되어 있다고 하면서, ILO는 강하게 '취업자의 협의 및 참가'의 규정을 요구하였다. 또한 OHSAS 18001:2007 4.4.3.2에도 참가 및 협의의 요구사항이 규정되어 있다고 주장하였다. 이에 가맹각국은 심의과정에서 그와 같은 ILO의 주장을 잘 이해하고, 최대한 ILO의 의견을 반영하기 위해 노력하였다.

[대응결과] 공통 텍스트의 조문에는 없는 조문 5.4가 신설되었고, 그 타이틀은 '취업자의 협의 및 참가'로 되었다. 조문 5.4에 추가하여 ISO 45001에는 다음 조문에 '취업자의 협의 및 참가'의 내용이 나온다.

5.1 리더십 및 커뮤니케이션

5.2 산업안전보건 방침

6.2.1 산업안전보건 목표

9.3 경영진 검토

OHSAS 18001:2007에 기술되어 있는 '참가 및 협의'의 요구사항을 참고로 이하에 제시한다.

4.4.3.2 참가 및 협의

조직은 다음 사항에 관련되는 절차를 수립, 이행 및 유지하여야 한다.

a) 다음 사항에 의한 근로자의 참가

– 위험원 파악, 위험성 평가 및 저감조치 결정과정에서의 적절한 관여

– 사고조사에 적절한 관여

– 산업안전보건 방침 및 목표의 결정 및 검토에 관여

– 근로자의 산업안전보건에 영향을 미치는 변화가 있는 경우의 협의

– 산업안전보건 문제에 관한 대표자의 선출

근로자에게는 산업안전보건 문제에 관하여 누가 그들의 대표인지를 포함하여 참가 방식(arrangements)에 대해 정보제공이 이루어져야 한다.

b) 근로자의 산업안전보건에 영향을 미치는 변화가 있는 경우의 수급인과의 협의

조직은 관련되는 산업안전보건 문제에 대해 필요한 경우에는 관련되는 외부의 이해관계자와 협의하는 것을 보장하여야 한다.

---

③ **취업자대표**: ILO는 취업자대표의 선출은 양호한 OHSMS에 있어 필수적인 것이라고 주장하면서 '취업자대표'의 정의와 ILS(International Labour Standards: 국제노동기준)의 정의 간 부정합을 피하기 위하여 신중하게 고려해야 한다고 주장하면서 이하의 문장을 제출하였다.

- '취업자대표'를 정의하는 경우에는, 대표 선출에 근로자가 적절하게 참가하는 것을 기술한다. 별도의 선택지로서는 '취업자대표'에 대한 정의를 하지 않고, 국내 법령 및 관행에 의한 정의에 맡긴다.

• 위원회 원안(Committee Draft: CD) 2에서는 '취업자대표'를 "OHSMS와 관련하여 근로자의 이익을 대표하기 위하여 국내 법령, 규제 및 관행에 따라 선출 또는 지명된 사람"이라고 정의하고 있는데, 용어 사용의 영향에 관한 평가 및 논의가 이루어지지 않은 채 정의를 급하게 채용한 결과, CD 2의 정의는 ILS와 모순되고 있다. 현재의 정의는 너무 좁고, 그대로는 다수 조직의 OHSMS에서 근로자의 목소리가 제대로 반영되지 못한다.

• ILS와의 골을 메우고 부정합을 해소하기 위하여 본 정의는 추가 검토를 필요로 한다. ILS와 정합성을 갖도록 하기 위하여 3개의 주요한 점을 추가해야 한다.

- 근로자의 OHSMS에 대한 참된 제안과 참가를 얻기 위하여, 회사는 근로자에게 신뢰를 얻고 근로자대표를 참가시킬 필요가 있다. 이와 같은 대표를 확보하는 방법은 2가지인데, 하나는 노동조합에 의한 선출이고, 다른 하나는 근로자에 의한 자유로운 선출이다.

- 많은 조직에는 OHSMS에 대한 근로자의 이익만을 대표하는 사람은 없다. 그리고 각국의 법률 및 규제는 통상 임의적인 OHSMS를 다루지 않으므로, 취업자대표의 정의를 "OHSMS와 관련하여 근로자의 이익을 대표하는 사람"이라고 하면, 일반 근로자대표(OHSMS 이외의 대표)를 인정하고 있는 법령, 규제 및 관행을 고려할 수 없게 된다.

- CD 2의 정의에는 근로자대표를 선출하는 프로세스를 통제하는 4가지의 잠재적 권원(權源) 중 하나가 누락되어 있다. 누락되어 있는 권원인 단체협약이 정의에 추가되어야 한다. 이 결함을 시정하기 위해서는 다음과 같이 정의가 수정되어야 한다.

  "근로자를 대표하고, 국내 법령, 규제 및 관행 또는 단체협약에 따라 노동조합 또는 그들의 멤버에 의해 선출 또는 지명되거나 근로자들에 의해 자유롭게 선출되는 사람"

[대응결과] 신중한 논의의 결과, 최종적으로는 '취업자대표'에 대해 용어정의를 하지 않는 것으로 하였다.

④ **국내 법령 및 규제의 준수**: ILO는 국내 법령 및 규제의 준수는 효과적인 OHSMS에 있어 최소한의 준수사항이라고 본다. CD 2의 법령규제사항에 관련되는 조문은 ILS에 더욱 정합시킬 필요가 있다. 규격의 '적용범위'에는 "본 국제규격은 다음 사항을 바라는 모든 조직에 적용가능하다. 해당하는 법적 요구사항 및 조직이 인정하는 기타 요구사항에 적합할 것을 보장한다."고 기술해야 한다.

[대응결과] ISO 규격에는 '법률을 준수하여야 한다'는 의미의 규정은 두지 않고 있는 점으로 보면, ILO의 주장은 받아들여지지 않았다. 다만, ILO의 주장의 취지를 담은 내용이 조문 6.1.3에 규정되어 있기는 하다.

6.1.3 법적 및 기타 요구사항의 결정

조직은 다음을 위한 프로세스를 수립, 이행, 유지하여야 한다.

a) 조직의 위험원, 산업안전보건 기회 및 OHSMS에 적용되는 최신의 법적 및 기타 요구사항을 결정하고 입수한다.

b) 이들 법적 및 기타 요구사항이 조직에 어떻게 적용되고 무엇이 의사소통될 필요가 있는지를 결정한다.

c) 조직의 OHSMS를 수립, 이행, 유지하고 계속적으로 개선할 때, 이들 법적 및 기타 요구사항을 고려한다.

---

⑤ **안전문화**: ILO 협약 No. 187(산업안전보건 증진체계 협약)에는 안전문화에 대하여 "예방적인 안전보건문화"라는 용어를 사용하고 있다. '안전문화'라는 단어는 ILS의 중요한 용어와의 정합성을 배려하는 것을 요청한다. 편집과정에서 도입된 '적극적인 문화'라는 표현을 '적극적인 안전보건문화'로 치환하는 것이 바람직하다.

[대응결과] 논의 결과, "의도하는 결과를 지지하는 문화"(서문 0.3, 조문 5.1), "OHSMS를 지지하는 문화"(조문 10.3)라는 표현을 사용하게 되었다.

⑥ **이해관계자로서 취업자의 역할**: OHSMS의 이해관계자의 중요한 요소로서 취업자의 역할이 명확하게 보이는 것이 바람직하다. CD 2 용어 '이해관계자'는 첫 번째로 보호되어야 할 그룹인 '취업자'의 독특한 역할 및 기능을 희박하게 한다. 이해관계자는 누구인지에 관한 다음의 참고(note)를 기술하는 것이 바람직하다.

참고: 예를 들면, 취업자 및 그 대표, 산업안전보건 관리책임자, 근로자조직(노동조합), 산업회, 사용자조직, 수급업자, 규제당국, 긴급 시 대응자, 방문자

[대응결과] ILO의 제안은 받아들여지지 않았다.

⑦ **직업병**: ILS에서는 '직업성질환'을 '건강장해'와 구별하고 '직업성질환'은 '건강장해'에 포함되는 것으로 본다. 본 규격에서 직업성질환에 대해 적절하게 그리고 명확하게 참조하는 것이 바람직하다.

[대응결과] 조문 3.18(부상과 건강장해) 참고(note)에 다음과 같이 기술되게 되었다.

참고 1: 사람의 신체, 정신 또는 인지상태에 미치는 악영향에는 업무상의 질병, 질환 및 사망이 포함된다.

⑧ **사고**(incident): ILS에서는 '사고(incident)'는 위해를 초래하지 않는 '아차사고(near miss)'로서 구분되고 있다. 그러나 CD 2에서는 '재해(accident)'는 '사고(incident)'의 일부분으로 취급되고 있고, 이 취급에 의해 위해 및 개선조치에 관한 조직의 적정한 문서화를 저해할 수도 있다. '재해(accident)'는 '사고(incident)'로부터 구별되어야 한다.

[대응결과] ISO 45001에서는 OHSAS 18001:2007과 동일하게 '재해(accident)'는 '사고(incident)'의 일부인 것으로 규정되었다(ILO의 주장은

통하지 않았다).

⑨ **산업안전보건대책의 비용부담**: ILS에서는 개인보호구를 포함한 산업안전보건대책은 근로자 또는 그 대표에는 비용부담을 주지 않고 실시되어야 한다고 규정하고 있다.

조문 8.1.2 e)의 최후에 "취업자에 대한 부담 없이"를 추가하여 기술할 것을 요청한다.

[대응결과] 참고에 다음과 같이 기술되어 있다.

"많은 국가에서 법적 및 기타 요구사항은 개인보호구(PPE)가 취업자에게 무상지급되도록 하는 요구사항을 포함하고 있다."

⑩ **급박하고 중대한 위험으로부터 퇴피할 권리**: ILS에서는 근로자는 급박하고 중대한 위험으로부터 퇴피할 권리를 가지고 있다고 규정하고 있다. 최고경영진, 관리·감독자, 근로자는 구체적인 사례에서 급박하고 중대한 위험을 초래할 것이라고 생각되는 상황이란 무엇인지 공통의 이해를 가지고 있어야 한다. 다음과 같은 기술을 제안한다.

"최고경영진, 관리·감독자, 근로자는 구체적인 사례에서 급박하고 중대한 위험을 초래할 것이라고 생각되는 상황에 대하여 공통의 이해를 가져야 한다."

[대응결과] 조문 7.3(인식)

취업자에게 다음 사항에 대하여 인식하게 하여야 한다.

f) "취업자가 그들의 생명 또는 건강에 절박하고 중대한 위험이 있다고 생각하는 작업상황으로부터 취업자가 스스로 퇴피할 수 있는 권한 및 그와 같은 행동을 한 것을 이유로 부당한 결과로부터 보호받기 위한 장치"

3. ISO 9001:2015 및 ISO 14001:2015와의 차이

공통 텍스트에 근거하여 2015년에 발행된 ISO 9001, ISO 14001의 특징을 ISO 45001과의 비교를 염두에 두고 설명한다.

1) ISO 9001의 특징

이 제도는 제2차 세계 대전 후 미군의 조달부서가 군수품의 불량을 줄이기 위해 제품의 생산시스템에 대한 관리사항을 미군 규격으로 적용한 것이 시초가 되었다. 이후 국가 간 품질시스템의 요구사항이 각기 달라 국제적인 공통 QMS 규격 개발의 필요성이 커지지 1987년에 ISO가 미국, 영국, 캐나다의 국가규격을 근거로 ISO 9000 시리즈 규격을 개발하게 되었다. 이후 순차적인 개정을 해오다 2000년에는 품질의 대상을 서비스로 확대하고, 종합적 품질관리에 PDCA 요소를 도입하여 조직활동의 기준으로 삼는다는 내용의 개정안을 내놓았다. 이후 2008년에 개정작업이 완료돼 ISO 9001 2008년판이 적용되다가, 2015년에 관리시스템 규격의 새로운 패러다임을 반영한 ISO 9001 2015년판이 발행되었다.

ISO 9001은 조직의 제품 및 서비스를 취급하고 있지만, 제품 및 서비스의 품질 그 자체를 대상으로 하고 있는 것은 아니다. ISO 45001이 산업안전보건을 취급하고 있다고 해도, 산업안전보건, 즉 재해방지 그 자체를 대상으로 하지 않고 OHSMS를 취급하고 있는 것과 동일한 의미이다. 이것은 다음 절의 ISO 14001을 포함하여 ISO 발행의 관리시스템 규격 전체에 대해 말할 수 있는 것이다.

ISO 9001은 그 대상으로 보아 중요한 주체를 '고객'으로 두고 있다. OHSMS가 중요한 주체를 '취업자'에 두고 있는 것과 눈에 띄는 차이이다. 좀 더 구체적으로 말하면, 조직의 경영이 탄생하였을 때부터의 경과를 생각하면, 최고경영진이 먼저 고려하는 주체가 고객이고, 어떻게 고객의 조직 이탈을 막을 수 있을까에 매일 부심하고 있는 주체를 중심으로 요구사항이 규정되어 있다. 이하에 고객에 관련되는 요구사항을 중심으로 설명한다.

(1) 고객 수요의 분석 및 이해

고객 수요에 대해서는 ISO 9001:2015 8.2.3(제품 및 서비스에 관한 요구사항의 검토)에 다음과 같이 규정되어 있다.

8.2.3 제품 및 서비스에 관한 요구사항의 검토

(중략)

조직은 제품 및 서비스를 고객에게 제공할 것을 약속하기 전에 다음을 포함하여 검토하여야 한다.

a) 고객이 규정한 요구사항, 이것에는 인도 및 인도 후의 활동에 관한 요구사항을 포함한다.

b) 고객이 명시하고 있지는 않지만, 지정된 용도 또는 의도된 용도가 이미 알려져 있는 경우, 이들 용도에 따른 요구사항

c) 조직이 규정한 요구사항

d) 제품 및 서비스에 적용되는 법령·규제 요구사항

e) 이전에 제시된 것과 다른 계약 또는 주문 요구사항

고객 수요를 분석하고 이해하는 것은 의식하지 않더라도 모든 조직에서 일상적으로 행해지고 있을 것이다. 먼저 명확하게 해야 하는 것은 '고객이 누구인가'라는 것이다. 조직이 취급하고 있는 제품·서비스를 사거나 받는 사람이 고객이지만, 그 뒤에 존재하는 다음 사람도 조직이 의식해야 하는 고객이다. 그 뒤에는 또 다음 고객이 있는 형태로, 사회의 공급망(supply chain)[42]에 인접하여 이어지는 방식으로 여러 고객이 있는 것을 잊어서는 안 된다.

42) 공급망이란, 공급자로부터 고객에게 재화 또는 서비스를 이동시키는 것에 관련되어 있는 조직, 사람, 활동, 정보 및 자원의 시스템을 의미한다.

'고객 수요'를 분석하고 이해하려면, 고객에는 어떠한 종류의 고객이 있는 것인가, 공급망에 이어진 고객마다 어떠한 수요가 있는 것인가, 어쩌면 고객 간에는 상반된 수요가 있을지도 모른다와 같은 것을 분석하는 것이 요구된다.

ISO에는 고객을 어떻게 정해야 하는지에 대한 규정은 없다. 그러나 그렇다고 하여 본래의 고객을 무시하고 자신들의 사정에 맞추어 고객을 정하는 것은 조직으로서 진지하게 관리시스템의 구축을 지향하고 있다고 말할 수 없을 것이다.

고객의 요구사항을 확실하게 분석하고 이해하는 것은 매우 어렵다. 왜 그런가 하면, 고객은 자신이 구입하고 싶은 것을 명확하게 파악하고 있지 못한 경우가 있기 때문이다. 일반적으로 B to B(Business to Business)라고 말해지는 기업끼리 비즈니스를 행하는 경우에는 고객요구사항은 명확하게 되어 있다. 그러나 시장형 상품을 판매하는 경우의 B to C(Business to Consumer)에서는 고객이 고객요구사항을 명확하게 하고 있는 경우는 드물다.

(2) QMS의 7원칙

ISO 9001:2015 서문 0.2에는 'QMS의 원칙'이 기재되어 있다. 이것은 ISO 9000:2000에 8가지 원칙으로 기재된 것이 7개가 되고,[43] ISO 9001:2015에 비로소 게재된 것이다.[44]

---

43) ISO 9000 규격은 4개 규격으로 구성되어 있는데, ① 9001은 제품의 디자인 및 개발과 생산, 서비스 등을 내용으로 하는 가장 광범한 적용범위를 가진 규격이다. ② 9002는 디자인 개발 또는 서비스에 대해 공급자의 책임이 없는 경우에, ③ 9003은 디자인·설치 등이 문제가 되지 않는 극히 단순한 제품의 경우에 각각 적용되고, ④ 9004는 QMS을 개발하고 실행하기 위한 일반지침이다. 그리고 9000은 이들 4개 규격의 안내서이다.

44) 2015년판 이전에는 ISO 9001에 게재되어 있지 않았다.

QMS의 원칙

이 규격은 ISO 9000에 규정되어 있는 QMS의 원칙에 근거하고 있다. 이 규정에는 각각의 원칙의 설명, 조직에 있어 원칙이 중요한 것의 근거, 원칙에 관련된 편익의 예, 그리고 원칙을 적용할 때에 조직의 성과를 개선하기 위한 전형적인 노력의 예가 포함되어 있다. QMS의 원칙이란 다음 사항을 말한다.

– 고객 중시
– 리더십
– 사람들의 적극적 참가
– 프로세스 접근
– 개선
– 객관적 사실에 근거한 의사결정
– 관계성 관리

이 원칙은 '품질관리시스템'의 원칙이 아니라 '품질관리'의 원칙인 점에 주의가 필요하다. 품질관리란, 문자 그대로 제품 및 서비스의 품질을 관리하는 원칙이다.

① **고객 중시**: 상술한 "(1) 고객 수요를 분석·이해한다"에서 설명한 대로이다.

② **리더십**: CEO를 위시하여 각 계층의 리더는 솔선수범하여 일에 임하여야 한다는 것을 의미한다.

③ **사람들의 적극적 참가**: 종업원 전원이 품질관리활동에 참가할 수 있도록 해야 한다는 원칙이다. 품질보증은 검사부문에 의해서만 이루어진다는 생각은 오해이다. 품질보증을 위해서는 종업원 전원이 "품질은 공정에서 철저하게 한다."는 사고방식하에 공정을 흐르는 전 제품을 양품으로 하는 활동이 필요하다.

④ **프로세스 접근**: ISO 9001:2015 0.3 '프로세스 접근'에는 다음과 같은 기술이 있다.

0.3 프로세스 접근

0.3.1 일반

이 규격은 고객요구사항을 충족함으로써 고객만족을 향상시키기 위하여 QMS를 구축하고 실시하며, 그 QMS의 효과성을 개선할 때에 프로세스 접근을 채용하는 것을 촉진한다. 프로세스 접근의 채용에 불가결하다고 생각되는 특정 요구사항을 4.4에 규정하고 있다.

시스템으로서 상호 관련되는 프로세스를 이해하고 관리하는 것은 조직이 효과적이고 효율적으로 결과를 달성하는 데 있어 도움이 된다. 조직은 이 접근에 의해 시스템의 프로세스 간의 상호관계 및 상호의존성을 관리하는 것이 가능하고, 이것에 의해 조직의 전체적인 성과를 향상시킬 수 있다.

이 접근은 조직의 품질방침 및 전략적인 방향성에 따라 의도한 성과를 달성하기 위하여, 프로세스 및 그 상호 작용을 체계적으로 정의하고 관리하는 것과 관련된다. PDCA 사이클(0.3.2 참조)을 기회의 이용 및 바람직하지 않은 결과의 방지를 지향하는 리스크에 기초한 접근(0.3.3 참조)에 전체적인 초점을 맞추어 이용함으로써 프로세스 및 시스템 전체를 관리할 수 있다.

QMS에서 프로세스 접근을 이용하면 다음 사항이 가능하게 된다.

a) 요구사항의 이해 및 그 일관된 충족

b) 부가가치의 관점에서의 프로세스의 검토

c) 효과적인 프로세스 성과의 달성

d) 데이터 및 정보의 평가에 근거한 프로세스의 개선

(후략)

⑤ **개선**: 개선은 조직의 불가결한 요소이다. 경영은 여러 요소의 집합인데, 모든 요소는 변화한다. 변화의 내용, 스피드, 방향, 상호 작용 등은 요소에 따라 상당히 다르다. 천천히 변화하는 요소도 있는가 하면, 급격히 변화하는 요소도 있다. 사전에 헤아려 알 수 있는 요소가 있는가 하면, 예측 불가능한 요소도 있다. 요소는 조직의 안과 밖 또는 그 쌍방에 존재하므로, 조직은 경영환경을 포함하는 내외의 변화 상황을 파악하여야 한다. 성공하는 조직은 변화에 대응한 개선을 적극적으로 추진하고 성과를 향상시키고 있다. 변화를 새로운 기회로 포착하고, 기회의 모든 계층이 개선활동을 하는 것이 바람직하다.

⑥ **객관적 사실에 근거한 의사결정**: 객관적 사실에 근거한 의사결정은 중요한 품질관리개념이다. 현실의 데이터 및 정보분석 및 평가에 기초한 의사결정을 함으로써 보다 효과적인 결과를 얻을 수 있는데, 이를 위해서는 다음과 같은 활동이 권장된다.

- 조직의 성과를 나타내는 지표를 결정하고 측정하며 모니터링한다.
- 데이터 및 정보를 적절한 방법으로 분석·평가한다.
- 객관적 사실에 근거하여 조치를 취한다(경험·직감과의 균형을 배려한다).

⑦ **관계성 관리**: 조직은 단독으로는 사업전개를 할 수 없다. 조직은 그 사업활동을 많은 협력자, 이해관계자와 양호한 관계를 유지하면서 추진해 나가야 한다. 조직이 계속적으로 성공하려면, 조직을 둘러싼 이해관계자를 인식하며, 관계성을 이해하고 조직의 편익을 위하여 어떠한 행동을 취하여야 할지를 분석하여야 한다. 이를 위하여 조직이 취하여야 할 행동은 다음과 같다.

- 이해관계자(예를 들면, 제공자, 파트너, 고객, 투자가, 종업원, 사회 전체)를 명확히 한다.
- 조직과 이해관계자의 관계성을 분석하고 관계성을 관리한다.
- 단기적 이익과 장기적 전망의 균형이 취해진 관계를 구축한다.

2) ISO 14001의 특징

ISO 14001은 1996년에 초판이 발행되고, 2004년에 소폭 개정이 이루어졌다. 2015년에 10여 년 만에 대폭 개정이 이루어졌다. 2015년판 개정의 포인트는 다음과 같다.

(1) 전략적인 환경관리(조문 4.1, 4.2, 5.1, 9.3에 반영)

환경관리는 전략적으로 행하여야 한다는 취지에서 조직의 전략적 계획

프로세스의 중요성을 강조하고 있다. EMS의 실시는 조직의 환경부문이 전적으로 모두 담당하는 것이 아니라, 조직의 사업 프로세스에 일체화되고 조직 내의 다양한 부서가 관여함으로써 EMS의 전략적인 적용 및 대처의 효과성이 향상된다는 관점에서, 조직의 사업 프로세스에의 EMS의 통합에 관한 요구사항을 규정하고 있다(부속서 SL의 규정에 준거).

ISO 14001의 목적은 "사회경제적 수요와 균형을 취하면서 환경을 보호하고 변화하는 환경상태에 대응하기 위한 틀을 조직에 제공하는 것이다. 이 규격은 조직이 EMS에 관하여 설정하는 '의도하는 결과'를 달성하는 것을 가능하게 하는 요구사항을 규정하고 있다."고 서술하고 있다.

ISO 14001에서는 EMS의 '의도하는 결과'에 대해 조직의 환경방침에 정합하고, 다음 3가지 사항을 포함하는 것이라고 규정되어 있다.

① 환경성과의 향상
② 준수의무를 충족하는 것
③ 환경목표의 달성

EMS의 성과의 예로서 일의 성과, 폐기물량, 전기사용량 등을 들고 있다.

(2) 환경보호(조문 5.2에 반영)

ISO 14001:2004는 조직이 환경에 미치는 영향에 관한 관리를 실시하기 위한 것이었지만, 2015년판에서는 환경(및 그 변화)이 조직에 미치는 영향에 대해서도 관리의 대상으로 하고 있다. 즉, '조직'과 '환경'이란, 상호 영향을 미치는 쌍방향의 관계로 포착되고 있다. 나아가, 환경보호에 관하여 사회적 책임에 정합시켜, 오염의 예방뿐만 아니라, 지속 가능한 자원의 이용, 기후변동의 완화, 기후변동에의 적응, 생물다양성 및 생태계의 보호를 포함하는 식으로 환경에 관한 과제를 확장하였다.

(3) 라이프사이클 사고(조문 6.1.2, 8.1에 반영)

ISO 14001의 범위를 제품의 사용, 사용 후의 처리, 폐기에 관련된 환경 영향까지 확장했다.

2015년판에서는 경제, 물류, 공급망의 글로벌화 및 조직경영의 효율화가 가속화되는 가운데에서, 국경을 초월한 조달, 생산거점의 이전 및 아웃소싱 활동이 확대되는 현상을 토대로, 제품 또는 서비스의 원재료 취득에서부터 사용 후의 최종처분에 이르는 라이프사이클의 모든 단계에서 발생할 수 있는 환경영향을 인식하고 요구사항을 규정하였다.

'라이프사이클'의 정의는 다음과 같다.

3.3.3 라이프사이클

원재료의 취득 또는 천연자원의 산출에서부터 최종처분까지를 포함하는, 연속적이고 상호 관련되는 제품(또는 서비스) 시스템의 단계군

참고: 라이프사이클의 단계에는 원재료의 취득, 설계, 생산, 운송 또는 배송(제공), 사용, 사용 후의 처리 및 최종처분이 포함된다.

---

(4) 부속서 SL의 차이

ISO 14001:2015도 부속서 SL에 준거하고 있지만, SL의 구체적 내용은 ISO 45001과는 다른 것으로 되어 있다. 조문 4.1, 4.2, 4.3에 대해 어떻게 해석하는 것이 좋을지를 설명하면 다음과 같다.

① **4.1**(조직 및 그 상황의 이해): EMS에서도 최고경영진은 먼저 '의도하는 결과'를 생각하는 것이 중요하다. '의도하는 결과'는 조직의 환경방침에 그 힌트가 있는 것으로 해두는 것이 바람직하다. 예컨대 환경방침에서 '자원의 효과적인 활용과 에너지 절약활동의 추진'을 강조하고 있으면, 자원의 효과적인 활용과 에너지 절약활동의 추진에 영향을

준다. 그 '의도하는 결과'에 영향을 미치는 외부 및 내부의 과제는 경영 레벨에서 결정하는 것이 요구된다. 조직의 외부 및 내부의 과제로 다음과 같은 것을 생각할 수 있다.

외부 과제

- 리사이클이 어려운 소재가 증가하고 있다.
- 우량 산업폐기물 처리업자와의 계약이 필요하다.
- 중유 등 화석연료의 가격이 상승하고 있다.
- 재활용하고 싶은 자재에 품질보증과의 균형이 필요하다.

내부 과제

- 베테랑 직원의 퇴직에 의해 기술의 전승이 어렵다.
- 베테랑 직원의 퇴직에 의해 법규제 등의 지식 전승이 어렵다.
- 수주 및 발주 시스템의 능력에 한계가 있다.
- 설비의 노후화가 효율화를 방해하고 있다.

② **4.2**(이해관계자의 수요 및 기대의 이해): 조직은 새롭게 조직의 이해관계자가 누구인지를 결정하는 것이 필요하다. 일반적으로는 고객, 인근주민, 행정, 공급자 등이 된다. 이들 이해관계자의 수요 및 기대는 넓은 관점(높은 수준)에서 결정하는 것이 요구된다. 여기에서의 결정은 조직이 준수해야 할 사항으로서 조문 6.1.3(준수의무)에 반영된다.

규격에 대한 대응례

- 이해관계자를 결정한다.
- 이해관계자의 수요 및 기대는 경영회의, 영업회의, 환경보전위원회, 안전보건위원회 등에서 적의(適宜) 검토한다.

• 그 내용은 의사록에 기재한다.
• 준수의무 차원에서 대처하는 것은 법규제 등의 일람표에 추가 기재한다.

③ **4.3**(EMS의 적용범위의 결정): ISO 45001과의 차이는 적용범위를 결정할 때의 고려사항 a)~e)항이다.

a) 4.1에 규정되어 있는 외부·내부의 과제
b) 4.2에 규정되어 있는 준수의무
c) 조직의 단위, 기능 및 물리적 장해
d) 조직의 활동, 제품 및 서비스
e) 조직의 권한 및 능력

EMS의 적용범위를 조직 전체 또는 특정 단위(공장 등)에 한정하는 등의 재량은 조직이 가지고 있다. 단, 적용범위를 정할 때는 a)~e)항을 고려하는 것이 요구된다(2004년판에서는 고려사항에 대한 규정은 없었다).

적용범위를 결정하는 권한은 조직에 있으므로, 적용범위가 조직 전체가 아니라 사업장 단위더라도 관계없지만, 사업장 단위 등의 EMS로는 매일 심각성을 더해가는 환경문제 대처에 한계가 있다는 점을 고려해야 한다.

4장

ISO 45001: 2018 요구사항 해설

서문

0.1 배경

조직은 취업자들과 조직의 활동에 영향을 받을 가능성이 있는 기타 사람들의 안전보건에 대한 책임을 진다. 이 책임에는 그들의 육체적 및 정신적 건강을 촉진하고 보호하는 것이 포함된다.

OHSMS의 도입은 조직이 안전하고 건강한 작업장(사업장)을 제공할 수 있도록 업무에 관련되는 부상과 건강장해를 방지하고 안전보건 성과를 계속적으로 향상시키기 위한 것이다.

0.2 OHSMS의 목적

OHSMS의 목적(purpose)은 안전보건 리스크와 기회를 관리하기 위한 틀(framework)을 제공하는 것이다. OHSMS의 목적(aim)과 의도하는 결과는 취업자의 업무에 관련되는 부상과 건강장해를 방지하는 것, 안전하고 건강한 작업장(사업장)을 제공하는 것이다. 따라서 효과적인 예방조치 및 보호조치를 취함으로써 위험원을 제거하고 산업안전보건 리스크를 최소화하는 것은 조직에게 매우 중요하다.

이러한 조치들이 OHSMS를 통해 조직에 적용되면, 이 조치들에 의해 안전보건 성과가 개선된다. 산업안전보건 성과 향상을 위한 기회를 다루기 위해 신속한 조치를 취할 때 OHSMS는 더욱 효과적이고 효율적일 수 있다.

이 규격(ISO 45001)에 적합한 방식으로 OHSMS를 이행하는 것은 조직이 산업안전보건 리스크를 관리하고 산업안전보건 성과를 향상시키는 것을 가능하게 한다.

OHSMS는 조직이 법적 및 기타 요구사항을 충족하는 데 기여할 수 있다.

0.3 성공요인

OHSMS의 이행은 조직의 전략적 결정이자 운영적 결정이다. OHSMS의 성공은 조직의 모든 계층[45]과 부문(부서)[46](all levels and functions)의 리더십, 의지(헌신) 및 참여 여하에 달려 있다.[47] 다시 말해서, 안전보건관리는 전사적(全社的)으로 이루어져야 한다(Total Safety Management).

OHSMS의 이행과 유지 및 그 효과성과 의도하는 결과를 달성하는 능력은 다음 사항을 포함하는 많은 핵심 요인에 달려 있다.

a) 최고경영진의 리더십, 의지, 실행책임(responsibility) 및 결과책임(accountability)
b) OHSMS가 의도하는 결과를 지지하는 문화를 최고경영진이 조직 내에서 조성, 리드, 활성화하는 것
c) 커뮤니케이션
d) 취업자와 그들의 대표(있는 경우)의 협의 및 참여
e) OHSMS를 유지하기 위해 필요한 자원의 배분
f) 조직의 전체적인 전략목표 및 방향과 양립하는 산업안전보건 방침
g) 위험원 파악, 산업안전보건 리스크 관리 및 산업안전보건 기회의 활용을 위한 효과적인 프로세스
h) 산업안전보건 성과를 개선하기 위한 OHSMS의 계속적인 성과평가 및 모니터링
i) 조직의 사업 프로세스에의 OHSMS의 통합(반영)
j) 산업안전보건 방침에 정합(整合)하고 조직의 위험원, 산업안전보건 리스크와 기회를 고려한 산업안전보건 목표

45) 최고경영자를 비롯한 경영진, 관리·감독자뿐만 아니라 작업자까지를 포함한다.

46) 라인(현업) 부문(부서)뿐만 아니라 간접·관리(비현업) 부문(부서)을 망라한다.

47) OHSAS 18001:2007 Introduction에도 이와 유사한 내용이 규정되어 있었다.

k) 법적 및 기타 요구사항의 준수

이 국제규격은 다른 국제규격과 마찬가지로 조직의 법적 요구사항을 늘리거나 변화시키는 것을 의도하지는 않는다.

조직은 이 규격을 성공적으로 이행하고 있는 것을 실증하면, 효과적인 OHSMS가 작동하고 있다는 것을 취업자 및 기타 이해관계자에게 확신시킬 수 있다. 그러나 이 규격의 도입이 이것 자체로 취업자의 업무 관련 부상과 건강장해의 방지, 안전하고 건강한 작업장(사업장)의 제공 및 개선된 산업안전보건 성과를 보장하는 것은 아니다.

조직의 OHSMS의 성공을 보장하기 위해 요구되는 상세수준, 복잡성, 문서화된 정보의 범위 및 자원은 다음과 같은 많은 요인에 좌우될 것이다.

- 조직의 상황(취업자들의 수, 규모, 입지, 문화, 사회적 조건, 법적 및 기타 요구사항)
- 조직의 OHSMS의 적용범위
- 조직의 활동 및 관련된 산업안전보건 리스크의 성격

산업안전, 근로자 책임도 강화해야[48)]

"산업재해 예방은 모든 계층과 부서의 책임이다." 산업안전보건 국제기준에 해당하는 국제노동기구(ILO) 가이드라인에서 강조하는 사항이다. "조직의 각 계층의 근로자들은 자신이 컨트롤하는 안전보건관리시스템 부분에 책임을 져야 한다." 이것은 산업안전보건의 또 다른 국제기준인 ISO 45001에서 역설하는 문구이다.

이들 국제기준이 전하고자 하는 말은 근로자는 보호 대상이자 책임주체라는 것이다. 근로자가 산업재해 예방의 중요한 주체이기도 하다는 사실을 강조하는 이유는 근로자에게 책임을 떠넘기려는 것이 아니라 산업재해 예방의 실효성을 높이기 위해서이다. 근로자 스스로와 다른 근로자를 산업재해로부터 보호하기 위해선 근로자의 역할과 책임이 필수불가결하기 때문이다.

48) 정진우, 에너지경제, 2022. 6. 21.

그런데 최근 몇 년간 정부는 근로자를 단순히 보호 대상이라고만 여기면서 근로자의 권리만을 강조했을 뿐 책임의 일단이기도 하다는 사실을 외면해 왔다. 아니 근로자의 위상과 역할이 무엇인지에 대한 기본적인 인식조차 부족했던 것 같다. 산업안전보건법을 전부 개정하면서 부족하게나마 있던 근로자 의무의 핵심내용을 없앤 정부가 아니었던가. 근로자의 위상과 역할에 대한 정부의 잘못된 인식이 강성노조가 있는 사업장에서 노조원의 중요하거나 반복적인 안전수칙 위반에 대해서조차 어떠한 징계도 할 수 없는 분위기를 조장해 왔다.

지난 정부에서 나온 어느 산업재해 예방대책에서도 근로자의 권리 외에 책임을 실질적으로 강조하는 문구는 발견되지 않는다. 근로자의 권리도 종전부터 당연히 인정되던 것을 새롭게 창설된 권리인 양 사실을 호도했다. 정부의 산업안전보건에 대한 철학의 빈곤이 초래하는 폐해는 근로자의 역할과 책임을 둘러싸고도 산업현장 이곳저곳에서 나타나고 있다.

중대재해처벌법이 경영책임자 한 사람의 책임만 규정할 뿐 다른 주체의 책임에 대해서는 일언반구 규정하고 있지 않은 원맨(one-man)법이 되고 만 것도 정부의 산업안전보건 기초원리에 대한 철학의 빈곤 탓이다. 산업재해 예방에서 최고경영진의 역할이 중요하다는 건 불문가지의 사실이지만, 경영책임자 한 사람의 역할만 강제하는 것은 도무지 안전원리에 맞지 않는다. 경영책임자와 관리·감독자를 포함한 근로자를 분절시키는 것이다. 나아가 산업안전보건에서 근로자를 대상화·수동화하는 것이다. 중대재해처벌법이 전 세계 어느 나라에서도 찾아볼 수 없는 기이한 법이 된 이유 중 하나이다.

0.4 PDCA 사이클

이 규격에 적용되는 OHSMS 접근방법은 PDCA의 개념에 근거하고 있다.

PDCA 개념은 계속적인 개선을 달성하기 위해 조직에 의해 사용되는 반복적인 프로세스이다. 이 개념은 관리시스템에도, 그것의 각 구성요소에도 다음과 같이 적용될 수 있다.

a) 계획(Plan): 산업안전보건 리스크 및 기회, 기타 리스크 및 기회를 결정하고 평가하며, 조직의 산업안전보건 방침에 따라 결과를 산출하기 위해 필요한 산업안전보건 목표 및 프로세스를 수립한다.

b) 이행(Do): 프로세스를 계획한 대로 실시한다.

c) 점검(Check): 산업안전보건 방침과 산업안전보건 목표에 관한 활동과 프로세스를 모니터링하고 측정하며 그 결과를 보고한다.

d) 개선(Act): 의도하는 결과를 달성하기 위하여 산업안전보건 성과를 계속적으로 개선하기 위한 조치를 취한다.

이 국제규격은 다음 그림과 같이 PDCA 개념을 새로운 틀(framework) 속에 포함시키고 있다.

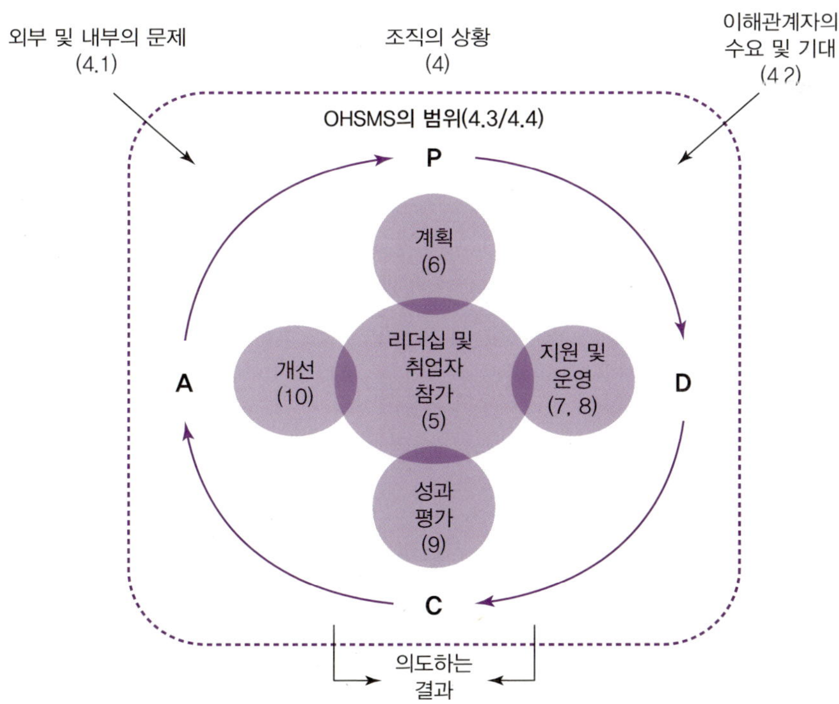

참조: 괄호 안의 숫자는 이 규격의 조문번호를 가리킨다.

그림 10. PDCA와 ISO 45001 규격 틀의 관계

0.5 이 국제규격의 내용

이 규격은 ISO의 관리시스템 기준들(management system standards)에 대한 요구사항에 적합하다. 이들 요구사항은 복수의 ISO 관리시스템 규격을 이행하는 이용자의 편익을 위하여 작성된 상위구조, 동일한 핵심 문장, 공통 용어 및 핵심 정의를 포함하고 있다.

이 규격의 여러 요소는 다른 관리시스템의 여러 요소에 정합화하거나 이들과 통합하는 것이 가능하지만, 이 규격에는 품질, 사회적 책임, 환경, 보안, 재무관리 등의 다른 분야에 고유한 요구사항은 포함되지 않는다.

이 규격은 조직이 OHSMS를 이행하고 적합성을 평가하기 위하여 사용할 수 있는 요구사항을 포함하고 있다. 조직은 다음 어느 하나의 방법을 통해 이 규격에 대한 적합성을 증명할 수 있다.

- 자기결정하고 자기선언한다.
- 적합성에 대해 고객 등 조직의 이해관계자에 의한 확인을 추구한다.
- 자기선언에 대해 조직 외부의 관계자에 의한 확인을 추구한다.
- 외부조직에 의한 OHSMS의 인증/등록을 추구한다.

제4절부터 제10절까지는 이 규격에의 적합성을 평가하기 위하여 사용될 수 있는 요구사항을 포함하고 있다. 부속서 A는 이 요구사항에 대한 정보제공적 해설을 제시하고 있다. 제3절의 용어 및 정의는 개념의 순서에 따라 배열되어 있고, 이 규격의 끝에 알파벳순으로 나열되어 있다.

이 규격에서는 다음과 같은 조동사 형태가 사용되고 있다.

a) "~하여야 한다(shall)"는 요구사항을 가리키고, 이 요구사항이 실시되고 있지 않으면 부적합이 된다.

b) "~하는 것이 바람직하다(should)"는 권장사항을 가리킨다. 권장사항

은 부속서 A에서 사용되고 있고, ISO 45001의 제4~10절에서는 사용되고 있지 않다.

c) "~해도 좋다(may)"는 허용을 가리키고, 주로 참고(Note)에서 사용되고 있다.

d) "~할 수 있다(can)"는 가능성 또는 실현 능력을 가리킨다.

이 규격 제4~10절에서 "참고(Note)"로 표시되어 있는 정보는 관련된 요구사항의 내용을 이해하거나 명확히 하기 위한 안내이다. 이 규격 제3절에서 사용되고 있는 "참고(Notes to entry)"는 용어 정보를 보완하는 추가정보를 제시하고, 용어의 사용에 관한 조건(provision)을 포함하는 경우도 있다.

안전보건관리시스템과 인증[49)]

우리나라에서는 안전보건관리시스템(OSHMS)이 서류작업(paperwork)으로만 그치고 사업장의 안전보건관리에 실질적으로는 도움을 주지 못하고 있다는 비판이 적지 않다. 왜 그럴까. 안전보건관리시스템의 목적과 취지에 대한 잘못된 이해가 주된 원인이 아닐까 싶다.

ISO 45001은 조직(기업 등)이 안전보건관리시스템 요구사항에 대한 적합성을 다음 어느 하나의 방법으로 증명할 수 있다고 설명하고 있다. ① 자기결정하고 자기선언한다, ② 적합성에 대해 고객 등 조직의 이해관계자에 의한 확인을 추구한다, ③ 자기선언에 대해 조직 외부의 당사자에 의한 확인을 추구한다, ④ 외부조직에 의한 안전보건관리시스템의 인증/등록을 추구한다.

이처럼 ISO 45001은 안전보건관리시스템의 적합성에 대한 검증을 외부기관에 의한 '인증(certification)'만으로 한정하지 않고 인증이 아닌 다른 방법(자기선언, 조직의 이해관계자에 의한 확인, 자기선언에 대해 조직 외부의 당사자에 의한 확인)으로도 할 수 있다고 설명하고 있다.

49) 정진우, 안전저널, 2023. 6. 12.

그런데 우리나라에서는 안전보건관리시스템은 곧 인증이라는 편견에 빠져 있는 사람들이 매우 많다. 즉, 사회 전체적으로 안전보건관리시스템은 산업안전보건의 향상이라는 본래의 목적을 일탈한 채 '인증'을 취득하여 보증을 받는다고 하는 본말전도의 방향으로 치닫는 폐해가 발생하고 있는 것이다. 정부와 인증기관에서 이런 잘못된 생각을 조장한 측면이 적지 않다. 인증 취득과 유지를 위한 비용이 많이 드는 것도 문제이다.

인증기관(심사원)부터가 안전보건관리시스템의 원리, 취지뿐만 아니라 요구사항의 의미를 제대로 이해하고 있지 못한 것도 부정할 수 없는 현실이다. 정확히 말하면 이해하려고도 하지 않는 것 같다.

ISO 45001은 적용범위에서 "이 규격은 안전보건관리시스템을 체계적으로 개선하기 위하여 전체적으로 또는 부분적으로 이용될 수 있다."라고 말하고 있다. 반드시 ISO 45001 요구사항 '전체'를 도입·적용해야 하는 것은 아니며, 조직의 안전보건 수준에 맞게 ISO 45001 '일부분'만을 도입·적용할 수도 있다는 의미이다. 안전보건관리시스템을 인증 중심으로 접근하면 안전보건관리시스템 전체를 충족할 것을 요구하기 때문에 안전보건관리시스템이 부분적으로만 준비된 조직은 안전보건관리시스템을 자신의 조직과 무관하다고 생각하거나 무리하게(실제 안전보건상태와 다르게) 인증을 받으려고 할 것이다. 안타깝지만 우리나라에서 실제로 발생하고 있는 모습이다.

안전보건관리시스템에 관한 국제규격으로 ISO 45001 외에 ILO(국제노동기구)의 가이드라인(ILO-OSH 2001)이 ISO 45001보다 훨씬 전에 제정되어 있다. ILO-OSH 2001은 안전보건관리시스템 자체의 확산을 촉진하는 것을 목적으로 하고 인증을 요구하지는 않는다.

ILO-OSH 2001은 산업안전보건 분야의 규제내용 등이 국가, 업종 등에 따라 차이가 있는 점을 고려하여, 먼저 정부에서 ILO-OSH 2001을 참고로 국가의 가이드라인을 책정하고, 국가 가이드라인을 참고로 업종 등의 가이드라인을 책정하여, 최종적으로 조직에서 이를 적용하도록 하는 것이 효과적이라는 점을 강조하고 있다. 이 사실로부터도 알 수 있듯이 인증보다 더 중요한 것이 정부가 안전보건관리시스템에 관하여 인프라를 조성함으로써 안전보건관리시스템이 많은 조직에 실질적으로 구축·운영되도록 하는 것이다. 그런데 우리나라는 정부에서부터 안전보건관리시스템에 대한 가이드라인을 제정하고 있지 않다.

안전보건관리시스템이 형식적인 서류작업으로 그치지 않고 산재예방에 도움이 되도록 하기 위해서는 재해예방선진국과 마찬가지로 정부 차원에서 안전보건관리시스템 가이드라인과 이에 대한 해설서를 제정하고 전문성을 바탕으로 조직에 널리 지도·홍보하는 것이 필요하다.

중소기업을 포함한 대부분의 조직에 대해서는 인증을 요구하는 것보다 안전보건관리 시스템의 요소를 도입하여 점차적으로 적용해 나가도록 하는 것이 산재예방에 훨씬 실효적일 수 있다. 정부, 인증기관, 조직 모두 인증은 목적이 아니고 수단에 불과하다는 점을 유념해야 한다.

1. 적용범위

1. 적용범위(scope)

이 규격은 산업안전보건 성과를 적극적으로 향상시키고 업무에 관련된 부상과 건강장해를 방지함으로써 조직이 안전하고 건강한 작업장(사업장)을 제공할 수 있도록 하기 위하여, OHSMS의 요구사항에 대해 규정하는 한편, 그것의 이용을 위한 안내(guidance for its use)를 제공하고 있다.

이 규격은 산업안전보건을 개선하고, 위험원을 제거하며, 산업안전보건 리스크(시스템 결함을 포함한다)를 최소화하고, 산업안전보건 기회를 활용하며, 그 활동에 부수하는 OHSMS의 부적합에 대처하기 위하여 OHSMS를 수립, 이행 및 유지하는 것을 바라는 모든 조직에 적용할 수 있다.

이 규격은 조직으로 하여금 OHSMS가 의도하는 결과를 달성하도록 지원한다. 조직의 산업안전보건 방침에 맞추어 OHSMS가 의도하는 결과는 다음 사항을 포함한다.

a) 산업안전보건 성과의 계속적 개선
b) 법적 및 기타 요구사항을 충족하는 것
c) 산업안전보건 목표의 달성

이 규격은 규모, 업종 및 활동을 불문하고 어떠한 조직에도 적용할 수 있다. 이 규격은 조직의 활동이 이루어지는 상황 및 취업자와 기타 이해관계자의 수요, 기대 등의 요인을 고려하여 조직의 통제하에 있는 산업안전보건 리스크에 적용할 수 있다.

이 규격은 산업안전보건 성과에 대한 특정 기준을 설명하는 것이 아니며, OHSMS의 설계에 관하여 규정하는 것도 아니다.

이 규격은 조직으로 하여금 OHSMS를 통해 취업자의 (심신의) 건강/안녕과 같은 산업안전보건의 다른 측면을 포함할 수 있도록 한다.

이 규격은 취업자 및 기타 관련된 이해관계자에의 리스크를 넘어 제품안전, 물적 손해, 환경영향과 같은 문제를 취급하는 것은 아니다.

이 규격은 OHSMS를 체계적으로 개선하기 위하여 전체적으로 또는 부분적으로 이용될 수 있다. 그러나 이 규격에 적합하다는 주장은 규격의 모든 요구사항이 조직의 OHSMS에 반영되고, 제외되는 것 없이 충족되지 않으면 수용될 수 없다.

---

① 본 조문의 의도는 OHSMS 규격의 주제 및 취급하는 내용을 간결하게 그리고 애매함이 없도록 명확하게 정하고, 그것에 의해 규격의 전체 또는 특정 부분의 적용범위를 나타내는 것으로서, 본 조문에 요구사항은 포함되어 있지 않다.

본 조문에서 말하는 "적용범위"란 ISO 45001이 망라하고 있는 범위를 가리키고, "OHSMS 적용범위의 결정"(4.3)은 ISO 45001을 운영하는 조직의 물리적인 범위(조직 전체, 공장 등)를 나타낸다.

② 본 조문에는 이 규격에서 규정하는 OHSMS의 목적이 산업안전보건성과의 향상과 업무 관련 부상과 건강장해의 방지에 의해, 조직이 안전하고 건강한 작업장(사업장)을 제공할 수 있도록 하는 것이라고 제시되어 있다.

③ 이 규격은 조직의 규모, 업종, 활동내용에 관계없이 모든 조직에 적용되고, 그 조직이 OHSMS를 수립하고 이행하기 위하여 요구되는 사항을 규정하고 있다. 즉, 어떤 조직이든 OHSMS의 운영을 통해 안전보건성과의 향상을 도모할 수 있도록, ISO 45001은 조직의 규모, 업종, 활동내용에 관계없이 도입할 수 있게끔 작성되어 있다. 세계에서 일하는 사람들의 95%는 중소규모 사업장에서 일하고 있는 사실을 감안하여 ISO/PC 283 국제회의에서는 중소규모 사업장이라도 이용할 수 있는 내용으로 작성하는 것이 합의되었다. 실제로 회의에서는 "중소규모의 조직에서는 대응이 어려울 것이다."라는 이유로 채택되지 않은 요구사항도 있었다.

④ "OHSMS가 의도하는 결과"는 서문의 0.2, 정의(3.11)의 참고 1에 제시

되어 있듯이, "취업자의 부상과 건강장해를 방지하는 것" 및 "안전하고 건강한 작업장(사업장)을 제공하는 것"이다. 여기에서 각 조직에 고유한 "의도하는 결과"가 도출되고, 산업안전보건 방침, 산업안전보건 목표로 전개되게 된다.

⑤ 조직은 산업안전보건 노력의 전반적인 방향성을 산업안전보건 방침(5.2)으로 정하지만, 그 방침과 정합하는 a)~c)의 실시는 "OHSMS가 의도하는 결과"에 포함된다.

⑥ ISO 45001의 CD 단계에서는 "안녕/건강"에 대해서는 의도하지 않는다는 안이었지만, DIS를 검토하는 과정에서 적용범위에서는 긍정적인 표현을 하는 것이 바람직하다는 의견이 제시되어, "다른 측면을 포함하는 것을 가능하게 한다."라는 표현으로 낙착되었다.

⑦ 본 규격이 취급하는 산업안전보건은 많은 국가에서 법령이 제정되어 있기 때문에, ISO 규격은 각국의 사정을 고려하여 각국의 법령과 모순하는 내용이 들어가지 않는 국제규격이 되도록 의식하면서 개발되었다.

⑧ 본 규격을 조직에 적용할 때 요구사항이 기재되어 있는 조문의 순서에 구애받을 필요는 없다.

⑨ 반드시 ISO 45001 요구사항 '전체'를 도입·적용하는 것은 아니며, 조직의 안전보건 수준에 맞게 ISO 45001 '일부분'만을 도입·적용할 수도 있다. ISO 45001은 10개 절(clauses)로 구성되어 있지만, 반드시 처음부터 모든 절의 운영을 요구하고 있는 것은 아니며, 요구사항의 일부만을 도입하는 것도 가능하다. 예를 들면, OHSMS를 본격적으로 운영하기 전에 위험성 평가를 도입하고 싶은 조직이라면, "위험원 파악 및 리스크 및 기회의 평가"(6.1.2) 및 "위험원 제거 및 산업안전보건 리스크 저감"(8.1.2)만을 도입하는 방법도 생각할 수 있다. 요컨대, 조직의 안전보건 수준에 맞는 운영으로부터 시작하여 점차적

으로 안전보건수준을 향상시켜 나가는 것이 바람직하다. 단, 조직의 OHSMS가 이 규격에 적합하다는 것을 주장하기 위해서는 요구사항 모두가 조직의 OHSMS에 반영되어 충족되어야 한다. 즉, ISO 45001 적합 인증취득, 자기선언 등을 하기 위해서는 ISO 45001의 모든 요구사항을 충족할 필요가 있다.[50)]

2. 인용규격

---

2. 인용규격(normative references)

이 규격에 인용규격은 없다.

ISO 45001에 인용규격은 없다. 따라서 ISO 45001은 단독으로 사용하는 것이 가능하다. 그리고 부속서 A.2에서 설명하고 있듯이, 다른 규격으로부터 정보를 얻고 싶은 경우에는 참고문헌에 제시되어 있는 각종 문헌을 참조하는 것이 가능하다.

---

50) 이 점에서 볼 때, KOSHA-MS 인증기준이 50인 이상 사업장, 50인 미만 사업장, 20인 미만 사업장으로 구분되어 달리 정해져 있는 것은 ISO 45001 규격과 부합하지 않는다. 중소규모 사업장이라고 하여 인증기준의 요구사항을 완화하여 적용하는 것은 이들 사업장에 대해 인증을 억지로 주기 위한(인증에 집착한) 고육지책으로 보인다. OHSMS는 곧 인증이라는 잘못된 생각이 이러한 편법적인 기준 설정과 운영으로 이어졌다고 생각된다.

3. 용어 및 정의

ISO 45001은 'ISO/IEC Directives 제1부 통합 ISO 보충지침(전문업무용 지침) - ISO 전용절차'의 부속서 SL의 부록 2(공통 텍스트)를 기반으로 하여 작성되어 있고, 동일한 핵심 문장, 공통 용어 및 핵심 정의는 그대로 ISO 45001에도 채용되고 있다. ISO 45001에서는 37개의 용어가 정의되어 있는데, 그중 21개 용어는 부속서 SL의 정의를 그대로 사용하고 있다. 즉, 이 중 21개 용어는 ISO 9001, ISO 14001과 동일한 정의이다. ISO 45001에서 독자적으로 정의한 용어는 안전보건 분야에 특화된 16개이다. ISO 45001에서는 낯익은 용어라 하더라도 일반적인 용법과는 다른 의미로 정의되어 있고, ISO 45001을 적절하게 운영하기 위하여 정의는 반드시 읽고 정확하게 이해할 필요가 있다. 그리고 'worker', 'incident'와 같이 ILO-OSH 2001, OHSAS 18001과는 정의가 다른 용어도 있으므로, 이들 OHSMS 규격을 운영해 왔던 조직에서는 주의할 필요가 있다.

ISO 45001 작성 당시 ISO/PC 283에서는 10~25명으로 구성되는 Task Group(TG)을 7개 설치하고, 그중에서 각 조문의 요구사항, 용어 정의에 대하여 검토를 하였다. 용어 정의를 작성한 TG는 10명 정도의 작은 그룹으로 구성되고 리더는 미국의 컨설턴트사 사장이 맡았다.

용어 정의를 검토할 때 고려된 유의점은 다음과 같다.

- 하나의 단어를 다른 의미로 사용하지 않는다.
- 우회적인 표현, 불필요한 표현은 피한다.
- ILO 가이드라인, 다른 ISO 규격의 정의와 가급적 모순되지 않도록 한다.
- 사전에 게재되어 있는 의미로 사용하는 용어에 대해서는 정의하지 않는다.

3.1 조직(organization)

스스로의 목적, 목표(3.16)를 달성하기 위하여 책임, 권한 및 관계를 수반하는 독자적인 기능을 가지는 개인(person) 또는 사람들의 집합(group of people)

참고 1: 조직이라는 개념에는 법인 여부와 공적인지 사적인지를 불문하고, 개인사업자, 단체, 법인, (조직으로서의) 사업소,[51] 기업, 당국, 공동경영회사, 자선단체, 협회 또는 이들의 일부나 조합(combination)이 포함된다. 단, 이것들에 한정되는 것은 아니다.

참고 2: 이것은 ISO/IEC Directives 제1부 통합 ISO 보충지침(전문업무용지침) – ISO 전용절차의 부속서 SL에 제시된 ISO 관리시스템 규격을 위한 공통 용어와 핵심 정의 중의 하나이다.

ISO 45001의 '조직'의 이해방법에는 유연성이 있다. 예를 들면, 기업 내의 복수공장에서 통일적인 OHSMS를 운영하고 있는 경우에는 기업 전체를 조직으로 생각할 수 있다. 그리고 동일 기업 내의 각 공장이 업무내용에 걸맞은 OHSMS를 별도로 운영하고 있는 경우에는 각 공장을 조직이라고 생각할 수 있다. 참고 1에 있는 "이들의 일부"란 이와 같은 경우를 가리킨다.[52]

3.2 이해관계자[interested party(권장 용어), stakeholder(허용 용어)]

어떤 의사결정 또는 활동에 영향을 줄 수 있거나 그 영향을 받을 수 있거나, 또는 그 영향을 받는다고 인식하는 개인 또는 조직

참고: 이것은 ISO/IEC Directives 제1부 통합 ISO 보충지침(전문업무용 지침) – ISO 전용절차의 부속서 SL에 제시된 ISO 관리시스템 규격을 위한 공통 용어와 핵심 정의 중의 하나이다.

---

51) 예: a law firm(법률사무소)

52) 이 점에서 볼 때, KOSHA–MS 인증기준이 인증의 대상을 사업장(비건설업), 조직 전체(건설업) 어느 하나만으로 설정·운영하고 있는 것은 ISO 45001 규격과 부합하지 않는다.

이해관계자의 범위는 넓고 ISO 45001의 부속서 A에서는 행정기관, 모기업, 수급인, 공급자, 주주, 방문객, 미디어까지 포함될 수 있다고 보고 있다. 단, 이들 모두를 이해관계자로 보고 OHSMS를 운영하는 것은 현실적이지 않으므로, 어디까지를 자사의 OHSMS의 이해관계자로 할지는 조직이 결정한다.

이해관계자에는 '취업자(3.3)'가 당연히 포함되지만, 4.2에서는 굳이 "취업자 및 기타 이해관계자"라는 표현을 사용함으로써 '취업자'를 강조하고 있다. 이것은 OHSMS가 의도하는 결과를 가장 먼저 향수(享受)하는 것은 취업자이고, 취업자의 협력 없이는 의도하는 결과를 얻을 수 없다는 것을 의미하고 있는데, ISO 45001의 특징이기도 하다.

그리고 'stakeholder'가 허용 용어로 채택되어 있는데, 이 용어는 부속서에서만 사용되고 있고, ISO 45001의 요구사항에는 사용되고 있지 않다.

3.3 취업자(worker)

조직(3.1)의 통제(control)하에서 업무를 하거나 업무 관련 활동을 행하는 자

참고 1: 업무 또는 업무 관련 활동은 정규 또는 일시적으로, 단속적 또는 계절적으로, 임시 또는 파트타임으로, 유급 또는 무급 등과 같이 다양한 방식으로 이루어진다.

참고 2: 취업자에는 최고경영진(3.12), 관리직 및 비관리직이 포함된다.

참고 3: 조직의 통제하에서 이루어지는 업무 또는 업무 관련 활동은 조직에 의해 고용된 취업자에 의해 수행될 수도 있고, 외부사업자의 취업자, 수급인, 개인, 파견근로자에 의해 수행될 수도 있으며, 그리고 조직의 상황에 따라 조직이 업무 또는 업무 관련 활동에 대한 관리를 분담하는 경우 그 관리를 받는 기타의 자에 의해 수행될 수도 있다.

우리나라 근로기준법에서 정의하고 있는 '근로자'와는 의미가 다르고, ISO 45001의 '취업자'에는 최고경영진, 자원봉사자 등도 포함되는 점에서 주의가 필요하다. ISO/PC 283 국제회의에서 worker의 정의에서 최고경영

진을 삭제하자는 주장도 있었지만, worker라는 용어는 블루칼라의 이미지가 강하므로 최고경영진도 포함되는 것을 명기하여야 한다는 주장도 제기되었다. 최종적으로는 최고경영진도 OHSMS로 보호되어야 할 worker라는 의견이 많았다.

국제회의에서는 학생인턴, 견습직원도 원칙적으로 'worker'에 포함된다는 견해로 일치되었다. ISO 45001에서는 파트타임직, 임시직, 파견직 등과 같이 고용계약에 있는 자는 물론, 자원봉사자, 인턴 등과 같이 무급으로 일하는 자도 재해를 입지 않도록 하는 배려가 요구되고 있다.

그리고 국제회의에서 '취업자'에 최고경영진이 포함되면 최고경영진이 "취업자대표"도 될 수 있으므로, ISO 45001 운영에 지장을 초래하는 것은 아닐까 하는 의견도 있었다. 그러나 이 논의는 '취업자대표'의 선정방법 문제이고, worker를 정의하는 것과는 다른 차원의 이야기라는 의견이 다수였다. ISO 45001의 효과적인 운영을 고려하면 최고경영진이 '취업자대표'로 선정되는 것은 있을 수 없다고 하는 의견으로 이 논의는 종료하였다.

취업자의 정의는 "조직의 통제하에서 업무를 하거나 업무 관련 활동을 행하는 자"이고, 단순히 "조직의 통제하에 있는 자"는 아니라는 점에 주의할 필요가 있다.

3.4 참가(participation)

의사결정에의 관여

참고: 참가에는 안전보건에 관한 위원회 및 취업자대표(있는 경우)를 관여시키는 것을 포함한다.

정의에 있듯이, '참가'는 의사결정에 관여하는 것으로서 단순히 회의 등에의 출석을 의미하는 것은 아니다. ISO/PC 283 국제회의에서는 의사결정에 관련되지 않는 참가도 있을 수 있다는 의견이 있었지만, ISO 45001의

참가는 의사결정에 관여를 요구하고 있다.

참가라는 용어는 5.4(취업자의 협의 및 참가)에서 사용되고 있고, 주로 비관리직 OHSMS에 관한 조직의 의사결정에 관여시키는 것을 목적으로 하고 있지만, 비관리직의 관여를 배제하고자 하는 것은 아니며, 관리직도 비관리직의 관여방식과는 다르지만 의사결정에 관여하는 것이 필요하다.

취업자가 관리시스템에 관여하는 것은 ISO의 다른 관리시스템 규격에는 없는 ISO 45001의 큰 특징이다. 즉, OHSMS를 효과적으로 운영하려면 현장에서 일하는 사람의 의견을 중시하는 것이 불가결함을 의미한다.

산업안전보건위원회의 설치·운영이 의무화되어 있는 업종·규모에서는 근로자의 경우 산업안전보건위원회를 활용하는 것으로 협의와 참가를 실현하는 것이 가능하지만, 산업안전보건위원회로 대표되지 않는 비근로자(수급인 근로자, 파견근로자 등)에 대해서는 참가기회를 별도로 부여하는 것이 필요하다.

3.5 협의(consultation)

의사결정을 하기 전에 의견을 구하는 것

참고: 협의에는 안전보건에 관한 위원회 및 취업자대표(있는 경우)를 관여시키는 것을 포함한다.

전술한 '참가'와 동일하게 5.4(취업자의 참가 및 협의)에서 사용되고 있고, 이 용어도 비관리자의 의견을 OHSMS에 관한 조직의 의사결정에 반영하는 것을 의도하고 있다. '참가', '협의'는 영어권이 아닌 국가들의 사용자가 OHSMS에의 비관리직의 관여를 보다 이해하기 쉽도록 더블린 회의에서 새로운 TG를 설치하여 정의한 용어이다.

3.6 작업장(사업장)(workplace)

조직(3.1)의 통제하에 있는 장소로서 사람이 업무 목적을 위하여 있거나 갈 필요가 있는 장소

참고: 작업장(사업장)에 대한 OHSMS에 근거한 조직의 책임은 작업장(사업장)에 대한 통제의 정도에 따라 다르다.

작업장(사업장)은 조직의 부지 내로 한정되지 않고 이동 중, 이동처, 업무 때문에 가는 고객처 등도 포함된다. 그리고 택배편, 이사·운송회사에서 일하는 사람들처럼 행선지가 매일 다른 경우도 있다. 업무 때문에 가야 하는 장소의 예로서 다음과 같은 곳을 생각할 수 있는데, 이들 장소도 작업장(사업장)으로 간주된다.

- 출장처, 영업처, 외근처
- 기계·설비 등의 설치, 유지보수(maintenance), 경비, 청소 등 때문에 가는 고객처
- 이사·운송회사에서 일하는 사람이 가는 배달처

ISO/PC 283의 국제회의에서는 "부지 외에서 일하는 사람을 OHSMS에서 관리할 수 있는가?", "공학적 대책을 취할 수 없는 외근처의 안전에까지 조직은 책임을 질 수 없다."고 하는 의견도 있었지만, "우주비행사는 지상에서 충분한 교육훈련에 의해 우주에서 안전하게 지구로 귀환하고 있다, 대기권 밖에서 관리할 수 있는 것을 지상에서 관리할 수 없을 까닭이 없다."고 하는 의견에 의해 "출장처, 외근처 등이라도 조직은 일하는 사람들의 안전상의 책임을 질 필요가 있다."고 하는 결론에 이르렀다. 다만, 부지 외에서 일하는 사람에 대해 책임을 진다고 하더라도 이것이 반드시 형사적 책임까지를 의미하는 것은 아님에 유의할 필요가 있다.

그리고 부지 외를 workplace와 구별하여 location이라는 단어로 정의하

려고 하였지만, ILO-OSH 2001에서 location이 사용되고 있지 않은 점을 고려하여 ILO가 강하게 반대하여, 결국 location은 사용하지 않게 되었다.

3.7 수급인(contractor)

합의된 사양(specification) 또는 계약조건에 따라 조직에 서비스를 제공하는 외부의 조직
참고: 서비스는 특히 건설활동(공사)을 포함할 수 있다.

우리나라의 산업안전보건법에서 '관계수급인'은 "도급이 여러 단계에 걸쳐 체결된 경우에 각 단계별로 도급받은 사업주 전부를 가리킨다."고 정의되어 있다(제2조 제9호). 즉, 관계수급인에는 당해 수급인의 도급계약에 따른 후차의 모든 도급계약의 수급인이 포함된다. 한편, ISO 45001에서는 정의에 있는 것처럼 계약에 의한 1차 도급을 '수급인(contractor)'으로 하고 있고, 2차 도급 이후는 '하수급인(subcontractor)'이라는 용어로 구별하고 있다. 하수급인은 부속서 A에서만 사용되고 있다[A.4.1 a) 2), A.4.2. c), A.8.1.2 d)].

3.8 요구사항(requirement)

명시되어 있는, 통상 암묵적으로 양해되고 있는, 또는 마땅히 이행해야 할 수요 또는 기대
참고 1: "통상 암묵적으로 양해되고 있는"이란, 고려 중인 수요 또는 기대가 암묵적으로 양해되고 있는 것이 조직(3.1) 및 이해관계자(3.2)에게 관습 또는 일반적 관행인 것을 의미한다.
참고 2: 특정 요구사항은 예컨대 문서화된 정보(3.24) 중에 '명시되어 있는' 요구사항이다.
참고 3: 이것은 ISO/IEC Directives 제1부 통합 ISO 보충지침(전문업무용 지침) – ISO 전용절차의 부속서 SL에 제시된 ISO 관리시스템 규격을 위한 공통 용어와 핵심 정의 중의 하나이다.

ISO 45001의 요구사항이란, ISO 45001이 의도하는 결과를 얻기 위하여 관리시스템의 구축·운영에 관하여 조직이 실시하는 사항이고, ISO

45001에서는 "~하여야 한다(shall)."고 하는 표현으로 기재되어 있다. 그것은 ISO 45001 4.1~10.3에 규정되어 있다. 이 규정 중에는 2개의 '요구사항'이라는 표현이 나온다. 하나는 6.13에 나오는 "법적 및 기타 요구사항"이다. 법적 및 기타 요구사항에 대해서는 다음 항 및 부속서 A.6.1.3에 설명되어 있다. 또 하나는 9.2.1 a) 1)에 나오는 "조직 자체가 규정한 요구사항"이다.

3.9 법적 및 기타 요구사항(legal requirements and other requirements)

조직(3.1)이 준수하여야 하는 법적 요구사항 및 조직이 준수하여야 하거나 준수하는 것을 선택한 기타 요구사항

참고 1: 이 규격의 목적상 법적 및 기타 요구사항은 OHSMS(3.11)에 관련된 요구사항이다.

참고 2: 법적 및 기타 요구사항에는 단체협약 규정이 포함된다.

참고 3: 법적 및 기타 요구사항에는 법률, 규칙(regulations), 단체협약 및 관행에 따라 취업자(3.3)대표인 자를 결정하는 요구사항이 포함된다.

법적 요구사항이란, 산업안전보건법, 소방관계법 등의 사업장 안전관계 법령에서 규정되어 있는 사항으로서 법적인 의무이다. 기타 요구사항이란, 예컨대 업계단체가 작성한 규정, 사내규정 외에 근로계약, 이해관계자와의 계약 등 조직이 준수해야 할 사항을 가리킨다.

ISO/PC 283 국제회의에서는 ISO 규격의 채용은 조직의 임의적인 것으로서 준수의무가 있는 법적 요구사항을 ISO 45001의 요구사항으로 명기할 필요는 없다는 의견도 있었다. 그러나 개발도상국에서는 법령 준수가 경시되는 경향이 있는 의견도 있는 점을 감안하여 용어의 정의에 기재하게 되었다. ISO 45001에서는 ISO 14001의 '준수의무'의 정의를 그대로 준용하고 있다[참고(Note to entry)는 ISO 14001과는 다르다].

국제회의에서는 '취업자대표(worker's representatives)'를 정의할지 여부에 대해 논의가 있었다. '취업자대표'의 결정방법에 대해 관계법령이 정비되어

있는 국가와 그렇지 않은 국가가 있는 점을 고려하여, '취업자대표'에 대한 정의는 하지 않는 것으로 하고, '법적 및 기타 요구사항'에 참고 3으로 가필하는 것으로 하였다.

3.10 관리시스템(management system)

방침(3.14), 목표(3.16) 및 그 목표를 달성하기 위한 프로세스(3.25)를 수립하기 위한, 조직(3.1)의 상호 관련되거나 상호 작용하는 일련의 요소들

참고 1: 하나의 관리시스템은 단일 또는 복수의 분야를 취급할 수 있다.

참고 2: 시스템 요소에는 조직구조, 역할과 책임, 계획, 운영, 성과평가 및 개선이 포함된다.

참고 3: 관리시스템의 적용범위에는 조직 전체, 동일한 것으로 인정되는 조직의 특정 기능, 동일한 것으로 인정되는 조직의 특정 부문, 복수의 조직에 걸쳐 있는 하나 또는 복수의 기능이 포함될 수 있다.

참고 4: 이것은 ISO/IEC Directives 제1부 통합 ISO 보충지침(전문업무용 지침) – ISO 전용 절차의 부속서 SL에 제시된 ISO 관리시스템 규격을 위한 공통 용어와 핵심 정의 중의 하나이다. 참고 2는 관리시스템의 보다 폭넓은 요소들 중 일부를 명확히 하기 위하여 변경되었다.

관리시스템은 조직이 설정한 방침·목표를 달성하고 의도하는 결과를 얻기 위한 일련의 요소들을 가리킨다. ISO 규격의 관리시스템에는 품질관리시스템(ISO 9001), 환경관리시스템(ISO 14001), 정보보안관리시스템(ISO/IEC 27001) 등이 있다.

참고 1에는 하나의 관리시스템은 복수의 분야(품질, 환경, 정보보안 등)를 취급할 수 있다고 설명되어 있다. 조직이 이들 복수의 분야를 사업경영이라는 하나의 관리시스템으로 운영하고 있는 경우 OHSMS는 사업경영이라는 관리시스템의 일부가 된다.

3.11 OHSMS(occupational health and safety management system) 또는 OH&S 관리시스템(OH&S management system)

산업안전보건 방침(3.15)을 달성하기 위하여 사용되는 관리시스템(3.10) 또는 관리시스템의 일부

참고 1: OHSMS가 의도하는 결과는 취업자(3.3)의 부상과 건강장해(3.18)를 방지하는 것 및 안전하고 건강한 작업장(사업장)(3.6)을 제공하는 것이다.

참고 2: OH&S(occupational health and safety)와 OSH(occupational safety and health)의 의미는 동일하다.

Occupational health and safety management system은 ILO-OSH 2001에선 'OSH management system'이라고 약칭되고 있지만, OHSAS 18001에서는 OH&S management system이라고 약칭되었다.

국제회의에서 ISO 45001에서는 어느 쪽의 약어를 사용할지 논의를 하였고, 다수결의 결과에 따라 OH&S management system을 사용하기로 하였다. 단, 다수결의 결과가 근소한 차이였다는 점과 ILO의 주장에 따라 OH&S와 OSH의 의미가 동일하다는 것을 별도로 표기하는 것으로 하였다.

3.12 최고경영진(top management)

가장 높은 위치에서 조직(3.1)을 지휘하고 관리(control)하는 개인 또는 그룹

참고 1: 최고경영진에게 OHSMS(3.11)에 대한 궁극적인 책임이 보유되는 조건으로, 최고경영진은 조직 내에서 권한을 위임하고 자원을 제공하는 권한을 가진다.

참고 2: 관리시스템(3.10)의 적용범위가 조직의 일부로만 국한된 경우, 최고경영진은 조직의 그 일부를 지휘하고 관리하는 사람을 말한다.

참고 3: 이것은 ISO/IEC Directives 제1부 통합 ISO 보충지침(전문업무용 지침) – ISO 전용절차의 부속서 SL에 제시된 ISO 관리시스템 규격을 위한 공통 용어와 핵심 정의 중의 하나이다. 참고 1은 OHSMS에 관하여 최고경영진의 책임을 명확히 하기 위하여 변경되었다.

최고경영진은 일반적으로는 사장, 부사장, 이사회 등 조직을 지휘·관리하는 경영자 또는 경영자층을 가리킨다. 그러나 ISO 규격에서는 조직의

최고의 위치에 있는 자 또는 그룹을 최고경영진으로 정의하고 있기 때문에, OHSMS의 운영범위에 따라 최고경영진도 달라진다. 즉, 기업 전체적으로 운영되는 OHSMS의 최고경영진은 본사의 최고경영진을 가리키고 공장 또는 사업소 차원에서 운영되는 OHSMS에서는 공장장 또는 사업소장이 최고경영진이 된다.

3.13 효과성(effectiveness)

계획한 활동을 실현하고 계획한 결과를 달성한 정도

참고: 이것은 ISO/IEC Directives 제1부 통합 ISO 보충지침(전문업무용 지침) – ISO 전용절차의 부속서 SL에 제시된 ISO 관리시스템 규격을 위한 공통 용어와 핵심 정의 중의 하나이다.

ISO 45001의 부속서 A.9.3에서는 효과성(effectiveness)이란, "OHSMS가 의도하는 결과를 달성하고 있는지 여부를 의미한다."고 해설하고 있다. 즉, OHSMS의 운영에 의해 산업재해를 방지할 수 있는지, 안전하고 건강한 작업장(사업장)이 제공되고 있는지를 의미한다.

3.14 방침(policy)

최고경영진(3.12)에 의해 정식으로 표명된 조직(3.1)의 의도 및 방향성

참고: 이것은 ISO/IEC Directives 제1부 통합 ISO 보충지침(전문업무용 지침) – ISO 전용절차의 부속서 SL에 제시된 ISO 관리시스템 규격을 위한 공통 용어와 핵심 정의 중의 하나이다.

3.15 산업안전보건 방침(occupational health and safety policy) 또는 OH&S 방침(OH&S policy)

취업자(3.3)의 업무 관련 부상과 건강장해를 방지하고 안전하고 건강한 작업장(사업장)(3.6)을 제공하기 위한 방침

산업안전보건 방침은 OHSMS를 운영할 때의 기본이념으로 최고경영진이 표명하는 것이다. 산업재해를 방지하고 안전하고 건강한 작업장(사업장)을 형성하기 위해서는 최고경영진이 강한 리더십을 발휘하고 관계자 전원

이 하나가 되어 안전보건활동을 실행해 가는 것이 불가결하다. 그리고 산업안전보건 방침을 기업의 사회적 책임의 일환으로서 자사의 홈페이지에 게재하고 있는 기업도 많고, 조직 차원의 안전보건에 관한 자세를 조직 내외에 공표하는 성격도 있다.

3.16 목표(objective)

달성해야 할 결과

참고 1: 목표는 전략적, 전술적 또는 운영적일 수 있다.

참고 2: 목표는 여러 분야(예컨대 재무 목표, 안전보건 목표, 환경 목표)와 관련될 수 있고, 다양한 차원[예를 들면, 전략적, 조직 전체, 프로젝트, 제품 및 프로세스(3.25)]에서 적용될 수 있다.

참고 3: 목표는 예컨대 의도하는 결과, 목적(purpose), 운영기준, 산업안전보건 목표(3.17) 등 다른 형태로 표현될 수 있고, 동일한 의미를 가지는 다른 단어(예: aim, goal, target)를 사용하여 표현될 수도 있다.

참고 4: 이것은 ISO/IEC Directives 제1부 통합 ISO 보충지침(전문업무용 지침) – ISO 전용 절차의 부속서 SL에 제시된 ISO 관리시스템 규격을 위한 공통 용어와 핵심 정의 중의 하나이다. 원래 참고 4는 "산업안전보건 목표"라는 용어가 3.17에 별도로 정의됨에 따라 삭제되었다.

3.17 산업안전보건 목표(occupational health and safety objective) 또는 OH&S 목표 (OH&S objective)

산업안전보건 방침(3.15)에 정합하는 특정 결과를 달성하기 위하여 조직(3.1)이 정하는 목표(3.16)

산업안전보건 목표란, OHSMS의 운영에 의해 실현(달성)을 지향하는 안전보건상의 수준을 말한다. OHSMS를 계획적으로 추진해 나가기 위해서는 산업안전보건 목표를 구체적으로 설정하는 것이 바람직하다. 산업안전보건 목표를 설정함으로써 구체적인 실시사항을 반영한 산업안전보건계획의 작성과 함께 목표의 달성도를 평가하는 것이 가능하게 된다. 구체적으로는 위험성 평가(저감조치를 포함한다), 건강관리활동, 일상적인 안전보건활

동(위험예지활동, 5S활동 등), 산업안전보건교육 외에 여름철의 열중증 대책, 장마철 대비 대책 등 계절적인 목표도 설정될 수 있다. 그리고 산업안전보건 목표는 단순히 '무재해'라고 하는 슬로건적인 것이 아니라, 산업재해를 제로로 하기 위한 구체적인 것일 필요가 있다.

관계부서별로 산업안전보건 목표를 설정하는 것이 바람직한데, ISO 45001에서도 관련되는 부문 및 계층에서 산업안전보건 목표를 설정하도록 요구하고 있다(6.2.1).

3.18 부상과 건강장해(injury and ill health)

사람의 신체, 정신 또는 인지상태에 미치는 악영향

참고 1: 이 악영향에는 업무상의 질병(disease), 질환(illness) 및 사망이 포함된다.

참고 2: '부상과 건강장해'라는 용어는 부상 또는 건강장해가 단독 또는 함께 존재하는 것을 의미한다.

당초에 정의되어 있지 않았던 용어지만, '옥스퍼드 영어사전'에 게재되어 있는 'injury', 'ill health'의 정의가 ISO 45001에서 사용하기에는 너무 넓어 산업재해를 염두에 두고 새로운 정의를 하였다. 그리고 사망재해는 부상, 건강장해에 해당하지 않는다고 생각하는 사람이 많다는 의견 때문에 참고(Note to entry)에서 사망을 언급하고 있다.

disease는 더 심각한 질병, 특히 신체 기관에 영향을 미치는 질병에 대해 쓴다. illness는 심각하거나 가벼운 질병에 다 쓰며 정신적인 질환에 대해서도 쓴다. disease는 그 원인을 나타내는 말이고, illness는 병의 상태·기간에 중점을 둔 말이다.

"인지상태에 미치는 악영향"이란, 기억, 이해, 문제해결에 대한 악영향을 가리키는데, 안전보건 분야에서는 불명확한 면도 있어, ISO/PC 283 국제회의에서는 '인지'라는 표현을 삭제하자는 의견도 있었지만 근소한 차이로 채택되었다.

3.19 위험원(hazard)

부상과 건강장해(3.18)를 일으킬 가능성이 있는 원인

참고: 위험원은 i) 재해를 야기할 가능성이 있는 원인, ii) 위험한 상황(hazardous situation),[53] 또는 iii) 부상과 건강장해를 초래할 노출의 가능성이 있는 사건(circumstance)[54]을 포함할 수 있다.

기업, 사업장에 따라서는 위험요인, 유해위험요인이라고도 불리고 있다. 위험원의 예로는 회전체, 예리한 날붙이, 고온의 물체와 같이 부상의 원인이 되는 것과 화학물질, 분진, 소음과 같이 질병의 원인이 되는 것이 있다.

CD 단계에서는 위험원의 정의에 OHSAS 18001에서와 같이 활동(act)도 포함되어 있었다. 이것은 불안전행동을 고려한 것이었지만, 취업자가 위험원이라는 오해로 이어지기 때문에 ILO가 삭제를 주장하였고 각국도 이것에 동의하였다. 그리고 ISO/PC 283 국제회의의 장에서는 불안전행동은 참고(Note to entry)에 있는 "부상과 건강장해를 초래할 노출의 가능성이 있는 사건"(위험한 사건)에 포함된다는 의견으로 일치를 보았다.

DIS 단계에서는 위험한 상황도 위험원에 포함된다고 규정되어 있었지만, 양자를 구별하여야 한다는 의견에 따라 '위험한 상황'은 참고(Note to entry)로 넘기는 것으로 하였다. '위험한 상황'이란, 취업자가 '위험원'과 접촉할 가능성이 있는 상황을 가리킨다. 그 예로, 유해물질의 취급장소에 국소배기장치가 설치되어 있지 않거나 회전체에 덮개가 설치되어 있지 않은 상황을 들 수 있다. '위험한 상황'이란, 어디까지나 '위험원'에 접촉할 가능성이 있는지 없는지에 해당하는 것일 뿐이고, 현실적으로 접촉하고 있는지와는 별개의 문제이다.

53) '위험상태'라고 번역하기도 한다.

54) ISO 12100:2010, Safety of machinery – General principle for design – Risk assessment and risk reduction 3.9, Annex A 등에서 사용하고 있는 '위험한 사건(hazardous event)'과 사실상 동일한 의미이다.

3.20 리스크(risk)

불확실성의 영향

참고 1: 영향이란, 예상되는 것으로부터의 긍정적 방향 또는 부정적 방향으로의 벗어남을 의미한다.

참고 2: 불확실성이란, 사건, 사건의 결과 또는 발생 가능성에 대한 이해 또는 지식에 관련된 정보가 부족한 상태, 나아가 부분적으로 부족한 상태이다.

참고 3: 리스크란, 일어날 수 있는 "사건"(ISO Guide 73:2009의 3.5.1.3의 정의 참조)과 "결과"(ISO Guide 73:2009의 3.6.1.3의 정의 참조) 또는 이들의 조합을 언급하는 것에 의해 그 특징을 나타내는 경우가 많다.

참고 4: 리스크란, 흔히 사건(그 주변 상황의 변화를 포함한다)의 결과 및 연관된 발생 "가능성"(ISO Guide 73:2009의 3.6.1.1의 정의 참조)의 조합으로 표현되는 경우가 많다.

참고 5: 이 규격에서 "리스크와 기회"라는 용어를 사용하는 경우, 이는 관리시스템에 대한 산업안전보건 리스크(3.21)와 기회(3.22) 및 기타 리스크와 기회를 의미한다.

참고 6: 이것은 ISO/IEC Directives 제1부 통합 ISO 보충지침(전문업무용 지침) – ISO 전용절차의 부속서 SL에 제시된 ISO 관리시스템 규격을 위한 공통 용어와 핵심 정의 중의 하나이다. 참고 5는 "리스크와 기회"라는 용어를 이 규격 내에서 명확히 사용하기 위하여 추가되었다.

ISO 45001에서는 "산업안전보건 리스크" 및 "기타 리스크"라고 하는 2종류의 리스크에 대한 대처가 요구되고 있다. 이 2종류의 리스크는 별도로 평가하는 것이기 때문에 둘 간의 차이를 잘 이해할 필요가 있다.

ISO 14001과 정합성을 확보하기 위해 ISO 45001에서도 '리스크'와 '기회'를 합하여 '리스크와 기회'라고 하나의 용어로 표현하였다. ISO/PC 283 국제회의에서는 오해를 불러일으킬 수 있으므로 3.20을 삭제해야 한다는 의견도 있었지만, 부속서 SL의 공통 용어 및 핵심 정의의 하나이기 때문에 삭제하지 않고 게재하는 것으로 하였다.

ISO 14001의 "리스크와 기회" 정의는 알기 어렵다는 이유에서 ISO 45001에서 새롭게 정의하는 것에 대해서도 검토하였지만, ISO 14001과 다른 정의로는 사용자의 혼란을 초래할 수 있다는 점에서 결국 별도의 정의는 하지 않고 참고 5를 넣는 것으로 하였다.

그리고 ISO 45001의 "리스크와 기회"에는 "산업안전보건 리스크(3.21)", "산업안전보건 기회(3.22)", "기타 리스크", "기타 기회"가 포함된다. "기회"에 대해서는 3.22를 참고하기 바란다.

3.21 산업안전보건 리스크(occupational health and safety risk) 또는 OH&S 리스크 (OH&S risk)

업무에 관련되는 위험한 사건(hazardous event) 또는 노출(exposure)의 발생 가능성과 그 사건 또는 노출로 야기될 수 있는 부상과 건강장해(3.18)의 중대성의 조합

산업안전보건 리스크는 산업안전보건법 제36조, 고용노동부의 '사업장 위험성 평가에 관한 지침'에 근거하여 사업장에서 실시하고 있는 위험성 평가의 '리스크'에 해당한다.

ISO 45001에서는 "산업안전보건 리스크"와는 별도로 "기타 리스크"(6.1.2.2)가 기술되어 있는데, 이것은 OHSMS의 운영 등에 관계되는 리스크를 가리킨다. 예를 들면, 안전보건예산의 삭감, 안전보건스태프의 감축, 안전보건교육 부족에 의한 취업자의 안전의식 저하 등을 생각할 수 있다.

ISO 45001 중에 2종류의 리스크가 존재하는 것은 혼란의 씨앗이고 산업안전보건 리스크만 관리하면 된다는 의견도 있었지만, OHSMS를 적절하게 운영하려면 기타 리스크에 대한 대처가 불가결하다는 의견이 많았다.

3.22 산업안전보건 기회(occupational health and safety opportunity) 또는 OH&S 기회(OH&S opportunity)

산업안전보건 성과(3.28)의 향상을 가져올 수 있는 상황 또는 일련의 상황

ISO 규격에서는 정의가 없는 용어에 대해서는 사전에서 확인하는 것으로 되어 있다. “기회(opportunity)”는 ISO 45001에서는 정의되어 있지 않기 때문에 사전에 실려 있는 의미로 사용하게 된다. 『Oxford Learner's Dictionaries』에서 'opportunity'는 무언가 하는 것을 가능하게 하는 때(상황)(a time when a particular situation makes it possible to do or achieve something)라고 정의되어 있고, 찬스, 호기와 동의어이다.

'산업안전보건 기회'는 위험원 파악, 위험원의 전달방법 및 알려진 위험원의 분석과 경감에 초점을 맞추고, '다른 기회'는 시스템 개선 전략에 초점을 맞춘다(A.6.1.1).

산업안전보건 성과를 개선하기 위한 '산업안전보건 기회'의 예는 다음과 같다(A.6.1.1).

- 점검 및 감사(auditing) 기능
- 작업 위험 분석(Job Hazard Analysis: JHA, Job Safety Analysis: JSA) 및 작업 관련 평가(assessment)
- 단조로운 작업 또는 잠재적으로 위험한 작업속도에 의한 작업을 완화함으로써 산업안전보건 성과를 개선하는 것
- 작업의 허가, 기타 승인 및 관리방법
- 사고 또는 부적합 조사 및 개선조치[생산설비에의 Lock out/Tag out (LOTO) 시스템 적용 등]
- 인간공학적 및 기타 부상 방지 관련 평가(assessment)
- 위험예지활동 등 자율적인 안전보건활동

산업안전보건 성과를 개선하기 위한 '기타 기회'의 예는 다음과 같다(A.6.1.1).

- 시설 이전, 프로세스 재설계 또는 기계·설비의 대체를 위한 설비, 장

비 또는 프로세스 계획의 생애 주기의 초기 단계에서 산업안전보건 요구사항을 통합(반영)하는 것

- 시설 이전, 프로세스 재설계 또는 기계·설비의 대체를 위한 계획의 초기 단계에서 산업안전보건 요구사항을 통합하는 것
- 산업안전보건 성과를 개선하기 위한 새로운 기술의 사용
- 산업안전보건과 관련된 역량을 요구사항 이상으로 확장하거나 취업자가 사고를 적기에 보고하도록 장려함으로써 산업안전보건 문화를 개선하는 것
- 최고경영진의 OHSMS에 대한 지원의 가시성(visibility)을 개선하는 것
- 사고조사 프로세스를 강화하는 것
- 취업자 협의 및 참가를 위한 프로세스를 개선하는 것
- 조직 자신의 지난 성과 및 다른 조직의 성과 둘 다에 대한 고려를 포함하여 벤치마킹하는 것
- 산업안전보건을 다루는 주제에 중점을 두는 회의에서 협력하는 것

3.23 역량(competence)

의도하는 결과를 달성하기 위하여 지식 및 기능을 적용하는 능력

참고: 이것은 ISO/IEC Directives 제1부 통합 ISO 보충지침(전문업무용 지침) – ISO 전용절차의 부속서 SL에 제시된 ISO 관리시스템 규격을 위한 공통 용어와 핵심 정의 중의 하나이다.

ISO 45001이 의도한 성과를 달성하기 위해서는 산업안전보건법령에 의해 정해진 자격의 취득, 교육의 실시는 말할 것도 없고, 위험성 평가[위험성(리스크) 감소조치를 포함한다], 일상적인 안전보건활동, 긴급상황 대응, 내부감사 등에 대해서도 역량이 필요하다. 그리고 역량은 당해 업무에 관한 자격, 지식만을 가리키는 것이 아니라 적절하게 실시할 수 있는 능력도 포함된다.

3.24 문서화된 정보(documented information)

조직(3.1)이 관리하고 유지하도록 요구받는 정보 및 그것이 포함되어 있는 매체

참고 1: 문서화된 정보는 어떠한 형태(구성) 및 매체라도 무방하고, 모든 출처로부터 얻을 수 있다.

참고 2: 문서화된 정보는 다음 사항을 지칭할 수 있다.

a) 관련 프로세스(3.25)를 포함하는 관리시스템(3.10)(에 관한 것)

b) 조직의 운영을 위하여 작성된 정보(문서류)

c) 달성된 결과의 증거(기록)

참고 3: 이것은 ISO/IEC Directives 제1부 통합 ISO 보충지침(전문업무용 지침) – ISO 전용절차의 부속서 SL에 제시된 ISO 관리시스템 규격을 위한 공통 용어와 핵심 정의 중의 하나이다.

ISO 45001에는 '문서'와 '기록'은 구분하여 규정되어 있지 않고, "문서화된 정보"로 통일되어 있다. 즉, ISO 45001에서 "문서화된 정보"는 '문서'와 '기록' 양쪽을 가리킨다[A.3 f)]. 따라서 '문서'를 의미하는지 '기록'을 의미하는지는 문맥을 통해 판단할 필요가 있다. "……의 증거로서 문서화된 정보를 보유하여야 한다."는 구절은 '기록'을 의미하기 위해 사용하고, "문서화된 정보로서 유지되어야 한다."는 구절은 절차서 등의 '문서'를 의미하기 위해 사용한다. 그리고 "……의 증거로서 문서화된 정보를 보유하여야 한다."는 구절은 보유된 정보가 법적 증거 요건을 충족할 것을 의도한 것이 아니라, 그보다는 보유될 필요가 있는 기록의 유형을 의도한 것이다[A.3 f)]. '보유하다'와 '유지하다'의 차이는 179쪽에 설명되어 있다.

참고 1에 설명되어 있듯이, 문서화된 정보는 반드시 종이매체로 작성할 필요는 없으며, 전자데이터, 동영상, 음성 등으로도 무방하다.

3.25 프로세스(process)

투입을 산출로 변환하는 상호 관련되거나 상호 작용하는 일련의 활동

참고: 이것은 ISO/IEC Directives 제1부 통합 ISO 보충지침(전문업무용 지침) – ISO 전용절차의 부속서 SL에 제시된 ISO 관리시스템 규격을 위한 공통 용어와 핵심 정의 중의 하나이다.

프로세스가 절차(서)인 것으로 오해하는 사람과 조직이 적지 않다. 물론 프로세스에는 당연히 절차(3.26)가 필요하지만, 그 절차를 적절하게 실행할 수 있는 담당자의 역량, 기계·설비, 재료, 정보, 성과평가기준, 활동 등이 갖춰지지 않으면 프로세스가 수립되었다고 말할 수 없다.

OHSMS에서도 좋은 결과를 얻기 위해서는 '절차'는 물론 담당자의 역량, 사용하는 기계·설비, 재료, 정보, 성과평가기준, 안전보건활동 등 '프로세스' 전체를 관리하는 것이 중요하다. 즉, 절차가 있어도 사람, 기계·설비 등이 적합하지 않으면 절차대로 실시하는 것이 불가능하고 의도하는 결과를 얻을 수 없게 된다. 또 절차만을 강조하면 서류작업에 치중하는 것을 조장할 가능성도 있다. 이것이 ISO 45001에서 '절차'가 아니라 '프로세스'를 요구하고 있는 이유이다.

한편, OHSMS에서의 투입, 산출은 작업자의 의견, 안전보건의식의 향상과 같이 형태가 없는 것도 있다. 프로세스는 가치를 높이는 일련의 활동이고, 가치를 부가하는 대상인 '투입'과 가치가 부가된 대상인 '산출'을 명확히 하는 것이 필요하다.

많은 기업에는 사업개발, 조달, 물류, 영업, 판매, 재무, 인사, 품질 등 다종다양한 부문이 있고 일상의 사업을 하고 있다. 어떤 조직이라 하더라도 조직은 그 목적을 달성하기 위하여 매일 사업을 운영하고 있고, 조직에는 사업을 추진하기 위한 여러 프로세스가 있다. 예를 들면, 경영관리 프로세스, 인사관리 프로세스, 영업 프로세스, 제조 프로세스, 판매 프로세스, 보전 프로세스 등이 있다. 조직의 이러한 프로세스들을 통칭하여 사업 프로세스라고 부른다.

ISO 45001에서는 사업 프로세스에 ISO 45001의 요구사항을 통합하는 것을 요구하고 있다. 이것은 ISO 45001의 요구사항에 합치시키기 위하여 반드시 기존의 활동과는 별도로 새로운 활동을 행할 것을 요구하는 것이 아니라, ISO 45001 요구사항이 조직의 일상적인 사업에 반영되어 이행되도록 하는 것의 중요성을 제시하는 것이다. 산업안전보건법령, 조직의 자율적인 안전보건활동에 의해 많은 ISO 45001 요구사항이 이행되고 있는 조직도 적지 않을 것이다. 이행되고 있는지를 확인하고, 만약 이행되고 있지 않은 사항이 있으면, 그 사항을 추가하거나 보충하여 이행하면 된다. ISO 45001의 요구사항에 합치시킨다는 이유로(기존의 활동을 질적으로 보완하기보다는) 기존의 활동과 다분히 중복되는 새로운 활동을 형식적으로 증가시키면, 현장의 부담감이 커지고 OHSMS의 형해화로 이어질 수 있으므로 이 점에 유의해야 한다.

ISO 45001은 많은 조문(15개소)에서 해당 프로세스를 수립, 이행, 유지하여야 한다고 규정하고 있다. 이를 통해서도 ISO 45001에서 프로세스는 매우 중요한 위상을 차지하고 있다는 것을 알 수 있다.

참고로, OHSAS 18001에서는 '프로세스'라는 표현은 사용되지 않았고 다음에서 설명하는 '절차(procedure)'라는 표현만 사용되었다.

프로세스와 함께 사용되는 용어로 '수립(구축)', '이행', '유지', '계속적 개선'이 있다. 이것들의 정의는 다음과 같다.

●— 표 7. 프로세스 관련 용어별 의미

프로세스 관련 용어	의미
수립(구축)한다(establish)	이행할 수 있도록 기초를 닦아 마련하는 것
이행한다(implement)	수립한 것을 실제로 이행하는 것
유지한다(maintain)	각종의 변화에 대응하면서 지탱하여 나가는 것
계속적 개선 (continual improvement)	PDCA를 돌리는 것에 의해 항상적으로 개선하는 것. 동일한 궤도를 돌리는 '서클'이 아니라 나선형으로 향상되는 'spiral up'이 필요

표 8. ISO 45001에서 프로세스의 수립 등을 규정하고 있는 곳

조문	프로세스의 수립 등의 대상
5.4 취업자의 협의 및 참가	취업자의 협의 및 참가를 위한 것
6.1.2.1 위험원 파악	계속적이고 선제적인 위험원 파악을 위한 것
6.1.2.2 OHSMS에 대한 산업안전보건 리스크 및 기타 리스크의 평가 a), b)	• 산업안전보건 리스크를 평가하기 위한 것 • 다른 리스크를 결정 및 평가하기 위한 것
6.1.2.3 OHSMS에 대한 산업안전보건 기회 및 기타 기회의 평가 a), b)	• i) 산업안전보건 성과를 향상시키는 산업안전보건 기회, ii) 작업, 작업조직 및 작업환경을 취업자에게 적합하게 할 기회, iii) 위험원을 제거하고 산업안전보건 리스크를 저감할 기회를 평가하기 위한 것 • OHSMS를 개선하기 위한 기타 기회를 평가하기 위한 것
6.1.3 법적 및 기타 요구사항의 결정 a), b), c)	• 최신의 법적 및 기타 요구사항을 결정하고 입수하기 위한 것 • 이들 법적 및 기타 요구사항이 조직이 어떻게 적용되고 무엇이 전달될 필요가 있는지를 결정하기 위한 것 • 법적 및 기타 요구사항을 고려하기 위한 것
7.4.1 커뮤니케이션 일반	OHSMS에 관련된 내부/외부 커뮤니케이션에 필요한 것
8.1.1 운영적 계획 및 관리 일반	OHSMS의 요구사항을 충족하고 제6절에서 결정된 조치를 이행하기 위하여 필요한 것
8.1.2 위험원 제거 및 산업안전보건 리스크 저감	위험원의 제거 및 산업안전보건 리스크의 저감을 위한 것
8.1.3 변경 관리	산업안전보건 성과에 영향을 미치는 계획적인 일시적·영속적 변경의 실시와 관리를 위한 것
8.1.4.1 조달 일반	물품 및 서비스의 조달을 관리하기 위한 것
8.2 긴급상황 대비 및 대응	잠재적 긴급상황에 대비하고 대응하기 위해 요구되는 것
9.1.1 모니터링, 측정, 분석 및 성과평가 일반	모니터링, 측정, 분석 및 성과평가를 위한 것
9.1.2 준수평가	법적 및 기타 요구사항의 준수를 평가하기 위한 것
10.2 사고, 부적합 및 개선조치	보고, 조사 및 대책을 포함하여 사고 및 부적합을 결정하고 관리하기 위한 것

안전보건관리시스템과 프로세스[55)]

안전보건관리시스템(OSHMS)에서는 '프로세스'라는 개념이 매우 중요하다. ISO 45001(3.25)에서는 프로세스를 "투입(input)을 산출(output)로 변환하는 상호 관련되거나 상호 작용하는 일련의 활동"으로 정의하고 있다.

ISO 45001에서 프로세스의 수립(구축)이 요구되는 조문은 'OSHMS 프로세스'(4.4), '취업자의 협의 및 참가'(5.4), '유해위험요인 파악'(6.1.2.1), '리스크의 평가'(6.1.2.2), '법적 및 기타 요구사항의 결정'(6.1.3), '내·외부 커뮤니케이션'(7.4.1), 'OHSMS 요구사항 충족 및 조치의 이행'(8.1.1), '위험원 제거 및 산업안전보건 리스크 저감'(8.1.2), '변경의 이행 및 관리'(8.1.3) 등 매우 많이 존재한다.

ISO 45001의 전신이라고 할 수 있는 OHSAS 18001에서는 OSHMS를 운영하기 위하여 여러 '절차'를 정하고 실시하는 것이 요구되었지만, ISO 45001에서는 '절차'가 아니라 '프로세스'가 요구되고 있다. '프로세스'에는 당연히 '절차도 포함되지만, 그것에 추가하여 '절차를 실행할 수 있는 역량을 가진 사람', '절차를 실행할 수 있는 적절한 기계·설비', '성과의 평가지표·기준' 등이 포함된다. 다시 말해, 프로세스는 절차가 현장에서 실제로 작동하는 것을 가리킨다.

OSHMS에서 좋은 결과를 얻기 위해서는 '절차'는 물론 재료, 정보, 당사자의 역량, 사용하는 기계·설비, 프로그램, 성과의 평가 등 '프로세스' 전체를 관리하는 것이 중요하다. 이것이 ISO 45001이 '절차'가 아니라 '프로세스'를 요구하고 있는 이유이다.

많은 기업에는 사업개발, 조달, 물류, 영업, 판매, 경리·재무, 총무·인사, 품질 등 다종다양한 부문이 있고, 일상의 사업을 행하고 있다. 어떠한 조직이더라도 조직은 그 목적을 달성하기 위하여 매일 사업을 실시하고 있고, 조직에게는 사업을 추진하기 위한 여러 프로세스가 있다. 예를 들면, 경영관리 프로세스, 영업 프로세스, 제조 프로세스, 판매 프로세스, 인사관리 프로세스, 재무 프로세스 등이 있다. 이러한 프로세스들을 통칭하여 사업 프로세스라고 한다.

ISO 45001에서는 사업 프로세스에 ISO 45001의 요구사항을 통합(반영)하는 것을 요구하고 있다. 이것은 ISO 45001의 요구사항에 합치시키기 위해 기존 사업과는 별도로 새로운 사업을 행하거나 새로운 구조를 만드는 것이 아니라, ISO 45001의 요구사항이 조직의 일상적인 사업에 반영되어 실시될 수 있도록 하는 것의 중요성을 제시하는 것이다.

55) 정진우, 안전저널, 2023. 2. 27.

우리나라에서는 산업안전보건법령, 조직의 자율적인 안전보건활동에 의해 ISO 45001 요구사항 중 많은 것이 이미 실시되고 있는 조직도 적지 않다. 실시되고 있는지를 확인하고, 만약 실시되고 있지 않은 사항이 있으면, 그 사항을 추가하거나 보충하여 실시하면 된다. ISO 45001에 합치시킨다는 이유로 기존의 활동과 다분히 중복되는 새로운 활동을 늘리면, 현장의 부담감이 커지고 OSHMS 운영의 형해화로 이어질 수 있으므로 주의가 필요하다.

프로세스를 조리에 비유해 보자. 맛있는 건면과 소스가 준비되어 있어 A와 B가 레시피를 보면서 파스타 요리를 하게 되었다. A는 요리가 취미지만, B는 요리를 별로 해본 적이 없다. 건면을 삶는 등 일련의 요리 과정이 프로세스이다. A는 시각적으로도, 미각적으로도 훌륭한 파스타를 완성시켰지만, B의 파스타는 겉보기에도 맛이 없어 보였다. 즉, 절차(레시피)가 있어도 역량과 기계·설비, 나아가 성과기준(맛) 등이 적절하지 않으면 좋은 결과(맛있는 파스타)는 얻을 수 없는 것이다.

프로세스가 ISO 45001에서 이처럼 매우 중요한 의미를 가지고 있을진대, ISO 45001을 따르고 있는 KOSHA-MS에 '프로세스'가 규정되어 있지 않은 것은 ISO 45001을 제대로 이해하지 못한 소치이다. KOSHA-MS뿐만 아니라 ISO 45001 심사·인증 과정에서도 프로세스의 중요성이 간과되고 있다. 우리나라에서 OSHMS 심사·인증이 형식적으로 이루어지고 있는 중요한 이유 중 하나이다.

OSHMS 심사·인증기관부터 ISO 45001의 요구사항을 정확하게 이해하는 것이 OSHMS가 실질적으로 구축·운영되기 위한 중요한 조건이라는 점을 새삼 강조하고 싶다.

3.26 절차(procedure)

활동 또는 프로세스(3.25)를 실행하기 위한 일정한 방식

참고: 절차는 문서화해도 되고 하지 않아도 된다.

ISO 9000(품질관리시스템-기본 및 용어)에 규정된 "절차"의 정의를 그대로 준용하고 있다. "절차"란, 어떤 활동 또는 프로세스의 실시방법을 하나씩 나타낸 것이다. 즉, 절차는 언제, 누가, 무엇을, 어떻게 할 것인지 등에 대해 정한 것이다. 예컨대 문서관리절차란, 관리하는 문서의 대상, 문서의 작성, 갱신, 폐기, 보관장소, 보관기간, 담당부서 등에 대하여 5W1H로 알기 쉽게 규정한 것이다.

3.27 성과(performance)

측정(평가)할 수 있는 결과

참고 1: 성과는 정량적 결과물과 관련될 수도 있고 정성적 결과물과 관련될 수도 있다. 결과는 정성적 또는 정량적 방법으로 결정 및 평가될 수 있다.

참고 2: 성과는 활동, 프로세스[3.25, 제품(서비스를 포함한다)], 시스템 또는 조직(3.1)의 관리와 관련될 수 있다.

참고 3: 이것은 ISO/IEC Directives 제1부 통합 ISO 보충지침(전문업무용 지침) – ISO 전용절차의 부속서 SL에 제시된 ISO 관리시스템 규격을 위한 공통 용어와 핵심 정의 중의 하나이다. 참고 1은 결과를 판단 및 평가하기 위하여 사용될 가능성이 있는 방법의 종류를 명확히 하기 위하여 수정되었다.

3.28 산업안전보건 성과(occupational health and safety performance) 또는 OH&S 성과(OH&S performance)

취업지(3.3)의 부상과 건강장해(3.18)의 방지의 효과성(3.13) 및 안전하고 건강한 작업장(사업장)(3.6)의 제공에 관한 성과

성과는 일이 이루어진 결과 중 측정(평가)할 수 있는 결과를 의미한다.

3.27의 성과와 동일하게 산업안전보건 성과도 정성적 또는 정량적 평가가 가능하다.

정성적인 평가의 구체적인 예

- 커뮤니케이션이 좋아졌다.
- 모두가 안전상의 룰을 준수하게 되었다.
- 안전패트롤에서 말을 건넬 수 있게 되었다.
- 일상적인 안전보건활동을 적극적으로 실시하게 되었다.
- 산업안전보건위원회의 논의가 활발해졌다.

정량적인 평가의 구체적인 예

- 재해발생건수(율)가 감소하였다.

- 건강진단의 유소견자수(율)가 감소하였다.
- 흡연율이 낮아졌다.
- 아차사고 보고건수가 증가하였다.
- 위험원의 발굴수가 증가하였다.
- 리스크 수준 Ⅳ인 작업의 80%를 리스크 수준 Ⅰ으로 낮추었다.

3.29 외부위탁하다(outsource)

조직(3.1)의 기능 또는 프로세스(3.25)의 일부를 외부조직이 수행하는 결정을 한다.

참고 1: 외부위탁한 기능 또는 프로세스는 관리시스템의 범위 내에 있지만, 외부조직은 관리시스템 적용범위 밖에 있다.

참고 2: 이것은 ISO/IEC Directives 제1부 통합 ISO 보충지침(전문업무용 지침) – ISO 전용절차의 부속서 SL에 제시된 ISO 관리시스템 규격을 위한 공통 용어와 핵심 정의 중의 하나이다.

외부위탁의 예로서 외부강사에 의한 안전보건교육의 실시, 외부기관에의 작업환경측정, 건강진단의 실시 등을 생각할 수 있다. 그리고 안전보건에 한하지 않고 생산설비의 설계 위탁, 구내운반업무의 위탁 등 사업 프로세스의 일부를 위탁하는 것도 포함된다.

참고 1은 예컨대 A사의 사원의 건강진단을 B기관에 외부위탁했다고 가정할 경우, 건강진단에 관한 프로세스는 A사의 OHSMS의 범위 내에 있지만, 위탁처인 B기관은 A사의 OHSMS의 적용범위 내에 포함하지 않아도 무방하다는 것을 말하고 있다.

3.30 모니터링(monitoring)

시스템, 프로세스(3.25) 또는 활동의 상태를 알아내는 것

참고 1: 상태를 알아내기 위하여 확인, 감독 또는 정밀한 관찰이 필요한 경우도 있다.

참고 2: 이것은 ISO/IEC Directives 제1부 통합 ISO 보충지침(전문업무용 지침) – ISO 전용절차의 부속서 SL에 제시된 ISO 관리시스템 규격을 위한 공통 용어와 핵심 정의 중의 하나이다.

3.31 측정(measurement)

값을 정하는 프로세스

참고 : 이것은 ISO/IEC Directives 제1부 통합 ISO 보충지침(전문업무용 지침) – ISO 전용절차의 부속서 SL에 제시된 ISO 관리시스템 규격을 위한 공통 용어와 핵심 정의 중의 하나이다.

모니터링, 측정 모두 PDCA 사이클의 C(check)에 해당한다. 모니터링에는 문서화된 정보의 검토, 취업자와의 면접과 같이 정성적인 것도 많이 포함되지만, 측정은 주로 건강진단, 작업환경측정과 같이 정량적인 것이라는 차이가 있다.

그리고 "monitoring"은 '감시'라고 번역될 수도 있지만, 작업, 계기(計器) 등을 지켜보는 것으로 오해될 수도 있어 '모니터링'으로 번역한다.

3.32 감사(audit)

감사기준이 충족되고 있는 정도를 판정하기 위하여 감사증거를 수집하고, 그것을 객관적으로 평가하기 위한 체계적이고 독립적이며 문서화된 프로세스(3.25)

참고 1: 감사는 내부감사(첫 번째 당사자) 또는 외부감사(두 번째 또는 세 번째 당사자)일 수 있고, 복합감사(둘 이상의 분야의 결합)일 수 있다.

참고 2: 내부감사는 그 조직(3.1) 자체가 실시하거나 조직을 대리하여 외부관계자가 실시한다.

참고 3: "감사 증거" 및 "감사 기준"은 ISO 19011(관리시스템의 감사에 대한 지침)에 규정되어 있다.

참고 4: 이것은 ISO/IEC Directives 제1부 통합 ISO 보충지침(전문업무용 지침) – ISO 전용절차의 부속서 SL에 제시된 ISO 관리시스템 규격을 위한 공통 용어와 핵심 정의 중의 하나이다.

ISO 45001에서는 OHSMS의 적용범위, 산업안전보건 방침 등 여러 개의 문서화가 요구사항에서 요구되고 있지만, 감사(audit)에 대해서는 정의(definition)에서 문서화할 것이 요구되고 있다.

내부감사의 산출은 경영진 검토의 투입이 되고, OHSMS의 계속적인 개선으로 이어지는 것이므로, 안전보건상의 과제를 지적하고 개선조언을 할 수 있는 역량을 가진 자가 내부감사를 담당하는 것이 필요하다.

3.33 적합(conformity)

요구사항(3.8)을 충족하는 것

참고: 이것은 ISO/IEC Directives 제1부 통합 ISO 보충지침(전문업무용 지침) – ISO 전용절차의 부속서 SL에 제시된 ISO 관리시스템 규격을 위한 공통 용어와 핵심 정의 중의 하나이다.

3.34 부적합(nonconformity)

요구사항(3.8)을 충족하고 있지 않는 것

참고 1: 부적합은 이 규격의 요구사항과 조직(3.1)이 조직 자체를 위하여 정하는 추가적인 OHSMS(3.11) 요구사항에 관련된다.

참고 2: 이것은 ISO/IEC Directives 제1부 통합 ISO 보충지침(전문업무용 지침) – ISO 전용절차의 부속서 SL에 제시된 ISO 관리시스템 규격을 위한 공통 용어와 핵심 정의 중의 하나이다. 참고 1은 이 규격이 요구사항 및 조직의 OHSMS에 관한 조직 자체의 요구사항에 대한 부적합의 관계를 명확히 하기 위하여 추가되었다.

적합, 부적합은 법적 요구사항은 물론 법정 외 교육, 일상적인 안전보건 활동 등 조직이 정한 OHSMS에 관한 실시사항에 대해서도 판정하는 것이 필요하다.

조직적 개선을 위해서는 부적합은 아니더라도 OHSMS를 한층 향상시키기 위해 요구되는 사항에 대해서도 대응하는 것이 필요하다.

3.35 사고(incident)

결과적으로 부상과 건강장해(3.18)를 발생시키거나 발생시킬 수 있는 업무에 기인하거나 업무수행과정에서 발생하는 사건

참고 1: 부상과 건강장해가 발생한 사고는 종종 '재해(accident)'라고 일컫는다.

참고 2: 부상과 건강장해가 발생하지 않았지만 발생할 가능성을 가지고 있는 사고는 'near miss', 'near-hit' 또는 'close call'이라고 부르기도 한다.

참고 3: 사고에 관련된 하나 또는 둘 이상의 부적합(3.34)이 존재할 수 있지만, 사고는 부적합이 없는 경우에도 발생할 수 있다.

OHSAS 18001이 2007년에 개정되었을 때 아차사고(near miss)는 우연히 재해에 이르지 않은 사건(event)으로서, 재해와 동일하게 리스크 저감조치가 필요하다는 생각에 따라 아차사고와 재해(accident) 2개 개념 모두를 사고(incident)의 개념으로 받아들였다. ISO 45001도 이 흐름을 이어받아 사고의 개념은 아차사고와 재해 양쪽을 포함하고 있다. ISO/PC 국제회의에서는 재해가 발생한 경우와 발생하지 않은 사건(아차사고)은 대응이 다르기 때문에, 아차사고와 재해는 별도로 정의내려야 한다는 의견도 있었지만, 국제적으로 사고 개념에는 아차사고 개념이 포함된다는 이해가 정착되어 있다는 이유로 각하되었다.

그리고 언어학상 'incident'는 가벼운 느낌이 있으므로 별도의 언어를 사용하는 편이 바람직하다는 의견도 있었지만, 언어학 관점이 아니라 사용하기 쉬운 용어를 사용하는 것으로 하였다.

3.36 개선조치(corrective action)

부적합(3.34) 또는 사고(3.35)의 원인(들)을 제거하고 재발을 방지하기 위한 조치

참고: 이것은 ISO/IEC Directives 제1부 통합 ISO 보충지침(전문업무용 지침) – ISO 전용절차의 부속서 SL에 제시된 ISO 관리시스템 규격을 위한 공통 용어와 핵심 정의 중의 하나이다. 이 정의는 '사고(incident)'에 대한 언급을 포함시키기 위하여 수정되었다. 사고는 산업안전보건에서 매우 중요한 요인이지만, 해결을 위하여 필요한 활동은 부적합의 경우와 동일하고, 개선조치를 통해서 이루어진다.

개선조치란, 재발방지를 위하여 부적합 또는 사고(incident)의 원인(causes)을 제거하는 행위이다. 문제의 근본원인을 올바르게 파악할 수 없으면, 본래의 원인을 제거하는 것이 어렵게 되기 때문에 재발방지를 기대할 수 없게 된다.

부적합, 사고(incident)는 직접원인만을 시정해서는 재발방지가 되지 않는다. 직접원인이 왜, 어떻게 발생하였는지 근본원인까지 분석하여 시정할 필요가 있다. 3.35(사고)에서 해설한 것처럼 사고의 개념에는 아차사고도 포함되기 때문에, 중대 아차사고는 당연히 개선조치의 대상이 된다.

원문에서는 원인을 "cause(s)"로 표현하여 복수형이 될 수 있는 것으로 기술하고 있는데, 이는 복수의 원인이 존재하는 경우도 있을 수 있다는 것을 시사한다.

3.37 계속적인 개선(continual improvement)

성과(3.27)를 향상시키기 위한 연속적인 활동

참고 1: 성과의 향상은 산업안전보건 방침(3.15) 및 산업안전보건 목표(3.17)에 정합하는 전체적인 산업안전보건 성과(3.28)의 향상을 달성하기 위하여 OHSMS(3.11)를 사용하는 것에 관련된다.

참고 2: '계속적인(continual)'은 '끊임없이 이어지는(continuous)'을 의미하지 않기 때문에 활동이 모든 영역에서 일제히 이루어질 필요는 없다.

참고 3: 이것은 ISO/IEC Directives 제1부 통합 ISO 보충지침(전문업무용 지침) – ISO 전용절차의 부속서 SL에 제시된 ISO 관리시스템 규격을 위한 공통 용어와 핵심 정의 중의 하나이다. 참고 1은 OHSMS에서의 "성과"의 의미를 명확히 하기 위해 추가되고, 참고 2는 "계속적"의 의미를 명확히 하기 위해 추가되었다.

계속적인 개선이란, 단순히 성과평가, 내부감사, 경영진 검토를 통해, 부적합을 개선하는 것뿐만 아니라, 산업안전보건 성과를 보다 한층 향상시키기 위해 일상에서 계속적으로 개선해 나가는 것을 가리킨다. 산업안전보건 성과는 다른 것과 마찬가지로 항상 우상향일 필요는 없고 단계적으로 향상해도 무방하다.

특히 주의하여야 할 용어[56]

① '계속적인(continual)'과 '끊임없는(continuous)'의 차이

'계속적인(continual)'은 일정 기간 내내 일어나지만 [끊임(중단)이 없는 지속을 가리키는 '끊임없는(continuous)'과 달리] 끊임(중단)의 시간이 있는 지속을 가리킨다. 따라서 '계속적인(continual)'은 개선 상황에서 사용하기에 적절한 용어이다.

② '고려하다(consider)'와 '고려에 넣다(take into account)'의 차이

'고려하다(consider)'와 '고려에 넣다(take into account)'는 국어로 읽는 한 큰 차이는 없는 것처럼 보이지만, 영어의 의미에는 큰 차이가 있다. "고려한다(consider)"란, 그 사항에 대해 생각할 필요가 있지만, 반드시 채용하지 않아도 무방하다는 의미이다. "고려에 넣다(take into account)"의 의미는 그 사항에 대해 생각할 필요가 있고, 나아가 채용할 필요도 있다는 것이다.

③ '실행책임(responsibility)'과 '결과책임(accountability)'의 차이

실행책임(responsibility)은 부하직원이 권한의 위임자(상급자)에 대해 그 자신의 직무(일)를 이행해야 할 의무(duty)이다. 상급자가 어떤 일에 대한 권한을 부하직원에게 위임하는 경우, 그 일에 대한 실행책임은 수임자에게 이전되었더라도, 위임자(상급자)에게는 그 일이 달성되고 있는지를 확인할 책임이 남아 있게 되는데, 이를 결과책임(accountability)이라고 한다. 다시 말해서, 실행책임은 직무를 담당하는(task–focused) 책임으로서 어떠한 일에 대응하거나 완수해야 할 사전적 의무를 가리키고, 결과책임은 업무(일)의 결과에 대한(result–focused) 책임이라는 의미로서 어떤 일의 성공 또는 실패에 대해 책임을 지는 것을 의미한다.[57]

실행책임은 위임할 수 있지만, 결과책임은 위임할 수 없다. OHSMS의 구체적인 요구사항에 대해서도 실행책임은 다른 사람에게 위임할 수 있지만, 조직의 OHSMS의 기능(functioning)에 대한 결과책임은 궁극적으로는 최고경영진이 진다(5.3 Note; A.5.3).

④ '유지하다(maintain)'와 '보유하다(retain)'의 차이

'유지하다(maintain)'란, '정기적으로 수리·개정하여 좋은 상태를 지닌다'는 의미이다. '역할, 책임 및 권한'에 관한 문서, 프로세스와 같이 변경될 가능성이 있는 것은 최신의 상태

56) ISO 45001:2018, Occupational health and safety management systems – Requirement with guidance for use, Annex A A.3 참조.

57) 결과책임(accountability)은 어떤 것이 이행되지 않거나 작동하지 않거나 또는 목적을 달성하는 데 실패하면 해당자가 책임을 지는 것과 관련된다(OHSAS 18002:2008 4.4.1 NOTE).

로 할 필요가 있고, 이것을 '유지하다'라고 표현한다. 한편, 기록과 같이 변경의 가능성이 없는 것은 계속하여 가지고 있으면 되고, 이것을 '보유하다(retain)'라고 표현한다.

⑤ '수립하다 또는 확립하다(establish)'

ISO 9001, ISO 14001 등 모든 ISO 관리시스템 규격에서 'establish'가 "set up or lay the groundwork for"라는 의미를 가지고 있을 때에는 '수립(마련, 구축)하다'로 번역되는 것이 바람직하고, "render stable or firm"이라는 의미를 가지고 있을 때에는 '확립하다'로 번역되는 것이 바람직할 것이다.

⑥ '이 요구사항에 따라(in accordance with the requirement of this document)'

'accordance'란, '일치, 조화'의 의미이고, 4.4에 규정되어 있는 "조직은 이 규격의 요구사항에 따라 필요한 프로세스 및 이들의 상호 작용을 포함한 OHSMS를 수립, 이행 및 유지하고 계속적으로 개선하여야 한다."란, ISO 45001의 요구사항이 앞으로도 실시되고 유지되어 가야 한다는 것을 의미한다.

⑦ '필요에 따라(as appropriate)'와 '해당하는 경우는 반드시(as applicable)'의 차이

'appropriate'와 'applicable'은 호환성이 없다. 전자는 '적합한(suitable)'이라는 의미를 가지고 있고, 일정한 정도 자유가 있지만, 후자는 '관련된' 또는 '적용할 수 있는'이라는 의미를 가지고 있고, 가능한 경우에는 행하지 않으면 안 된다는 의미를 내포하고 있다. 따라서 'as appropriate'는 '필요에 따라' 또는 '필요한 경우', 'as applicable'는 '해당하는 경우는 반드시'라는 의미를 각각 가지고 있다.

⑧ '통합하다(integrate)'

'integrate'는 '통합하다, 일체화하다, 반영한다'는 의미로서, 둘 이상의 것을 조화시켜 융합하거나 어느 하나에 다른 하나를 접목시킨다는 것이다. 5.1 c)에서는 사업 프로세스와 OHSMS 요구사항을 통합(일체화)할 것을 요구하고 있고, 6.2.2 f)에서는 산업안전보건 목표를 달성하기 위한 조치를 사업 프로세스에 통합(반영)할 것을 요구하고 있다.

⑨ '확실히 하다(ensure)'

'ensure'라는 단어는 실행책임 = 의무(responsibility)은 위임할 수 있지만, 조치가 확실히 실행되도록 하는 결과책임(accountability)은 위임할 수 없다는 것을 의미한다. 예를 들면, '조직은 계획의 이행을 ensure'는 표현이 있다고 하면, 계획을 이행할 책임(실행책임)은 다른 자에게 위임할 수 있지만, 실시된 결과에 대한 책임(결과책임)은 위임한 자가, OHSMS의 (기능의) 경우 궁극적으로는 최고경영진이 진다는 의미이다.

4. 조직의 상황

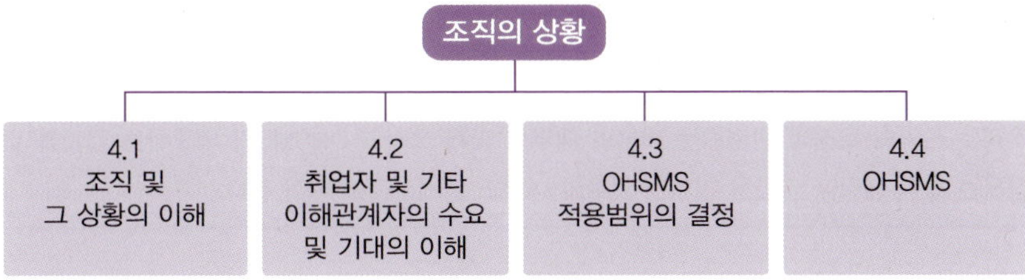

'조직의 상황' 조문은 부속서 SL에 규정되어 있는 것이다. 종래 ISO 관리시스템이 형식화된 면이 많고 조직에 가치를 가져오는 점이 적었다는 반성에서, 조직의 OHSMS가 놓여져 있는 현재 상황을 명확하게 할 것이 요구된다.

산업안전보건 방침, 의도하는 결과를 달성하기 위해서는 현상을 올바르게 인식하는 것이 불가결하다. 조문 4는 부속서 SL의 큰 특징이다. 4.1에서 외부와 내부의 과제를 정하고, 4.2에서 취업자 및 다른 이해관계자가 조직에 무엇을 요구하고 있는지를 정한다.

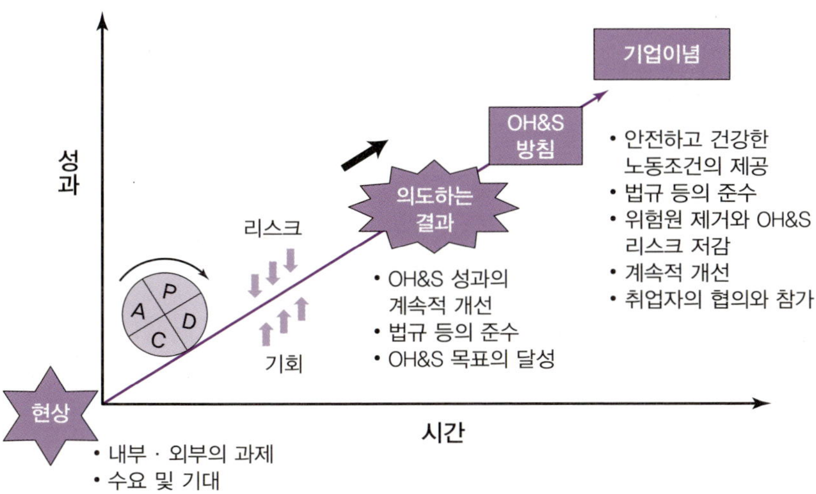

그림 11. '조직의 상황'의 위상

1) 4.1 조직 및 그 상황의 이해

4.1 조직 및 그 상황의 이해

조직은 조직의 목적과 관련되는 외부와 내부의 과제 그리고 OHSMS가 의도하는 결과를 달성하는 조직 능력에 영향을 미치는 외부와 내부의 과제를 정하여야 한다.

---

① "OHSMS가 의도하는 결과"를 명확히 한 후에 그 의도하는 결과를 달성하는 조직 능력을 인식하고 그 능력이 열화하지 않도록 외부와 내부의 과제를 정해야 한다는 의도이다.

② 4.1의 키워드는 "조직의 목적", "의도하는 결과", "조직의 능력", "외부와 내부의 과제"인데, 최고경영진은 모든 키워드에 대해 자신의 조직의 구체적 내용으로 치환함으로써, 조직 전체에 OHSMS를 수립, 이행 및 유지하고 개선하는 것이 요구된다.

③ 외부와 내부의 과제에 대해, ISO 14001의 부속서 A.4.1에는 "높은 수준에서의 개념적인 이해를 제공하는 것을 의도하고 있다."고 기술되어 있다. "높은 수준"은 주로 경영진을 가리키고, 즉 이사회를 포함하여 조직의 최고경영진이 관여하는 것이 요구된다. "개념적인 이해"란 경영적 관점에서 과제를 결정하는 것에 대한 이해를 의미한다.

④ 처음 부분에 기술되어 있는 "조직의 목적"은 다음의 문맥으로 이해하는 것이 바람직하다.

"외부와 내부의 과제"를 결정할 때에는 조직의 목적에 관련된 것으로 되어 있는지 아닌지를 확인한다. "조직의 목적"은 등기되어 있는 조직이라면 조직의 정관에 기재되어 있다.

- ○○을 개발한다.
- ○○을 제조한다.
- ○○소프트를 제작한다.

등이다.

그리고 정관의 내용을 인용할 것까지도 없고, 많은 조직은 홈페이지에 조직의 이념, 미션, 비전 등을 공표하고 있는데, 이것들은 대부분 조직의 목적과 관련되어 있다. 조직이 갖는 목적의 명확화는 사회적인 존재로서 어떠한 사회의 기대 및 수요에 응하려고 하는지, 또는 사회의 어떠한 것에 공헌하려고 하는지 등을 분석하는 것으로부터 얻어진다.

⑤ 조직은 ISO 45001에 근거한 OHSMS 확립에 있어서 달성해야 할 목표를 명확히 하여야 하는데, "OHSMS가 의도하는 결과"는 조직에 따라 다르다. 서문 0.2(OHSMS의 목적) 중에 제시되어 있듯이, "부상과 건강장해를 방지하는 것, 안전하고 건강한 직업장(사업장)을 제공하는 것"이 규격이 의도하는 바이다.

그리고 제1절(적용범위)에도 다음과 같이 기술되어 있어 참고가 될 수 있다.

"이 규격은 조직으로 하여금 OHSMS가 의도하는 결과를 달성하도록 지원한다. 조직의 산업안전보건 방침에 맞추어 OHSMS가 의도하는 결과는 다음 사항을 포함한다.

a) 산업안전보건 성과의 계속적 개선

b) 법적 및 기타 요구사항을 충족하는 것

c) 산업안전보건 목표의 달성"

본 규격에 규정되어 있는 기본을 참고로 하여 조직 고유의 "의도하는 결과"를 정하고 산업안전보건 방침, 산업안전보건 목표에 반영시키면 된다.

⑥ "조직의 능력"도 조직마다 다르다. 0.3(성공을 위한 요인)에 "OHSMS의 이행과 유지 및 그 효과성과 의도하는 결과를 달성하는 능력"이라는 표현이 있다. OHSMS에 관한 "조직의 능력"의 예로는 다음과 같은

것이 있다.

- 산업안전보건에 대한 의식이 높은 사람들
- 안전대책이 취해진 기계·설비
- 위험성 평가 실천노하우 등

⑦ "외부와 내부의 과제"는 조직에 고유한 것이고 다종다양하다. 여기에서의 과제는 어디까지나 OHSMS에 관한 과제를 가리키고 조직 전체의 과제를 의미하는 것은 아니다. 조직은 사업활동에서 다양한 과제를 안고 있지만, 여기에서는 "조직의 능력에 영향을 미치는" 과제를 명확히 하는 것이 요구된다.

외부과제의 예

- 법규제에 관한 것
- 경쟁회사에 관한 것
- 외부자원의 입수에 관한 것

내부과제의 예

- 직원에 관한 것
- 기술에 관한 것
- 인프라 등에 관한 것

⑧ 외부와 내부의 과제는 시간의 경과와 함께 변화해 간다. 조직의 경영환경에 따라서는 새로운 과제가 출현하거나, 역으로 어떤 과제는 해결되었다고 보아도 되는 경우가 있을 수 있다. "외부와 내부 과제의 변화"는 9.3 b)의 경영진 검토의 고려사항으로 규정되어 있다.

[참고] 부속서 A.4.1의 요점

(1) 외부과제의 예

1) 국제, 국내, 지방 또는 인근지역을 불문하고 문화·사회·정치·법률·금융·기술·경제·자연환경 및 시장경쟁

2) 새로운 경쟁회사, 수급인, 하수급인, 공급자, 제휴처, 신기술, 관계법 제·개정 및 새로운 직업의 등장

3) 제품에 대한 신지식 및 그것이 안전보건에 미치는 영향

4) 조직에 영향력이 있는 산업 또는 부문과 관련되는 사업추진의 중요요소(key driver) 및 경향

5) 외부의 이해관계자와의 관계, 외부의 이해관계자의 인식 및 가치관

6) 상기 과제 중 어느 하나에 관한 변화

(2) 내부과제의 예

1) 거버넌스, 조직구조, 역할 및 결과책임

2) 방침, 목표 및 이것을 달성하기 위해 정해지는 전략

3) 자원, 지식 및 역량의 관점에서 이해되는 능력(예를 들면, 자금, 시간, 인적 자원, 프로세스, 시스템 및 기술)

4) 정보시스템, 정보의 흐름 및 의사결정 프로세스(공식 및 비공식)

5) 새로운 제품, 소재, 서비스, 도공구, 소프트웨어, 시설 및 설비의 도입

6) 취업자와의 관계 및 취업자의 인식 및 가치관

7) 조직의 문화

8) 조직이 채용하는 표준, 지침 및 모델

9) 외부위탁한 활동을 포함하는 계약관계의 형식 및 범위

10) 근로시간에 관한 결정

11) 근로조건

12) 상기 과제 중 어느 하나에 관한 변화

[참고] OHSAS 18001:2007과의 비교

4.1(조직 및 그 상황의 이해)에 대응하는 OHSAS 18001의 요구사항은 없다.

---

2) 4.2 취업자 및 기타 이해관계자의 수요 및 기대의 이해

4.2 취업자 및 기타 이해관계자의 수요 및 기대의 이해

조직은 다음 사항을 정하여야 한다.

a) OHSMS에 관련되어 있는 취업자와 기타 이해관계자

b) 취업자와 그 외 이해관계자의 관련 수요와 기대(즉, 요구)

c) 이들 수요와 기대 중 어느 것이 법적 및 기타 요구사항이거나 그렇게 될 수 있는지

---

① 조직은 혼자서는 운영될 수 없다. 여러 관계자와의 연계를 바탕으로 사회에서 존재해 나갈 수 있다. 이 조문에서는 조직에 대해 a) "OHSMS에 관련되어 있는 취업자와 그 외 이해관계자"를 정하고, 그 다음에 b) 취업자와 그 외 이해관계자의 관련 수요와 기대(즉, 요구사항)를 요구하고 있는데, 그 의도는 사회에 의존하는 관계자, 즉 이해관계자부터의 요구사항에 대해서는 배려하는 것이 필수적이라는 점을 강조하는 것이다. OHSMS의 경우, 이해관계자의 필두에 오는 자가 '취업자'라는 것은 말할 필요도 없지만, 부속서 SL에 규정된 타이틀에 취업자를 추가하여 산업안전보건의 가장 중요한 이해관계자는 취업자라는 점을 명확히 하고 있다.

② 본 조문은 4.1과 동일하게 제6절 OHSMS 계획수립의 전제가 되고, 리스크 및 기회를 결정할 때의 고려사항으로 중요한 것이다. 자신들의 이해관계자가 누구인지를 생각하는 것은 조직의 사업추진에도 매우 중요하다. 조직의 포지션이 전체 공급망(supply chain)의 어디에 위치하고 있는지, 경쟁 상대는 어디에 있는지, 규제당국과의 관계가 어떠한지, 공급자·수급인·외주사 등과는 관계가 어떠한지, 직접적인 고객, 잠재적인 고객, 최종소비자 등을 분석하는 과정을 통해 OHSMS의 구축·운영을 추진하는 것이 바람직하다.

③ '취업자'의 원문은 'worker'이고 worker는 일반적으로 '근로자'로 번역되지만, 3.3의 참고 2에 "최고경영진, 관리직 및 비관리직이 포함된다."라고 설명되어 있어, 취업자로 번역하였다.

OHSMS에 관련된 이해관계자는 누구이고, 그 이해관계자의 수요 또는 기대는 무엇인지를 명확히 해야 하는 가운데, 산업안전보건에서

가장 중요한 이해관계자는 '취업자'라고 기술하고 있다.

④ 여기에서의 이해관계자는 조직의 이해관계자가 아니라 어디까지나 OHSMS에 관계하는 이해관계자를 의미한다. 재해를 일으킨 경우에 누가 피해를 입는가, 누구에게 영향을 주는가, 누구와 커뮤니케이션을 하여야 하는가의 관점에서 조직의 이해관계자를 명확히 하는 것이 바람직하다. 명확히 설정된 이해관계자의 수요와 기대는 4.1과 함께 4.3(적용범위의 결정)의 기반이 된다.

⑤ 수요와 기대 중에는 예컨대 법령, 규제 등의 강제적인 사항으로 되어 있는 것이 있다. 그리고 조직이 자발적으로 합의 또는 채택하여야 하는 것도 있다(예를 들면, 단체협약, 자율적 규칙 등).

[참고] 부속서 A.4.2의 요점

이해관계자의 예로는 다음과 같은 것이 있다.

1) 규제당국(국가, 지자체, 국제기구 등)
2) 새로운 경쟁회사, 수급인, 하수급인, 공급자, 제휴처, 신기술, 관계법 제·개정 및 새로운 직업의 등장
3) 공급업자, 수급인 및 하수급인
4) 취업자의 조직(노동조합), 사용자단체
5) 소유자, 거래처, 주주, 방문객, 지역사회 및 이웃주민, 일반시민
6) 고객, 의료 및 기타 지역서비스, 미디어, 학계, 상업단체 및 비정부기구(NGO)
7) 산업안전보건기관 및 산업안전보건전문가

[참고] OHSAS 18001:2007과의 비교

4.2(취업자 및 기타의 이해관계자의 수요 및 기대의 이해)에 대응하는 OHSAS 18001의 요구사항은 없다.

---

3) 4.3 OHSMS 적용범위의 결정

4.3 OHSMS 적용범위의 결정

조직은 OHSMS의 적용범위를 확정하기 위하여 그것의 경계 및 적용 가능성을 정하여야 한다.

이 적용범위를 정할 때, 조직은

a) 4.1에서 언급한 외부와 내부의 과제를 고려해야 한다.

b) 4.2에서 언급한 요구사항을 고려에 넣어야 한다.

c) 계획된 작업 또는 수행되는 작업과 관련된 활동을 고려에 넣어야 한다.

OHSMS는 조직의 관리 또는 영향하에 있고 조직의 산업안전보건 성과에 영향을 미칠 수 있는 활동, 제품 및 서비스를 포함하여야 한다.

OHSMS의 적용범위는 문서화된 정보로 이용할 수 있어야 한다.

① OHSMS를 조직의 어느 범위까지 적용할 것인지를 조직이 스스로 정할 것을 요구하고 있다. 그 의도는 최고경영진의 통제하에 있는 부서, 제품은 모두 OHSMS의 범위로 하는 데에 있다.

② 시스템은 인간의 몸으로 비유하면, 머리, 손발, 신경, 혈관, 골격, 피부 등의 일체이고, 그것들이 연결된 것이다. 관리시스템도 동일한 것으로서 경영진, 공장, 영업소 등이 연결되어 비로소 그 목적을 다할 수 있다. 최고경영진하에 존재하는 모든 부문, 부서, 공장은 OHSMS 우산 아래로 들어가야 한다고 이해하면 된다.

③ 적용범위의 원문은 "scope"인데, 이 scope에는 3종류가 있다고 ISO 해설문서에 설명되어 있다(JTCG N360 Annex SL 개념 문서 4.3 Determining the scope of the XXX management).

JTCG N360

적용범위(scope)라는 용어는 다음 3가지의 적용에 관하여 이용되는 점에 유의할 필요가 있다.

– ISO 관리시스템 규격의 적용범위(제1절)

- 조직의 관리시스템의 적용범위(조문 4.3에서 정해진 것)
- 조직의 인증범위

---

④ 조직은 OHSMS를 어느 범위로 적용할지를 정하고 그 내용을 문서화하는 것이 요구된다. 적용범위를 정하기 위하여 경계 및 적용 가능성을 정하는 것이 요구되는데, 경계는 '본사·지점·공장 등 조직도에서의 경계'를 먼저 생각할 수 있다. 그리고 작업장(사업장) 등의 물리적인 경계도 생각할 수 있다. 작업장(사업장)의 정의(3.6)는 "조직의 통제하에 있는 장소로서 사람이 업무 목적을 위하여 있거나 갈 필요가 있는 장소"로 되어 있다.

⑤ 적용 가능성이란, 규격의 요구사항을 조직에 적용할 수 있는지, 적용할 수 없는 것인지의 가능성을 말한다. 예를 들면, 8.1.4(조달)에 있어서 제품 구입은 하고 있어도 외부에 기능 및 프로세스를 일절 위탁하고 있지 않으면, 8.1.4.3(외부위탁)은 적용 불가능하고 조직의 OHSMS 적용으로부터 비켜간다. 나아가, 어떤 요구사항을 조직의 전부에 일률적으로 적용하려는 것이 아니라, 필요하다고 생각되는 곳에 적용하는 것을 고려할 때에도 "적용 가능성"을 검토하는 것이 바람직하다.

예를 들면, 7.2(역량), 7.3(인식), 7.4(커뮤니케이션) 등의 요구사항을 어느 부서, 계층, 그룹 등에 적용하려고 고려할 때에도 적용 가능성을 결정하는 작업의 일부를 이룬다고 생각하면 된다.

⑥ 마지막으로, "문서화된 정보"라는 용어가 나온다. '문서', '기록' 등의 용어는 모두 "문서화된 정보"로 변경되어 있다. 그 정의는 "조직이 관리하고 유지하도록 요구받는 정보 및 그것이 포함되어 있는 매체"(3.24)이다. "문서화된 정보"에 관한 해설은 7.5에 기술되어 있는데, 조직은 종래대로 '문서', '기록'이라는 용어를 조직의 규정류에 사용하

면 되고, 규격이 사용하고 있는 "문서화된 정보"라는 용어를 조직의 문서 중에 사용하는 것은 규격의 의도가 아니다.

[참고] 부속서 A.4.3의 요점

조직의 OHSMS의 신빙성은 어떤 식으로 OHSMS의 경계를 선택하는가에 따라 결정된다. 적용범위의 결정을 조직의 산업안전보건 성과에 영향을 줄 수 있는 활동, 제품 또는 서비스를 제외하기 위하여, 또는 법적 및 기타 요구사항을 피하기 위해 이용해서는 안 된다. 적용범위는 실태에 입각한 것이어야 하고, OHSMS의 경계 내에 포함되는 운영을 나타낸 기술이어야 하며, 그 기술은 이해관계자의 오해를 초래하지 않는 것이어야 한다.

[참고] OHSAS 18001:2007과의 비교

4.3(OHSMS 적용범위의 결정)은 OHSAS 18001 4.1(일반요구사항)에 대응한다.

4.1 일반요구사항

(중략)

조직은 그 OHSMS를 정하고 문서화하여야 한다.

---

4) 4.4 OHSMS

4.4 OHSMS

조직은 이 규격의 요구사항에 따라, 필요한 프로세스들 및 그것들 간의 상호 작용을 포함하여 OHSMS를 수립, 이행 및 유지하고 계속적으로 개선하여야 한다.

---

① ISO 관리시스템 규격은 당연하지만 조직에 대해 '관리시스템'의 구축(수립, 이행, 유지, 개선을 합쳐 그렇게 부른다)을 요구하고 있다. ISO 45001과 동일하게 ISO 9001(품질)에서도 ISO 14001(환경)에서도 요구되고 있다. 이 조문의 의도는 관리시스템의 구축이 ISO 45001의 근간적인

요구라는 것을 명확히 하는 점에 있다.

② 종래의 ISO 관리시스템 규격은 이 조문 4.4와 같이 요구사항의 기술(記述)이 "조직은 XXX관리시스템을 수립, 이행 및 유지하고 계속적으로 개선하여야 한다."로 시작되고 있었다. 부속서 SL의 규정에서는 4.1(조직 및 그 상황의 이해), 4.2(XXX의 수요 및 기대의 이해), 4.3(XXX관리시스템의 적용범위 결정)이 이 4.4 앞에 규정되게 되었다.

③ 관리시스템의 정의는 전술한 3.10에 다음과 같이 기술되어 있다.

"방침, 목표 및 그 목표를 달성하기 위한 프로세스를 수립하기 위한, 조직의 상호 관련되거나 상호 작용하는 일련의 요소들"(밑줄은 필자)

"참고 2: 시스템 요소에는 조직구조, 역할과 책임, 계획, 운영, 성과평가 및 개선이 포함된다."

관리시스템의 구성요소는 방침, 목표, 프로세스, 조직구조, 역할과 책임, 계획, 운영, 성과평가 및 개선이라고 말할 수 있다. "방침, 목표, 프로세스"는 상기 관리시스템의 정의로부터 추출할 수 있고, 조직구조, 역할과 책임, 계획, 운영, 성과평가 및 개선은 참고 2의 설명을 통해 관리시스템의 구성요소에 해당한다고 말할 수 있다.

④ 주요한 관리시스템의 구성요소인 방침, 목표, 프로세스를 '수립하는(establish)' 것이 요구된다. 프로세스는 본 조문에서 수립이 요구되고 있고, 방침은 조문 5.2에서 '산업안전보건 방침'의 확립이 요구되고 있으며, 목표는 조문 6.2.1에서 '산업안전보건 목표'의 수립이 요구되고 있다.

⑤ 프로세스(3.25: 투입을 산출로 변환하는 상호 관련되거나 상호 작용하는 일련의 활동)를 수립할 때에는 다음 사항을 명확히 하는 것이 필요하다.

- 프로세스 요소인 투입
- 프로세스 요소인 산출
- 프로세스에 관한 기준(8.1의 요구에 따른다)

• 문서화(8.1의 요구에 따른다)

⑥ "조직은 이 규격의 요구사항에 따라, 필요한 프로세스들……을 포함하여 OHSMS를 수립, …… 개선하여야 한다."라고 요구하고 있는데, ISO 45001이 프로세스의 수립 등을 구체적으로 요구하고 있는 곳은 다음의 14개 조문이다(표 8 참조).

- **5.4**(취업자의 협의 및 참가): 협의 및 참가를 위한 프로세스
- **6.1.2.1**(위험원 파악): 계속적이고 선제적으로 위험원을 파악하기 위한 프로세스
- **6.1.2.2**(OHSMS에 대한 산업안전보건 리스크 및 기타 리스크의 평가): 다음 사항을 위한 프로세스
- **6.1.2.3**(OHSMS에 대한 산업안전보건 기회 및 기타 기회의 평가): 다음 사항을 평가하기 위한 프로세스
- **6.1.3**(법적 및 기타 요구사항의 결정): 다음 사항을 위한 프로세스
- **7.4.1**(커뮤니케이션 일반): 내부 및 외부의 커뮤니케이션에 필요한 프로세스
- **8.1.1**(운영적 계획 및 관리 일반): OHSMS 요구사항을 충족하기 위하여 필요한 프로세스 및 제6절에서 정한 조치를 이행하기 위하여 필요한 프로세스
- **8.1.2**(위험원 제거 및 산업안전보건 리스크 저감): 위험원의 제거 및 산업안전보건 리스크의 저감을 위한 프로세스
- **8.1.3**(변경 관리): 변경의 실시 및 관리를 위한 프로세스
- **8.1.4.1**(조달 일반): 조달을 관리하는 프로세스
- **8.2**(긴급상황 대비 및 대응): 대비 및 대응을 위해 필요한 프로세스
- **9.1.1**(모니터링, 측정, 분석 및 성과평가 일반): 모니터링, 측정, 분석 및 성과평가를 위한 프로세스
- **9.1.2**(준수평가): 준수를 평가하기 위한 프로세스

- **10.2**(사고, 부적합 및 개선조치): 사고 및 부적합을 정하고 관리하기 위한 프로세스

⑦ 프로세스는 "……일련의 활동"이라고 정의되지만, 프로세스에 존재하는 일련의 활동 크기를 어느 정도로 할 것인지를 검토할 때에는 다음 2가지 항목의 관점이 중요하다.

- **관리할 수 있는 것**: 프로세스를 너무 크게 설정하면, 활동이 방대한 것이 되어 관리할 수 없게 된다.
- **가치가 생기는 것**: 프로세스를 너무 작게 설정하면, 너무 상세하게 활동을 계획하게 된다.

⑧ 전술한 14개의 프로세스는 조직의 사업(business) 프로세스에 통합되어야 한다는 것이 규정되어 있다[5.1 c) 참조]. 이들 프로세스는 조직의 일상적인 활동(즉, 사업 프로세스) 속에 통합되어 이행되어야 한다. 그렇지 않으면 이중구조가 됨으로써 OHSMS가 형해화될 위험성이 높아진다.

[참고] 부속서 A.4.4의 요점

조직은 자신의 생각으로 다음 사항을 실시하는 것이 바람직하다.

① 하나 이상의 프로세스가 관리되고 계획대로 실행되어 OHSMS가 의도하는 결과를 달성하고 있다는 확신을 갖도록 프로세스를 수립한다.

② 설계 및 개발, 조달, 인사, 판매, 마케팅 등의 여러 사업 프로세스에 OHSMS의 요구사항을 통합한다.

③ 예를 들면, 산업안전보건 방침, 교육훈련 및 역량프로그램, 조달관리 등의 프로세스는 조직의 기존 관리시스템(사업추진 프로세스)에 넣어 본 규격의 요구사항을 충족하는 프로세스로 이용할 수 있다.

[참고] OHSAS 18001:2007과의 비교

4.4(OHSMS)는 OHSAS 18001 4.1(일반요구사항)에 대응한다.

4.1 일반요구사항

조직은 이 OHSAS 규격의 요구사항에 따라 OHSMS를 수립, 문서화, 이행 및 유지하고 계속적으로 개선해야 하고, 어떻게 이들 요구사항을 충족할지 정하여야 한다.

5. 리더십 및 취업자의 참가

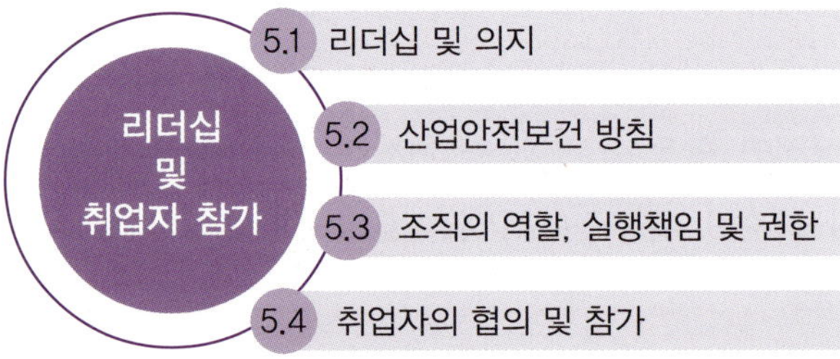

제5절의 타이틀은 부속서 SL(공통 텍스트)의 "리더십"에서 '리더십 및 취업자의 참가'로 변경되어 있다. 이것은 산업안전보건에서 취업자가 참가하는 것이 중요하다는 점을 반영한 변경이다. 5.1에서 5.3까지의 조문은 부속서 SL(공통 텍스트) 그대로의 타이틀이고, "최고경영진은 ○○하여야 한다."라는 형태로 최고경영진에 대한 요구사항이 규정되어 있으며, 5.4에서서는 부속서 SL(공통 텍스트)에 추가하여 산업안전보건 분야에 고유한 협의와 참가에 관한 요구사항을 규정하고 있다.

1) 5.1 리더십 및 의지

5.1 리더십 및 의지

최고경영진은 다음에 제시하는 사항으로 OHSMS에 관한 리더십 및 의지(commitment)를 실증하여야 한다.

a) 업무와 관련된 부상과 건강장해를 방지하는 것, 그리고 안전하고 건강한 작업장(사업장)과 활동을 제공하는 것에 대한 전반적인 실행책임 및 결과책임을 지는 것

b) 산업안전보건 방침 및 이와 관련된 안전보건 목표를 확립하고 그것이 조직의 전략적인 방향과 양립하도록 하는 것

c) OHSMS 요구사항이 조직의 사업 프로세스에 통합되는 것을 보장하는 것

d) OHSMS를 수립, 이행, 유지 및 개선에 필요한 자원이 이용될 수 있도록 보장하는 것

e) 효과적인 산업안전보건관리의 중요성과 OHSMS 요구사항에 따르는 것의 중요성을 전달하는 것

f) OHSMS가 그것의 의도하는 결과를 달성하도록 하는 것

g) OHSMS의 효과성에 기여하도록 사람들을 지휘하고 지원하는 것

h) 계속적 개선을 보장하고 촉진하는 것

i) 다른 관련된 경영진이 그들의 책임영역에서 리더십을 실증하도록 그들의 역할을 지원하는 것

j) OHSMS가 의도하는 결과를 지지하는 문화를 조직 내에서 조성하고 리드하고 촉진하는 것

k) 사고, 위험원, 리스크 및 기회를 보고하는 경우, 취업자를 보복으로부터 보호하는 것

l) 조직이 취업자의 협의 및 참가를 위한 프로세스를 수립하고 이행하는 것을 보장하는 것

m) 안전보건에 관한 위원회의 설치 및 기능을 지원하는 것

참고 : 본 규격에서 "사업(비즈니스)"에 대한 말은 조직의 존재 목적에 핵심적인 활동들을 의미하는 것으로 폭넓게 해석될 수 있다.

---

① 리더십 및 의지에 관한 조문의 의도는 조직 중에 최고경영진 자신이 관여하고 지휘하기 위한 활동을 특정하는 것이다.

② 조직의 OHSMS에 관한 최종적인 책임은 최고경영진이 진다. a)~m)의 사항에 의한 리더십과 의지의 실증에 대해서는 최고경영진의 관여가 눈에 보이는 증거로 제시될 필요가 있다. a)~m)의 13개 항목 중 a), e), h), i), j), k), m)은 최고경영진이 스스로 실행할 필요가 있다.

③ a)에서는 최고경영진에게 OHSMS가 의도하는 결과의 달성에 대해 전반적으로 책임질 것을 요구하고 있다. 최고경영진은 무엇을 계획하고, 그 결과가 어떻게 되는지에 대한 설명을 요구받는다. 따라서 OHSMS가 의도하는 결과의 달성 상황, 미달성될 우려가 있는 경우의 대응방안 등을 파악하고 있을 필요가 있다. b)~i)의 8개 항목은 부속서 SL대로이다.

④ b)에서는 5.2의 산업안전보건 방침이 조직의 목적 및 상황, 산업안전보건에 관련된 리스크 및 기회의 성질에 대하여 적절하도록 하는 것, 그리고 안전성과 효율성 양쪽을 고려하여 OHSMS의 계획을 조직의 전략적인 방향과 양립시킬 것을 요구하고 있다.

⑤ c)에 대해서는 OHSMS가 사업경영 속에 활용될 때 비로소 노력이 지속되고 효과가 있다. 산업안전보건은 이미 본업의 업무활동과 일체가 되어 운영되고 있는 경우가 많을 것이다. 따라서 ISO 45001을 적용할 때, 조직의 안전보건관리부문만이 ISO 관리시스템을 추진하도록 함으로써 활동이 형해화되지 않도록 주의할 필요가 있다. '사업 프로세스'의 예로는 제품·서비스를 고객에게 제공하는 주요 프로세스(수주, 계획, 설계, 조달, 제조, 기술, 출하 등), 이것을 떠받치는 지원 프로세스(인사, 총무, 경리, IT관리 등), 경영전략 및 방침 등에 책임을 맡는 경영관리 프로세스 등을 들 수 있다.

⑥ d)의 "필요한 자원"은 7.1(자원)의 규정에 따라 정하는데, 장시간근로 등의 문제가 발생하지 않도록 8.1.1의 규정에 의해 운영적 관리를 할 필요가 있다. 계획에 비해 작업량 증가가 발생한 경우는 부족한 사람 수, 장치 등을 파악하여 시의적절하게 경영자원을 제공하는 운영이 필요하게 되는 경우가 있다. 최고경영진은 9.3의 "경영진 검토"에서 효과적인 OHSMS를 유지하기 위한 자원의 타당성을 고려하여야 하고, 경영진 검토의 결과로 그 필요한 자원을 언급하고, 작업량에 따

라 필요한 자원을 이용 가능하게 하는 것이 요구된다.

⑦ e)에서는 두 가지 사항의 중요성을 연초 훈시, 안전보건주간, 산업안전보건위원회 등의 기회를 이용하여 관련된 이해관계자에게 전달하는 것을 요구하고 있다.

⑧ f)에 대해서는 "OHSMS이 그것의 의도하는 결과"의 달성을 향한 조치의 현상을 파악하고, 만약 달성할 수 없는 경우에는, 예컨대 제6절 계획의 수정을 하는 한편, 제8절의 일상적인 안전보건활동으로 구체화한 계획의 실시를 최고경영진이 지원하고, 확실하게 달성하도록 대책을 취하는 것을 요구하고 있다.

⑨ h)는 최고경영진으로서 경영진 검토를 유효하게 기능하도록 함으로써 OHSMS 및 산업안전보건 성과의 계속적 개선을 확실하게 추진하는 것이 요구된다.

⑩ i)는 "다른 관련된 경영진"이 리더십을 발휘하는 것이 가능하도록 필요한 권한을 부여하고 지원활동을 할 것을 최고경영진에게 요구하고 있다.

⑪ j)는 조직의 OHSMS가 "의도하는 결과"를 달성하기 위해 구성원들이 적극적으로 활동할 수 있도록 지원하는 문화를 조성할 것을 최고경영진에게 요구하고 있다.

⑫ k)는 취업자가 사고, 위험원, 리스크 및 기회의 정보를 시의적절하게 보고하는 것에 의해, 산업안전보건 리스크의 저감을 조기에 추진할 수 있다. 이를 위하여, 리스크와 기회의 정보 보고를 장려하는 것 및 보고한 사람이 불이익 취급을 받지 않는다는 것을 주지시킬 필요가 있다.

⑬ l)은 5.4와도 관련되어 있고, OHSMS에서 취업자와의 협의 및 참가의 프로세스의 수립·이행·유지가 확실하게 이루어지도록 최고경영진이 적극적으로 관여하고 확인하는 책임을 진다.

⑭ m)은 5.4의 a)와도 관련되어 있고, 취업자와의 협의 및 그들의 참가의 장을 마련하기 위하여 산업안전보건위원회 등의 설치를 지원하

고, 안전보건에 관한 사항에 대해 취업자의 의견을 듣기 위한 기회를 제공하도록 하는 것을 최고경영진에게 요구하고 있다.

[참고] 부속서 A.5.1의 요점

(1) OHSMS의 성공과 의도하는 결과의 달성에는 최고경영진의 인식, 민감성(responsive-ness), 적극적 지원 및 피드백을 포함한 리더십과 의지(commitment)가 중요하다. 따라서 최고경영진은 직접(personally) 관여하거나 지휘하는 것이 요구되는 구체적인(specific) 책임을 진다.

(2) 조직의 OHSMS를 지지하는 문화는 주로 최고경영진에 의해 결정된다. 이 문화는 관리시스템에 대한 의지, 관리시스템의 스타일 및 수준을 결정하는 개인·그룹의 가치관, 태도, 경영관행, 인식, 역량 및 활동패턴 등의 산물이다.

(3) 이 문화는 취업자의 적극적인 참여, 상호 신뢰에 기반한 협력 및 소통, 산업안전보건 기회 발견에의 적극적인 관여에 의한 OHSMS의 중요성에 대한 인식 공유, 예방·보호조치의 효과에 대한 신뢰 등이 특징이지만 이것에 한정되지 않는다. 최고경영진이 리더십을 실증하는 중요한 방법은 취업자가 사고, 위험원, 리스크 및 기회를 보고하도록 장려하고 이것들을 보고할 때 해고 또는 징계 위협과 같은 보복으로부터 취업자를 보호하는 것이다.

[참고] OHSAS 18001:2007과의 비교

5.1(리더십 및 의지)은 OHSAS 18001 4.4.1(자원, 역할, 실행책임, 결과책임 및 권한)에 대응한다.

4.4.1 자원, 역할, 실행책임, 결과책임 및 권한

최고경영진은 산업안전보건 및 OHSMS에 대하여 궁극적인 책임을 져야 한다.
최고경영진은 다음 방법에 의해 스스로의 의지를 실증하여야 한다.

a) OHSMS를 수립, 이행 및 유지하고 개선하기 위하여 불가결한 자원을 확실하게 이용할 수 있도록 한다.

참고 1: 자원에는 인적 자원 및 전문적인 기능, 조직의 인프라, 기술 및 자금이 포함된다.

(중략)

관리책임을 맡고 있는 모든 자는 산업안전보건 성과의 계속적 개선에 대한 자신들의 의지를 실증하여야 한다.
조직은 사업장 내 종사자들이 조직의 해당 산업안전보건 요구사항 준수를 포함하여 그들이 통제하고 있는 산업안전보건 측면에 대하여 실행책임을 지도록 하여야 한다.

---

2) 5.2 산업안전보건 방침

5.2 산업안전보건 방침

최고경영진은 조직의 모든 수준에서 취업자들과 협의하여 다음 사항을 충족하는 산업안전보건 방침을 수립, 이행 및 유지하여야 한다.

a) 업무 관련 부상과 건강장해 예방을 위하여 안전하고 건강한 근로조건을 제공한다는 의지를 포함하고, 조직의 목적, 규모 및 상황에 대하여 그리고 산업안전보건 리스크 및 산업안전보건 기회의 특정 성질에 적합하다.

b) 산업안전보건 목표를 설정하기 위한 틀(framework)을 제공한다.

c) 법적 및 기타 요구사항을 충족하는 것에 대한 의지를 포함한다.

d) 위험원을 제거하고 산업안전보건 리스크를 저감하는 것에 대한 의지를 포함한다(8.1.2 참조)

e) OHSMS의 계속적 개선에 대한 의지를 포함한다.

f) 취업자와 그 대표(있는 경우)의 협의 및 참가에 대한 의지를 포함한다.

산업안전보건 방침은

- 문서화된 정보로서 이용 가능하여야 한다.
- 조직 내에 전달되어야 한다.
- 필요한 경우 이해관계자가 입수할 수 있어야 한다.
- 타당하고 적절하여야 한다.

① 이 조문은 조직의 OHSMS의 목적, 달성해야 할 것, 지향하여야 할 방향 등을 최고경영진의 의지인 방침으로 명확히 제시하는 것을 의도하고 있다.

② 본 규격에서는 산업안전보건에 관련된 요구사항은 7군데(5.1, 5.2, 5.4, 6.2.1, 7.3, 9.2.1, 9.3)에 기재되어 있다. 6.2.1에서는 방침과 정합(整合)하는 산업안전보건 목표로 하는 것이 규정되어 있고, 7.3에서는 취업자에게 방침을 잘 인식시키는 것이 요구되고 있으며, 9.2.1에서는 방침과 목표를 포함하는 요구사항에 적합한지 여부를 내부감사로 확인하는 것이 요구되고 있다. 9.3에서는 방침 및 목표의 달성도를 경영진 검토

에서 점검하는 것이 요구되고 있다.

③ 5.2의 문두에는 산업안전보건 방침의 수립, 이행 및 유지에 대한 책임은 최고경영진이 져야 한다는 점이 명확히 제시되고 있다.
산업안전보건 방침은 a)~f)의 6개 항목을 충족할 필요가 있고, b), c), e)는 부속서 SL에 의한 규정이다.

④ a)와 관련해서는, OHSMS가 의도하는 결과는 "안전하고 건강한 작업장(사업장)을 제공한다."인데, 방침에는 보다 구체적으로 "안전하고 건강한 근로조건을 제공한다."는 것에 대한 의지를 포함하는 것이 요구된다.

⑤ b)와 관련해서는, 방침을 달성하기 위한 구체적인 것 중의 주된 것이 목표(objective)이므로, 확실한 목표를 수립하는 데 있어서도, 방침에는 틀이 될 만한 내용을 제시하는 것이 바람직하다. 방침의 기술과 목표의 관계가 일관될 수 있도록 방침을 설정하는 것이 요구된다.

⑥ c)에서는 방침에는 법적 및 기타 요구사항을 충족하는 것에 대한 의지를 포함하여야 한다는 것을 규정하고 있다.

⑦ d)는 산업안전보건 분야에 고유한 요구사항으로서, 조문 8.1.2(위험원 제거 및 산업안전보건 리스크 저감)에서 규정하고 있는 원칙에 따라, 먼저 '위험원의 제거'를 검토하고, 위험원을 제거할 수 없는 경우에는 '산업안전보건 리스크 저감' 위계(우선순위, hierarchy)에 입각하여 리스크를 저감해 나가겠다는 의지를 방침에 포함할 것을 요구하고 있다.

⑧ e)에서는 OHSMS 전체를 PDCA를 돌려 개선하고, 산업안전보건 성과를 계속적으로 향상시키는 것에 대한 의지를 포함할 것을 요구하고 있다.

⑨ 본 조문의 후반에서는 산업안전보건 방침의 취급에 대해 규정하고 있다. 방침은 성문화하고, 7.5의 요구사항에 따라 작성 및 관리할 것, 7.4(커뮤니케이션)의 요구사항에 따라 조직 내에 전달하는 한편, 필요에 따라 이해관계자에게도 입수 가능한 상태로 하여야 한다. 9.3(경영

진 검토)에서는 외부와 내부의 과제 변화를 고려하여 OHSMS는 계속하여 적절, 타당, 유효한지에 대한 판단이 이루어지고, 방침 및 목표의 달성도를 고려하여 변경 필요성이 있다고 결정되면, 산업안전보건 방침을 수정하는 것이 요구된다.

[참고] 부속서 A.5.2의 요점

(1) 산업안전보건 방침의 의의는 조직의 전반적인 장기적 방향성을 공식적으로 정하고, 최고경영자의 의지(조직이 OHS 과제에 대해 책임을 자각하고, 그 계속적 개선을 약속하며, 그 달성에 적극적으로 관여하는 것)를 관계자에게 공표하며, 조직의 각 부문, 계층과 그곳에서 취업자가 일체가 되어 방침, 목표의 달성, 법규제 등의 준수에 노력하는 것에 있다. 최고경영진은 방침을 관계자에게 주지시키는 것을 철저히 하여 그 의지를 내외에 제시하고 그것에 대한 결과책임을 질 필요가 있다.

(2) 산업안전보건 방침을 수립할 때, 조직은 그것의 일관성 및 다른 방침과의 조정을 고려하는 것이 바람직하다.

[참고] OHSAS 18001:2007과의 비교

5.2(산업안전보건 방침)은 OHSAS 18001 4.2(산업안전보건 방침)에 대응한다.

4.2 산업안전보건 방침

최고경영진은 조직의 산업안전보건 방침을 정하고, 승인하며, OHSMS의 정해진 적용범위 안에서 산업안전보건 방침이 다음 사항을 충족하는 것을 보장하여야 한다.

a) 조직의 산업안전보건 리스크의 성질 및 규모에 적절하다.

b) 부상과 건강장해의 방지 및 산업안전보건 관리와 산업안전보건 성과의 계속적 개선에 관한 의지를 포함한다.

c) 조직의 산업안전보건 위험원과 관련하여, 최소한 적용해야 할 법적 요구사항 및 조직이 동의하는 기타 요구사항을 준수한다고 하는 의지를 포함한다.

d) 산업안전보건 목표의 설정 및 검토를 위한 틀을 부여한다.

e) 문서화되고, 이행되며, 유지된다.

f) 조직의 통제하에서 일하는 모든 사람에게 각각의 산업안전보건 의무를 자각하게 하는 의도를 가지고 주지된다.

g) 이해관계자가 입수 가능하다.

h) 조직에 있어 타당하고 적절한 것이 확실하게 계속되도록 정기적으로 검토된다.

3) 5.3 조직의 역할, 실행책임 및 권한

5.3 조직의 역할, 실행책임 및 권한

최고경영진은 OHSMS 중의 관련 역할(role)에 대한 실행책임(responsibility)과 권한이 조직 내의 모든 계층에 부여(할당)되고 전달되며, 그것이 문서화된 정보로 유지되도록 하여야 한다. 조직 내 각 계층의 취업자는 각자가 통제(control)하고 있는 OHSMS의 해당 측면에 대한 실행책임을 져야 한다.

참고: 실행책임 및 권한은 위임(할당)될 수 있지만, 궁극적으로는 최고경영진이 OHSMS의 기능에 대해 여전히 결과책임을 진다.

최고경영진은 다음 사항에 대하여 실행책임과 권한을 부여하여야 한다.

a) OHSMS가 이 규격의 요구사항에 적합하도록 하는 것

b) 최고경영진에게 OHSMS의 성과에 대해 보고하는 것

① 역할은 조직에서의 지위(position)를 가리키고, 실행책임은 과업(임무, task)과 각 역할의 의무(duty)를 가리킨다.

② 본 조문에서는 OHSMS의 요구사항의 이행에 관한 조직 내의 관련 역할을 수행하는 각각의 구성원에 대하여 실행책임과 권한이 배정되고, 전달되며, 문서화된 정보로 유지되는 것에 대해 최고경영진이 책임을 진다는 것을 규정하고 있다.

③ 조직에 산업안전보건위원회 등이 존재하는 경우에는 이것의 구성 등도 포함하여 명확히 한다. 산업안전보건법에 규정되어 있는 안전관리자, 보건관리자 등도 이것에 포함시켜 놓아야 할 것이다.

④ 책임 및 권한은 7.4의 규정에 따라 해당하는 자에게 전달한다. 책임과 역할은 관련된 구성원이 그 할당을 이해할 때 비로소 적합한 행동을 취할 수 있는 것이므로, 배부, 게시, 교육 등 효과적인 방법을

검토하여 구성원에게 주지시키는 것이 필요하다.

⑤ 문서화의 방법은 조직마다의 문화에 맞추어 일상적으로 사용하고 있는 관련 문서(예: 책임·권한·역할을 정한 업무분장, 조직규정, 조직도 등)에 산업안전보건상의 책임·권한·역할을 추가해 가면 된다.

⑥ 제2문, 즉 "조직 내 각 계층의 취업자는 …… 실행책임을 져야 한다."는 규정은, 사업장의 안전보건은 경영진만 역할을 해서는 확보될 수 없는 점에 착안하여 계층에 관계없이 모든 종사자가 자신들이 통제하거나 지배하는 OHSMS 업무에 대해 실행책임을 진다는 점을 강조하고 있다.

⑦ b)와 관련해서는 실행책임과 권한이 맡겨진 사람들은 OHSMS의 현상 및 성과에 대해 최고경영진이 항상 알고 있도록 최고경영진에게 충분히 보고·조언(상담)하여야 한다.

⑧ '참고'의 설명은 "실행책임(responsibility)은 위임할 수 있지만, 조치가 실행되는 것을 보장하는 결과책임(accountability)은 위임할 수 없다."는 부속서 A.3 e)의 설명과 동일선상에 있는 것이다.

[참고] 부속서 A.3 e)

'ensure'라는 단어는 실행책임(responsibility)은 위임할 수 있지만, 조치가 확실히 실행되도록 하는 결과책임(accountability)은 위임할 수 없다는 것을 의미한다.

[참고] 부속서 A.5.3의 요점

(1) 조직의 OHSMS에 관여하는 사람들은 OHSMS가 의도하는 결과를 달성하기 위해 스스로의 역할, 실행책임(responsibility) 및 권한을 명확하게 이해하고 있어야 한다.

(2) 최고경영진이 OHSMS에 대해 전체적인 실행책임과 권한이 있지만, 사업장의 모든 사람들은 자신의 안전보건뿐만 아니라, 다른 사람의 안전보건에도 주의(고려)할 필요가 있다.

(3) 최고경영진이 결과책임을 진다는 것은 이사회, 관계당국 및 광의로는 이해관계자에게 결정과 활동에 대해 책임을 진다는 것을 의미한다. 결과책임을 진다는 것은 궁극적인 책임

이 있다는 것을 의미하고 어떤 일이 실행되지 않거나 적절하게 실행되지 않거나 효과가 없거나 목적을 달성하지 못하는 경우에 책임을 지는 사람과 관련되어 있다.

(4) 취업자는 조치가 취해질 수 있도록 위험한 상황을 알릴 수 있어야 하고, 필요한 경우에는 해고, 징계 또는 기타 불이익을 받는 것에 대한 두려움 없이 관계당국에 우려를 표명할 수 있는 것이 필요하다.

(5) 일정한 역할과 실행책임은 개인에게 부여(할당)되는 것도, 복수의 사람에게 분담되는 것도, 또는 최고경영진 중의 한 멤버에게 부여(할당)되는 것도 가능하다.

[참고] OHSAS 18001:2007과의 비교

5.3(조직의 역할, 실행책임 및 권한)은 OHSAS 18001 4.4.1(자원, 역할, 실행책임, 결과책임 및 권한)에 대응하고 있다(책임 및 권한의 부분).

4.4.1 자원, 역할, 실행책임, 결과책임 및 권한

(중략)

최고경영진은 산업안전보건과 OHSMS에 대한 궁극적인 책임을 져야 한다.

최고경영진은 다음 방법에 의해 자신의 의지를 실증해야 한다.

b) 효과적인 OHSMS를 촉진하기 위하여 역할을 정하고, 실행책임 및 결과책임을 할당하며, 권한을 위임한다. 이 경우 역할, 실행책임, 결과책임 및 권한은 문서화하고 전달되어야 한다.

조직은 최고경영진 중에서 다른 책임에 관계없이 산업안전보건에 대한 구체적인(specific) 책임을 지면서 다음 사항에 대한 명확한 역할과 권한을 가지는 자(복수도 가능)를 임명하여야 한다.

a) 이 OHSAS 18001 규격에 따라 OHSMS가 수립, 이행 및 유지되는 것을 보장하는 것

b) OHSMS의 성과에 관한 보고서가 검토를 위하여 최고경영진에게 제출되고 OHSMS의 개선의 기초로 사용되는 것을 보장하는 것

참고 2: 최고경영진으로 임명된 자(예컨대, 대규모 조직에서는 이사회 또는 집행위원회의 멤버)는 결과책임을 보유하면서 그들의 의무(duty)의 일부를 하위의 관리책임자 [management representative(s)]에게 위임할 수 있다.

최고경영진으로 임명된 자의 신원은 조직의 통제를 받으며 일하는 모든 사람들에게 주지되어야 한다.

관리책임을 맡고 있는 모든 자는 산업안전보건 성과의 계속적인 개선에 대한 자신들의 의지를 실증하여야 한다.

조직은 사업장 내 종사자들이 조직의 해당 산업안전보건 요구사항 준수를 포함하여 그들이 통제하고 있는 산업안전보건 측면에 대하여 실행책임을 지도록 하여야 한다.

[참고] 역할과 책임 명확화의 중요성

지휘명령계통은 일원화되어야 한다. (이행)책임(= 의무)을 중첩적으로 부과하는 것은 조직을 망치는 지름길이다. 달리 말하면, 역할과 (이행)책임이 명확하게 설정되어야 한다. 이는 조직 관리의 대원칙이고 '모두의 책임은 어느 누구의 책임도 아니다'는 말과도 일맥상통한다. 산업안전보건 분야에서도 이 원칙은 당연히 관철되어야 한다.

프랑스혁명 때 파리혁명정부는 이탈리아 원정군의 총사령관으로서 연전연승을 거두고 있던 나폴레옹의 높은 인기를 경계하고 나폴레옹을 견제하기 위해 2인제 지휘체제를 운영하려고 하였다. 케라만 장군을 파견하여 원정군의 지휘권을 나누어 가지라고 나폴레옹에게 명령했다. 그러자 나폴레옹이 "두 사람의 현명한 장수에 의하여 군이 지휘되기보다는 한 사람의 어리석은 장수에 의하여 지휘되는 것이 훨씬 낫다."라는 유명한 말로 반대하였다. 우수한 지휘관 2명의 지휘를 받는 부대보다 평범한 지휘관 1명의 지휘를 받는 부대 쪽이 강하다는 것은 역사적으로 증명된 사실이라고 할 수 있다.

지휘명령계통의 일원화는 조직에서 산업안전보건 업무를 효과적으로 하는 데 있어서도 기본적인 원칙에 해당한다. 즉, 역할에 대한 (이행)책임의 명확한 설정은 산업안전보건 업무의 효과성을 담보하기 위한 본질적인 요소이다. 조직 내 부서 간 또는 조직 간(예: 도급인과 수급인 간)에 산업안전보건 업무의 역할과 책임이 중복되거나 모호해서는 효과적인 산업안전보건을 달성할 수 없다.

4) 5.4 취업자의 협의 및 참가

5.4 취업자의 협의 및 참가

조직은 OHSMS의 개발, 계획(수립), 이행, 성과평가 및 개선조치에 대하여, 적용 가능한 모든 계층과 부문의 취업자들 및 그들의 대표(있는 경우)의 협의 및 참가를 위한 프로세스를 수립, 이행 및 유지하여야 한다.

조직은

a) 협의 및 참가를 위해 필요한 방법(메커니즘), 시간, 교육훈련 및 자원을 제공하여야 한다.

참고 1: 취업자대표제는 협의 및 참가의 방법이 될 수 있다.

b) OHSMS에 대해 명확하고 이해할 수 있으며 관련된 정보를 적시에 이용할 수 있도록 하여야 한다.

c) 참가의 장애 또는 장벽을 확인하여 제거하고, 제거될 수 없는 것은 최소화하여야 한다.

참고 2: 장애 및 장벽에는 취업자의 의견 또는 제안에 대한 대응 실패, 언어 또는 읽고 쓰는 능력의 장벽, 보복 또는 보복 위협, 취업자의 참가를 방해하거나 벌하는 방침 또는 관행이 포함된다.

d) 다음 사항에 대한 비관리직과의 협의를 강조하여야 한다.

1) 이해관계자의 수요 및 기대를 정하는 것(4.2 참조)
2) 산업안전보건 방침을 확립하는 것(5.2 참조)
3) 해당하는 경우는 조직상의 역할, 실행책임 및 권한을 할당하는 것(5.3 참조)
4) 법적 및 기타 요구사항을 충족하는 방법을 정하는 것(6.1.3 참조)
5) 산업안전보건 목표를 확립하고 그 달성을 계획하는 것(6.2 참조)
6) 외부위탁, 조달 및 수급인에게 적용 가능한 관리방법을 정하는 것(8.1.4 참조)
7) 모니터링, 측정 및 평가를 요하는 대상을 정하는 것(9.1 참조)
8) 감사프로그램을 계획, 수립, 이행 및 유지하는 것(9.2.2 참조)
9) 계속적 개선을 보장하는 것(10.3 참조)

e) 다음 사항에 대해서는 비관리직의 참가를 강조하여야 한다.

1) 비관리직의 협의 및 참가를 위한 방법을 정하는 것
2) 위험원을 파악하는 것과 리스크 및 기회를 평가하는 것(6.1.1 및 6.1.2 참조)
3) 위험원을 제거하고 산업안전보건 리스크를 저감하기 위한 조치를 정하는 것(6.1.4 참조)
4) 역량 요구사항, 교육훈련 수요 및 교육훈련을 정하고 교육훈련 평가를 정하는 것(7.2 참조)
5) 커뮤니케이션이 이루어질 필요가 있는 것과 커뮤니케이션의 방법을 정하는 것(7.4 참조)
6) 관리방법 및 그것의 효과적인 이행 및 활용을 정하는 것(8.1, 8.1.3 및 8.2 참조)
7) 사고 및 부적합을 조사하고 개선조치를 결정하는 것(10.2 참조)

참고 3: 비관리직의 협의 및 참가를 강조하는 것은 업무활동을 수행하는 사람에게 적용할 의도이지만, 조직의 업무활동 또는 다른 요인의 영향을 받는 관리직을 배제하는 것을 의도하고 있지는 않다.

참고 4: 취업자에게 교육훈련을 무상제공하는 것, 가능한 경우 근로시간 내에 교육훈련을 제공하는 것은 취업자 참가의 큰 장벽을 제거할 수 있을 것으로 판단된다.

---

① 5.4에는 산업안전보건에 고유한 "취업자와의 협의와 참가"의 요구사항을 통합적으로 정하고 있다. 사업장의 안전보건을 확보하기 위하여 경영자 측이 일방적으로 안전보건상의 조치를 취하는 것만으로는 불충분하고, 안전보건에 관한 여러 과제에 대처할 때 취업자의 의

견을 충분히 반영하게 하는 것이 필요하다. 취업자와의 협의와 참가에 관한 요구사항은 ISO 45001의 DIS 단계에서부터 규격 전체적으로 통일하여 5.4로 통합하게 되었다.

② 5.4에서 요구되고 있는 "협의 및 참가를 위한 프로세스를 수립, 이행 및 유지하여야 한다."는 요구를 충족하기 위하여 '절차' 등과 함께, 자원, 실시된 것을 확인하는 방법과 그 판단기준, 프로세스의 책임자 등의 사항을 정할 필요가 있다. 조직은 산업안전보건위원회 등을 설치하고 취업자 중에서 안전보건에 관한 경험이 있는 적절한 사람을 위원으로 지명하고, 취업자의 의견을 반영하기 위한 절차를 작성하는 것 외에, a)부터 e)까지의 항목을 실시하는 것이 요구된다.

③ a)와 관련해서는 취업자의 의견을 듣는 방법에 대해 상시 사용하는 근로자 수, 업종에 따라 산업안전보건위원회 설치의무가 있고, 동 위원회 설치의무가 없는 경우에도 상시 30명 이상을 사용하는 사업장은 노사협의회를 설치할 의무가 있다. 또한 산업안전보건위원회나 노사협의회 설치의무가 없는 사업장도 안전보건에 관한 사항에 대해 취업자의 의견을 들을 기회를 마련할 필요가 있다. 위원회 등에 참가하는 데 필요한 교육훈련은 7.2의 규정에 따라 제공하여야 한다.

④ 참고 1의 취업자대표와 관련해서는, 산업안전보건위원회의 근로자위원은 근로자의 과반수로 조직된 노동조합이 있는 경우에는 그 노동조합이, 근로자의 과반수로 조직된 노동조합이 없는 경우에는 근로자의 과반수를 대표하는 자가 지명하도록 산업안전보건법령(법 제24조 및 시행령 제35조)에 정해져 있다.

⑤ b)에서는 'OHSMS의 관련 정보'를 적시에 이용할 수 있도록 하는 것이 요구된다. 문서화된 정보에 대해서는 7.5의 규정에 의해 필요에 따라 이용할 수 있도록 관리한다. 조직의 규모, 취업자의 역량 등의 이유로 문서화는 필요 없다고 조직이 결정한 정보를 제공하는 경우에

는 조직의 관행·문화에 맞추어 큰 조직에서는 위원회 등에서, 그리고 소규모의 조직에서는 간담회 등에서 주지를 행하는 등 정보제공의 수단을 검토하면 된다. 관련 정보로는 다음과 같은 것을 생각할 수 있다.

- 조직의 OHSMS가 의도하는 결과를 달성하는 능력에 영향을 주는 외부와 내부의 과제
- OHSMS 적용범위의 경계
- 산업안전보건 방침, 목표 및 주요 약속
- OHSMS 중의 역할, 실행책임, 권한과 담당자
- 취업자대표의 결정방법과 신원
- 사고, 위험원, 리스크 및 기회의 보고, 개선제안을 하는 절차
- 준수해야 할 법적 및 기타 요구사항
- 위험성 평가에서 실시해야 할 사항과 그 실시절차
- 위험원 제거 및 산업안전보건 리스크 저감대책의 구체적인 절차
- 산업안전보건 성과에 영향을 미치는 필요한 역량
- 필요한 역량을 익히기 위한 교육훈련, 지도의 제공방법
- 산업안전보건에 관한 외부 커뮤니케이션의 평상시, 긴급 시의 절차
- 변경 관리의 구체적인 절차
- 외부위탁, 조달 및 수급인에 적용되는 관리방안으로서 실시하여야 할 사항과 실시절차
- 긴급상황에 대한 대응계획, 역할·책임과 그것이 할당되어 있는 담당자
- 산업안전보건 성과를 모니터링 및 측정하는 구체적인 대상
- 모니터링 및 측정 빈도와 최신 평가 결과의 상황
- 법적 및 기타 요구사항의 준수평가 결과의 상황
- 관련된 내부감사 결과

• 사고, 위험원, 리스크 및 기회에 관한 조사결과와 결정내용 및 취한 조치와 결과
• 조직이 계속적 개선을 위하여 행하는 조치의 내용 및 그 영향 또는 결과

⑥ c)와 관련하여 참고 2에 장애 및 장벽의 예가 제시되어 있는데, 고령자, 모국어가 한국어가 아닌 사람이 혼재되어 일하는 직장에서는 산업안전보건에 관한 게시 등에 대해 명확하게 의도를 이해할 수 없어 불안전한 행동을 할 가능성이 높다. 이를 줄이기 위해서는 위험, 주의 등을 색으로 식별할 수 있도록 하거나 이해할 수 있는 언어로 기재를 병기하는 등의 배려가 필요하다.

⑦ d)에서는 비관리직의 의견을 수렴하기 위하여 협의를 강조해야 할 사항이 9개 항목으로 규정되어 있다.

1)은 현장에서 실제로 일하는 사람이 깨달았던 수요 및 기대를 요구사항의 검토(4.2)에 반영하는 것을 의도하고 있다.

2)는 5.2에 대응하여, 산업안전보건 목표의 설정의 틀을 제시하는 방침규정에도 관여시키는 것을 의도하고 있다.

3)은 OHSMS의 역할, 책임 및 권한을 할당할 때에 비관리직의 의견을 고려하는 것을 의도하고 있다.

4)에서는 "법적 및 기타 요구사항"에 대하여, 적용되는 요구사항을 정하고, 어떻게 조직에 적용할지를 정하는 한편, 요구사항에 대응할 조치를 계획한다. 이 대응조치를 계획할 때에 비관리직의 의견을 고려할 것을 의도하고 있다.

5)는 6.2.1에 대응하여, 산업안전보건 목표의 설정과 그 달성의 계획에 직장의 비관리직을 관여시키는 것을 의도하고 있다.

6)은 외부위탁한 프로세스의 관리, 조달을 관리하는 프로세스, 수급인에게 조직(도급인)의 OHSMS의 요구사항을 준수하게 하는 프로세

스의 관리 등을 결정할 때에, 비관리직의 의견을 고려하는 것을 의도하고 있다.

7)은 9.1.1 a)에 대응하여, 모니터링 및 측정이 필요한 대상을 결정할 때에 비관리직의 의견을 고려하는 것을 의도하고 있다. 그리고 "평가를 요하는 대상"에 대해서도 의견을 들을 것을 요구하고 있다.

8)은 9.2.2 a)에 대응하여, 감사프로그램을 계획, 수립, 실시, 유지할 때에 비관리직의 의견을 고려할 것을 의도하고 있다.

9)는 10.3에 대응하여, 시스템의 적절성, 타당성 및 효과성을 계속적으로 개선하는 대처를 할 때에 비관리직의 의견을 고려할 것을 의도하고 있다.

⑧ e)에서는 비관리직의 의사결정을 관여시키기 위하여 참가를 강조해야 할 사항이 7개 항목으로 제시되어 있다.

1)과 관련해서는, 산업안전보건위원회 등의 구성원이 되는 비관리직의 지명에 있어 안전보건에 관하여 일정한 지식과 경험을 가지고 있는 자를 근로자대표가 지명하는 것이 요구된다. 그리고 산업안전보건위원회 설치의무가 없는 사업장에서는 관계하는 취업자가 참가하기 쉬운 시간대 등에 대해 비관리직의 의견을 고려하는 것을 의도하고 있다. 또한 수급인의 근로자나 파견근로자가 있는 경우에는 이들을 어떠한 형태로든 참가시키는 것이 필요하다.

2)와 관련해서는, 예컨대 위험원을 조사(위험성 평가를 실시)하는 데 있어서 작업내용을 상세하게 파악하고 있는 비관리직(있는 경우)을 참가시키는 것이 바람직하다. 취업자가 평상시 불안을 느끼고 있는 작업, 조작이 복잡한 기계·설비 등의 조작 등을 조사대상으로 포함하기 위해서는 산업안전보건위원회 등에서 심의·의결할 때에 작업을 일상적으로 하고 있는 비관리직의 의견을 반영시키는 것이 효과적이다.

3)과 관련해서는, 예컨대 법령, 사업장 안전보건관리규정 등에 근거하

여 필요한 실시사항을 정하거나, 위험원의 조사(위험성 평가의 실시)결과에 따라 실시할 조치를 정하는 데 있어서, 산업안전보건위원회 등에서 심의·의결할 때에 비관리직의 의견을 반영시키는 것이 요구된다.

4)와 관련해서는, 새로운 작업을 하게 되는 경우 사용하는 기계·설비, 장치, 재료가 변경된 경우에, 산업안전보건 리스크를 저감하기 위하여 기계의 조작방법, 긴급 시의 정지방법, 재가동 시의 확인절차 등 취업자에게 필요한 지식, 기능 등을 정할 때에, 그리고 교육훈련이 충분하고 효과적인 커리큘럼이 되고 있는지를 평가할 때에, 비관리직의 의견을 반영시키는 것이 요구된다.

5)와 관련해서는, c)의 규정과도 관련하여 작업에 종사하는 취업자가 정보내용을 확실히 이해하고, 그 결과로서 산업안전보건 리스크가 저감되도록 하기 위해서는 산업안전보건에 관한 커뮤니케이션 방법을 정하는 데 있어서 비관리직의 의견을 반영시키는 것이 요구된다.

6)과 관련해서는, 8.1.1 d)에서 취업자에게 맞는 작업조정의 실시를 조직에게 요구하고 있다. 또 8.1.3(변경 관리)에서는 각종의 변경을 실시하고 관리하기 위한 프로세스를 수립하도록 조직에게 요구하고 있다. 나아가, 8.2(긴급상황 대비 및 대응)에서는 긴급상황에 대한 준비와 대응을 위하여 필요한 프로세스를 수립하도록 조직에게 요구하고 있다. 이들 요구사항을 충족하기 위하여 비관리직의 의견을 반영시키는 것이 요구된다.

7)은 아차사고, 산업안전보건상의 사고가 발생하거나, 조직 자체가 규정한 요구사항 또는 이 규격의 요구사항이 충족되고 있지 않다고 판단되는 상황이 발생하는 경우, 조사, 개선조치를 결정할 때에는 비관리직의 의견을 반영시키는 것이 요구된다.

8) 참고 3과 관련해서는, 5.4 d)와 e)에서 비관리직의 협의와 참가를 강조한다는 표현을 사용한 것이 관리직은 관여를 하게 해서는 안 된다

는 식으로 오해를 불러일으킬 수 있다는 우려가 제기되어, 그런 의도는 아니라는 것을 보충적으로 명확하게 설명하기 위하여 기재되었다.

9) 참고 4와 관련해서는, "취업자에게 교육훈련을 무상제공하는 것, 가능한 경우 근로시간 내에 교육훈련을 제공하는 것"을 규정해야 한다는, 협조기관으로 참가한 ILO의 의견을 받아들여 기재된 경위가 있다.

[참고] 부속서 A.5.4의 요점

(1) 취업자 및 그 대표(있는 경우)의 협의 및 참가는 OHSMS의 중요한 성공요인이고, 조직에 의해 확립된 프로세스를 통해 장려되는 것이 바람직하다.

(2) 협의는 대화와 의논을 포함하는 쌍방향의 커뮤니케이션을 의미한다. 협의는 조직이 의사결정을 하기 전에 취업자 및 그 대표(있는 경우)가 조직에 의해 고려될 정보에 입각한 피드백을 주도록 그들에게 필요한 정보를 시의적절하게 제공하는 것을 포함한다.

(3) 참가는 산업안전보건 대책과 변경안에 관한 의사결정 프로세스에 취업자가 기여할 수 있도록 한다.

(4) OHSMS에 관한 피드백은 취업자의 참여에 달려 있다. 조직은 예방조치가 이행되고 시정조치가 취해질 수 있도록 모든 계층의 취업자가 위험한 상황을 보고하는 것이 장려되도록 해야 한다.

(5) 제안의 접수는 취업자가 제안을 할 때 해고, 징계 또는 그 밖의 보복의 위협을 두려워하지 않는다면 보다 효과적일 것이다.

[참고] OHSAS 18001:2007과의 비교

5.4(취업자의 협의 및 참가)는 OHSAS 18001 4.4.3.2(참가 및 협의)에 대응한다.

4.4.3.2 참가 및 협의

조직은 다음 사항에 관련되는 절차를 수립, 이행 및 유지하여야 한다.

a) 다음 사항에 의한 근로자의 참가

- 위험원 파악, 위험성 평가 및 저감조치의 결정과정에서의 적절한 관여
- 사고조사에의 적절한 관여
- 산업안전보건 방침 및 목표의 결정 및 검토에의 관여
- 근로자의 산업안전보건에 영향을 미치는 변화가 있는 경우의 협의
- 산업안전보건 문제에 관한 대표자의 선출

근로자에게는 산업안전보건 문제에 관하여 누가 그들의 대표인지를 포함하여 참가 방식(arrangements)에 대해 정보제공이 이루어져야 한다.

b) 근로자의 산업안전보건에 영향을 미치는 변화가 있는 경우의 수급인과의 협의

조직은 관련되는 산업안전보건 문제에 대해 필요한 경우에는 관련되는 외부의 이해관계자와 협의하는 것을 보장하여야 한다.

안전보건관리체계와 노동조합의 역할[58)]

안전보건관리시스템 또는 안전보건관리체제는 Occupational Safety & Health Management System의 번역어로서 안전보건관리 프로그램 자체는 아니고 안전보건관리를 효과적으로 실시하기 위한 수단과 방법(method)이다. 안전보건관리에 접근하는 수단과 방법 중 시스템적으로 접근하는 것이 가장 효과적이라는 관점에서 안전보건관리를 시스템적으로 구축하고 운영하고자 하는 것이 안전보건관리시스템이다. 현재 안전보건관리시스템은 산업안전보건 분야에서 국제적으로 메가트렌드라 할 수 있을 만큼 기본적인 제도로 평가받고 있다. 위험성 평가도 안전보건관리시스템의 중요한 일부이다.

용어 통일조차 안 된 안전보건관리시스템

최근 중대재해처벌법 제정으로 인해 사회적으로 안전보건관리시스템에 대한 관심이 많아지고 있다. 정부에서도 종종 안전보건관리시스템이라는 단어를 사용하고 있다. 문제는 정부부터가 안전보건관리시스템이 어떤 의미를 담고 있는지에 대해 제대로 이해하고 있지 못하다는 점에 있다. 그러다 보니 안전보건관리시스템에 대한 표현이 통일되어 사용되지 못하고 특별한 이유도 없이 중구난방으로 사용되고 있다.

중대재해처벌법에서부터 '안전보건관리체계'라는 표현이 무엇을 의미하는지 그 내용과 범위가 매우 불명확하다. 이에 대한 용어 정의도 없다. 그 범위와 내용에 대해 학문적·실무적으로 합의된 개념도 아니어서 혼란이 심한 상태이다.

산업안전보건법(제2장)에서는 '안전보건관리체제'라는 용어를, 동법 시행령(제4조)에서는 '산업안전보건경영체제'라는 표현을 각각 사용하고 있고, 고용노동부의 공공기관의 안전활동 수준평가에 관한 고시(제6조 제1호)에서는 '안전보건체제'라는 용어를 사용하고 있으며, 기획재정부의 공공기관의 안전관리지침(제19조 제2항)에서는 '안전경영시스템'이라는 용어를 사용하고 있는 등 유사한 용어가 서로 다른 표현으로 혼용되고 있는 상태이다.

---

58) 정진우, 한국노총 Vol. 575(2021년 10월호), 한국노동조합총연맹.

게다가 '안전보건관리체계'라는 표현은 안전관리론이라는 학문에서 일반적으로 '안전보건관리체제', '안전보건관리(경영)시스템' 등의 표현을 사용하고 있는 것과도 부합하지 않는다. 특히, 이러한 용어들은 강제기준으로 사용할 때와 임의기준으로 사용할 때 그 내용과 범위가 달라질 수밖에 없는 점도 유념해야 한다.

안전보건관리시스템에 대한 국제기준으로는 ILO-OSH 2001, ISO 45001이 있다. ILO-OSH 2001은 ILO가 2001년에 제정한 가이드라인으로서 방침(안전보건방침, 노동자 참가), 체계화[i) 사전책임(responsibility) 및 결과책임(accountability), ii) 역량 및 교육훈련, iii) 문서, iv) 커뮤니케이션], 계획수립 및 이행[i) 초기 검토, ii) 시스템 계획·전개·이행, iii) 산업안전보건목표, iv) 유해위험요인 방지], 평가[i) 성과 모니터링 및 측정, ii) 작업 관련 부상, 불건강(不健康), 질병·사고 및 이것들의 안전보건 성과에의 영향에 대한 조사, iii) 감사(audit), iv) 경영진 검토], 개선을 위한 조치[i) 방지조치 및 개선조치, ii) 계속적인 개선]로 구성되어 있다.

ISO 45001은 ISO가 제정한 국제규격으로서 조직의 상황(조직 및 그 상황의 이해, 취업자 및 기타 이해관계자의 수요 및 기대의 이해, 안전보건관리시스템 적용범위의 결정, 안전보건관리시스템), 리더십(리더십 및 의지, 산업안전보건방침, 조직의 역할, 책임 및 권한, 취업자의 협의 및 참가), 계획(리스크 및 기회에의 대응, 산업안전보건목표 및 그것을 달성하기 위한 계획수립), 지원(자원, 역량, 인식, 커뮤니케이션, 문서화된 정보), 운영(운영계획·관리, 긴급사태에의 대비 및 대응), 성과평가(모니터링, 측정, 분석 및 성과평가, 내부감사, 경영진 검토), 개선(일반, 사고, 부적합 및 개선조치, 조직적 개선)으로 구성되어 있다.

정부는 안전보건관리시스템에 대한 의지 부족과 몰이해로 이를 방치하고 있다가 산업안전보건법령을 전부 개정하면서 이에 대한 법적 근거를 아예 삭제하고 말았다. 안전보건관리시스템을 활성화시키기는커녕 법적 근거를 삭제하는 우를 범한 것이다. 그간 정부차원에서 기업의 안전보건관리시스템을 활성화하기 위한 가이드라인을 제정한 적도 없고 기업을 대상으로 지도·홍보하는 것에도 매우 소홀히 해왔다.

정부의 안전보건관리시스템에 대한 무지와 무관심 탓에 안전보건관리시스템은 곧 인증이라는 잘못된 등식이 정착되어 버렸다. 그리고 정부는 그동안 안전보건관리시스템 업무를 정부의 일이 아닌 산업안전보건공단의 인증업무로 축소시키고, 민간기관의 인증업무에 대해서는 아무런 역할을 하지 않는 등 손을 놓고 있었다고 해도 과언이 아니다. 그 결과, 현재 우리나라 대부분의 기업에 구축되어 있는 안전보건관리시스템은 관공서용 또는 마케팅용으로 전락되었고, 실질적인 안전보건관리에 도움이 되지 않는 장식물에 지나지 않는 것이 엄연한 현실이다.

산업안전보건법상의 안전보건관리체제는 안전보건관리시스템의 일부분에 해당하는 안전보건관리 추진조직에 해당하는 것을 규정한 것이다. 안전보건관리책임자, 관리·감독자, 안전관리자, 보건관리자, 안전보건관리담당자, 산업보건의, 산업안전보건위원회,

안전보건총괄책임자, 안전보건협의체가 그것이다. 안전보건관리책임자, 관리·감독자, 안전관리자, 보건관리자, 산업보건의, 산업안전보건위원회는 지휘종속관계에 착안한 안전보건관리 실시조직이고, 안전보건총괄책임자, 안전보건협의체는 도급관계에 착안한 안전보건관리 실시조직이다. 문제는 정부나 기업에서 안전보건관리 추진조직을 입법 취지와 다르게 선임·지정 여부만 확인하는 등 외형을 갖추는 데만 초점을 맞추고 형식적으로 운영하고 있다는 점이다.

이번 중대재해처벌법 제4조 및 같은 법 시행령(입법예고안) 제4조에 규정된 안전보건관리체계라고 하는 것 역시 안전보건관리시스템의 일부분에 해당하는 것을 규정한 것이라고 볼 수 있다. 사업 및 사업장의 안전보건에 관한 목표와 경영방침 설정, 유해·위험요인 확인·점검 및 개선에 대한 업무절차 마련 및 이행상황 점검, 안전보건 전문인력 배치 및 충실한 수행, 안전보건업무 전담조직 설치, 종사자의 의견청취 및 필요시 개선방안 마련, 중대산업재해 발생의 급박한 위험이 있는 경우 및 중대산업재해 발생 시 대응절차 마련 및 확인·점검, 제3자에게 도급, 용역, 위탁 시 수급업체의 재해예방조치능력·기술 및 적정한 안전보건 관리비용과 수행기간을 확인하기 위한 평가기준과 절차 마련 및 이행상황 확인·점검이 그것이다.

문제는 중대재해처벌법의 위 내용이 산업안전보건법상의 안전보건관리체제 및 안전보건관리규정과 상당 부분 중복되어 있다는 점과 위 내용이 여러 가지 면에서 명확하지 않아 경영책임자가 무엇을 어떻게 이행해야 하는지에 대한 예방지침으로 작용하지 못할 가능성이 크고, 이에 따라 현장에서 많은 혼선이 발생할 수 있다는 점이다. 게다가 안전보건 전담 조직 설치, 위험성 평가 실시, 의견 청취 등만으로는 실효성을 보장하지 못하고 지금까지의 경험에서 알 수 있는 것처럼 형식적으로 흐를 수 있다.

노동조합의 적극적 역할 필요

다른 문제와 마찬가지로 안전보건관리시스템의 경우에도 노동조합의 올바른 이해가 뒷받침되지 않는다면, 기업에 대한 실질적인 모니터링을 하지 못하고 자칫 안전보건관리시스템을 잘못된 방향으로 유도하는 부작용을 초래할 수 있다. 따라서 노동조합에서는 안전보건관리시스템이 실질적으로 구축·운영될 수 있도록 올바른 이해를 바탕으로 많은 관심을 가져야 한다. 노동조합의 목소리가 관철되도록 하기 위해선 노동조합에서 우선적으로 안전보건관리시스템의 도입 취지, 위상과 그것이 담고 있는 의미와 내용을 학습해야 한다. 그리고 이에 기초해 안전보건관리시스템이 실질적으로 작동될 수 있도록 의지와 주인의식을 가지고 적극적인 역할을 할 필요가 있다.

6. 계획

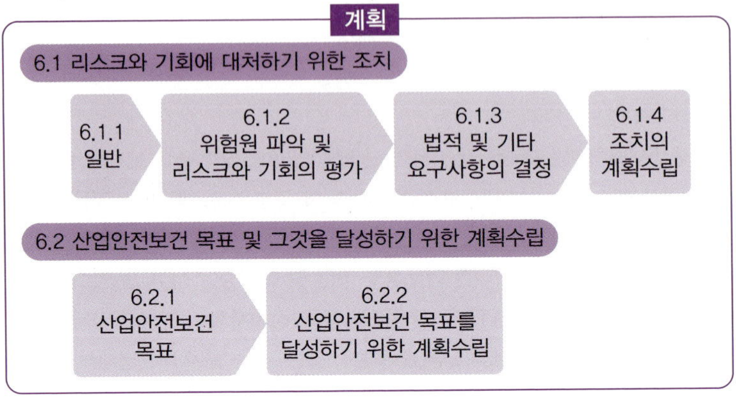

4.4에는 "OHSMS를 수립, 이행 및 유지하고 계속적으로 개선하여야 한다."고 규정하고 있다. 6.1.1에 있는 "OHSMS에 대한 계획을 세운다."란, 4.4의 요구에 연동하는 것이다. 즉, OHSMS에 대한 계획을 세우는 것은 OHSMS를 수립하는 것의 대부분을 차지하고, 여기에서는 그 계획을 세울 때의 활동을 요구하고 있다.

1) 6.1 리스크와 기회에 대처하기 위한 조치

(1) 6.1.1 일반

6.1.1 일반

조직은 OHSMS의 계획을 세울 때 4.1(상황)에서 규정하는 과제, 4.2(이해관계자)에서 규정하는 요구사항 및 4.3(OHSMS의 적용범위)을 고려하여야 하고, 다음 사항을 위하여 대처할 필요가 있는 리스크와 기회를 결정하여야 한다.

a) OHSMS가 그것의 의도하는 결과를 달성할 수 있다는 확신을 준다.

b) 바람직하지 않은 영향을 방지하거나 저감한다.

c) 계속적 개선을 달성한다.

조직은 대처할 필요가 있는 OHSMS 및 그 의도하는 결과에 대한 리스크 및 기회를 결정할 때에는 다음 사항을 고려에 넣어야 한다.

- 위험원(6.1.2.1 참조)
- 산업안전보건 리스크 및 기타 리스크(6.1.2.2 참조)
- 산업안전보건 기회 및 기타 기회(6.1.2.3 참조)
- 법적 및 기타 요구사항(6.1.3 참조)

조직은 자신의 계획수립 프로세스에서 조직, 그것의 프로세스 또는 OHSMS의 변경과 연관된, OHSMS가 의도하는 결과와 관계 있는 리스크 및 기회를 결정하고 평가하여야 한다. 계획적인 변경의 경우에는 영구적이든 임시적이든, 이 평가는 변경이 이루어지기 전에 수행되어야 한다(8.1.3 참조).

조직은 다음 사항에 대한 문서화된 정보를 유지하여야 한다.

- 리스크 및 기회
- 계획대로 실행되고 있다는 확신을 갖는 데 필요한 정도의 프로세스와 조치로서 리스크와 기회(6.1.2~6.1.4 참조)를 결정하고 이에 대처하는 데 필요한 프로세스 및 조치

---

① 본 조문에서는 OHSMS 계획을 세울(OHSMS를 수립할) 때에, 4.1, 4.2, 4.3의 요구사항을 고려하고, '리스크 및 기회'를 검토하여 결정할 것을 요구하고 있는데, 이 요구사항을 실천하는 데 있어서 조직이 실시해야 할 사항을 명확하게 확정하는 것이 의도이다.

② 이 조문에서는 '리스크 및 기회'가 핵심이다. 계획을 세울 때에, 그 후 관리를 충분히 행하더라도 계획이 입안한 대로 진행되어 갈지는 누구에게도 확실하지 않다(이것을 '불확실성'이라고 표현한다). OHSMS 계획을 세울 때에, 이 확실하지 않은 것에 의한 영향(리스크)을 명확히 하고, 사전에 무언가의 조치를 강구해 두는 것에 의해 계획 달성의 가능성을 높이는 것을 요구하고 있다.

③ ISO 45001에 "기회"에 대해서는 정의가 없다. 이런 경우에는 사전에 근거하게 되는데, 전술한 바와 같이 『Oxford Learner's Dictionaries』에는 "a time when a particular situation makes it possible to do or achieve something"로 되어 있다. '무언가 하는 것을 가능하게

하는 때(상황)'라는 의미이고, 일반적으로 말하는 찬스이다. 따라서 기회는 조직이 아무것도 하지 않으면 무엇도 일어나지 않는다. 반면, 리스크는 아무것도 하지 않으면 무언가가 일어날 수 있음에 유의해야 한다.

④ 조직은 대처해야 할 "리스크 및 기회"를 결정하여야 하는데, 3.20(리스크)의 참고 5에 있는 것처럼 "리스크 및 기회"에는 4개 항목이 있다.

"참고 5 : 이 규격에서 '리스크와 기회'라는 용어를 사용하는 경우, 이는 관리시스템에 대한 산업안전보건 리스크(3.21)와 기회(3.22) 및 기타 리스크와 기회를 의미한다."

즉, 대처하여야 할 대상은 다음 4개 항목의 "리스크 및 기회"가 되고, 대처계획도 4개 항목이 된다(6.1.4 참조).

- 산업안전보건 리스크
- 산업안전보건 기회
- 기타 리스크
- 기타 기회

⑤ 대처할 필요가 있는 리스크 및 기회의 결정은 다음 사항을 위하여 요구된다.

- 'OHSMS가 의도하는 결과'라는 단어가 나오는데, 이것은 4.1에서 명확히 한 조직의 'OHSMS가 의도하는 결과'를 말한다. 의도하는 결과가 "불확실성의 영향(리스크)"에 의해 달성할 수 없는 일이 없도록 한다. 한편, 기회와 관련해서는 'OHSMS가 의도하는 결과', 즉 산업안전보건 성과 향상을 위해 노력한다.
- 바람직하지 않은 것이 발생하지 않도록 리스크에 대처하는 한편, 바람직하지 않은 영향을 방지하는 기회에 열중한다.
- 불확실성의 영향(리스크)에 의해 개선이 미달성되지 않도록 하는 한편, 기회에 대해서는 개선이 달성되도록 하는 사항에 몰두한다.

⑥ 리스크의 정의 3.20 참고 1에는 "영향이란, 예상되는 것으로부터의 긍정적 방향 또는 부정적 방향으로의 벗어남을 의미한다."라고 설명되어 있는데, 지금까지 리스크는 바람직하지 않은 것으로 생각한 많은 사람에게는 이해하기 어려울지 모른다. "리스크"라는 용어는 사용되는 분야에 따라 여러 가지 정의가 존재하고 있다. 부속서 SL에서 '리스크'의 정의는 ISO 31000(Risk management - Guidelines)에 규정되어 있는 정의가 일부 수정되어 규정되어 있다. "불확실성"은 미래의 것이기 때문에 현상(現狀)에서 플러스 또는 마이너스 중 어느 쪽으로 변화할지는 불확실하다. 이것은 세상의 모든 일에 대해 그렇다고 말할 수 있다. 예를 들면, 환율이 낮아질지 높아질지는 불확실하고, 그것에 의한 영향도 플러스가 될 수도 있고 마이너스가 될 수도 있다.

⑦ 산업안전보건 리스크는 "업무에 관련되는 위험한 사건(hazardous event) 또는 노출(exposure)의 발생 가능성과 그 사건 또는 노출로 야기될 수 있는 부상과 건강장해(3.18)의 중대성의 조합"(3.21 참조)이라고 정의되어 있다.

OHSAS 18001에도 리스크는 "위험한 사건 또는 노출의 발생 가능성과 사건 또는 노출에 의해 야기될 수 있는 부상과 건강장해의 중대성의 조합"이라고 동일하게 정의되어 있다.

⑧ 산업안전보건 기회의 정의는 "산업안전보건 성과(3.28)의 향상을 가져올 수 있는 상황 또는 일련의 상황"이다(3.22 참조).

상술한 바와 같이, 조직이 기회에 대해 무언가를 하지 않으면, 이들 상황을 구현하는 것은 불가능하므로, 대처를 위한 계획이 중요하다(6.1.4 참조).

⑨ 조직은 조직 변경, 프로세스 변경 또는 OHSMS 변경 시에는 각각에 대응한 리스크 및 기회를 결정하고 평가하여야 한다. 이것들의 변경이 계획적인 경우에는 변경을 실시하기 전에 리스크 및 기회를 평가

하여야 하는 것으로 되어 있다. 상세한 사항은 8.1.3 중 "변경의 실시 및 관리를 위한 프로세스를 수립하여야 한다."라는 요구 속에 규정되어 있으므로 참조할 필요가 있다.

⑩ 본문의 마지막에는 리스크와 기회에 관한 문서화 요구가 있다.

- 리스크 및 기회(4종류)를 문서로 한다.
- 리스크 및 기회에 대처하는 프로세스 및 조치를 문서로 한다.

[참고] 부속서 A.6.1.1의 요점

산업안전보건 성과를 향상시키는 산업안전보건 기회의 예로는 다음과 같은 것이 있다.

a) 검사 및 기능의 감사

b) 작업 위험원 분석(작업 안전성 분석) 및 직무 관련 평가

c) 단조로운 노동 또는 잠재적으로 위험한 작업량의 노동을 경감하는 것에 의한 산업안전보건 성과의 향상

d) 작업의 허가, 기타의 승인 및 관리방법

e) 사고 및 부적합의 조사, 개선조치

f) 인간공학적 평가 및 기타 부상방지 관련 평가

산업안전보건 성과를 향상시키는 기타 기회의 예로는 다음과 같은 것이 있다.

- 시설 이전, 프로세스 재설계 또는 기계·설비의 교환에 대한 시설, 설비 또는 프로세스 계획의 라이프사이클 초기단계에서 산업안전보건의 요구사항을 통합하는 것
- 신기술을 사용하여 산업안전보건 성과를 향상시키는 것
- 요구사항을 상회하여 산업안전보건에 관한 역량을 넓히는 것 또는 취업자가 사고를 지체 없이 보고하도록 장려하는 것 등에 의해 산업안전보건문화를 개선하는 것
- 최고경영진에 의한 OHSMS에 대한 지원의 가시성(可視性)을 높이는 것
- 사고조사 프로세스를 개선하는 것
- 취업자의 협의 및 참가의 프로세스를 개선하는 것
- 조직 자체의 과거 성과 및 다른 조직의 과거 성과를 모두 고려하는 것을 포함하여 벤치마킹하는 것
- 산업안전보건을 다루는 주제에 초점을 맞춘 포럼에서 협력하는 것

[참고] OHSAS 18001:2007과의 비교

6.1.1(일반)에 대응하는 OHSAS 18001의 요구사항은 없다.

(2) 6.1.2 위험원 파악 및 리스크와 기회의 평가

가) 6.1.2.1 위험원 파악

6.1.2.1 위험원 파악

조직은 계속적이고 선제적인(proactive) 위험원 파악을 위한 프로세스를 수립, 이행 및 유지하여야 한다. 이 프로세스는 다음 사항을 고려하여야 하지만, 이것에 한정되지는 않는다.

a) 작업의 편성방법, 사회적 요인(작업부하, 작업시간, 학대, 괴롭힘 및 따돌림을 포함한다), 조직의 리더십 및 문화

b) 다음 사항에서 발생하는 위험원을 포함하는 정상적(routine) 및 비정상적(non-routine) 활동 및 상황

1) 작업장(사업장)의 인프라, 설비, 재료, 물질 및 물리적 조건

2) 제품 및 서비스의 설계, 연구, 개발, 시험, 생산, 조립, 건설, 서비스 제공, 유지보수 또는 폐기의 시기를 포함하는 제품 디자인의 결과로 발생하는 위험원

3) 인적 요인(human factors)

4) 작업수행방법

c) 긴급상황을 포함한 조직의 내부 및 외부에서 과거에 발생한 관련된 사고 및 그 원인

d) 잠재적 긴급상황

e) 사람들(이 경우 다음 요인에 대한 고려를 포함한다)

1) 취업자, 수급인, 방문객 및 기타 사람을 포함한 사업장(작업장)에 출입하는 사람들 및 그들의 활동

2) 조직의 활동에 의해 영향을 받을 수 있는 사업장(작업장) 근처의 사람들

3) 조직의 직접적인 통제를 받지 않는 장소에 있는 취업자들

f) 기타 이슈들(이 경우 다음 요인에 대한 고려를 포함한다)

1) 관련된 취업자의 수요 및 역량에 적합하게 하는 것을 포함한, 작업영역, 프로세스, 설비(장치), 기계류/장비, 작업절차 및 작업조직의 설계

2) 조직의 통제하에 있는 업무 관련 활동에 의해 초래되는, 사업장(작업장) 근처에서 발생하는 상황

3) 사업장(작업장)에 있는 사람들에게 부상과 건강장해를 초래할 수 있는, 조직에 의해 통제되지 않으면서 사업장(작업장) 근처에서 발생하는 상황

g) 조직, 운영, 프로세스, 활동 및 OHSMS의 실제 변경 또는 변경 계획(8.1.3 참조)

h) 위험원에 관한 지식 및 정보의 변경

---

① 산업안전보건 리스크의 정의(3.21)에는 '위험한 사건 또는 노출'이라는 표현이 나오는데, 그것은 이 조문에서 대상으로 하고 있는 '위험원'을 가리킨다. 이 위험원 파악이 불충분하면 생각하지 못한 사고가 발생하고, 사후에 '상정하지 못했던 사고가 발생하였다.'고 하는 반성의 말이 나온다. 정말로 상정할 수 없었는가는 이 위험원 파악의 검토를 어디까지 깊이 파헤쳤는가에 달려 있다. 조직에 대해 가능한 한 많은 위험원을 적출하도록 생각할 수 있는 모든 종류를 제시하고 있다. 조직에 존재할 것 같은 위험원을 이 규정의 항목별로 검토·파악하는 것을 의도하고 있다.

② 우리들의 일상생활에서도 위험한 사건은 신변에 많이 존재한다. 집을 나가는 순간 자동차를 조심해야 하고, 길을 걸을 때 머리 위에서 물체가 떨어질 가능성도 있다. 높지 않은 단차에 걸려 넘어져 생각지 않은 부상을 입는 경우도 있다. 하물며 회전·절삭·레이저 가공기계 등이 가동되거나, 화학물질이 반응하거나, 크레인이 중량물을 운반하거나, 지게차가 돌아다니는 공장, 작업장, 화학플랜트에는 많은 위험원이 존재한다. 조직에는 가연물의 보관, 고소작업, 고압전기의 통전 등 제조공장, 건설현장, 용접·도금장소 등의 특징에 따른 다종다양한 위험원이 있다.

③ 6.1.2는 6.1.2.1(위험원 파악), 6.1.2.2(OHSMS에 대한 산업안전보건 리스크 및 기타 리스크의 평가), 6.1.2.3(OHSMS에 대한 산업안전보건 기회 및 기타 기회의 평가) 이 세 개의 조문으로 나뉘어 있는데, 6.1.2의 기술의 양

은 다른 조문과 비교하여 많고, "위험원 파악 및 리스크와 기회의 평가"는 ISO 45001 중에 중요한 규정으로 되어 있다.

④ 본 조문에서는 "……위험원의 계속적이고 선제적인 파악을 위한 프로세스를 수립하고……"라고 하여 프로세스의 수립을 요구하고 있다. 프로세스의 수립을 위해서는 프로세스를 계획할 때, 프로세스에의 투입 및 프로세스로부터의 산출, 프로세스에 관한 기준(8.1에서의 요구), 그 문서화의 요구(8.1에서의 요구)에 응하지 않으면 안 된다.

⑤ a)~f)는 위험원을 파악할 때의 고려사항을 제시하고 있다. a)는 조직에 존재하는 풍토가 위험원이 될 수 있다는 것을 의미한다. 구체적으로는 과중한 노동, 각종 차별, 괴롭힘, 약한 리더십, 안전을 경시하는 조직문화 등이다.

⑥ b)는 하드웨어적인 기계, 설비를 비롯하여 조직업무 전반, 소프트적인 작업방법, 인적 요인까지도 위험원이 될 수 있다는 의미이다. 이것들을 정상적인 관점과 비정상적인 관점, 즉 간헐적으로만 이루어지는 관점의 양 측면에서 분석하는 것이 바람직하다.

⑦ c), d)는 비상시, 긴급상황을 상정한 위험원을 가리킨다. 예를 들면, 화재, 폭발, 천재지변(폭우, 홍수, 지진 등)의 경우를 상정하면 된다.

⑧ e)는 사람들에 관한 규정이다. 조직이 영향을 줄 수 있는 취업자, 수급인, 방문객, 지역주민 등의 위험원을 고려할 필요가 있다는 의미이다. 예를 들면, 방문객이 조직의 안전에 관한 팻말을 보고 오해하는 위험원도 있을 수 있다. 조직 내 구성원에게는 당연하다고 생각되는 경고 등이 외부 사람에게 적절하게 이해되지 않아 사고에 맞닥뜨리고 마는 일이 있을 수 있다. 그리고 조직이 물리적으로 관리할 수 없는 종업원(예: 영업사원, 운전사)은 조직 밖에서 생각지 못한 위험원과 조우할 수 있다. 이동처의 상황 분석도 필요할 수 있다.

⑨ f)는 기타 고려사항이 기술되어 있는데, 상술한 것과 중복되는 부분이 있다. 1) 취업자의 수요 및 능력에 적합하게 하는 것은 b)의 작업 수행방법과 중복되는 부분이 있을 수 있다. 2) 조직의 통제하에 있는 업무에 관한 사업장(작업장) 주변에 대한 고려는 b)의 사업장(작업장)의 인프라와 중복되는 부분이 있다. 3)의 사업장(작업장) 관리 밖의 상황은 e) 3)과 중복되는 부분이 있을 것이다.

⑩ g)는 변경에 대해서이다. 조직 변경, 운영 변경, 프로세스 변경, 활동 변경 및 OHSMS 변경 등에 대해 사고가 발생하기 쉬운 것에 유의해야 한다(8.1.3 참조).

⑪ h)는 조직의 능력, 노하우, 경영환경 등에 대해 기술하고 있다. 유능한 사람이 퇴사하거나, 지식, 노하우가 승계되지 않거나, 둘러싸고 있는 환경이 변화하거나 하여 생각지 못한 위험원 누락이 있을 수 있는 점에 유의해야 한다.

[참고] 부속서 A.6.1.2.1의 요점

(1) 위험원 파악은 계속적으로 재검토하는 것이 바람직하다. 조직경영의 변화, 즉 새로운 사업장(작업장), 시설, 기계·설비, 제품 등의 경우에 재검토를 한다.

(2) 이 규격은 제조물 안전(PL: 제조물 책임, 제조물 최종사용자에 대한 안전)은 언급하고 있지 않지만, 제품의 제조, 건설, 조립 또는 시험 중에 생기는, 취업자에 대한 위험원은 고려되는 것이 바람직하다.

(3) 위험원 파악은 조직이 위험원을 평가하고 위험원에 우선순위를 매기며 위험원을 제거하거나 리스크를 저감하기 위하여 작업장에서의 그리고 취업자에 대한 위험원을 인식하고 이해하는 것을 돕는다.

(4) 위험원은 물리적, 화학적, 생물학적, 심리사회적, 기계적, 전기적일 수 있고, 특히 그것들의 에너지에 강하게 관련된다.

(5) 6.1.2.1에 열거된 위험원 리스트는 예이고, 전부를 망라하는 것은 아니다. 조직의 위험원 파악 프로세스는 다음 사항을 고려하는 것이 바람직하다.

참고: 다음 리스트 항목의 a)~f)의 번호는 6.1.2.1에 있는 리스트 항목의 번호와 정확하게 대응하고 있는 것은 아니다.

a) 정상적 및 비정상적인 활동 및 상황에서의 위험원

1) 정상적인 활동 및 상황은 매일의 업무 및 통상의 작업활동을 통하여 위험원을 생성한다.

2) 비정상적인 활동 및 상황은 우발적으로 또는 예기치 않게 발생하는 것이다.

3) 단기적 또는 장기적인 활동은 다른 위험원을 생성할 수 있다.

b) 인적 요인에 관한 위험원

1) 인간의 능력, 한계 및 기타 특성과 관련된다.

2) 인간이 도구, 기계, 시스템, 업무 및 환경을 안전하고 쾌적하게 사용하도록, 이것들에 대한 '정부'가 활용될 필요가 있다.

3) 업무, 취업자 및 조직, 그리고 이 3가지 측면이 산업안전보건과 상호 작용하고 산업안전보건에 영향을 미치는 방식에 초점을 맞출 필요가 있다.

c) 새로운 또는 변경된 위험원

1) 익숙함 또는 상황변화의 결과로 작업프로세스가 악화되거나 변경되거나 적응되거나 발전하거나 할 때 발생할 수 있다.

2) 작업이 실제로 이루어지는 방식을 이해하는 것(예: 취업자와 함께 위험원을 관찰하고 논의하는 것)을 통해 산업안전보건 리스크가 증가하는지 감소하는지를 파악할 수 있다.

d) 잠재적 긴급상황

1) 즉각적인 대응이 필요한 예상 외 또는 예정 외의 상황[예컨대, 사업장(작업장)에서의 기계의 발화 또는 사업장(작업장)의 근처 또는 취업자가 업무 관련 활동을 하고 있는 별도 장소에서의 자연재해]

2) 취업자가 업무 관련 활동을 하고 있는 장소에서의 폭동과 같은 취업자의 긴급피난이 필요한 상황도 포함된다.

e) 사람

1) 조직의 활동에 의해 영향을 받을 가능성이 있는 사업장(작업장) 주변의 사람(예컨대, 통행인, 수급인, 직접 접해 있는 사람)

2) 이동하면서 일하는 사람, 업무 관련 활동을 별도의 장소에서 행하기 위하여 이동하면서 일하는 사람과 같이 조직의 직접 통제하에 있지 않은 장소에 있는 취업자(예컨대, 택배원, 버스운전사, 고객이 있는 장소로 이동하거나 그곳에서 일하는 서비스직원)

3) 재택 취업자 또는 혼자 일하는 사람

f) 위험원에 대한 지식 및 정보의 변경

1) 위험원에 관한 지식, 정보 및 새로운 이해의 입수처에는 출판된 문헌, 연구개발, 취업자로부터의 피드백, 조직 자체의 운영 경험의 검토가 포함될 수 있다.

2) 이들 입수처는 위험원 및 산업안전보건에 관한 새로운 정보를 제공할 수 있다.

[참고] OHSAS 18001:2007과의 비교

6.1.2.1(위험원 파악)은 OHSAS 18001 4.3.1[위험원 파악, 위험성 평가 및 관리방안의 결정]에 대응하고 있다(위험원 파악 부분).

4.3.1(위험원 파악, 위험성 평가 및 관리방안의 결정)

조직은 계속적인 위험원 파악, 위험성 평가 및 필요한 관리방안의 결정에 대한 절차를 수립, 이행 및 유지하여야 한다.

위험원 파악 및 위험성 평가의 절차는 다음 사항을 고려하여야 한다.

a) 정상활동 및 비정상활동

b) 사업장(작업장)에 출입하는 모든 활동(수급인 및 방문객을 포함한다)

c) 인간의 행동, 능력 및 기타 인적 요인

d) 사업장(작업장) 내에서 조직의 통제하에 있는 사람의 안전보건에 유해한 영향을 미칠 가능성이 있는, 직장 밖에서 발생하는 파악된 위험원

e) 조직의 통제하에 있는 업무관련활동에 의해 사업장(작업장) 주변에 생기는 위험원

참고 1: 그와 같은 위험원은 환경문제로 평가하는 것이 보다 적절한 경우가 있다.

f) 조직 또는 타자로부터 제공되고 있는 사업장(작업장)의 인프라, 설비 및 원재료

g) 조직, 그 활동 또는 원재료에 관한 변경 또는 변경 계획

h) 일시적 변경을 포함한 OHSMS의 수정 및 그 수정의 운영, 프로세스 및 활동에 미치는 영향

i) 위험성 평가 및 필요한 관리방안의 실시에 관련되어 있는 적용해야 할 법적 의무(3.12 참고도 참조)

j) 인간의 능력에 적합하게 하는 것을 포함한 작업영역, 프로세스, 시설, 기계설비/기기, 운영절차 및 작업조직의 설계

나) 6.1.2.2 OHSMS에 대한 산업안전보건 리스크 및 기타 리스크의 평가

6.1.2.2 OHSMS에 대한 산업안전보건 리스크 및 기타 리스크의 평가

조직은 다음 사항을 위한 프로세스를 수립, 이행 및 유지하여야 한다.

a) 기존 관리방안의 효과성을 고려하면서, 파악된 위험원으로부터 생기는 산업안전보건 리스크를 평가한다.

b) OHSMS의 수립, 이행, 운영 및 유지에 관련되는 기타 리스크를 결정하고 평가한다.

조직의 산업안전보건 리스크의 평가 방법(절차, methodology)과 기준(criteria)은 산업안전보건 리스크의 평가가 사후대응적(reactive)이 아니라 선제적(proactive)이도록 그리고 체

계적인 방법으로 이용되도록 그것의 범위, 성격 및 시기에 대하여 분명히 정해져야 한다. 이 방법과 기준은 문서화된 정보로 유지되고(maintain) 보존되어야(retain) 한다.

---

① 본 조문에는 2종류의 리스크의 평가가 규정되어 있다. 즉, "산업안전보건 리스크"의 평가와 "기타 리스크"의 평가이다. 전자는 일반적으로 '위험성 평가'라고 불리는 것으로서 우리나라의 많은 기업에서도 실시되고 있다. 한편, ISO 45001에는 'risk assessment'라는 표현은 사용되지 않고 'assessment of risks'라는 표현이 사용되고 있다. 'risk assessment'라는 표현을 사용하면 위험원 파악(hazard identification)이 포함된 일반적인 risk assessment를 가리키는 것으로 이해될 수 있기 때문이다. ISO 45001에서의 assessment of risks는 위험성 추정(risk estimation), 위험성 결정(risk evaluation)만을 가리킨다. 즉, ISO 45001은 일반적인 risk assessment에서 위험원 파악(조문 6.1.2.1)과 위험원 제거 및 리스크 저감(조문 8.1.2, 이하 '리스크 저감'이라 한다)을 분리(제외)해서 설명하기 위해 'risk assessment'라는 표현을 사용하지 않고 있는 것이다. 한편, 'risk assessment'는 일반적으로 위험원 파악(hazard identification), 위험성 추정(risk estimation), 위험성 결정(risk evaluation) 단계만을 포괄하는 의미로 사용하지만, 문헌에 따라서는 위험원 파악, 위험성 추정, 위험성 결정 단계 외에 리스크 저감 단계까지를 포괄하여 'risk assessment'라고 하기도 한다. ISO 45001에서는 위험원 파악, 위험성 추정·결정, 리스크 감소를 분리하여 규정하면서 이 중 위험원 파악, 리스크 저감 단계를 제외한 위험성 추정·결정 단계만을 가리키기 위해 "assessment of risks"라는 용어를 사용하고 있다.[59]

---

59) ISO 45001 : 2018, Occupational health and safety management systems – General guidelines for the implementation of ISO 45001 : 2018 6.1.2.2 참조.

② 일반적으로 위험성 평가(risk assessment)와 위험성 감소(risk reduction)의 절차는 다음과 같다.

- **절차 1:** 위험원을 파악한다.
- **절차 2:** 위험원에서 생기는 리스크의 크기를 추정한다.
- **절차 3:** 리스크(크기)의 허용 여부를 결정한다. 허용 불가능한 경우 어떤 리스크 저감조치를 취할지를 검토 우선순위에 따라 검토한다.
- **절차 4:** 리스크 저감조치를 실행한다.
- **절차 5:** 허용 가능한 수준까지 저감되었는지를 판단한다.

③ 본 조문에서 프로세스의 확립을 요구하면서, "조직의 산업안전보건 리스크의 평가에 대한 방법과 기준은……정해져야 한다.", "이 방법 및 기준은 문서화된 정보로서 유지되고 보존되어야 한다."라고 규정되어 있으므로, 프로세스를 계획할 때에는 투입, 산출에 추가하여 리스크의 평가방법, 리스크의 평가기준도 포함하여야 한다.

- **산업안전보건 리스크의 평가에 대한 방법과 기준:** 리스크의 평가에 대한 방법과 기준을 정하고 문서로 하는 것이 필요하다. 여기에는 "기타 리스크의 평가"는 포함되어 있지 않은 것에 유의할 필요가 있다.
- 방법과 기준은 다르므로 각각에 대하여 정한 것을 문서로 할 필요가 있다.
- "문서화된 정보로서 유지되고 보존되어야 한다."는 것에서 유지는 문서를 대상으로 하는 표현이고, 보존은 기록을 대상으로 하는 표현이다.

④ 허용 가능한 리스크까지 저감할 수 없는 잔류리스크에 대해서는 우선적으로 본질적이거나 공학적인 리스크 저감조치를 실시하는 것이 바람직하지만, 그것을 할 수 없는 경우에는 관리적 대책, 개인보호구 착용을 통해 산업재해 방지를 도모하게 된다. ISO 45001에서는 위험

성 평가의 절차는 언급하고 있지 않지만, 8.1.2(위험원 제거 및 산업안전보건 리스크 저감)의 요구에 비추어 보면, 상술한 5가지 절차가 규격이 의도하는 것이라고 생각할 수 있다.

• 허용 가능한 리스크까지 저감하는 것에 대해서는 A.8.1.1에서 ALARP(As Low As Reasonably Practicable)에 대한 접근방식이 소개되어 있고, "리스크를 합리적으로 실현 가능한 정도의 낮은 수준까지 저감한다."는 기술이 있다.

⑤ "관리방안의 효과성"은 계획한 활동을 실현하고 계획한 결과를 달성한 정도를 의미한다.

⑥ OHSMS에 대한 리스크는 OHSMS 형해화(요구되는 개선사항의 방치를 포함한다), 최고경영진의 ISO 45001에 관한 무관심, 취업자들의 인식부족, 하청 계약자에 대한 계약내용의 불비(不備) 등을 생각할 수 있다.

⑦ 기타 리스크의 평가에 대한 방법과 기준은 ISO 45001에 명시되어 있지 않으므로, 조직이 결정하여 이행하면 된다.

⑧ 리스크를 결정할 때 "체계적인 방법으로" 이루어지도록 해야 하는데, ISO에서의 '체계적'이란, 일반적으로 속인적인 방법이 아니라 조직 차원의 통일적인 방법을 채용하는 것을 의미한다.

[참고] 부속서 A.6.1.2.2의 요점

(1) 조직은 여러 위험원 또는 활동에 대처하기 위한 종합적인 전략의 일부분으로서 산업안전보건 리스크를 평가하기 위해 여러 방법을 사용할 수 있다. 산업안전보건 리스크의 평가 방법과 복잡성은 조직의 규모가 아니라 조직의 활동에 부수하는 위험원에 따라 다르다. 기타 리스크도 적절한 방법을 사용하여 평가할 필요가 있다.

(2) 리스크의 평가를 위한 프로세스는 일상적인 업무(운영) 및 의사결정(예: 작업흐름의 피크, 구조개혁)뿐만 아니라 외부문제(예: 경제적 변화)를 고려할 필요가 있다.

(3) 리스크의 평가 방법은 다음 사항(의 상태)을 반영할 수 있다.

① 일상적인 활동(예: 작업량의 변화)에 의해 영향을 받는 취업자들과의 계속적인 협의

② 새로운 법적 및 기타 요구사항(예: 규제개혁, 산업안전보건에 관한 단체협약의 개정)의 모니터링 및 전달

③ 기존의 그리고 변화하는 수요(예: 새롭게 개량된 장비 또는 물품에 대한 교육 또는 그것의 조달)를 충족하는 자원 확보

[참고] OHSAS 18001:2007과의 비교

6.1.2.2(OHSMS에 대한 산업안전보건 리스크 및 기타 리스크의 평가)는 OHSAS 18001 4.3.1(위험원 파악, 위험성 평가 및 관리방안의 결정)에 대응하고 있다(위험성 평가 부분).

4.3.1(위험원 파악, 위험성 평가 및 관리방안의 결정)

조직은 계속적인 위험원 파악, 위험성 평가 및 필요한 관리방안의 결정에 대한 절차를 수립, 이행, 유지하여야 한다.

위험원 파악 및 위험성 평가의 절차는 다음 사항을 고려하여야 한다.

(중략)

i) 위험성 평가 및 필요한 관리방안의 이행에 관련되어 있는 적용해야 할 법적 의무(3.12 참고 또한 참조)

(중략)

조직의 위험원 파악 및 위험성 평가에 대한 방법은

a) 그것이 사후적이 아니라 선제적인 것이 되도록 그것의 적용범위, 성질 및 시기에 관해 규정되어야 한다.

b) 적절한 경우 위험성의 파악, 우선순위 결정 및 문서화 그리고 관리방안의 적용을 가능하게 하여야 한다.

(후략)

다) 6.1.2.3 OHSMS에 대한 산업안전보건 기회 및 기타 기회의 평가

6.1.2.3 OHSMS에 대한 산업안전보건 기회 및 기타 기회의 평가

조직은 다음 사항을 평가하기 위한 프로세스를 수립, 이행 및 유지하여야 한다.

a) 조직, 조직의 방침, 조직의 프로세스 또는 조직의 활동의 계획된 변경을 고려한, 산업안전보건 성과를 향상시키는 산업안전보건 기회 및

1) 작업, 작업조직 및 작업환경을 취업자에게 적합하게 할 기회

2) 위험원을 제거하고 산업안전보건 리스크를 저감할 기회

b) OHSMS를 개선하기 위한 기타 기회

참고: 산업안전보건 리스크 및 기회는 조직에 대해 결과적으로 기타 리스크 및 기회가 될 수 있다.

---

① "산업안전보건 기회"와 "기타 기회" 2종류에 대하여 평가하는 프로세스를 수립하고 이행하며 유지하는 것을 요구하고 있고, 조직이 기회를 올바르게 이해하는 것을 의도하고 있다.

② 기회에 대해서는 ISO 45001에 정의는 없고, ISO의 관행에 근거하여 "가능하게 하는 때(상황)"로 이해하면 된다(6.1.1 본문 해설 참조). 산업안전보건 기회에 대해서는 3.22에 정의가 있고, 산업안전보건 성과를 가능하게 하는 때(상황)라고 이해할 수 있다.

③ 기회는 ISO 45001/PC 283 논의에서 DIS까지는 "기회를 파악한다."로 되어 있었지만, DIS 2부터 "기회를 평가한다(assess)."로 변경됐다. 그 배경은 기회에도 효과 측면에서 볼 때 우선순위가 있고, 단순히 기회를 파악하기만 하고 실행하지 않으면 성과로 연결되지 않는다는 생각이 주류였기 때문이다.

④ 기회를 평가하는 방법은 조직이 결정하면 되는데, 다음과 같은 방법이 있을 수 있다.

- 취업자가 논의하여 채택 여부를 평가한다.
- 관계자가 브레인스토밍에 의해 실시하는 우선순위를 평가한다.

[참고] 부속서 A.6.1.2.3의 요점

평가 프로세스는 파악한 산업안전보건 기회 및 기타 기회, 그 편익 및 산업안전보건 성과를 향상시킬 가능성을 고려하는 것이 바람직하다.

[참고] OHSAS 18001:2007과의 비교

6.1.2.3(산업안전보건 기회 및 기타 기회의 평가)에 대응하는 OHSAS 18001 4.3.1의 요구사항은 없다.

(3) 6.1.3 법적 및 기타 요구사항의 결정

6.1.3 법적 및 기타 요구사항의 결정

조직은 다음을 위한 프로세스를 수립, 이행 및 유지하여야 한다.

a) 조직의 위험원, 산업안전보건 기회 및 OHSMS에 적용되는 최신의 법적 및 기타 요구사항을 결정하고 입수한다.

b) 이들 법적 및 기타 요구사항이 조직에 어떻게 적용되고 무엇이 전달될 필요가 있는지를 결정한다.

c) 조직의 OHSMS를 수립, 이행 및 유지하고 계속적으로 개선할 때, 이들 법적 및 기타 요구사항을 고려한다.

조직은 법적 및 기타 요구사항에 관한 문서화된 정보를 유지하고 보유하여야 하며, 모든 변경을 반영하기 위해 그것이 최신화되도록 하여야 한다.

참고: 법적 및 기타 요구사항은 조직에 리스크와 기회를 가져올 수 있다.

① ISO 관리시스템 규격에 반드시 나오는 요구사항이다. 각종 관리시스템의 운영에 있어서 법적 요구사항의 준수는 당연한 것으로서, 예를 들면, ISO 9001의 경우에는 고객으로부터의 요구사항 중 또는 설계·개발의 요구사항 중에 나와 있다.

- OHSMS의 구축·운영에 있어서는, 그 성격상 법적 준수는 매우 중요한 근원적인 과제로 취급해야 하고, 이 점을 고려하여 기타 조문에 포함되는 과제로서가 아니라, (부속서 SL에는 없지만) '독립한' 조문으로서 "법적 및 기타 요구사항의 결정"을 6.1.3에 규정한 것이다.

② ILO는 ILS의 협약을 준수할 것을 ISO 45001 중에 요구사항으로 규정하여야 한다고 주장하였지만, 이 6.1.3 속에서 그 의미를 읽을 수

있다는 이유로 특별히 ILS 준수라는 것은 규격 중에 규정되지 않았다.

③ 여기에서 초점을 맞추어야 하는 것은 적용되는 법률의 제목, 조문을 확정하는 것이 아니라 법률 속에 규정되어 있는 요구사항을 확정하는 것이다. 법적 및 기타 요구사항은 조직의 "리스크 및 기회"와 관계가 깊다. OHSMS에 관한 기타 리스크 및 기회는 조직의 활동영역에 관계된 법률 등에 비추어 분석하는 것이 권장된다. 향후에 자신들의 업계에 어떤 규제가 가해질 것인가, 또는 규제가 완화될 것인가는 조직에 있어 큰 리스크이기도 하고 기회이기도 하다.

④ 프로세스의 수립이 요구되고 있는데, 다음 사항을 위한 프로세스 계획이어야 한다.

- 법적 및 기타 요구사항을 결정하고 입수한다.
- 전달 필요성을 결정한다.
- 계속적으로 개선할 때의 고려사항으로 한다.

⑤ 법적 및 기타 요구사항에 관한 문서화된 정보의 유지와 보유가 요구된다. 프로세스를 수립할 때에는 가시화가 필요하게 되므로, 가시화의 일환으로서 문서화의 요구를 이해하면 된다.

⑥ 법적 요구사항과 관련하여, 조직 자신이 먼저 해당하는 법령을 찾아보고, 그 다음으로 그중에서 준수하여야 하는 사항을 결정하는 것이 필요하다.

[참고] 부속서 A.6.1.3의 요점

법적 요구사항 및 기타 요구사항에는 다음과 같은 요구사항이 포함될 수 있다.

a) 법적 요구사항

1) 법률 및 규칙(regulation)을 포함하는 (국가적, 지역적, 국제적인) 법령

2) 강제적인 지침(고시)

3) 감독기관이 발령하는 명령

4) 인가, 면허 또는 기타 형태의 허가
5) 법원 또는 행정심판기관의 결정
6) 조약, 협약, 의정서
7) 단체협약

b) 기타 요구사항
1) 조직의 요구사항
2) 계약조건
3) 근로계약
4) 이해관계자와의 합의
5) 보건당국과의 합의
6) 강제적이지 않은 규격, 가이드라인
7) 임의의 원칙, 실행지침(code of practice), 기술사양서
8) 조직 또는 그 모조직의 공적인 약속

[참고] OHSAS 18001:2007과의 비교

6.1.3(법적 및 기타 요구사항의 결정)은 OHSAS 18001 4.3.2(법적 및 기타 요구사항)에 대응한다.

4.3.2(법적 및 기타 요구사항)

조직은 적용 가능한 법적 및 기타 요구사항을 파악하고 적용하는 절차를 수립, 이행 및 유지하여야 한다.

조직은 OHSMS를 수립, 이행 및 유지하는 데 있어서, 이들 적용하여야 할 법적 요구사항 및 조직이 동의하는 기타 요구사항을 확실하게 고려하여야 한다.

조직은 이 정보를 항상 최신의 것으로 해 두어야 한다.

조직은 법적 및 기타 요구사항에 관한 관련 정보를 조직의 통제하에서 일하는 사람 및 기타 적절한 이해관계자에게 주지시켜야 한다.

---

(4) 6.1.4 조치의 계획수립

6.1.4 조치의 계획수립

조직은 다음 사항을 계획하여야 한다.

a) 이하의 조치

1) 평가한 리스크 및 기회에 대처한다(6.1.2.2 및 6.1.2.3 참조).

2) 법적 및 기타 요구사항에 대처한다(6.1.3 참조).

3) 긴급상황에 대비하고 대응한다(8.2 참조).

b) 이하의 방법

1) 상기의 조치를 OHSMS 프로세스 또는 다른 사업 프로세스에 반영하고 이행한다.

2) 이들 조치의 효과성을 평가한다.

조직은 조치의 실시를 계획할 때, 관리방안의 위계(우선순위)(8.1.2 참조)와 OHSMS로부터의 산출을 고려에 넣어야 한다.

조직은 조치를 계획할 때, 우수사례, 기술적 선택지, 재정상·운영상 및 사업상의 요구사항을 고려하여야 한다.

---

① 6.1.1의 요구에 따라 결정한 2종류의 리스크와 2종류의 기회의 대응(대처)계획 외에, 법적 요구사항에의 대응계획, 긴급상황에의 대응계획의 작성을 요구하고 있다. 뒤의 2항목(법적 요구사항에의 대응, 긴급상황에의 대응)도 리스크 및 기회와 동일하게 조직의 산업안전보건에 영향을 미치는 요소이고, 이 2종류의 대응으로부터 작성된 계획은 리스크 및 기회로부터 작성된 계획과 중복되는 부분이 있다. 이렇게 작성된 계획은 일상활동인 사업 프로세스에 포함되는 형태로 실행되는 것이 요구되는데, 적절한 실행방법이 요구된다. 나아가 실행된 결과를 어떤 식으로 효과성을 평가할 것인지(효과성 평가의 방법)도 결정하여야 한다.

② a)에서는 6.1.2.2, 6.1.2.3에서 평가한 이하 4가지 리스크 및 기회에 대하여 그것들을 어떻게 취급하고 조치를 할 것인지 등의 계획을 작성하여야 한다.

- 산업안전보건 리스크의 조치계획
- 산업안전보건 기회의 조치계획
- 기타 리스크의 조치계획
- 기타 기회의 조치계획

③ 다음으로, 6.1.3에서 결정한 법적 및 기타 요구사항에 관련되는 프로세스의 계획을 세워야 한다. 파악된 법적 및 기타 요구사항을 준수하는 활동이 요구된다(6.1.3 참조).

④ 나아가, 6.1.2.1 c), d)에서 고려한 긴급상황에 대하여, 발생하였을 때를 상정한 대응준비계획을 세우는 것이 요구된다(8.2 참조).

⑤ b)에서는 다음 사항을 행하는 방법을 계획할 것을 요구하고 있다.

- 본 조문에 규정되어 있는 것을 OHSMS 프로세스에 통합한다.
- 조치결과의 효과성을 평가한다.

이들 사항을 행하는 방법의 계획에는 수단, 실시·책임자, 스케줄 등이 포함되어 있는 것이 바람직하다.

⑥ 조치계획은 관리방안의 위계 또는 우선순위(8.1.2 참조), OHSMS로부터의 성과를 고려하여야 한다.

⑦ 계획할 때에는 우수사례, 기술적 선택지, 재정상·운영상 및 사업상의 요구사항을 고려하는 것이 요구된다. 만약 예측되는 성과와 비교하여 비용이 너무 많이 소요될 것으로 생각되는 경우에는 계획을 수정하는 것이 바람직하다. 이상적인 대응계획이 아니라 현실을 토대로 한 실현 가능한 대응계획의 작성을 요구하고 있다.

[참고] 부속서 A.6.1.4의 요점

(1) 계획한 조치는 일차적으로 OHSMS를 통해 관리되어야 하고, 다른 사업 프로세스(환경, 품질, 사업 계속성, 리스크, 재무, 인적 자원 등의 관리를 위해 수립된 프로세스)와의 통합을 포함해야 한다. 결정한 조치를 이행함으로써 OHSMA의 의도하는 결과를 달성할 것으로 기대된다.

(2) 산업안전보건 리스크 및 기타 리스크의 평가에 의해 관리수단에 대한 필요성이 확인된 경우에는, 계획수립 시 작업과정에서 관리수단이 이행되는 방법을 정한다(제8절 참조). 예를 들면, 관리수단을 작업지시 또는 역량을 높이는 조치에 포함할지를 정한다. 기타 관리수단으로는 측정 또는 모니터링(조문 9 참조)의 형태를 취할 수 있다.

(3) 의도하지 않은 결과가 발생하지 않도록 리스크와 기회에 대처하는 조치 또한 변경 관리 (8.1.3 참조)에 입각하여 검토되어야 한다.

[참고] OHSAS 18001:2007과의 비교

6.1.4(조치의 계획수립)은 OHSAS 18001 4.3.1(위험원 파악, 위험성 평가 및 관리방안의 결정)에 대응하고 있다(관리방안의 결정 부분). 그리고 4.4.6(운영적 관리)에도 일부 대응하고 있다(시스템에의 통합 부분).

4.3.1(위험원 파악, 위험성 평가 및 관리방안의 결정)

(중략)

조직은 관리방안을 결정할 때 이것들의 평가 결과를 확실하게 고려하여야 한다. 관리방안을 결정할 때 또는 기존의 관리방안에 대한 변경을 검토할 때는 다음 우선순위에 따라 리스크를 저감하도록 고려하여야 한다.

a) 제거

b) 대체

c) 공학적인 방안

d) 표식/경고 및/또는 관리적 대책

e) 개인보호구

4.4.6 운영적 관리

(중략)

이것들의 운영 및 활동을 위하여, 조직은 다음 사항을 이행하고 유지하여야 한다.

a) 조직 및 활동에 적용 가능한 운영상의 관리방안. 조직은 이 운영상의 관리방안을 전체적인 OHSMS에 통합하여야 한다.

(후략)

겉돌고 있는 위험성 평가, 무엇이 문제인가[60]

조만간 발표될 예정인 정부의 '중대재해 감축 로드맵'에 위험성평가 강화 방안이 핵심적인 내용으로 들어갈 것으로 보인다. 위험성 평가는 국제적으로 안전관리의 초석이라고 평가될 만큼 안전에 있어 기초적이고 중요한 제도이다. 문제는 정부의 무지 탓에 위험성 평가가 겉돌고 있다는 점이다.

위험성 평가가 안전보건관리체계의 중요한 요소인 만큼, 위험성 평가가 겉돌고 있다는 것은 안전보건관리체계 역시 제대로 작동되고 있지 않다는 얘기이다.

위험성 평가가 산업안전보건법에 법제화된 지 10년이 다 되어가고 있는데도 왜 개선될 조짐이 보이지 않는 것일까. 아니 왜 되레 악화되고 있는 것일까.

가장 큰 책임은 고용노동부에 있다. 위험성 평가에 대한 철학과 전문성이 없다 보니, 위험성 평가에 어떠한 문제가 있고 어떻게 개선해야 할지에 대한 방향성조차 설정하지 못하고 있다.

위험성 평가에 대한 정책기능이 실종되어 있는 것이다. 2017년 1월엔 위험성 평가가 실시되지 않은 것만으론 과태료를 부과하지 말라는 황당한 지침을 일선기관에 내려 보내기까지 했다. 위험성 평가가 시간이 지남에 따라 엉뚱한 방향으로 갈 수밖에 없는 큰 원인 제공을 한 것이다.

고용노동부의 무지와 삽질 속에서 위험성 평가는 산업안전보건공단(이하 '공단')에 사실상 내맡겨져 있는 꼴이다. 문제는 고용노동부로부터 하청을 받은 공단 또한 위험성 평가에 대한 전문성이 태부족하여 중심을 잡지 못하고 있다는 점이다.

대표적으로는 간이 위험성 평가 기법(KRAS)을 마치 위험성 평가의 표준인 양 홍보·지도하고 있다. 중소기업을 대상으로 시범용으로 개발된 기법이 위험성 평가의 모델로 둔갑된 것이다. 특히 공공기관에 대해선 안전활동 수준평가 제도를 뒷배경으로 이 기법을 채택토록 사실상 강요하고 있다. 위험성 평가의 발전을 앞장서서 저해하고 있는 셈이다.

심각한 문제는 KRAS가 위험성 평가 원리와 어떻게 부합하지 않고 내용상으로 얼마나 부실한지에 대한 인식조차 갖고 있지 않다는 점이다. 유해위험요인 유형을 6가지로 제한하고 각 유형별 사고유형을 한정적으로 제시하고 있는 바람에, 유해위험요인의 발굴을 오히려 차단하고 추락, 전도를 '기계적 요인'으로 잘못 분류하고 있는가 하면, 어떤 유해위험요인 유형으로 분류해야 할지 전문가조차 혼란스러운 등 문제투성이이다.

60) 정진우, 오피니언뉴스, 2022. 11. 23.

게다가 공단은 작업분석을 내용으로 하면서 안전작업절차 작성을 목적으로 미국에서 개발된 작업안전분석(JSA)을 위험성 평가 기법의 일종인 것처럼 홍보하고 있다. JSA를 위험성 평가 기법인 것으로 보는 것은 이것의 취지 및 내용에 대한 몰이해에서 비롯된 것이다. 국제적으로 볼 때 위험성 평가 기법으로 여러 기법이 소개되어 있지만, 거기에 JSA는 포함되어 있지 않다. 귤이 태평양을 건너 탱자가 된 꼴이다.

점입가경인 것은 '위험성 평가 고시'에서 상시 근로자 20명 미만 사업장에 대해 위험성 추정 절차를 생략해도 위험성 평가를 실시한 것으로 기준을 바꾸는 데 고용노동부와 공단이 주도적인 역할을 했다는 점이다. 위험성 추정을 생략할 수는 있지만, 위험성 평가의 필수적인 절차인 위험성 추정을 생략한다면 그것은 더 이상 위험성 평가라고 부를 수 없는 것이 상식인데도 말이다. 이쯤 되면 고용노동부와 공단은 더 이상 전문기관이라기보다는 얼치기 기관이라고 할 만하다.

위험성 평가가 현장에서 이처럼 유명무실하게 이행되고 있는 상태에서 갑자기 중대재해처벌법에 안전보건관리체계의 일환으로 '유해위험요인 확인·개선 업무절차 마련 및 점검 실시'라는 '시이비' 위험성 평가 제도를 도입했다. 위험성 평가를 내실화하는 정공법을 택하지 않고 공포감 조성이라는 가장 쉬운 방법에 기댄 것이다. 이러한 식의 접근은 기업을 더욱 서류작업(paperwork)에 치우친 위험성 평가로 내몰 뿐이다. 정부는 위험성 평가가 멍들고 있는 걸 알고 있기는 할까.

중대재해 감축 로드맵에 이러한 문제들을 해결하는 방안이 포함되지 않으면 형해화되어 있는 위험성 평가를 바로세울 수도 활성화할 수도 없다. 모든 문제가 그렇듯 위험성평가의 형해화 문제도 그 해결을 위해선 전문성과 진정성이 있어야 한다. 고용노동부와 공단은 덩치만 커졌지 전문성은 오히려 퇴보했다는 세간의 평가를 불식하기 위해서라도 진정성으로 무장하고 뼈를 깎는 개혁을 해야 한다. 스스로 개혁하지 않으면 개혁을 당하게 된다는 사실을 명심해야 한다.

거꾸로 가는 위험성 평가 정책61)

지난 7일 '사업장 위험성 평가에 관한 지침'(고시) 개정안이 행정예고됐다. 그 내용을 보니 '선무당이 사람 잡는다'는 속담을 현실에서 증명이라도 하려는 듯하다. 고용노동부의

61) 정진우, 매일노동뉴스, 2023. 3. 13.

산업안전에 대한 비전문성을 또 한 번 적나라하게 드러내는 것 같다. 위험성 평가를 얄팍하게 아는 자들의 졸작이라는 느낌이 드는 건 필자만의 생각일까.

고용노동부가 위험성 평가의 원리·개념 등에 대한 기초지식 없이 개정안을 마련했다는 느낌을 지울 수 없다. 위험성 평가를 단지 양적으로 확산해야 한다는 조바심도 크게 작용한 것 같다. 위험성 평가를 내실화할 생각은 하지 않고 일상안전활동 수준에 해당하는 것을 위험성 평가인 것으로 외피만 바꾸려 하고 있다.

위험성의 개념, 위험성 평가의 절차 등을 글로벌 스탠다드에 맞지 않게 변형하거나 낮추는 것이 고용노동부가 이해하는 '자기규제'인지 묻지 않을 수 없다. 이것은 자율이 아닌 방종을 조장하는 것이다. 방향을 잘못 제시하면서 기업에 위험성 평가를 올바로 실시하도록 주문하는 건 어불성설이다. 개선은 어렵지만 개악은 순식간이다. 행정예고안의 문제가 차고 넘치지만 굵직한 몇 가지만 지적하고자 한다.

먼저, 위험성 추정 절차를 생략한 것은 국제기준과 학문적 개념에 배치된다. 위험성 평가의 핵심절차인 위험성 추정을 하지 않는다면, 이것은 안전활동의 일종이지 더 이상 위험성 평가라 할 수 없다. 위험성 추정이야말로 위험성 평가와 다른 안전활동을 차별화하는 핵심 절차이기 때문이다. 국제표준화기구(ISO) 규격인 ISO 45001·31000·12100 등 국제기준과 영국을 비롯한 선진국의 지침·규격 모두 위험성 평가에 위험성 추정을 포함하고 있다. 고용노동부는 도대체 어떤 근거로 위험성 추정 절차를 없애려고 하는가. 위험성 추정이 반드시 빈도와 강도를 계량적으로 계산하는 것이라는 생각도 대단히 잘못됐다. 국제기준 어디에서도 위험성 추정을 계량적 방법으로 한정하고 있지 않다.

둘째, 위험성 추정이야말로 노동자 참여가 가장 필요한 절차인데, 이 절차가 빠져 버렸으니 노동자 참여는 허울에 지나지 않게 됐다. 위험성 평가가 수박 겉핥기 식으로 이행되지 않도록 하려면 위험성 수준을 정하는 위험성 추정 과정에 해당 작업자들이 참여해 논의하는 것이 필수적이기 때문이다. 또 작업자 참여만을 강조한 나머지 위험성을 가장 잘 아는 위치에 있는 감독자의 참여가 소홀해질 수 있다. 노동자의 '형식적' 참여보다 위험성 평가의 '정확한' 실시 장치가 훨씬 더 중요하다.

셋째, 위험성 평가의 대표적인 방법으로 체크리스트법, 핵심요인 기술법 같은 정체불명의 방법을 제시하고 있는 것도 문제이다. 국제기준과 실무 어디에서도 이러한 방법을 위험성 평가 절차 전체를 포괄하는 방법이라고 하지 않는다. '유해위험요인 도출' 등 위험성 평가의 일부 절차만 커버할 수 있을 뿐 '위험성 평가' 방법과는 거리가 멀기 때문이다. 위험성 평가 방법을 둘러싼 혼란이 가중될 가능성이 크다.

고용노동부는 위험성 평가의 상향평준화를 위해 노력할 생각은 하지 않고 하향평준화하려고 작정한 듯하다. 위험성 평가의 부실한 운영 현실에 굴복한 모양새다. 가이드라인에 불과한 지침의 내용을 이렇게 낮추는 것은 기업에 잘못된 위험성 평가 방향을 제시하고 그 수준을 높이고자 했던 기업 의지에 찬물을 끼얹는 처사이다.

그간 태만히 했던 위험성 평가의 실질적 개선 노력은 시도조차 하지 않고 있다. 대표적으로 2017년 1월 위험성 평가를 무력화하는 '황당한' 지침(위험성 평가 미실시를 처벌하지 말라는 내용의 지침)을 여태껏 철회하지 않고 있다. 위험성 평가를 활성화하겠다고 하면서 이 잘못된 지침을 철회하지 않는 걸 보면 위험성 평가에 과연 진정성이 있는지 의문을 갖지 않을 수 없다.

고용노동부의 산업안전부서가 몸집은 거구가 되었지만 실력은 예전보다도 못하다는 세평이 자자하다. 고용노동부 관료들은 산업안전을 망가뜨리는 주범이 고용노동부라는 현장의 목소리가 들리지 않는가. 고용노동부가 역사적 평가에 대한 감수성 없이 보여주기에 집착하면 그 피해는 고스란히 노동자에게 돌아간다. 노동자에 대한 눈속임은 이제 그만둘 때도 됐다.

부디 행정예고안을 전면 재검토하길 바란다. 합리적 손질 없이 행정예고안을 밀어붙인다면 훗날 가혹한 역사적 평가에 직면할 것이다. 잘했다는 평가는 못 받더라도 최소한 망가뜨렸다는 평가는 받지 말아야 할 것 아닌가.

2) 6.2 산업안전보건 목표 및 그것의 달성을 위한 계획수립

(1) 6.2.1 산업안전보건 목표

6.2.1 산업안전보건 목표

조직은 OHSMS 및 산업안전보건 성과를 유지하고 계속적으로 개선하기 위하여 관련된 부서와 계층에서 산업안전보건 목표를 설정하여야 한다(10.3 참조).

산업안전보건 목표는

a) 산업안전보건 방침과 정합성을 가져야 한다.

b) 측정할 수 있거나(실행 가능한 경우) 성과평가가 가능하여야 한다.

c) 다음 사항을 고려하여야 한다.

   1) 적용해야 할 요구사항

   2) 리스크 및 기회의 평가 결과(6.1.2.2 및 6.1.2.3 참조)

   3) 취업자 및 취업자대표(있는 경우)와의 협의(5.4 참조) 결과

d) 모니터링하여야 한다.

e) 전달하여야 한다.

f) 필요한 경우 최신화하여야 한다.

---

① 산업안전보건 방침은 그 실행에 관련되는 부문(부서)에 전개되는 것이 의도이고, 목표관리는 관리시스템의 운영에 중요한 요소라는 것을 제시하고 있다. 관리시스템의 정의 "방침, 목표 및 그 목표의 달성을 위한 프로세스를 수립하기 위한, 조직의 상호 관련되거나 상호 작용하는 일련의 요소들"(3.10 참조) 중에서도 '목표 달성'이 관리시스템의 요점이다.

② 목표는 손이 닿을 수 있는 범위의 레벨이 바람직하고, 이상적인 슬로건은 바람직하지 않다. 예를 들면, 리스크 제로와 같은 현실적이지 않은 목표설정은 바람직하지 않다. 그런 의미에서 조직은 자신의 현재 상태를 정확하게 파악하지 않으면 목표 설정이 불가능하다. 목표 설정은 아직 그림의 떡에 지나지 않으므로, 다음 조문 6.2.2의 요구가 중요해진다(실행계획의 작성 요구).

③ c)의 고려해야 할 사항의 최초에 있는 "적용할 수 있는 요구사항"에는 이 규격의 요구사항, 법규제 요구사항, 기타 조직이 준수한다고 결정한 요구사항 등이 해당한다. 이들 요구사항을 충족시키기 위한 활동을 목표로 내걸면 된다.

④ c)의 2번째 항목인 "리스크 및 기회의 평가 결과"에서는 산업안전보건 리스크 또는 기타 리스크를 저감하는 관점에서의 목표가 나올 수 있다. 그리고 기회도 산업안전보건 기회 또는 기타 기회의 평가에서 우선도가 높은 사항에의 대처를 목표로 내걸면 된다.

⑤ c)의 3번째 항목인 "취업자 및 취업자대표(있는 경우)와의 협의 결과"는 5.4의 활동 중에 채택된 사항을 일차적으로 생각해 볼 수 있다. 조직이 목표를 설정할 때에는 취업자에게 의견을 구해야 한다. 산업안전보건 목표 설정 시 취업자의 협의 및 참가를 통해 조직의 목표가 보다 효과적인 것이 될 수 있다. 사람들은 자신이 참가하여 의견을 말한 것에 대해서는 적극적이고 전향적으로 추진하는 경향이 있다.

⑥ d)와 관련해서는 목표로 내건 항목이 계획대로 실행되었는지 여부를 감시하는 대상을 정해 9.1.1 a) 3)에 따라 모니터링하여야 한다.

⑦ e)와 관련해서는 목표를 관련된 사람, 부서, 이해관계자 등에게 전달하여야 하는데, 목표달성에 대한 조력을 의뢰하는 것도 생각할 수 있다. 그러나 달성에의 주력이 되는 것은 목표를 부여받은(또는 스스로 설정한) 부서라는 것은 당연하다.

⑧ d)와 관련해서는, 목표는 정한 후에 모니터링 결과 등의 상황을 보고 갱신하는 것이 요구된다.

[참고] 부속서 A.6.2.1의 요점

(1) 목표는 산업안전보건 성과를 유지하고 개선하기 위해 설정된다. 목표는 '리스크', '기회' 및 조직이 OHSMS의 의도하는 결과의 달성을 위해 필요한 것으로 인정한 '성과기준'에 연결되어야 한다.

(2) 산업안전보건 목표는 다른 사업 목표와 통합될 수 있고, 관련된 부서와 계층에서 설정되어야 한다. 목표는 전략적, 전술적 또는 운영적일 수 있다.

a) 전략적 목표는 예컨대 소음 노출을 없애는 것과 같이 OHSMS의 전체적인 성과를 향상시키기 위하여 설정될 수 있다.

b) 전술적 목표는 예컨대 발생원에서의 소음 저감과 같은 시설, 프로젝트 또는 프로세스 레벨에서 설정될 수 있다.

c) 운영적 목표는 예컨대 소음 저감을 위한 개별 기계를 에워싸는 것과 같은 활동 레벨에서 설정될 수 있다.

(3) 산업안전보건 목표의 측정은 정성적으로 행하는 것도 정량적으로 행하는 것도 가능하다. 정성적 측정은 조사, 면담 및 관찰로부터 얻어진 것과 같이 대략적인(추정하는) 것일 수 있다. 조직은 파악한 모든 리스크 및 기회에 대하여 산업안전보건 목표를 설정할 필요는 없다.

[참고] OHSAS 18001:2007과의 비교

6.2.1(산업안전보건 목표)은 OHSAS 18001 4.3.3(목표 및 실행계획)에 대응하고 있다(목표 부분).

4.3.3(목표 및 실행계획)

조직은 조직 내의 관련 부문 및 계층에서 문서화된 산업안전보건 목표를 설정, 이행 및 유지하여야 한다.

목표는 실행 가능한 경우에는 측정할 수 있어야 한다. 그리고 부상 및 질병의 예방, 적용해야 할 법적 요구사항, 조직이 동의하는 기타 요구사항의 준수 및 계속적 개선에 대한 의지를 포함하고 산업안전보건 방침과 정합성을 가져야 한다.

그 목표를 설정하고 검토하는 데 있어서, 조직은 법적 요구사항 및 조직이 동의하는 기타 요구사항 및 산업안전보건 리스크를 고려하여야 한다. 또한 기술상의 선택지, 재산상, 운영상 및 사실상의 요구사항 및 이해관계자의 견해도 고려하여야 한다.

---

(2) 6.2.2 산업안전보건 목표의 달성을 위한 계획수립

6.2.2 산업안전보건 목표의 달성을 위한 계획수립

조직은 산업안전보건 목표를 어떻게 달성할지에 대하여 계획수립을 할 때, 조직은 다음 사항을 결정하여야 한다.

a) 실시사항

b) 필요한 자원

c) 책임자

d) 달성기한

e) 모니터링을 위한 지표를 포함한 결과의 평가방법

f) 산업안전보건 목표를 달성하기 위한 조치를 조직의 사업 프로세스에 통합(반영)하는 방법

조직은 산업안전보건 목표와 이것을 달성하기 위한 계획에 관한 문서화된 정보를 유지하고 보유하여야 한다.

---

① 이 조문의 타이틀은 "산업안전보건 목표를 달성하기 위한 계획수립"으로 길지만, '실행계획의 작성'을 의도하고 있다. 목표를 달성하기 위해서는 '무엇을 하는 것으로 목표에 근접할 수 있을까'를 명확히 하는 것이 가장 중요하다.

② 6.2.2는 목표를 달성하기 위한 실행계획을 작성하라는 요구사항이다. 부속서 SL에 의해 모든 관리시스템에 도입되었는데, a)~e)는 공통적인 사항이고, ISO 45001에 특유한 것으로 f)가 추가되어 있다.

③ a) 실시사항은 중요하다. 계획된 목표를 어떤 수단으로 달성할 것인지를 생각하여야 한다. 실시사항을 구체화해 가면, 취업자, 기계·설비, 안전장치, 자금 등 필요한 자원이 추출되게 되는데, 이것이 b)이다.

④ c), d)는 실행계획을 세울 때에 반드시 결정해 두어야 하는 사항이다.

⑤ e) 결과의 평가방법은 계획단계에서 결정해 두어야 한다.

⑥ f)에서 실행계획을 일상업무에 '통합하는 방법'을 결정할 것을 요구하고 있다. 이것은 5.1 c) "OHSMS 요구사항이 조직의 사업 프로세스에 통합되는 것을 보장한다."에 연계되는 것이다.

산업안전보건 목표를 달성하기 위한 조치를 사업 프로세스에 통합하려면, 조직의 업무추진규정류, 업무절차서 등에 산업안전보건 목표를 달성하기 위한 조치를 규정화하거나, 조직의 연도사업계획의 부서별 목표 속에 산업안전보건 목표를 집어넣는 것을 생각할 수 있다.

따라서 산업안전보건 목표를 달성하기 위한 조치를 사업 프로세스에 통합하려면, 사업 프로세스 자체를 명확히 하는 것이 요구된다. 즉, 어떤 업무추진규정류, 업무절차서가 조직에 존재하는지가 명확히 되어 있지 않으면 통합할 수 없다. 그 결과는 문서, 기록으로 하면 된다.

[참고] 부속서 A.6.2.2의 요점

조직은 목표 하나씩에 대해 달성계획을 세우는 것도, 필요한 경우에는 복수 목표에 대하여 달성계획을 세우는 것도 가능하다. 그리고 조직은 목표를 달성하기 위해 필요한 자원(예컨대 재원, 인적 자원, 설비, 인프라)을 검토하여야 한다.

실행 가능한 경우, 각 목표는 전략적, 전술적 또는 운영적 지표에 연관되어야 한다.

[참고] OHSAS 18001:2007과의 비교

6.2.2(산업안전보건 목표의 달성을 위한 계획수립)는 OHSAS 18001 4.3.3(목표 및 실행계획)에 대응하고 있다(실행계획 부분).

4.3.3(목표 및 프로그램)

조직은 목표를 달성하기 위한 프로그램을 수립, 이행 및 유지하여야 한다. 프로그램에는 최소한 다음 사항을 포함하여야 한다.

a) 조직의 관련된 부문 및 계층의, 목표 달성을 위한 책임 및 권한의 명시

b) 목표 달성을 위한 수단 및 일정

프로그램에는 목표를 확실히 달성하기 위하여 정기적으로 그리고 계획된 간격으로 검토하고, 필요에 따라 조정하여야 한다.

7. 지원

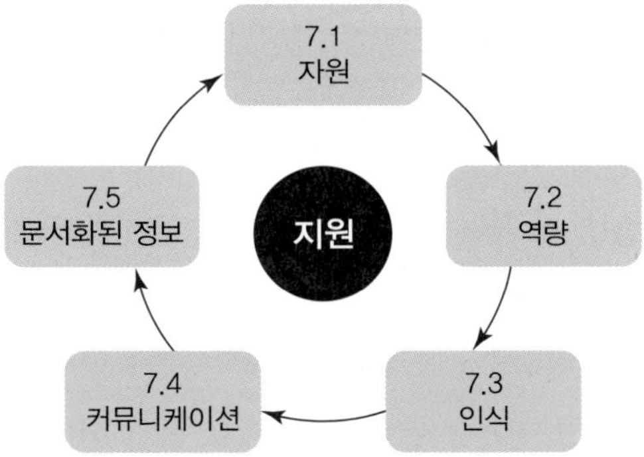

제7절(지원)의 구성은 부속서 SL 그대로이다. ISO 9001:2015 및 ISO 14001:2015와 동일하게 자원, 역량, 인식, 커뮤니케이션, 문서화된 정보라는 5가지 세부조문으로 구성되어 있다. 지원은 운영과 함께 계획대로 프로세스를 이행하기 위하여 필요한 요소로서 자리매김되어 있다.

1) 7.1 자원

7.1 자원

조직은 OHSMS의 수립, 이행, 유지 및 계속적인 개선에 필요한 자원을 결정하고 제공하여야 한다.

① 7.1의 의도는 OHSMS의 구축 및 이행(그 운영 및 관리도 포함한다)에 필요한 자원, 그리고 OHSMS의 유지 및 계속적 개선에 필요한 자원을 예측하고 결정하며 배분하는 것이다.

② 규격 전체를 통틀어 자원이 관련되는 요구사항으로는, 5.1 d)에서 자원이 이용될 수 있도록 보장할 것, 9.3 e)에서 효과적인 OHSMS를 유지하기 위한 자원의 타당성을 경영진 검토로 고려할 것, 그리고 검토의 결과로서 필요한 자원에 관하여 결정할 것을 최고경영진에게 요구하고 있으며, 5.4 a)에서 취업자와의 협의 및 참가에 필요한 자원의 제공을, 그리고 6.2.2에서 목표를 달성하기 위한 계획을 작성할 때 필요한 자원의 결정을 조직에 요구하고 있다.

[참고] 부속서 A.7.1의 요점

자원에는 인적 자원, 천연자원, 인프라, 기술 및 재원 등이 포함된다. 인프라에는 조직의 건물, 플랜트, 장비, 유틸리티, 정보기술 및 통신시스템, 긴급봉쇄시스템 등이 포함된다.

[참고] OHSAS 18001:2007과의 비교

7.1(자원)은 OHSAS 18001 4.4.1(자원, 역할, 실행책임, 결과책임 및 권한)에 대응하고 있다(자원 부분).

4.4.1(자원, 역할, 실행책임, 결과책임 및 권한)

최고경영진은 산업안전보건과 OHSMS에 대한 궁극적인 책임을 져야 한다.

최고경영진은 다음 방법에 의해 자신의 의지를 실증하여야 한다.

a) OHSMS를 수립, 이행, 유지하고 개선하는 데 필수적인 자원을 확실히 이용할 수 있도록 하는 것

참고 1: 자원에는 인적 자원 및 전문적인 기능, 조직의 인프라, 기술 및 자금이 포함된다.

(후략)

---

2) 7.2 역량

7.2 역량

조직은

a) 조직의 산업안전보건 성과에 영향을 미치거나 미칠 수 있는 필요한 역량을 결정하여야 한다.

b) 적절한 교육, 훈련 또는 경험에 기초하여 취업자가 (위험원을 파악하는 능력을 포함한) 역량을 갖추도록 하여야 한다.

c) 적용할 수 있는 경우에는 반드시 필요한 역량을 습득하거나 유지하기 위한 조치를 취하고, 취해진 조치의 효과성을 평가하여야 한다.

d) 역량의 증거로서 적절한 문서화된 정보를 보유하여야 한다.

참고: 적용할 수 있는 조치에는, 예컨대 현재 고용하고 있는 사람들에 대한 교육훈련의 제공, 지도의 실시, 배치전환 등이 있을 수 있고, 역량을 갖춘 자의 채용 또는 이러한 자와의 계약체결 등도 있을 수 있다.

---

① 의도하는 결과를 달성하기 위하여 지식 및 기능을 적용하는 능력(3.23 참조)으로 정의된 "역량"에 관한 요구사항의 기본적인 구성은 부속서 SL에 따라 다음 4단계로 되어 있다.

- **단계 1**: 필요한 역량을 결정한다.
- **단계 2**: 적절한 교육, 훈련 또는 경험에 의해 확실한 역량을 갖추도록 한다.
- **단계 3**: 필요한 역량을 습득·유지하기 위한 조치를 취하고 그 효과성을 평가한다.

• **단계 4**: 역량을 가진 증거를 문서화된 정보로 보유한다.

② a)에서는 "조직의 산업안전보건 성과에 영향을 미치거나 미칠 수 있는 필요한 역량의 결정"이 요구되고 있고, 업무수행을 위하여, 역량의 요소(자격, 면허, 기술, 지식, 소양, 경험 등) 각각을 어느 계층에서 일하는 사람까지 충족하는 것이 필요한지를 결정하여야 한다.

③ b)에서는 취업자 전원을 대상으로 역량을 갖추고 있을 것을 요구하고 있다. 필요한 역량을 갖추는 대상으로서 '취업자'를 명시적으로 나타내야 한다는 의견이 적지 않았지만, 넓은 대상으로 하는 표현(취업자)으로 귀착되었다. 단, ISO 45001에서의 '취업자'라는 용어는 근로기준법에 정의된 '근로자'보다 넓은 개념이어서 종업원에 추가하여 조직의 통제하에서 노동 또는 노동에 관련되는 활동을 행하는 수급인도, 그리고 조직의 간부로서는 비관리직, 관리직, 최고경영진도, 게다가 자원봉사자 등도 포함된다.

취업자에는 그 작업 및 직장에 존재하는 위험원을 파악하는 능력을 포함한 지식 및 기능을 갖추도록 요구하고 있다.

④ c)에서 적용할 수 있는 경우의 교육훈련에 관해서는 채용 시, 담당작업 변경 시에 안전보건교육을 실시하는 것이 법령에서 의무화되어 있고, 교육항목이 정해져 있지만, 본 규격에서는 업무에 관한 안전보건의 확보를 위해 필요한 사항으로서 직장에서 위험원을 파악하는 능력을 포함한 역량을 갖추도록 하는 것을 요구하고 있다. 이를 위하여, 취업자의 작업에 존재하는 위험원 및 리스크에 관하여 충분한 훈련을 취업자에게 제공하는 것이 중요하다.

취업자 중에서 긴급상황에 대응하거나, 내부감사를 실시하거나, 법적 및 기타 요구사항을 충족하는 방법의 검토에 취업자대표로서 참여하는 것이 필요하게 되는 경우가 있기 때문에, 비관리직이라 하더라도 본 규격의 5.4 d) 및 e)에 규정된 사항에 대하여 효과적으로 협의, 참가가 가능하도록 필요한 훈련을 계획적으로 받게 하고, 직장에서의 안전보건활동의 실천을 통하여 필요한 역량을 갖추고 있는지를 확인할 필요가 있다.

⑤ d)와 관련해서는 조직의 통제하에서 노동 또는 노동에 관련되는 활동을 행하는 수급인의 직원도 대상이 된다. 계약·법률관계에서 조직이 스스로 직접 교육훈련을 행하는 것이 불가능한 경우에는 자격의 보유를 나타내는 증거의 사본을 요구하는 것, 교육훈련의 실시를 수급인에 대하여 요청하고 그 교육훈련을 받은 기록의 제출을 요구하는 것 등의 방법을 통해 필요한 관리를 함으로써, 역량을 확실하게 보유하고 있는지를 확인할 필요가 있다.

⑥ 안전보건교육의 실효성을 높이기 위해서는, 일반적으로 취업자는 작업의 능력, 안전의식에 개인차가 있고, 배운 것을 습득하여 실천에 적용할 수 있는 역량이 개선되기까지 걸리는 시간, 경험량에도 개인차가 있는 점을 고려할 필요가 있다. 안전보건교육의 목적은 '지식', '기능'의 힘을 갖추는 것이고, 업무의 종류·성격, 법적 및 기타 요구사항을 명확히 하여 '지식'은 가능한 한 재해발생의 원리·원칙을 이해시키고, '기능'은 해보고, 하게 함으로써, 기초가 되는 기능·기술의 습득과 응용력 향상을 도모하는 것이 필요하다.

⑦ 참고에 기재되어 있는 "적용할 수 있는 조치"는 역량을 확보하기 위한 수단의 예를 제시하고 있다. 예를 들면, 외부에서의 연수의 수강, 필요한 전문적 역량을 가진 별도 직원 채용, 아웃소싱 활용 등도 생각할 수 있다.

[참고] 부속서 A.7.2의 요점

(1) 취업자의 역량은 위험원을 적절하게 파악하고 그들의 작업 및 작업장과 연관된 산업안전보건리스크에 대처하는 데 필요한 지식과 기능을 포함하는 것이 바람직하다.

(2) 각 역할에 대한 역량을 결정할 때, 다음 사항을 고려하는 것이 바람직하다.

a) 역할을 수행하기 위하여 필요한 교육, 훈련, 자격 및 경험 그리고 역량을 유지하기 위하여 필요한 재훈련

b) 취업자의 작업환경

c) 위험성 평가 프로세스에 따른 예방·관리조치

d) OHSMS에 적용되는 요구사항

e) 법적 및 기타 요구사항

f) 산업안전보건 방침

g) 취업자의 안전보건에의 영향을 포함한, 준수 및 미준수의 잠재적 결과

h) 지식 및 기술에 입각한 취업자의 OHSMS에의 참가의 가치

i) 역할과 관련된 의무와 책임

j) 경험, 언어 구사력, 읽고 쓰는 능력, 다양성을 포함한 개인의 능력

k) 상황 또는 업무의 변화에 의해 필요하게 된 역량의 적절한 갱신

(3) 취업자의 역할에 필요한 역량을 정할 때 취업자는 조직을 조력할 수 있다.

(4) 필요한 경우, 취업자는 산업안전보건에 관한 취업자대표의 기능을 효과적으로 할 수 있도록 필요한 교육훈련을 받는 것이 바람직하다.

(5) 취업자에게 훈련을 무상제공하는 것은 많은 국가에서 법적 요구사항으로 되어 있다.

[참고] OHSAS 18001:2007과의 비교

7.2(자원)은 OHSAS 18001 4.4.2(역량, 교육훈련 및 인식)에 대응하고 있다(역량, 교육훈련 부분).

4.4.2(역량, 교육훈련 및 인식)

조직은 산업안전보건에 영향을 미칠 가능성이 있는 작업을 행하는 조직의 통제하에 있는 모든 사람이 적절한 교육, 훈련 또는 경험에 기초한 역량을 갖는 것을 보장하여야 한다.
조직은 산업안전보건 및 OHSMS에 수반하는 교육훈련의 수요를 명확하게 하여야 한다. 조직은 그와 같은 수요를 충족하기 위하여, 교육훈련을 제공하거나 기타 조치를 실행하고, 교육훈련 또는 실행된 조치의 효과성을 평가하며, 이것에 수반하는 기록을 보존하여야 한다.

(중략)

교육훈련의 절차는 다음과 같은 레벨의 차이를 고려하여야 한다.

a) 책임, 소양, 언어 구사력 및 읽고 쓰는 능력

b) 리스크

3) 7.3 인식

7.3 인식

취업자에게 다음 사항에 대하여 인식하게 하여야 한다.

a) 산업안전보건 방침 및 목표

b) 산업안전보건 성과의 향상에 의해 얻어지는 편익을 포함하는, OHSMS의 효과성에 대한 취업자의 기여

c) OHSMS 요구사항에 적합하지 않은 것의 영향(implication) 및 잠재적 결과

d) 취업자와 관련된 사고 및 그 조사결과

e) 취업자와 관련된 위험원, 산업안전보건 리스크 및 결정된 조치

f) 취업자가 그들의 생명 또는 건강에 절박하고 중대한 위험이 있다고 생각하는 작업상황으로부터 취업자가 스스로 퇴피할 수 있는 권한 및 그와 같은 행동을 한 것을 이유로 부당한 결과로부터 보호받기 위한 장치

---

① 이 조문에서는 취업자에게 알도록 하여야 할 사항에 대하여 규정하고, 이것들을 취업자에게 알게 할 것을 요구하고 있다.

② 취업자에게 인식을 하게 하는 것은 조직의 책임이다.

③ a)의 방침·목표의 인식은 예컨대, 방침·목표를 단순히 외우거나 암기하는 것이 아니라, 방침의 주요한 의미의 내용을 이해하고, 그것을 달성하기 위하여 취업자 자신이 행해야 할 것 또는 행해서는 안 되는 것 등을 이해하며, 스스로의 업무·활동에 반영하는 것이 중요하다.

④ b)의 '효과성에 대한 스스로의 기여'를 알게 하기 위한 하나의 방법으로서, 예컨대 '위험예지활동'을 실시하는 것은 효과적인 방법일 것이다. 5.3에서 조직의 각 계층의 취업자는 "각자가 통제하고 있는 OHSMS 부문에 대한 실행책임"을 지는 것을 요구받고 있다. 취업자가 안전보건에 관한 능력·감수성을 높이는 활동을 자율적으로 할 수 있도록, 관리자가 주도적으로 취업자의 약점을 파악하고 그것의 강화 노력을 지원하는 것이 관리직에게 기대된다.

⑤ c)의 'implication'은 '암시하다'는 의미의 'imply'의 명사형으로, "사물로부터 추측(예측·예상)되는(결과), 발생할 결과(영향)"의 뉘앙스가 있다. 직장 내 안전보건의 향상을 위한 노력에서는 불안전행동을 일으키지 않도록 위험에 대한 감수성을 높이는 이른바 '위험예지활동'이 본 항목을 인식시키기 위한 하나의 방법이다.

⑥ d)는 아차사고를 포함한 사고의 사례와 그 조사결과 정보를 조직 내에서 공유하여 취업자에게 충분히 이해시킬 것을 요구하고 있다.

⑦ e)는 취업자가 행하는 작업에 수반하는 위험원, 산업안전보건 리스크, 리스크 감소의 조치를 잘 이해시킬 것을 요구하고 있다. 예컨대 화학약품을 취급하는 비정상작업 등에서 취업자가 마스크, 장갑, 보호안경 등을 착용하는 것의 필요성을 이해하고 반드시 착용하도록 하는 것이 중요하다.

⑧ f)에서는 2개 사항을 요구하고 있다. 하나는 "생명 또는 건강에 절박하고 중대한 위험이 있다고 생각하는 작업상황"을 특정한 때에는 퇴피를 해도 무방하다는 것을 이해시킬 것을 요구하고 있다. 또 하나는 이와 같은 퇴피행동을 한 것에 의해 부당한 취급을 받는 일이 없도록 보호되는 조치가 있다는 것을 이해시키는 것을 요구하고 있다.

⑨ 이들 요구는, 취업자 자신에게 위험원을 파악하는 능력을 포함한 역량을 갖추게 하는 것 및 위험예지훈련 등을 통해 잠재적인 위험상황을 감지하는 능력을 향상시키는 것을 통해 긴급상황 발생 시에 취업자의 피난을 확실히 하는 데 도움이 될 수 있다.

⑩ 5.1 k)에서는 "사고, 위험원, 리스크 및 기회를 보고하는 경우, 취업자를 보복으로부터 보호"하는 것을 최고경영진에게 요구하고 있다. 본 조문에서는 취업자의 안전보건 확보의 관점에서 절박하고 중대한 위험이 있다고 생각되는 작업상황으로부터 퇴피를 하는 경우에, 해당 취업자를 부당한 결과로부터 보호하는 장치(arrangements)를 당사자

에게 이해시킬 것을 조직에 요구하고 있다.

[참고] 부속서 A.7.3의 요점

취업자(특히 임시적으로 일하는 사람)에 추가하여, 수급인, 방문객 및 기타 모든 사람은 그들이 노출되는 산업안전보건 리스크를 인식하는 것이 바람직하다.

[참고] OHSAS 18001:2007과의 비교

7.3(인식)은 OHSAS 18001 4.4.2(역량, 교육훈련 및 인식)에 대응하고 있다(인식 부분).

4.4.2(역량, 교육훈련 및 인식)

(중략)

조직은 조직의 통제하에서 일하는 사람들에게 다음 사항을 인식시키기 위한 절차를 수립, 이행 및 유지하여야 한다.

a) 작업활동 및 행동에 의한, 실재(實在)하거나 잠재하는 산업안전보건 결과 및 각자의 개선된 행동의 산업안전보건 이점

b) 산업안전보건 방침·절차, 긴급상황에의 대비 및 대응(4.4.7 참조)의 요구사항을 포함하는 OHSMS 요구사항에의 적합성을 달성하기 위한 역할, 실행책임 및 중요성

c) 규정된 운영절차로부터 일탈 시에 예상되는 결과

(후략)

---

4) 7.4 커뮤니케이션

(1) 7.4.1 일반

7.4.1 일반

조직은 다음 사항에 대해 결정하는 것을 포함한, OHSMS에 관련된 내부/외부 커뮤니케이션에 필요한 프로세스를 수립, 이행 및 유지하여야 한다.

a) 커뮤니케이션의 내용

b) 커뮤니케이션의 실시 시기
c) 커뮤니케이션의 대상자
  1) 조직 내부의 여러 계층 및 부문 중에서
  2) 수급인 및 사업장(작업장) 방문객 중에서
  3) 기타 이해관계자 중에서
d) 커뮤니케이션 방법

조직은 커뮤니케이션 수요를 고려할 때, 다양한 측면(예컨대, 성별, 언어, 문화, 읽고 쓰는 능력, 심신장애)을 고려하여야 한다.

조직은 커뮤니케이션 프로세스를 수립할 때, 외부 이해관계자의 견해가 고려되는 것을 보장하여야 한다.

커뮤니케이션 프로세스를 수립할 때, 조직은
- 법적 및 기타 요구사항을 고려하여야 한다.
- 커뮤니케이션하는 산업안전보건 정보가 OHSMS 내에서 생성된 정보와 정합하고, 신뢰성이 있는 것을 보장하여야 한다.

조직은 OHSMS에 관하여 관련된 커뮤니케이션에 대응하여야 한다.

조직은 필요한 경우 커뮤니케이션의 증거로서 문서화된 정보를 보유하여야 한다.

---

① 커뮤니케이션에 관한 공통적인 일반요구사항의 의도는 커뮤니케이션의 프로세스를 수립, 이행 및 유지하는 것을 조직에 요구하는 것에 있다. 더불어 커뮤니케이션에 관하여 결정하여야 할 사항을 설명하고 있다.

② 커뮤니케이션을 위한 프로세스를 수립하려면, 투입, 산출 외에 무엇을(내용), 언제(실시 시기), 누구에게(대상자), 어떻게(방법)를 명확하게 결정해 두어야 한다. 그리고 커뮤니케이션은 구두 또는 서면, 일방향 또는 쌍방향, 내부 또는 외부 중 어느 쪽으로도 가능하다.

③ c)와 관련해서는, 커뮤니케이션을 하는 대상을 명확히 할 것을 요구하고 있다. c) 2)의 '수급인'에 대해서는 사고발생 시에 연락창구 등 커뮤니케이션 수단을 아울러 규정해 두는 것이 필요하다. '방문자'에 대해서는 산업안전보건 리스크에 대한 인식이 부족할 수 있기 때문

에, 내방 시 안내 교육을 실시하는 한편, 위험표시의 게시물, 보행 시의 안전경로 등에 주의를 환기시키거나, 일정 기간 머무르는 경우에는 관련 안전교육을 실시하거나 하는 것이 필요할 것이다.

④ d)와 관련해서는, 커뮤니케이션으로 취업자 및 이해관계자가 관련 정보를 확실히 제공받아 이해할 수 있도록 하는 것이 바람직하다. 예를 들면, 외국인노동자가 많은 사업장 등에서는 복수의 언어로 방침·절차서·게시물을 작성하거나 절차서에 그림, 사진을 사용하는 궁리가 필요할 것이다.

⑤ 커뮤니케이션의 프로세스를 수립할 때는 관련 외부 이해관계자의 견해가 확실히 고려되는 것이 요구되는데, 예를 들면 노동환경의 상황 등에 대해 행정기관으로부터의 문의 등이 있는 경우, 회답의 필요성, 조직 내에서의 대응 필요성 등 적절한 판단을 할 수 있는 직원에게 역할·책임·권한을 부여하여 두는 것이 바람직하다.

⑥ 후단의 프로세스에 관한 요구는 ISO 14001과 거의 동일한 내용이다. 법적 및 기타 요구사항에 근거한 커뮤니케이션의 요구사항은 내부/외부 커뮤니케이션의 프로세스에 반영할 필요가 있다.

내부 커뮤니케이션으로는 OHSMS에서 각급 관리자의 역할, 책임 및 권한을 정하여 취업자, 수급인 및 기타 관계자에게 주지시키는 것 등이 해당한다. 외부 커뮤니케이션으로는 법령에 정해져 있는 각종 보고·신고의무가 있다.

⑦ 취업자 및 기타 이해관계자에게 전달되는 정보는 OHSMS에서 작성·관리되고, 보고한 정보에 의지하는 사람에게 오해를 주지 않으면서 신뢰할 수 있는 것이 요구된다.

예를 들면, ISO 14001:2015 부속서 A.7.4에서 커뮤니케이션이 충족하여야 할 원칙으로서 제시되어 있는 다음 6가지 항목은 참고할 만하다.

- 투명하다. 보고한 내용의 입수경로를 공개한다.
- 적절하다. 이해관계자가 참가 가능하고 이해관계자의 수요를 충족시킨다.
- 허위가 없다. 보고한 정보에 의지하는 사람들에게 오해를 초래하지 않는다.
- 사실에 근거한다. 정확하고 신뢰할 수 있다.
- 관련된 정보를 제외하지 않는다.
- 이해관계자가 이해 가능하다.

⑧ 외부의 다양한 이해관계자로부터 받은 정보에 대한 커뮤니케이션에 대해서는 그 정보내용에 따라 다양한 대응이 필요하다고 생각된다. 긴급상황의 발생 시 등을 상정하여 매스컴 등을 포함하는 외부 이해관계자에의 대응·정보공개의 절차, 책임·권한을 명확히 해두는 것은 기업의 사회적 책임을 생각하는 데 있어 유용하다고 생각된다. 환경관리시스템과 OHSMS 규격 요구사항을 통합하여 운영하는 조직에서는 외부 커뮤니케이션의 프로세스에서 환경 관련 정보와 산업안전보건 관련 정보 이 두 가지의 관리를 고려하는 것이 바람직하다.

⑨ "증거로서 문서화된 정보를 보유"라는 표현은 기록의 작성·관리를 요구하는 것인데, "필요에 따라"라고 한정되어 있으므로, 기록을 남기는 대상범위에 대해서는 조직에서 중요성을 고려하여 판단하면 된다.

⑩ 커뮤니케이션에 관한 요구사항은 표 9에서 제시하고 있듯이, 제7절 이외에도 규정되어 있는 것이 있고, 이것들에 대해서도 프로세스에 포함할 필요가 있다.

●— 표 9. ISO 45001에 규정되어 있는 커뮤니케이션(전달)에 관한 요구사항

조문	커뮤니케이션에 관한 요구사항
5.1 리더십 및 의지	e) 효과적인 산업안전보건관리의 중요성 및 OHSMS 요구사항에 따르는 것의 중요성을 전달하여야 한다.
5.2 산업안전보건 방침	산업안전보건 방침은 조직 내에 전달되어야 한다.
5.3 조직의 역할, 실행책임 및 권한	• 조직 내의 역할, 실행책임 및 권한을 전달하여야 한다. • 관리시스템의 성과를 최고경영진에게 보고하여야 한다.
5.4 취업자의 협의 및 참가	커뮤니케이션 필요가 있는 정보 및 그 방법의 결정에 대하여 비관리직의 참가를 강화하여야 한다.
6.1.3 법적 및 기타 요구사항의 결정	법적 및 기타 요구사항 중 전달될 필요가 있는 것을 결정하는 프로세스를 수립, 이행 및 유지하여야 한다.
6.2.1 산업안전보건 목표	e) 산업안전보건 목표는 취업자에게 전달되어야 한다.
8.2 긴급상황 대비 및 대응	e) 모든 취업자에게 의무 및 책임에 관한 정보를 전달하고 제공하여야 한다. f) 수급인, 방문객, 긴급대응서비스, 정부기관 및 필요한 경우 지역사회에 관련 정보를 전달하여야 한다.
9.1 모니터링, 측정, 분석 및 성과평가 9.1.1 일반	e) 모니터링 및 측정결과의 분석, 평가 및 전달 시기를 결정하여야 한다.
9.3 경영진 검토	• 이해관계자와의 관련 커뮤니케이션을 고려하여야 한다. • 경영진 검토의 관련 결과를 취업자 및 그 대표(있는 경우)에게 전달하여야 한다.
10.2 사고, 부적합 및 시정조치	사고 또는 부적합의 성질, 조치, 조치의 효과성을 포함한 모든 대책 및 개선조치 결과의 증거로서 문서화된 정보를 유지하고, 관련되는 취업자와 그 대표(있는 경우) 및 이해관계자에게 전달하여야 한다.
10.3 계속적 개선	d) 계속적 개선의 관련되는 결과를 취업자 및 그 대표(있는 경우)에게 전달하여야 한다.

[참고] 부속서 A.7.4의 요점

조직이 확립한 커뮤니케이션 프로세스는 정보의 수집, 갱신 및 주지에 대응하여 관련된 취업자 및 이해관계자 모두가 관련된 정보를 확실히 제공받아 이해할 수 있도록 하는 것이 바람직하다.

(2) 7.4.2 내부 커뮤니케이션

7.4.2 내부 커뮤니케이션

조직은

a) 필요한 경우, OHSMS의 변경을 포함하여 OHSMS 관련 정보에 대하여 조직의 여러 계층 및 부문 간에 내부 커뮤니케이션을 실시하여야 한다.

b) 커뮤니케이션 프로세스가 취업자로 하여금 계속적 개선에 기여하게 할 수 있도록 하여야 한다.

---

① 이 조문과 다음 7.4.3은 부속서 SL에는 없지만, ISO 14001에 추가된 조문과 기본적으로 동일한 것을 채용한 것이다. 본 조문에서 산업안전보건 고유의 요구사항으로서 조직 내의 여러 계층 및 부서 간에 OHSMS에 관련된 정보의 커뮤니케이션을 행하는 경우의 고려사항, 달성하는 목적의 명확화를 의도하고 있다.

② a)에서는 "OHSMS의 변경을 포함"한다고 명기를 하고 변경 관리의 중요성을 강조하고 있다. 특히, 근로조건, 설비, 작업의 구성 등의 변경, 법적 및 기타 요구사항의 변경, 그리고 위험원, 산업안전보건 리스크의 지식·정보의 변화를 포함하여 변경을 실시할 때는 시의적절하게 관련 정보를 조직의 여러 계층 및 부서 간에 관계하는 사람들에게 내부 커뮤니케이션을 행하는 것이 중요하다.

③ b)는 5.4 e) 5)의 비관리직의 참가에 중점을 두는 항목과도 대응하고 있고, 예를 들면 산업안전보건위원회 등에 참가를 통해 취업자가 OHSMS의 성과를 개선하는 활동에 기여할 수 있도록 하는 것을 요구하고 있다.

(3) 7.4.3 외부 커뮤니케이션

7.4.3 외부 커뮤니케이션

조직은 커뮤니케이션 프로세스에 의해 확립된 대로, 그리고 법적 및 기타 요구사항을 고려하여, OHSMS에 관련되는 정보에 대하여 외부 커뮤니케이션을 행하여야 한다.

① 본 조문은 외부 이해관계자와 커뮤니케이션을 행하는 경우 고려사항의 명확화를 의도하고 있다.

② 조직 외부 이해관계자와의 커뮤니케이션(정보의 제공·입수 쌍방향) 필요성을 결정하는 데 있어서는 정상적(定常的)인 업무와 긴급상황 둘 다를 고려하는 것이 바람직하다. 외부와의 커뮤니케이션 프로세스에는 일반적으로 지정된 연락창구 담당자, 연락처의 전화번호가 포함된다. 이를 통해 일관성을 가지고 적절한 정보를 전달할 수 있다. 정기적인 갱신이 요구되고, 폭넓은 질문에 응답할 필요가 있는 긴급상황에서는 이 점이 특히 중요하다.

[참고] OHSAS 18001:2007과의 비교

7.4.1(일반), 7.4.2(내부 커뮤니케이션), 7.4.3(외부 커뮤니케이션)은 OHSAS 18001 4.4.3.1(커뮤니케이션)에 대응한다.

4.4.3.1 커뮤니케이션

조직은 산업안전보건 위험원 및 OHSMS에 관하여 다음 사항에 대한 절차를 수립, 이행 및 유지하여야 한다.

a) 조직의 여러 계층 및 부문 간의 내부 커뮤니케이션
b) 수급인 및 사업장(작업장) 방문자와의 커뮤니케이션
c) 외부의 이해관계자로부터 관련된 메시지를 수령하고 기록하며 이에 대응하는 것

5) 7.5 문서화된 정보

(1) 7.5.1 일반

7.5.1 일반

조직의 OHSMS는 다음 사항을 포함하여야 한다.

a) 이 규격이 요구하는 문서화된 정보

b) 조직이 OHSMS의 효과성을 위해 필요하다고 결정한 문서화된 정보

참고: OHSMS를 위한 문서화된 정보의 정도는 다음과 같은 이유에 의해 각 조직에 따라 다를 수 있다.

– 조직의 규모 그리고 활동, 프로세스, 제품 및 서비스의 유형

– 법적 및 기타 요구사항을 충족하고 있다는 것을 실증할 필요성

– 프로세스 및 프로세스 간 상호 작용의 복잡성

– 취업자의 역량

---

① 문서화된 정보에 관한 공통적인 일반요구사항의 의도는 관리시스템에서 작성하고 관리하며 유지하여야 하는 정보에 대하여 포괄적으로 규정하는 것이다.

공통 텍스트는 '문서류', '기록'이라는 용어가 아니라 '문서화된 정보'라는 용어를 도입하였다. '문서화된 정보'란, 당해 관리시스템에서 모든 형식 또는 매체(7.5.2 참조)로 관리·유지할 필요가 있다고 결정한 정보를 말한다. 이 용어에는 문서류, 문서, 문서화된 절차 및 기록 등의 종래 개념이 포함되어 있다. '문서화된 정보'에는 종이매체는 물론이고, 전자매체의 경우에도 성문화된 것(서류)에 한정하지 않고 음성, 화상(畵像), 동영상 등 여러 형식(포맷)을 의도하고 있다.

② 본 조문은 2012년 공통 텍스트 발행 당시에 ISO의 JTCG(공통 텍스트를 작성한 전문위원회)에서 '문서'의 관리에서 '정보'의 관리로 전환한다고 하는 논의에서 출발하였다. 데이터, 문서류, 기록 등은 최근에 와

서는 전자적으로 처리되는 것이 많다. 본 조문에서는 7.5.1의 a), b)의 규정에 해당하는 정보를 조직에서 명확히 할 것, 7.5.2의 규정에 따라 '작성·갱신'될 것, 7.5.3의 규정에 따라 '관리'할 것이 요구되고 있다.

③ a)와 관련하여, 이 규격 중에서 작성하고 관리하며 유지 또는 보유하는 것이 요구되고 있는 문서화된 정보를 표에 제시한다. 문서화된 정보는 '문서'와 '기록' 2종류가 있다. 문서는 개정하는 일이 있기 때문에 '유지'한다고 하고, 기록은 (원칙적으로 개정하는 것이 아니기 때문에) 그대로의 상태를 '보유'한다고 한다. 즉, 유지는 문서, 보유는 기록을 대상으로 한다. 이처럼 ISO 규격에서는 문서화된 정보의 술어인 유지와 보유로 문서인지 기록인지를 식별하고 있다. 다만, 조직에 따라 문서, 기록의 구분은 다를 수 있으므로, 어디까지나 자신이 속한 조직 시스템의 효과성을 위하여 필요한 '문서화된 정보'를 주체적으로 결정하면 된다.

프로세스에 관한 문서화된 정보의 요구(6.1.1, 8.1.1)와 관련해서는 프로세스 자체에 문서, 기록 둘 다가 포함되기 때문에, 둘 다가 있을 수 있다고 생각하면 된다.

표 10. ISO 45001에서 요구되고 있는 문서화된 정보

조문	문서화된 정보에 관한 요구사항
4.3 OHSMS의 적용범위의 결정	적용범위를 문서화된 정보로서 이용 가능한 상태로 두어야 한다.
5.2 산업안전보건 방침	방침을 문서화된 정보로서 이용 가능한 상태로 두어야 한다.
5.3 조직의 역할, 실행책임 및 권한	조직 내의 모든 계층에 역할, 실행책임 및 권한이 할당되어 문서화된 정보로서 유지하여야 한다.
6.1 리스크 및 기회에의 대처 6.1.1 일반	산업안전보건 리스크와 기회, 관리시스템에 대한 기타 리스크와 기회를 결정하고 대처하기 위하여 필요한 프로세스 및 조치에 관한 문서화된 정보를 유지하여야 한다.

(계속)

조문	문서화된 정보에 관한 요구사항
6.1.2.2 OHSMS에 대한 산업 안전보건 리스크 및 기타 리스크의 평가	산업안전보건 리스크의 평가 방법 및 기준을 결정하고 문서화된 정보로서 유지하고 보유하여야 한다.
6.1.3 법적 및 기타 요구사항의 결정	법적 및 기타 요구사항에 관한 문서화된 정보를 유지하고 보유한다. 변경이 반영되도록 정보를 최신의 상태로 해두어야 한다.
6.2.2 산업안전보건 목표의 달성을 위한 계획수립	산업안전보건 목표 및 그것의 달성을 위한 계획에 관한 문서화된 정보를 유지하고 보유하여야 한다.
7.2 역량 d)	역량의 증거로서 적절한 문서화된 정보를 보유하여야 한다.
7.4 커뮤니케이션 7.4.1 일반	필요에 따라 커뮤니케이션의 증거로서 문서화된 정보를 보유하여야 한다.
7.5 문서화된 정보 7.5.1 일반 a), b)	• 본 규격이 요구하는 것 • OHSMS의 효과성을 위하여 필요하다고 조직이 결정한 것
8.1 운영적 계획 및 관리 8.1.1 일반	프로세스가 계획대로 실시되었다는 확신을 갖기 위하여 필요한 정도의 문서화된 정보를 유지하고 보유하여야 한다.
8.2 긴급상황 대비 및 대응	긴급상황에 대응하기 위한 프로세스 및 계획에 관한 문서화된 정보를 유지하고 보유하여야 한다.
9.1 모니터링, 측정, 분석 및 성과평가 9.1.1 일반	모니터링, 측정, 분석 및 성과평가의 결과에 대한 증거로서 그리고 측정기기의 보수, 교정 또는 측정의 검증의 기록으로서 적절한 문서화된 정보를 보유하여야 한다.
9.1.2 준수평가 d)	준수평가의 결과에 관한 문서화된 정보를 보유하여야 한다.
9.2.2 내부감사 프로그램 f)	감사 프로그램의 실시 및 감사결과의 증거로서 보유하여야 한다.
9.3 경영진 검토	경영진 검토 결과의 증거로서 보유하여야 한다.
10.2 사고, 부적합 및 시정 조치	• 사고 또는 부적합의 성질 및 이에 대해 취해진 모든 조치에 대한 증거 • 모든 조치 및 개선조치의 결과(조치의 효과성 포함)에 대한 증거 • 문서화된 정보를 관련 취업자 및 그 대표(존재하는 경우)와 기타 관련 이해당사자에게 전달하여야 한다.
10.3 계속적 개신	계속적 개선 결과의 증거로서 유지하고 보유하여야 한다.

④ b)와 관련하여, 이 규격에서 요구되고 있는 것 이외에, 어떠한 문서화된 정보가 필요한지를 판단하는 것은 조직의 재량이자 책임이다. 각각의 조직에 따라 필요한 정도는 다르기 때문에, 참고에 열거되어 있는 요인이 참고가 되지만, 일반적으로는 조직규모가 큰 경우, 활동의 종류가 많은 경우, 프로세스 및 그 상호 작용이 복잡한 경우에는 문서화의 요구가 높아질 것이다. 조직에서 필요한 문서화된 정보의 예로는 산업안전보건위원회 규정, 위험성 평가 실시규정 등 많은 것을 생각할 수 있다.

당초 당해 관리시스템 이외의 목적으로 작성된 기존의 문서화된 정보를 이용하더라도 무방하다.

⑤ ISO 45001에서는 문서화된 정보의 일종이라고 할 수 있는 매뉴얼 자체에 대한 작성을 요구하는 규정은 두고 있지 않다.

[참고] 부속서 A.7.5의 요점

(1) 효과성, 효율성 및 간결성을 동시에 확보하기 위하여 문서화된 정보의 복잡성을 최소한으로 유지하는 것이 중요하다.

(2) 법적 및 기타 요구사항에의 대처계획 및 이들 조치의 효과성 평가에 관한 문서화된 정보를 포함하는 것이 바람직하다.

[참고] OHSAS 18001:2007과의 비교

7.5.1(일반)은 OHSAS 18001 4.4.4(문서류)에 대응한다.

4.4.4 문서류

OHSMS 문서에는 다음 사항이 포함되어야 한다.

a) 산업안전보건 방침 및 목표

b) OHSMS의 적용범위에 대한 기술(記述)

c) OHSMS의 주요 요소, 이들의 상호 작용에 대한 기술 및 관련 문서의 참고문헌

d) 이 OHSAS 규격이 요구하는 문서(기록 포함)

e) 조직의 산업안전보건 리스크의 운영적 관리에 관련된 프로세스의 효과적인 계획, 운영 및 관리를 확실하게 실시하기 위하여 조직이 필요하다고 결정한 기록을 포함한 문서

참고: 문서류는 관련된 복잡성, 위험원 및 리스크 수준과 균형을 이루고, 효과성 및 효율성을 위하여 필요최소한으로 억제하는 것이 중요하다.

---

(2) 7.5.2 작성 및 갱신

7.5.2 작성 및 갱신

문서화된 정보를 작성 및 갱신할 때, 조직은 다음 사항이 적절할 것을 보장하여야 한다.

a) 문서화된 정보의 파악 및 서술(예: 제목, 날짜, 작성자, 참조번호)

b) 문서화된 정보의 형식[예: 언어, 소프트웨어 판(version), 도표] 및 매체(예: 종이, 전자매체)

c) 문서화된 정보의 적합성 및 적절성을 위한 검토 및 승인

---

① 문서화된 정보의 작성 및 갱신에 관한 이 조문의 의도는 정보를 식별하고, 그것을 유지하는 형식 및 매체를 결정하며, 그것을 검토 및 승인하는 것에 관한 요구사항을 규정하는 것이다.

② 이 조문은 ISO 14001과 동일하게 부속서 SL의 내용을 그대로 따른 것으로서, 산업안전보건 고유의 추가 요구사항은 아니다.

③ 정보는 종이에 고집할 필요는 없고, 예컨대 취업자에게 관련된 사고 및 그 조사결과를 산업재해 사례, 아차사고 사례의 정보로서 전자데이터를 작성하고, 적절한 검토 및 승인을 받아 7.5.3의 규정에 따라 데이터베이스 등을 통해 접근할 수 있도록 관리하는 것도 가능할 것이다.

④ c)와 관련해서는, 작성 및 갱신할 때에 승인이 요구되는데, 적절성 및 타당성에 관한 검토와 승인이 요구되는 대상범위가 ISO 45001에서는 기록을 포함한 문서화된 정보로 확장된 것에 주의하고, 중요한 기록에 대하여 검토 및 승인의 절차를 마련하는 것이 필요하다.

[참고] OHSAS 18001:2007과의 비교

7.5.2(작성 및 갱신)는 OHSAS 18001 4.4.5(문서관리)에 대응하고 있다(갱신, 승인 부분).

4.4.5 문서관리

(중략)

조직은 다음 사항에 대한 절차를 수립, 이행 및 유지하여야 한다.

a) 발행 전에 적절성을 위하여 문서를 승인한다.

b) 문서를 검토한다. 그리고 필요한 경우 갱신하고 재승인한다.

(후략)

(3) 7.5.3 문서화된 정보의 관리

7.5.3 문서화된 정보의 관리

OHSMS 및 본 규격에서 요구하고 있는 문서화된 정보는 다음 사항을 확실히 하기 위해 관리되어야 한다.

a) 문서화된 정보가 필요한 때, 필요한 곳에서 입수 가능하고 이용에 적합한 상태이다.

b) 문서화된 정보가 적절하게 보호되고 있다(예: 기밀성의 상실, 부적절한 사용 및 완전성의 상실로부터의 보호).

조직은 문서화된 정보의 관리를 위하여, 해당하는 경우에는 반드시 다음 활동에 대해 고심하여야 한다.

- 배부, 접근, 검색 및 이용
- 읽기 쉬움(판독 가능함)의 유지를 포함한 보관 및 보존
- 변경의 관리[예컨대, 판(version)의 관리]
- 보유 및 폐기

OHSMS의 계획 및 운영을 위하여 조직에 의해 필요하다고 결정된 외부 출처의 문서화된 정보는 필요에 따라 확인되고 관리되어야 한다.

참고 1: 접근이란, 문서화된 정보의 열람만을 허가하는 결정을 수반하거나, 문서화된 정보의 열람 및 변경의 허가·권한에 관한 결정을 수반할 수 있다.

참고 2: 관련된 문서화된 정보의 접근에는 취업자 및 그 대표(있는 경우)에 의한 접근이 포함된다.

① 이 조문의 의도는 문서화가 요구되는 정보에 관하여 다른 ISO 관리시스템 규격과 동일한 문서관리·기록관리를 요구하는 것이다.

② 대부분 부속서 SL의 공통 요구사항이고, 조직 내에 이미 ISO 9001, ISO 14001을 통해 문서화된 정보의 관리방법이 확립되어 있는 조직에서는 그 프로세스를 따르는 것이 가능하다. 즉, 기존의 품질·환경관리시스템에서 문서관리시스템이 구축되어 있는 경우에는 통합해도 무방하다.

③ 문서화된 정보의 관리에 있어서 "적용 가능한 경우에는 반드시"라는 표현은 관리방법이 열거되어 있는 것 중에서 어떤 종류의 문서화된 정보에 관리방법이 적용 가능한 경우에는 반드시 그와 같은 관리를 하여야 한다는 취지이다.

④ 문서화가 요구되는 내부정보에 추가하여, 외부관계자가 작성한 정보도 조직이 필요하다고 결정한 것은 관리하는 것이 요구된다. 예를 들면, 법규제·각종 협정문서, 설비의 취급설명서, 물질안전보건자료(MSDS), 상위조직에서 발행되는 문서 등 여러 가지를 생각할 수 있다. 이와 같은 정보에 대해서도 확인 및 관리하는 것이 요구된다.

⑤ 참고 2는 참고 1에서 접근권한에 대해 대상이 되는 사람을 한정하지 않고 기재하고 있어 커버되고 있다고도 생각할 수 있지만, 취업자 및 그 대표(있는 경우)에 의한 접근에 대해서도 관리의 대상에 포함하는 것을 강화하기 위하여 기재되어 있다.

[참고] 부속서 A.7.5의 요점

(1) 7.5.3에서 설명한 조치는 폐지한 문서화된 정보를 의도치 않게 사용하는 것의 방지도 목적으로 하고 있다.

(2) 비밀정보의 예에는 개인성보 및 의료정보를 포함한다.

[참고] OHSAS 18001:2007과의 비교

7.5.3(문서화된 정보의 관리)은 OHSAS 18001 4.4.5(문서관리), 4.5.4(기록관리)에 대응한다.

4.4.5 문서관리

OHSMS 및 이 OHSAS 규격에서 요구되는 문서는 관리되어야 한다. 기록은 문서의 일종이지만, 4.5.4에 규정하는 요구사항에 따라 관리되어야 한다.

조직은 다음 사항에 관련되는 절차를 수립, 이행 및 유지하여야 한다.

(중략)

c) 문서의 변경 및 현 개정상태가 식별되도록 한다.

d) 해당하는 문서의 관련된 판이 필요한 곳에서 이용될 수 있도록 한다.

e) 문서가 읽기 쉽고 용이하게 식별할 수 있도록 한다.

f) OHSMS의 계획 및 운영을 위하여 조직이 필요하다고 결정한 외부로부터의 문서를 명확히 하고, 그것의 배부가 관리되도록 한다.

g) 폐지문서가 잘못하여 사용되지 않도록 한다. 그리고 이것들이 무언가의 목적으로 보유되는 경우에는 적절한 표시를 한다.

4.5.4 기록관리

조직은 조직의 OHSMS 및 이 OHSAS 규격의 요구사항에의 적합 및 달성한 결과를 실증하는 데 필요한 기록을 작성하고 유지하여야 한다.

조직은 기록의 식별, 보관, 보호, 검색, 보관기간 및 폐기에 대한 절차를 수립, 이행 및 유지하여야 한다.

기록은 읽기 쉽고 식별 가능하며 추적 가능한 상태를 유지하여야 한다.

8. 운영

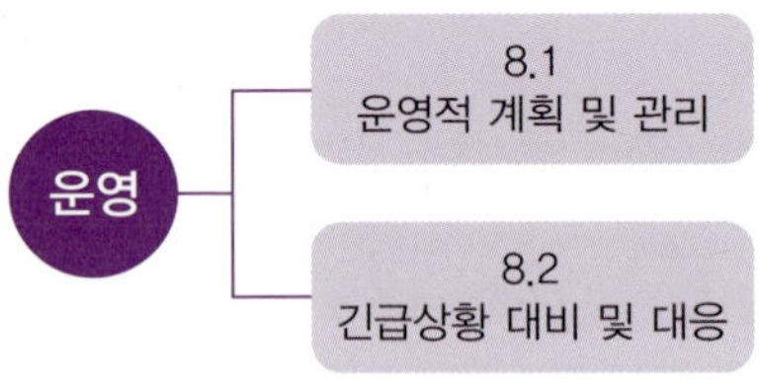

운영적 관리가 효과적으로 작동하지 않으면, 산업안전보건 방침 및 목표를 달성하는 것이 불가능해지고 사고·재해의 발생으로 이어질 수 있다. 제품 및 서비스의 실현단계(제조, 서비스제공)에서의 프로세스 및 활동은 수급인, 계약자, 공급자 등의 업자와 관련되는 경우가 많다. 운영적 관리의 정도는 조직의 기능, 그 복잡성, 관련되는 전문적 역량 등을 포함하는 많은 요인에 따라 다르다. 본 조문에는 운영단계의 중요한 사항인 위험원 제거 및 산업안전보건 리스크 저감, 변경 관리, 조달, 긴급상황 대비 및 대응이 규정되어 있다.

1) 8.1 운영적 계획 및 관리

(1) 8.1.1 일반

8.1.1 일반

조직은 OHSMS의 요구사항을 충족하고 제6절에서 결정된 조치를 이행하는 데 필요한 프로세스를 계획, 이행, 관리 및 유지하여야 한다. 이 경우 조직은 다음과 같은 방법에 따른다.

a) 프로세스에 대한 기준의 설정

b) 그 기준에 따른 프로세스 관리의 실시

c) 프로세스가 계획대로 실행되어 왔다는 확신을 하는 데 필요한 정도로 문서화된 정보의 유지 및 보유

d) 작업을 취업자에게 맞추는 조정

복수의 사업주가 있는 사업장에서는, 조직은 다른 조직과 OHSMS의 관련된 부분을 조정하여야 한다.

---

① 본 조문은 사업에서의 운영단계의 요구사항을 규정하고 있다. 8.1.1에는 "필요한 프로세스를 계획, 이행, 관리 및 유지하여야 한다."라고 되어 있는바, 4.4의 "필요한 프로세스들 및 그것들 간의 상호 작용을 포함하여 OHSMS를 수립, 이행 및 유지하고 계속적으로 개선하여야

한다."와 연동되어 있다. 여기에서는 프로세스 계획 등을 할 때 유의할 사항을 a)~d)에 규정하고 있다. 이 부분은 각종 ISO 관리시스템 모두에 대한 공통 텍스트(부속서 SL)의 의도를 반영한 것이다.

② 여기에서는 프로세스의 계획 등을 2개로 나누어 규정하고 있다. 하나는, "OHSMS의 요구사항을 충족하는 데 필요한 프로세스", 두 번째는 "제6절에서 결정된 조치를 이행하기 위하여 필요한 프로세스"이다. 두 번째인 제6절에 관한 프로세스의 요구는 첫 번째 프로세스의 요구에 포함되지만, 리스크 및 기회를 포함한 OHSMS에 관한 사항을 추출함으로써 ISO 45001 관리시스템의 본질을 강조하고 있다.

③ 첫 번째인 "OHSMS의 요구사항을 충족하기 위하여 필요한 프로세스"는 4.4(OHSMS)에서 요구하고 있는 '필요한 프로세스'와 동일한 프로세스라고 이해하면 된다.

④ 두 번째인 "제6절에서 결정한 조치를 이행하는 데 필요한 프로세스"에서 '제6절에서 결정된 조치'란 다음의 조치를 말한다.

- 리스크 및 기회에 대처하기 위한 조치
- 법적 및 기타 요구사항에 대처하기 위한 조치
- 긴급상황에 대비하고 대응하기 위한 조치

⑤ 프로세스를 계획, 이행, 관리 및 유지할 때에는 a)~d)에 규정되어 있는 방법에 따라 실시하는 것이 요구된다.

a) 프로세스에 관한 기준의 설정

b) 그 기준에 따른 프로세스 관리의 실시

c) 프로세스가 계획대로 이행되어 왔다는 확신을 하는 데 필요한 정도로 문서화된 정보의 유지 및 보유

d) 작업을 취업자들에게 맞추는 것

⑥ 프로세스를 계획, 이행, 관리 및 유지할 때에는 "a) 프로세스에 대한 기준의 설정"이 요구되는데, '프로세스에 대한 기준'에는 예컨대 다음과 같은 것이 있다.

- 조직의 방침 및 목적과의 부합성
- 조직의 실제에의 적합성
- 법적 및 기타 요구사항의 반영(충족)
- 안전보건프로그램의 재해예방의 효과성
- 필요한 물적 자원의 확보
- 적합한 인력의 배치
- 관리방안 우선순위의 준수
- 인간공학적 접근방법을 최대한 고려
- 철저한 변경 관리
- 성과평가의 실시

⑦ "b) 그 기준에 따른 프로세스 관리의 실시"란, 상기의 예로 제시한 모니터링 등이 설정된 기준대로 실행되고 있는지 여부를 관리하는 것이다.

⑧ "c) 프로세스가 계획대로 실행되어 왔다는 확신을 하는 데 필요한 정도로 문서화된 정보의 유지 및 보유"와 관련해서는, 프로세스의 계획(수립)은 문서로 작성할 것이 요구되고(유지), 계획한 프로세스의 실행상황은 기록할 것이 요구된다(보유).

⑨ 마지막의 "복수의 사업주가 있는 사업장에서는, 조직은 다른 조직과 OHSMS의 관련된 부분을 조정하여야 한다."란, 8.1.4.2(수급인)에서 요구되고 있는 "조직은 다음 사항에 기인하는 위험원을 파악하는 한편, 산업안전보건 리스크를 평가하고 관리하기 위하여 조달 프로세스를 수급인과 조정하여야 한다."와 관련되어 있다.

[참고] 부속서 A.8.1.1의 요점

프로세스의 운영적 계획 및 관리(control)는 산업안전보건을 향상시키기 위해 필요에 따라 수립되고 이행될 필요가 있다. 이 경우 위험원을 제거하는 방식에 의하거나, 이것이 실행 가능하지 않을 경우에는 운영 영역 및 활동에 대해 합리적으로 실행 가능한 한 낮은(As Low As Reasonably Practicable: ALARP) 수준으로 산업안전보건 리스크를 감소시키는 방식에 의한다.

프로세스의 운영적 관리(방안) 예는 다음과 같다.

a) 작업절차 및 작업시스템 활용

b) 취업자의 역량 확보

c) 예방적 유지 및 점검 프로그램의 수립

d) 물품 및 서비스의 조달에 대한 명확화

e) 설비에 대한 법적 및 기타 요구사항 및 제조자 사용설명서 적용

f) 공학적 및 관리적 관리방안

g) 작업을 취업자에게 맞추는 조정

- 작업 조직방법의 정의 및 재정의
- 신입직원의 연수
- 프로세스 및 작업환경의 정의 및 재정의
- 사업장(작업장), 설비 등을 새롭게 설계하거나 변경할 때 인간공학적 접근방법의 사용

[참고] OHSAS 18001:2007과의 비교

8.1.1(일반)은 OHSAS 18001 4.4.6(운영적 관리)에 대응하고 있다.

4.4.6 운영적 관리

조직은 산업안전보건 리스크를 관리하기 위하여 관리방안의 이행이 필요한 경우 파악된 위험원에 관련된 운영 및 활동을 결정하여야 한다.

조직은 이들 운영 및 활동을 위하여 다음 사항을 이행하고 유지하여야 한다.

(중략)

d) 문서화된 절차로서 그것이 없으면 산업안전보건 방침 및 목표로부터의 일탈을 초래할 수 있는 상황을 커버하는 것

e) 운영기준으로서 그것이 없으면 산업안전보건 방침 및 목표로부터의 일탈을 초래할 수 있는 명기된 기준

(2) 8.1.2 위험원 제거 및 산업안전보건 리스크 저감

8.1.2 위험원 제거 및 산업안전보건 리스크 저감

조직은 다음과 같은 관리방안의 위계(우선순위)에 따라 위험원의 제거 및 산업안전보건 리스크의 저감을 위한 프로세스를 수립, 이행 및 유지하여야 한다.

a) 위험원을 제거한다.

b) 덜 위험한 프로세스, 조작(operation), 재료 또는 설비로 대체한다.

c) 공학적 대책 및 작업의 재조직을 활용한다.

d) 교육훈련을 포함한 관리적 대책을 활용한다.

e) 적절한 개인보호구(PPE)를 사용한다.

참고: 많은 국가에서 법적 및 기타 요구사항은 개인보호구(PPE)가 취업자에게 무상지급되도록 하는 요구사항을 포함하고 있다.

---

① 본 조문의 의도는 리스크를 저감하는 데 있다. 그 방법으로서의 우선순위를 규격으로 명확히 하고 그 실시를 요구하는 것이다. "위험원의 제거 및 산업안전보건 리스크를 저감하기 위한 프로세스"의 수립을 요구하고 있다. 반복하여 설명하지만, 프로세스를 수립하려면, 투입과 산출 그리고 8.1.1에서 요구되는 a) 프로세스에 관한 기준, b) 프로세스의 관리, c) 문서화의 요구, d) 작업을 취업자에게 맞추는 조정에 부응하여야 한다.

② ISO/PC 283/WG 1에서의 논의에서는 당초 "위험원 제거"도 리스크 저감의 하나인 것으로 간주되어 관리방안의 하나로 취급되었지만, 나머지 b)~e)의 대책과는 차원이 다르다는 이유로 제목에 "위험원의 제거"가 특필되었다. 위험원을 제거하는 것은 실제상 상당한 곤란을 수반하는 것이고, b)~e)와는 준별된다.

③ 취하여야 할 관리방안들의 우선순위는 a) → e)로 낮아져 간다. 즉, a) → e) 순으로 관리방안의 효과가 낮아진다[a)가 채용할 우선순위 1위이고, 그 다음 차례로 우선도가 낮아진다. e)가 가장 우선도가 낮다]. a)~e)의

실시례는 이하의 부속서 A.8.1.2에 설명되어 있다.

④ 위험원이 제거될 수 없는 경우에는, 리스크를 합리적으로 실행 가능한 한 낮은(As Low As Reasonably Practicable: ALARP) 수준까지 저감하는 데 성공하기 위해 여러 저감조치를 조합하는 것이 일반적이다(부속서 A.8.1.2 ; ISO 45002 8.1.2).

⑤ 참고에는 개인보호구의 무상지급에 관한 설명이 있는데, 이것은 ILO가 최후까지 요구사항으로 하여야 한다고 요구한 것이다. 그러나 무상지급은 각국 사정에 따라야 한다는 반대의견도 많았고, 결국 요구사항으로는 되지 않았다.

[참고] 부속서 A.8.1.2의 요점

관리방안의 위계는 산업안전보건을 강화하고, 위험원을 제거하며, OH&S 리스크를 저감 또는 제어하기 위한 체계적인 접근을 제공하기 위한 것이다. 각 관리방안은 그 앞의 관리방안보다 덜 효과적인 것으로 평가된다. 합리적으로 실행 가능한 한 낮은 수준으로 OH&S 리스크를 저감하는 데 성공하기 위해서는 여러 조치를 조합하는 것이 일반적이다.

a) 제거에는 다음과 같은 예가 있다.

① 위험원을 제거한다.

② 위험한 화학물질의 사용을 그만둔다.

③ 새로운 사업장(작업장)을 계획할 때 인간공학적 접근방법을 적용한다.

④ 단조로운 작업 또는 부정적인 스트레스를 일으키는 작업을 제거한다.

⑤ 지게차를 일정한 영역에서 치운다.

b) 대체에는 다음과 같은 예가 있다.

① 위험한 것을 덜 위험한 것으로 대체한다.

② 산업안전보건 리스크를 근원에서 대처한다.

③ 기술의 진보(예: 용제도료를 수성도료로 교체, 미끄러지기 쉬운 바닥재의 변경, 장비의 전압요건을 낮춤)

c) 공학적 대책, 작업 재조직 또는 둘 다에는 다음과 같은 예가 있다.

① 사람들을 위험원으로부터 격리한다.

② 집단적 보호조치(격리, 기계방호, 환기시스템)를 실시한다.

③ 기계적 조작에 중점을 둔다.

④ 소음을 줄인다.

⑤ 난간을 설치함으로써 높은 곳에서 추락하는 것을 방지한다.

⑥ 혼자 일하는 것, 건강에 좋지 않은 노동시간 및 작업량을 피하거나 희생을 방지하기 위해 작업을 재조직한다.

d) 관리적 대책

① 정기적인 안전장치 검사를 실시한다.

② 수급인의 활동과의 안전보건에 관한 조정을 행한다.

③ 신규직원 교육훈련을 실시한다.

④ 지게차 운전면허를 관리한다.

⑤ 보복에 대한 두려움 없이 사고, 부적합, 희생을 보고하는 방법에 대한 지침을 제공한다.

⑥ 작업패턴(예: 교대제)을 변경한다.

⑦ 건강진단 프로그램을 관리한다.

⑧ 취업자에게 적절한 지시를 한다(예: 출입통제 프로세스).

e) 적절한 개인보호구를 제공한다. 개인보호구의 예로는 다음과 같은 것이 있고, 여기에는 의복과 개인보호구의 사용 및 보수에 관한 지시(설명)가 포함된다.

① 안전화

② 보호안경

③ 방음보호구

④ 장갑

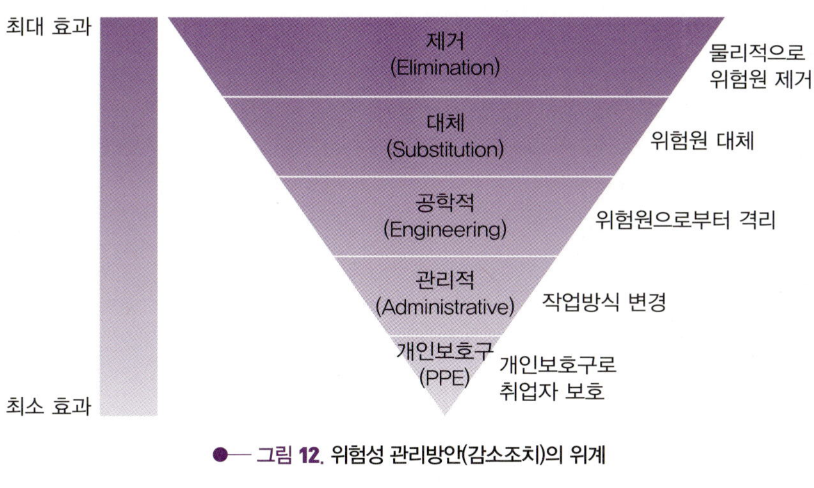

그림 12. 위험성 관리방안(감소조치)의 위계

[참고] OHSAS 18001:2007과의 비교

8.1.2(위험원 제거 및 산업안전보건 리스크 저감)는 OHSAS 18001 4.3.1(위험원 파악, 위험성 평가 및 관리방안 결정)에 대응하고 있다(관리방안 결정 부분).

8.1.2의 관리방안의 우선순위 a)~e)는 OHSAS 18001 4.3.1의 후반부에 규정되어 있다.

4.3.1 위험원 파악, 위험성 평가 및 관리방안 결정

조직은 계속적인 위험원 파악, 위험성 평가 및 필요한 관리방안 결정을 위한 절차를 수립, 이행 및 유지하여야 한다.

(중략)

관리방안을 결정하거나 기존 관리방안의 변경을 고려할 때, 다음 우선순위에 따라 위험성의 감소를 고려하여야 한다.

a) 제거

b) 대체

c) 공학적 대책

d) 표지/경고 및/또는 관리적 대책

e) 개인보호구

(3) 8.1.3 변경 관리

8.1.3 변경 관리

조직은 다음 사항을 포함하여 산업안전보건 성과에 영향을 미치는 계획적인 일시적·영속적 변경의 실시와 관리를 위한 프로세스를 수립하여야 한다.

a) 새로운 제품, 서비스 및 프로세스 또는 기존의 제품, 서비스 및 프로세스의 변경으로서 다음 사항을 포함한다.

  – 작업장소 및 주변상황

  – 작업의 구성

  – 노동조건

  – 장비

  – 노동력

b) 법적 및 기타 요구사항의 변경

c) 위험원 및 관련 산업안전보건 리스크에 관한 지식 또는 정보의 변경

d) 지식 및 기술의 발전

조직은 의도하지 않은 변경에 의해 발생한 결과를 검토하고, 필요한 경우 나쁜 영향을 경감하기 위한 조치를 취하여야 한다.

참고: 변경은 리스크 및 기회가 될 수 있다.

---

① 본 조문의 의도는 변경이 생겼을 때 새로운 위험원 및 산업안전보건 리스크가 직장환경에 미치는 좋지 않은 영향을 최소한으로 억제함으로써, 직장의 산업안전보건을 유지하는 것이다. "산업안전보건 성과에 영향을 미치는 계획적, 잠정적 및 영속적 변경의 실시와 관리를 위한 프로세스"의 수립을 요구하고 있다.

② 본 조문은 일반적으로 '변경 관리'라고 불린다. "무언가가 변하였을 때에 안전이 손상되기 쉽다."고 하는 상식이 이 조문의 배경에 있다. 변경에는 계획적으로 이루어지는 것과 그렇지 않은 것이 있는데, 규격은 먼저 계획적으로 이루어지는 변경에 대해 프로세스의 수립을 요구하고 있다.

프로세스를 계획할 때에는 변경하는 것으로 다음 사항을 포함해야 하는 것으로 되어 있다.

a) 제품, 서비스 및 프로세스
   - 작업장소 및 주변상황
   - 작업의 구성
   - 노동조건
   - 장비
   - 노동력

b) 법적 및 기타 요구사항의 변경

c) 위험원 및 관련 산업안전보건 리스크에 관한 지식 또는 정보의 변경

d) 지식 및 기술의 발전

③ 계획적이지 않은 변경은 "의도하지 않은 변경"이라고 표현되어 있다. 실제 상황에서는 의도하지 않은 변경을 원인으로 하는 사고가 많으므로, 의도하지 않은 변경에 대해 보다 많은 주의가 필요하다.

의도하지 않은 변경은 조직의 모든 곳에서 발생할 가능성이 있는데, 의도하지 않은 변경이 발생하였을 때에는 결과를 검토하고, 나쁜 영향을 경감하는 조치를 취하여야 한다.

[참고] 부속서 A.8.1.3의 요점

(1) 변경 관리 프로세스의 목적은 변경이 발생할 때 새로운 위험원과 산업안전보건 리스크가 작업환경에 도입되는 것을 최소화함으로써 산업안전보건을 향상시키는 것이다.

(2) 변경 관리 프로세스의 대상으로 다음과 같은 예를 제시할 수 있다.

① 기술, 설비, 시설, 작업방법·절차의 변경

② 설계사양의 변경

③ 원재료의 변경

④ 인원배치의 변경

⑤ 기준 또는 규제 등의 변경

(3) 예상되는 변경의 성격에 따라서는, 조직은 변경에 수반하는 산업안전보건 리스크 및 산업안전보건 기회를 평가하기 위하여 '설계 검토'(ISO 9000:2015 3.11.2 참조)와 같은 적절한 방법을 사용할 수 있다.

(4) 변경 관리의 필요성은 계획수립(6.14)의 결과일 수 있다. 즉, 계획수립의 결과, 변경 관리가 필요하다고 결정될 수 있다.

ISO 9000:2015

3.11.2 검토

설정된 목표를 달성하기 위한 대상(3.6.1)의 적절성, 타당성 또는 효과성의 결정(3.11.1)

예: 관리(3.3.3) 검토, 설계(3.4.8) 검토, 고객(3.2.4) 요구사항(3.6.4) 검토, 개선조치(3.12.2) 검토, 동등성 검토

참고: 검토에는 효율성(3.7.10)의 결정(3.11.1)도 포함될 수 있다.

[참고] OHSAS 18001:2007과의 비교

8.1.3(변경 관리)은 OHSAS 18001 4.4.6(운영적 관리)에 대응하고 있다(변경 관리 부분).

4.4.6 운영적 관리

조직은 산업안전보건 리스크를 관리하기 위하여 관리방안의 실시가 필요한 경우, 파악된 위험원에 관련된 운영 및 활동을 결정하여야 한다. 이것에는 변경 관리를 포함하여야 한다(4.3.1 참조).

(후략)

(4) 8.1.4 조달

가) 8.1.4.1 일반

8.1.4.1 일반

조직은 물품 및 서비스가 OHSMS에 적합하도록 하기 위하여 물품 및 서비스의 조달을 관리하기 위한 프로세스를 수립, 이행 및 유지하여야 한다.

① 이 조문은 물품 및 서비스의 조달을 관리하는 프로세스를 수립하는 것을 요구하고, 조달에 의해 외부로부터 산업안전보건에 해가 되는 것이 들어오지 못하도록 관리하는 것을 의도하고 있다.

② 외부로부터 사업장(작업장)에 도입하기 전에, 예컨대 물품, 위험한 재료 또는 물질, 원재료, 장비 또는 서비스에 수반하는 위험원을 결정하고 평가하여 제거한다. 위험원을 결정할 때에는 6.1.2.1(위험원 파악)을 참고하면 된다.

③ 조달에 의한 산업안전보건 리스크를 결정하고 평가하여 저감할 필요가 있다. 산업안전보건 리스크는 "업무에 관련되는 위험한 사건(hazardous event) 또는 노출(exposure)의 발생 가능성과 그 사건 또

는 노출로 야기될 수 있는 부상과 건강장해의 중대성의 조합"인데, 6.1.2.2의 규정에 따라 산업안전보건 리스크를 평가하면 된다. 이 경우 6.1.2.2에서 결정한 "산업안전보건 리스크의 평가방법", "산업안전보건 리스크의 평가기준"을 이용한다.

④ 조달 프로세스를 계획할 때에는 다음 사항을 명확히 한다.

- 조달 프로세스에의 투입
- 조달 프로세스로부터 산출
- 프로세스에 관한 기준의 설정
- 프로세스 관리의 실시
- 문서화된 정보의 유지 및 보유

[참고] 부속서 A.8.1.4.1의 요점

(1) 조직의 조달 프로세스는 조직이 구입하는 소모품, 장비, 원재료 및 기타 물품 및 관련 서비스가 조직의 OHSMS에 적합하도록 요구사항에 대처하는 것이 바람직하다. 조달 프로세스는 협의(5.4 참조) 및 커뮤니케이션(7.4 참조)의 필요성에도 대처하는 것이 바람직하다.

(2) 조직은 다음 사항을 보장함으로써 설비, 시설 및 재료가 취업자에 의한 사용에 안전하다는 것을 검증하는 것이 바람직하다.

a) 장비가 사양서에 따라 반입되어 의도한 대로 기능하는 것을 보장하기 위한 시험이 이루어진다.

b) 설계대로 기능하는 것을 보장하기 위하여 장비의 시운전이 이루어진다.

c) 재료가 사양서에 따라 반입된다.

d) 사용법에 관한 요구사항, 예방조치 또는 기타의 보호조치가 전달되어 사용할 수 있도록 되어 있다.

[참고] OHSAS 18001:2007과의 비교

8.1.4.1(조달)은 OHSAS 18001 4.4.6(운영적 관리) b)에 대응한다.

4.4.6 운영적 관리

(중략)

조직은 이 운영 및 활동을 위하여 다음 사항을 실시하고 유지하여야 한다.

b) 구입품, 장비 및 서비스에 관련된 관리방안

(후략)

나) 8.1.4.2 수급인

8.1.4.2 수급인

조직은 다음 사항에 기인하는 위험원 파악 및 산업안전보건 리스크의 평가·관리를 위하여 조달 프로세스를 수급인과 조정(협력)하여야 한다.

a) 조직에 영향을 미치는 수급인의 활동 및 업무

b) 수급인의 취업자에게 영향을 미치는 조직의 활동 및 업무

c) 사업장(작업장)의 기타 이해관계자에게 영향을 미치는 수급인의 활동 및 업무

조직은 수급인 및 그 취업자가 조직의 OHSMS 요구사항을 충족하도록 하여야 한다. 조직의 조달 프로세스는 수급인 선정에 관한 산업안전보건기준을 정하고 적용하여야 한다.

참고: 수급인의 선정에 대한 산업안전보건기준을 계약문서에 포함하여 두는 것이 산업안전보건에 도움이 될 수 있다.

---

① 본 조문은 수급인과 그 취업자가 조직(도급인)의 OHSMS를 준수하도록 보장하고, OHSMS를 관리하기 위하여 조달 프로세스를 수급인과 조정(협력)하는 것을 의도하고 있다.

② 수급인의 정의는 "합의된 사양(specification) 또는 계약조건에 따라 조직에 서비스를 제공하는 외부의 조직"(3.7 참조)이다. 이 정의에 근거하여 조직에 어떤 서비스가 외부로부터 제공되고 있는지를 조사·확인하는 것이 요구된다.

③ 서비스라는 용어의 정의는 ISO 9000:2015의 3.7.7을 참고하기 바란다.

[참고] ISO 9000:2015

3.7.7 서비스

조직과 고객 간에 반드시 실행되는, 적어도 한 개의 활동을 수반하는 조직의 산출

④ 3.7(수급인)의 참고 1은 "서비스는 특히 건설활동(공사)을 포함할 수 있다."라고 되어 있는 것은 세계적으로 건설업계에는 '수급인'이 현저하기 때문일 것이다.

⑤ 수급인과는 8.1.4.1에서 확립한 프로세스에 대해 '산업안전보건 리스크의 평가 및 관리'를 초점으로 산업안전보건에 관하여 조정(협력)을 하여야 한다. 일을 발주하는 조직과 발주받는 업자 사이에는 안전에 대한 접근방식, 대책, 기준, 절차, 준수사항 등 많은 사항에서 차이가 있는 것을 전제로, 업무를 시작하기 전에 양자가 OHSMS의 이해와 주지철저사항 등을 확인하는 것이 바람직하다.

⑥ 수급인과의 조정(협력) 시에는 다음 사항을 고려하여야 한다.

a) 조직(도급인)에 영향을 미치는 수급인의 활동 및 업무

b) 수급인의 취업자에게 영향을 미치는 조직의 활동 및 업무

c) 사업장(작업장)의 기타 이해관계자에게 영향을 미치는 수급인의 활동 및 업무

[참고] 부속서 A.8.1.4.2의 요점

(1) 조정의 필요성은 수급인(즉, 외부공급자) 중 일부는 전문적인 기술, 기능, 방법 및 수단을 보유하고 있다는 것을 인정하는 것이다.

(2) 수급인의 활동 및 업무의 예는 유지보수, 건설, 운영, 보안, 청소 및 기타 다수의 기능이 있다. 수급인에는 컨설턴트, 관리, 회계 및 기타 기능의 전문가도 포함될 수 있다. 업무를 수급인에게 맡기는 것이 취업자의 산업안전보건에 대한 조직의 책임을 제거하는 것은 아니다.

(3) 조직은 관련된 당사자의 책임을 명확하게 정의하는 계약을 활용하여 그의 수급인의 활동에 대한 조정을 달성할 수 있다. 조직은 사업장(작업장)에서의 수급인의 산업안전보건 성

과를 보장하기 위하여 다양한 수단을 사용할 수 있다[예컨대, 직접적인 계약요구사항 외에, 과거의 안전보건 성과, 안전교육 또는 안전보건역량을 고려한 계약체결(발주, contract award) 메커니즘, 사전자격기준].

(4) 조직이 수급인과 협력할 때에는, 조직 자체와 수급인 간의 위험원 보고, 위험한 장소에의 취업자 접근의 통제 및 긴급 시에 따라야 할 절차를 고려하는 것이 바람직하다. 조직은 수급인이 그의 활동을 조직 자신의 OHSMS 프로세스(예컨대, 출입통제, 밀폐공간 출입, 노출평가 및 공정안전관리에 사용되는 프로세스)와 어떻게 협력할지 그리고 사고보고에 대해 어떻게 협력할지를 명기하는 것이 바람직하다.

(5) 조직은 수급인이 도급작업을 진행하는 것을 허용하기 전에, 예컨대 다음 사항을 검증함으로써 수급인에게 작업을 수행하는 능력이 있는지를 검증하는 것이 바람직하다.

a) 산업안전보건 성과의 성적이 만족스러운 것인지

b) 취업자의 자격, 경험 및 역량에 관한 기준이 명시되어 있고, (예컨대, 교육훈련에 의해) 충족되고 있는지

c) 자원, 장비 및 작업준비가 충분하고 작업이 진행될 준비가 되어 있는지

[참고] OHSAS 18001:2007과의 비교

8.1.4.2(수급인)는 OHSAS 18001 4.4.6(운영적 관리) c)에 대응한다.

4.4.6 운영적 관리

(중략)

조직은 이 운영 및 활동을 위하여 다음 사항을 이행하고 유지하여야 한다.

c) 수급인 및 기타 사업장 방문자와 관련된 관리

(후략)

다) 8.1.4.3 외부위탁

8.1.4.3 외부위탁

조직은 외부위탁된 기능 및 프로세스가 관리(control)되도록 하여야 한다. 조직은 외부위탁 계획이 법적 및 기타 요구사항과 일치하고, OHSMS가 의도하는 결과의 달성과 부합하도록 하여야 한다. 이들 기능 및 프로세스에 적용하는 관리의 방식 및 정도는 OHSMS 내에 명확히 정해져야 한다.

참고: 외부제공자와의 조정은 조직으로 하여금 외부위탁이 산업안전보건 성과에 미치는 영향에 대처하도록 하는 데 도움을 줄 수 있다.

---

① 본 조문의 의도는 조직이 관여하는 공급망(supply chain)에서 산업안전보건에 관한 문제가 발생하지 않도록 하는 것이 의도이다. 외부에 위탁한 일(기능 및 프로세스)을 어떻게 관리할 것인지를 조직의 OHSMS 안에 정해 두어야 한다. 그 점을 외부위탁한 "기능 및 프로세스에 적용하는 관리의 방식 및 정도"를 정해야 한다고 표현하고 있다.

② 3.29에는 "외부위탁하다(outsouce)"가 정의되어 있다.

조직(3.1)의 기능 또는 프로세스(3.25)의 일부를 외부조직이 수행하도록 한다.

참고 1: 외부위탁한 기능 또는 프로세스는 관리시스템의 범위 내에 있지만, 외부조직은 관리시스템 적용범위 밖에 있다.

③ "관리의 방식 및 정도(the type and degree of control)"라는 용어는 ISO 9100:2015 8.4.2에서 사용되고 있으므로 이를 참고하기 바란다.

④ ISO 45001에서의 외부위탁으로는, 예컨대 외부강사에 의한 안전보건 교육, 건강진단기관에의 건강진단 위탁 등을 생각할 수 있다. 당연하지만, 그 프로세스에 관한 책임은 OHSMS를 운영하고 있는 조직에 있다. 따라서 외부위탁한 업무를 OHSMS의 적용 제외로 할 수는 없다.

[참고] ISO 9000:2015

8.4.2 관리의 방식 및 정도

조직은 외부에서 제공되는 프로세스, 제품 및 서비스가 조직의 고객에게 일관되게 적합한 제품 및 서비스를 제공하는 조직의 능력에 부정적인 영향을 미치지 않도록 하여야 한다.

조직은 다음 사항을 행하여야 한다.

a) 외부에서 제공되는 프로세스가 조직의 품질관리시스템의 관리하에 있도록 한다.

b) 외부제공자에게 적용하고자 하는 관리방안, 그리고 그에 따른 산출에 적용하고자 하는 관리방안 두 가지를 명확히 정한다.

(후략)

[참고] 부속서 A.8.1.4.3의 요점

(1) 조직은 OHSMS가 의도하는 결과를 달성하기 위하여 외부위탁한 기능 및 프로세스를 관리할 필요가 있다. 외부위탁한 기능 및 프로세스에서, 이 규격의 요구사항에의 적합에 대한 책임은 조직이 보유한다.

(2) 외부위탁한 기능 및 프로세스에 대한 관리의 정도는 다음과 같은 요인을 토대로 정하는 것이 바람직하다.

① 조직의 OHSMS 요구사항을 충족시키는 외부조직의 능력

② 적절한 관리방안을 정하거나 관리방안의 타당성을 평가하는 조직의 기술적 역량

③ 외부위탁한 프로세스 또는 기능이 OHSMS가 의도하는 결과를 달성하는 조직의 능력에 대해 미치는 잠재적인 영향

④ 외부위탁한 프로세스 또는 기능이 공유되는 정도

⑤ 조달 프로세스의 적용을 통해 조직이 필요한 통제력을 가질 가능성

⑥ 개선의 기회

[참고] OHSAS 18001:2007과의 비교

8.1.4.3(외부위탁)에 대응하는 OHSAS 18001 요구사항은 없다.

2) 8.2 긴급상황 대비 및 대응

8.2 긴급상황 대비 및 대응

조직은 다음 사항을 포함하여 6.1.2.1에서 파악한 바와 같이 잠재적 긴급상황에 대비하고 대응하기 위해 요구되는 프로세스를 수립, 이행 및 유지하여야 한다.

a) 응급처치의 제공을 포함한 긴급상황에 대한 계획적인 대응의 확립
b) 계획적인 대응을 위한 훈련(training)[62] 제공
c) 계획적인 대응 능력의 주기적인 테스트 및 연습(exercising)[63] 실시
d) 테스트 후 및 특히 긴급상황 발생 후, 기타 시기에 성과평가 실시 및 필요한 경우 계획된 대응의 개정
e) 모든 취업자에게 스스로의 의무와 책임에 관한 관련된 정보의 전달(communicating) 및 제공(providing)
f) 수급인, 방문객, 긴급상황 대응기관, 정부당국 및 필요한 경우 지역사회에 관련 정보의 전달
g) 관련되는 모든 이해관계자의 수요 및 능력을 고려하고, 필요한 경우 계획적인 대응 전개 시 이해관계자의 참여 보장

조직은 발생할 수 있는 긴급상황에 대응하기 위한 프로세스 및 계획에 관한 문서화된 정보를 유지하고 보존하여야 한다.

---

① 긴급상황에의 대비 및 대응에 대해서는 i) 위험원으로서의 잠재적 긴급상황의 파악(6.1.2.1 d)), ii) 긴급상황의 산업안전보건 리스크의 평가(6.1.2.2 a)), iii) 대처할 필요가 있는 긴급상황의 결정과 조치의 계획수립(6.1.1, 6.1.4), iv) 대처하기로 한 긴급상황에의 대비 및 대응을 위한 프로세스의 수립, 이행 및 유지(8.2)와 같은 흐름으로 조문 6 및 조문 8에 걸쳐 규정되어 있다.

② 6.1.2.1에서 파악한 긴급상황에의 대비 및 대응으로서, 조직이 실시해야 할 사항이 a)~g) 7개 항목에 명확하게 규정되어 있다.

③ 이 조문은 긴급상황에의 대비 및 대응을 위하여 필요한 프로세스를 수립하는 것을 요구하고 있다. 산업안전보건을 추진하는 데 있어서, 심각한 결과를 초래하기 쉬운 것이 긴급상황이라고 불리는 자연재해(태풍, 홍수, 지진 등) 등이다. 본 조문은 조직에 대하여 그와 같은 경우에도 피해가 경미하게 되도록 훈련 등의 대비를 해두는 것을 의도하

62) 어떤 기술, 능력을 습득 및 향상시키기 위해 실시되는 것을 가리킨다.

63) 이미 습득한 기능을 더욱 숙달시키기 위해 '반복적으로' 이루어지는 것을 가리킨다.

고 있다.

④ 자연재해 외에 막대한 피해를 초래하는 것에 인적 요인에 의한 것도 있다. 예를 들면, 실화(失火), 조작미스에 의한 화재·폭발 등이다(6.1.2.1 참조).

⑤ 재해를 일으키지 않는 것이 제일의 우선과제이지만 현실적으로 통제할 수 없는 것도 있으므로, 만일 재해에 이르는 긴급상황이 발발한 경우에는 취업자가 적절한 행동, 대응, 조치를 취할 수 있도록 평상시에 훈련을 해두는 것이 요구된다.

⑥ 긴급상황이란 갑자기 또는 예기치 않게 발생하는 것으로서 나쁜 결과를 피하기 위해 즉각적인(신속한) 조치가 요구되는 위험하거나 중대한 상황을 가리키는바(Cambridge Dictionary, Oxford Learner's Dictionaries), OHSAS 18002(4.4.7.2)에 예시되어 있던 긴급상황에는 다음과 같은 것이 있다.

- 심각한 부상 또는 질병이 될 수 있는 사건
- 화재 및 폭발
- 유해위험물질·가스의 누출
- 자연재해, 악천후
- 유틸리티의 차단(예: 전력공급의 정지)
- 전염병의 팬데믹(전국적인 유행병), 전염/돌발
- 시민폭동, 테러, 사보타주, 직장폭력
- 중요설비의 고장
- 교통사고 등

⑦ a)에 규정되어 있는 긴급상황에 대한 계획적인 대응은 전사(全社) 공통 긴급상황에 대한 것과 부서 고유 긴급상황에 대한 것이 있다.

⑧ b)의 교육훈련, c)의 주기적인 테스트 및 훈련은 주기적으로 실시할 필요가 있다.

⑨ d)에서는 b)의 훈련 결과, c)의 주기적인 테스트 및 연습 결과, 발생한 긴급상황 등을 평가하고, 경우에 따라서는 계획을 개정할 것이 요구되고 있다.

⑩ e), f)에서는 모든 취업자, 수급인, 방문객, 비상대응기관, 정부당국 및 필요한 경우 지역사회에 대하여 긴급상황에 관련된 정보를 적절하게 전달할 것을 요구하고 있다.

⑪ g)에서는 관련되는 모든 이해관계자의 수요 및 능력을 고려할 필요가 있다는 점을 요구하고 있다. 예를 들면, 규제당국, 소방 등 웹사이트에 게재된 발생사건 등을 참고로 하거나, 긴급상황 발생 시의 연락루트를 파악해 두는 것 등을 생각할 수 있다. 그리고 긴급상황 대응계획 등 관련 정보는 수급인, 방문객, 비상대응기관, 정부당국 및 지역사회에 전달해 두는 것도 필요하다.

⑫ 긴급상황에 대응하기 위한 계획은 문서화된 정보(문서)로서 유지하고 (기록을) 보유하는 것이 요구된다.

⑬ 조직이 긴급상황에 대응하기 위한 프로세스를 작성할 때는 적용법령을 고려하는 것도 필요하다. 산업안전보건법에 근거한 '안전보건관리규정', 화재의 예방 및 안전관리에 관한 법률에 근거한 '소방계획서', 고압가스 안전관리법에 근거한 '안전관리규정' 등과의 정합(harmonization)을 도모하는 것이 필요하다.

⑭ 소방서(소방, 구급)와의 연계를 고려하는 것도 필요하다. 조직 자체적으로 대응할 수 있는 것과 소방서에 의뢰하는 것의 경계를 명확히 하여야 한다.

[참고] 부속서 A.8.2의 요점

긴급상황에의 대비계획은 통상적인 업무시간 내외에서 발생하는 자연적, 기술적 및 인위적 사건을 모두 포함할 수 있다.

[참고] OHSAS 18001:2007과의 비교

8.2(긴급상황 대비 및 대응)는 OHSAS 18001 4.4.7(긴급상황 대비 및 대응)에 대응한다.

4.4.7 긴급상황 대비 및 대응

조직은 다음 사항을 위한 절차(procedure)를 수립, 이행 및 유지하여야 한다.

a) 긴급상황의 잠재 가능성을 파악할 것

b) 그와 같은 긴급상황에 대응할 것

조직은 실제로 발생한 긴급상황에 대응하고 그것에 수반하는 산업안전보건의 나쁜 결과를 예방 또는 완화하여야 한다.

긴급상황의 대응을 계획할 때, 조직은 관련된 이해관계자의 수요, 예컨대 비상대응기관 및 지역주민을 고려하여야 한다.

또한 조직은 가능한 경우에는 긴급상황에 대응하기 위한 절차를 정기적으로 테스트하여야 한다. 필요에 따라 관련된 이해관계자를 포함한다.

조직은 긴급상황에의 대비 및 대응 절차를 주기적으로 검토하고, 필요한 경우에는 개정하여야 한다. 특히 주기적 테스트 후 및 긴급상황 발생 후에 그러해야 한다.

안전보건관리시스템과 긴급상황 대비 · 대응[64)]

중대재해처벌법에서 안전보건관리체계(시스템)에 관한 사항을 규정함에 따라 중대재해처벌법의 규정과 안전보건관리시스템 국제규격인 ISO 45001의 상응하는 규정 간의 관계가 안전보건 이슈가 되고 있다.

중대재해처벌법이 ISO 45001을 참고하였다고는 하지만 규정내용에 있어 둘 간에는 많은 차이가 있다. 여기에선 대표적으로 긴급상황에 관한 규정을 예로 들어 둘 간의 관계에 대해 설명하기로 한다.

ISO 45001에서는 조문 8.2(긴급상황 대비·대응)에서 긴급상항에 대해 준비하고 대응하기 위해 필요한 '프로세스'를 구축할 것을 요구하는 한편, 긴급상황에 대한 대응으로서 조직이 실시해야 할 사항(7가지)을 명확하게 규정하고 있다.

산업안전보건을 추진하는 데 있어서 심각한 결과를 초래하기 쉬운 것이 긴급상황이라고 불리는 자연재해(태풍, 홍수, 지진 등)이다. 본 조문은 조직에 대하여 그와 같은 경

64) 정진우, 안전저널, 2023. 5. 1.

우에도 피해가 경미하게 되도록 훈련 등의 대비를 해두는 것을 의도하고 있다. 막대한 피해를 초래하는 것에는 자연재해 외에는 인적 요인에 의한 것도 있다. 예를 들면 실화, 조작 미스에 의한 폭발 등이다.

재해를 일으키지 않는 것이 제일의 우선과제이지만 통제할 수 없는 것도 있으므로 만일 재해에 이르는 긴급상황이 발발한 경우에는, 취업자가 적절한 행동, 대응, 조치를 취할 수 있도록 평상시에 훈련을 해둘 필요가 있다. 긴급상황의 예로는, 중한 부상 또는 질병이 될 수 있는 사건, 화재 및 폭발, 유해물질·가스 누출, 자연재해, 악천후, 전력공급의 정지, 팬데믹, 전염병, 시민폭동, 테러리즘, 중요시설의 고장 등이 있다.

긴급상황에 대한 계획적인 대응은 과거의 사례 등을 통해 구축하면 된다. 그리고 계획적인 대응을 위한 교육훈련, 계획적인 대응 능력의 주기적인 테스트 및 훈련은 각각 주기적으로 실시될 것이 요구된다. 교육훈련 결과, 주기적인 테스트 및 훈련 결과, 발생한 긴급상황 등을 평가하고, 경우에 따라서는 계획을 개정할 것을 규정하고 있다.

한편, 모든 취업자, 수급인, 방문객, 비상대응기관, 정부당국 및 필요한 경우 지역사회에 대하여 긴급상황에 관련된 정보를 적절하게 전달할 것이 요구된다. 또 관련되는 모든 이해관계자의 수요 및 능력을 고려할 필요가 있다. 예컨대 규제당국, 소방 등 웹사이트에 게재된 발생사건 등을 참고로 하거나, 긴급상황 발생 시의 연락 루트를 파악해 두는 것 등을 생각할 수 있다.

긴급상황 대응계획 등 관련정보는 수급인, 방문객, 비상대응기관, 정부당국 및 지역사회에 전달해 두는 것도 필요하다. 긴급상황에 대응하기 위한 계획은 문서화된 정보로서 유지하고 기록을 보유하는 것이 요구된다. 긴급상황에 대비하는 계획은 통상적인 영업시간 안팎에서 발생하는, 자연적, 기술적 및 인위적 사건을 포함할 수 있다.

긴급상황 대비·대응과 관련하여 중대재해처벌법 시행령(제4조 제8호)에서는 중대산업재해가 발생하거나 발생할 급박한 위험이 있을 경우를 대비하여 작업중지, 근로자 대피, 위험요인 제거 등 대응조치, 중대산업재해를 입은 사람에 대한 구호조치, 추가 피해방지를 위한 조치에 관한 '매뉴얼'을 마련하도록 규정하고 있다.

중대재해처벌법상의 이 규정은 위에서 설명한 ISO 45001의 '긴급상항 대비·대응' 조항을 참고하여 제정된 것이다. 그러나 긴급상황 대비·대응에 관하여 중대재해처벌법과 ISO 45001 간에는 상당한 내용상의 차이가 있다. 중대재해처벌법은 '중대산업재해가 발생한 경우나 중대산업재해가 발생할 급박한 위험이 있을 경우'를 대상으로 하고 있지만, ISO 45001은 그것과 상당히 다른 개념인 '긴급상황'을 대상으로 하고 있다.

구체적으로 말하면, 중대재해처벌법은 작업중지, 근로자 대피, 위험요인 제거 등 대응조치, 중대산업재해를 입은 사람에 대한 구호조치, 추가 피해방지조치 등과 같이 '대응적' 성격의 조치만을 한정적으로 규정하고 있어 ISO 45001의 긴급상황 대비·대응 규정과 그 범위와 중점이 많이 다르다.

즉, ISO 45001 8.2에선 긴급상황에 대한 '대응'뿐만 아니라 '대비'에 필요한 프로세스를 구축해야 한다고 규정하고 있다. 반면에 중대재해처벌법 시행령 제4조 제8호 본문에선 '대비'를 정할 것을 예정하고 있지만 정작 각 호에선 '대응'에 관한 매뉴얼을 정할 것을 요구하고 있다. 본문과 각 호가 조화되지 않고 있는 것이다.

한편, 산업안전보건법에서는 산업재해가 발생할 급박한 위험이 있는 경우에 작업중지, 근로자 대피 등에 관하여 필요한 조치를 해야 한다고 규정하고 있고(제51조), 안전보건관리규정에 중대재해 및 중대산업사고 발생, 급박한 산업재해 발생 위험이 있는 경우 작업중지, 긴급조치에 관한 사항을 포함해야 한다고 규정하고 있다(시행규칙 별표 3). 즉, 중대재해처벌법에 규정된 대응 매뉴얼에 관한 사항이 대부분 산업안전보건법에 이미 (중복적으로) 규정되어 있다는 것을 알 수 있다.

중대재해처벌법이 ISO 45001을 참고했다고 하지만 그 내용과 성격에 있어 상당한 차이가 있는 만큼, 중대재해처벌법상의 안전보건관리체계를 이해할 때에는 이 점에 유념하여 해석하고 대응할 필요가 있다.

9. 성과평가

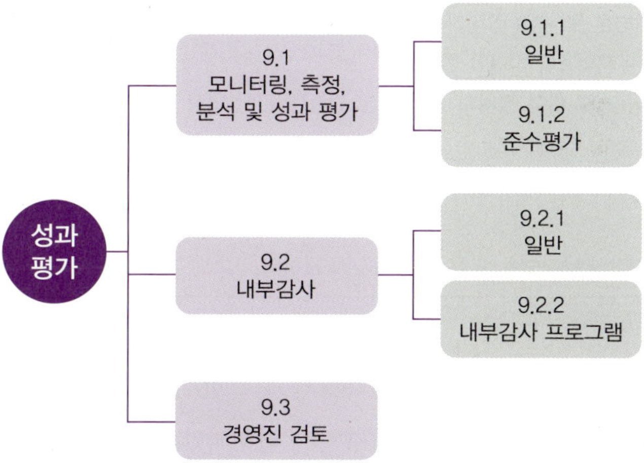

1) 9.1 모니터링, 측정, 분석 및 성과평가

(1) 9.1.1 일반

9.1.1 일반

조직은 모니터링, 측정, 분석 및 성과평가를 위한 프로세스를 수립, 이행 및 유지하여야 한다.

조직은 다음 사항을 결정하여야 한다.

a) 다음 사항을 포함하여 모니터링 및 측정이 필요한 대상

 1) 적용되는 법적 및 기타 요구사항의 준수 정도

 2) 파악된 위험원, 리스크 및 기회와 관련된 활동 및 작업

 3) 조직의 산업안전보건 목표의 달성을 향한 진척상태

 4) 운영 및 기타 관리의 효과성

b) 타당한 결과를 보장하기 위해, 해당하는 경우 반드시 모니터링, 측정, 분석 및 성과평가를 위한 방법

c) 조직이 산업안전보건 성과를 평가하기 위한 기준

d) 모니터링 및 측정의 실시시기

e) 모니터링 및 측정 결과의 분석, 평가 및 전달 시기

조직은 산업안전보건 성과를 평가하고 OHSMS의 효과성을 판단하여야 한다.

조직은 모니터링 및 측정 장비가 해당하는 경우에는 반드시 보정 또는 검증되고, 필요에 따라 사용 및 유지되도록 하여야 한다.

참고: 모니터링 및 측정 장비의 보정 또는 검증에 관한 법적 및 기타 요구사항(예컨대, 국가규격 또는 국제규격)이 존재할 수 있다.

조직은 다음 사항을 위한 적절한 문서화된 정보를 유지하여야 한다.

- 모니터링, 측정, 분석 및 성과평가의 결과의 증거로서
- 측정 장비의 유지보수, 교정 또는 검증에 관하여

---

① 모니터링, 측정, 분석 및 성과평가에 관한 이 조문의 의도는 계획대로 관리시스템의 의도하는 결과가 달성되었다고 확신하기 위해 무엇을 어떻게 확인할지에 관한 요구사항을 규정하는 것이다.

② 모니터링, 측정, 분석 및 성과평가는 조직이 OHSMS가 적절하게 운영되고 있는지, 부적합은 없는지 여부를 정기적으로 확인하기 위하여 이루어지는 것이다.

모니터링, 측정, 분석 및 성과평가는 일련의 관리시스템의 실시결과, 내부감사의 결과를 받아 행하는 것이 아니라, 작업의 성질, 취급하는 기기·재료, 직장환경 등의 상황에 따라 조직이 스스로 적절한 실시시기를 정하고, 일상업무에서 발견한 점이 있으면 그것을 시정 및 예방해 가는 것이다.

③ a)의 모니터링 및 측정 대상인 "운영 및 기타 관리의 효과성"은 운영적 관리 등의 프로세스, 활동 중 안전보건 측면에서 계획 또는 기대된 산업안전보건 리스크 저감효과가 달성되었는지 여부를 대상으로 한다.

④ b)와 관련해서는 계획한 활동이 어느 정도 실행되고, 계획한 결과가 어느 정도 달성되었는지를 판단하기 위하여 대상 사항의 성질에 맞는 확인방법을 결정할 것을 요구하고 있다.

⑤ c)의 "기준"이란, 안전보건활동에의 대처를 거듭한 결과로서 관리시스템이 의도하는 결과를 달성한 정도를 평가하는 기준이 되는 것이다. 동종 업계의 다른 조직과의 비교 또는 조직의 전년도 대처, (산업안전보건) 통계수치와의 비교를 통해 객관적으로 비교할 수 있는 것을 기준으로 설정할 것이 요구된다.

⑥ d)는 모니터링 및 측정의 실시시기를, e)는 결과의 분석, 평가, 커뮤니케이션의 실시시기를 정할 것을 요구하고 있다. 실시시기에 대해서는 조직의 상황을 고려하여, 예컨대 다음과 같이 정하는 것을 생각할 수 있다.

- **법적 요구사항 준수평가의 모니터링**: 측정 연 2회, 결과의 분석, 평가, 커뮤니케이션 연 2회 실시
- **산업안전보건 목표 달성을 향한 진척상태**: 취업자의 부상·질병상황을 집계하고 매월 보고 실시

• **운영 및 기타 관리의 효과성**: 변경 발생 시에 그때마다, 변경이 없는 경우는 계절요인 등도 고려하여 3개월에 1회 실시

⑦ OHSMS의 유효성을 판단하는 것이 요구되고 있고, 모니터링 또는 측정, 분석 및 평가를 통하여 얻어진 정보는 경영진 검토(9.3 참조)의 요구사항에 따라 최고경영진에게 제시된다.

⑧ 모니터링 및 측정에 대해 타당한 결과를 보장하기 위하여 모니터링·측정기기는 법령에서 정해진 빈도 또는 경년변화(經年變化)를 고려하여 연 1회 등 조직에서 정한 빈도로 교정 또는 검증을 한다.

⑨ 모니터링, 측정, 분석 및 성과평가의 결과 및 측정기기의 교정결과에 관한 기록은 문서화된 정보(7.5 참조)의 요구사항에 따라 작성·관리한다.

⑩ **평가지표의 라이프 사이클[65]**: 조직은 평가지표가 항상 필요한 정보를 제공하거나 장기간 적절성을 유지하는 것은 아니라는 점을 고려해야 한다. 조직의 상황이 변화함에 따라(예: 프로세스, 법적 요구사항, 위험원에 대한 지식의 변화), 평가지표는 잠재적으로 적절성을 상실하고 다른 평가지표의 개발이 필요할 수 있다. 조직은 평가지표가 일정 시간 후에는 성과를 정확하게 측정하지 못하거나 데이터의 과소보고, 와전 또는 왜곡과 같은 의도하지 않은 결과를 초래할 수 있음을 인식해야 한다. 이러한 일이 발생하지 않도록 조직은 평가지표의 유효성을 정기적으로 검토하고, 필요한 경우 적절성을 유지하도록 평가지표를 수정해야 한다.

프로세스를 수립하거나 개정할 때, 조직은 프로세스의 채택을 측정하는 정량적 지표(예: 조사된 사고의 비율, 성취된 개선조치의 비율)를 선택하는 경우가 많다. 성과평가 프로세스가 성숙됨에 따라, 조직은 프

65) ISO 45004:2024, Occupational health and safety management — Guidelines on performance evaluation 6.4.

로세스의 질과 효과를 측정하기 위해 지표의 범위를 조정하거나 확장해야 한다. 이것에는 정성적 지표(예: 조사에 의한 결론)를 더 많이 사용하는 것이 포함될 수 있다.

아래의 표 11은 성과평가 프로세스가 성숙됨에 따라 평가지표가 어떻게 발전할 수 있는지에 대한 예를 제공한다.

[참고]

초기지표, 발전지표 및 성숙지표를 조합하는 것이 적절할 수 있다. 즉, 조직은 다양한 측면의 산업안전보건 성과평가를 위해 이 지표들을 동시에 사용할 수 있다.

표 11. 평가지표를 발전시키는 방법의 예

과정	초기 지표	발전 지표	성숙 지표
교육	• 매년 산업안전보건 교육에 참석하는 취업자 수	• 교육이 해당 수요를 충족시키는 정도 • 교육의 효과성에 대한 피드백(취업자 조사) • 지정된 시간 안에 교육을 마치는 취업자 수 • 특정 교육을 이수한 대상 그룹의 취업자 수	• 교육생이 교육에 의한 기량을 일에 적용하는 정도 • 증가된 지식과 기량을 보여주는 취업자 수 • 교육에 참석한 취업자의 역량에 대한 감독자의 관찰
부상 및 질병 조사	• 부상자 수, 불건강 발생자 수	• 완료된 사고조사 및 확인된 조치의 비율 또는 수 • 사고조사의 질	• 부상과 건강장해 발생을 방지하기 위해 취한 조치의 효과

⑪ 평가지표는 여러 부문에서 다양한 용어로 알려져 있으며, 차이는 있지만 크게 선행지표(leading indicator)와 후행지표(lagging indicator)로 분류될 수 있다.[66)]

66) ISO 45004:2024 6.5.2.

• 미래 성과에 영향을 미치고 기회를 실현하기 위해 취해지는 조치를 측정하는 지표(선행지표)[67]

• 과거 성과와 사건을 측정하는 지표(후행지표)[68]

표 12. 선행지표와 후행지표

지표 유형	설명	방법론의 예	지표의 예
선행지표	• 의도된 결과를 달성하는 데 기여하는 주요 문제를 측정 • 투입 및 프로세스에 중점 • 변화에 영향을 미치고 리스크를 방지하는 데 사용	• 주요 프로세스 변수 또는 주요 투입의 정량적 데이터 • 현재 또는 예상 성과와 관련된 정성적 데이터	• 작업자가 위험원 및 관리방안을 인지하도록 취업자에게 제공되는 교육 • 취업자에 의해 보고되는 문제와 개선 제안의 수
후행지표	• 과거 결과를 측정 • 일반적으로 수치 값을 제공 • 다른 조직이나 국가의 지표와 비교하기 위해 사용하는 경우가 많음	집계, 예를 들면 • 부상 • 건강장해 건수 • 사고 • 부적합	발생률, 예를 들면 • 부상 • 직업병

⑫ **정량적 지표 및 정성적 지표[69]:** 성과지표(평가지표)는 정량적으로 또는 정성적으로 표현될 수도 있다. 표 13은 정량적 지표 또는 정성적 지표의 예를 보여준다.

[참고]

정량적 후행지표에 의해 제공되는 것과 같은 과거 성과에 관한 문서화된 정보를 유지하는 것은 법적 요구사항인 경우가 많다.

67) ISO 45004:2024 3.2 Note 3, 6.5.2 참조.

68) ISO 45004:2024 3.2 Note 2, 6.5.2 참조.

69) ISO 45004:2024 6.5.3.

●— 표 13. 정량적 지표와 정성적 지표

지표 유형	설명	방법론의 예	지표의 예
정량적	• 수로 표시되는 지표 • 수를 계산하기 위해 데이터 사용 • 예/아니요와 같은 정량적인 데이터 또는 설문조사에서의 척도 적용을 통해 얻을 수 있음. 지표는 흔히 수로 표시됨(예: 숫자, 퍼센트, 비율)	• 지표에 의해 측정될 문제를 나타내는 수를 얻기 위한 합계, 평균, 함수의 적용 • 전형적인 예는 절대수, 비율 및 발생률	• 지난 1년 동안 안전 교육을 이수한 취업자의 비율 • 안전절차를 적용하는 취업자의 비율
정성적	• 수로 표시되지 않는 지표 • 정성적 정보 사용	• 인터뷰 • 자유 텍스트 응답에 기초한 설문조사 • 포스커 그룹 • 문화조사 • 점검 또는 사고조사의 적절성 및 효과성	• 보고, 취업자, 그 대표 및 포커스 그룹과의 개별 인터뷰에서 얻어지는 결론

[참고] 평가지표의 예[70]

(1) 선행지표

- 법적 및 기타 요구사항에의 적합성 평가
- 제거된 위험원 수의 평가
- 부상 및 질병 방지를 위한 아차사고의 효과적인 활용
- 작업장 안전순찰·점검결과의 효과적인 활용
- 산업안전보건목표의 달성 및 이를 위한 조치의 이행
- 산업안전보건교육훈련의 효과성 평가
- 산업안전보건 행동 기반 관찰
- 산업안전보건문화 및 관련 종업원 만족도를 평가하기 위한 의식조사
- 내·외부 감사결과의 효과적인 활용
- 법령에서 요구되는 검사(점검) 및 기타 검사(점검)의 예정대로의 완료

70) ISO 45002:2023, Occupational health and safety management systems – General guidelines for the implementation of ISO 45001:2018 9.1.1 a) 3) 참조.

- 계획이 이행된 정도
- 취업자 참가 프로세스의 효과성
- 건강진단의 활용
- 노출 모델링 및 모니터링
- 산업안전보건 우수사례의 벤치마킹
- 위험성 평가

(2) 후행지표

- 질병 모니터링(질병 발생이 의심되는 경우)
- 사고(아차사고 포함) 및 질병의 발생 수 및 발생률
- 휴업사고 발생률
- 휴업질병 발생률
- 규제당국에 의한 평가에 따라 요구되는 조치
- 이해관계자로부터 접수된 코멘트에 따른 후속조치

[참고] 부속서 A.9.1.1의 요점

(1) OHSMS가 의도하는 결과를 달성하기 위하여, 프로세스는 모니터링, 측정 및 분석되는 것이 바람직하다.

a) 모니터링 및 측정될 수 있는 사항의 예

1) 산업보건의 고충, 취업자의 건강(건강진단을 통해) 및 작업환경
2) 업무와 관련된 사고, 부상·질병 및 고충의 발생과 경향
3) 운영적 관리 및 비상훈련의 효과성, 또는 변경 필요성, 새로운 관리의 도입 필요성
4) 역량

b) 법적 요구사항의 충족을 평가하기 위하여 모니터링 및 측정될 수 있는 사항의 예

1) 파악된 법적 요구사항(모든 법적 요구사항이 파악되어 있는지 여부, 문서화된 정보가 최신상태로 관리되고 있는지 여부)
2) 단체협약(법적 구속력이 있는 경우)
3) 법령 준수에 관하여 파악된 결락(缺落)의 상황

c) 기타 요구사항의 충족을 평가하기 위하여 모니터링 및 측정될 수 있는 사항의 예

1) 단체협약(법적 구속력이 없는 경우)
2) 표준(standard) 및 규범(code)
3) 기업 및 기타 방침, 규칙(rule) 및 규정(regulation)
4) 보험 요구사항

d) 조직이 자신의 성과를 비교하기 위하여 사용할 수 있는 기준

1) 기준의 예

i) 다른 조직

ii) 표준(standard) 및 규범(code)

iii) 조직 자체의 규범(code) 및 목적

iv) 산업안전보건 통계

2) 기준을 측정할 때 전형적으로 사용되는 지표의 예

i) 기준이 사고 비교인 경우: 사고의 빈도, 종류, 중대성 또는 사고건수. 이때 지표는 이들 기준 각각의 정해진 비율일 수 있다.

ii) 기준이 개선조치의 완료인 경우: 예정대로 완료된 비율

(2) 모니터링은 상황의 계속적인 체크, 감독, 비판적 관찰 또는 상태 판단을 포함하고, 필요하거나 기대되는 성과 수준으로부터의 변동을 파악한다. 모니터링은 OHSMS, 프로세스 또는 관리에 적용할 수 있다. 면담, 문서화된 정보의 검토 또는 실행된 작업의 관찰 등이 예이다.

(3) 측정은 일반적으로 사물 또는 사건에 숫자를 부여하는 것을 수반한다. 측정은 정량적 데이터의 기초이고, 일반적으로 안전프로그램과 건강진단의 성과평가와 관련된다. 유해물질에 대한 노출을 측정하기 위해 교정되거나 검증된 장비의 사용, 위험원으로부터의 안전거리의 계산 등이 그 예이다.

(4) 분석은 관계, 경향 및 추세를 밝히기 위해 데이터를 조사하는 프로세스이다. 분석은 다른 유사 조직의 정보를 포함한 통계적 계산을 사용할 수 있다. 이 프로세스는 대개 측정활동과 관계가 있다.

(5) 성과평가는 OHSMS가 설정한 목표를 달성하기 위한 사항의 적절성, 타당성 및 효과성을 결정하기 위하여 이루어지는 활동이다.

[참고] OHSAS 18001:2007과의 비교

9.1.1(일반)은 OHSAS 18001 4.5.1[성과측정(performance measurement) 및 모니터링]에 대응한다.

4.5.1 성과측정 및 모니터링

조직은 산업안전보건 성과를 정기적으로 모니터링 및 측정하기 위한 절차를 수립, 이행 및 유지하여야 한다. 이 절차에는 다음 사항이 포함되어야 한다.

a) 조직의 수요에 적합한 정성적 및 정량적 지표

b) 조직의 산업안전보건 목표의 달성도의 모니터링

c) 관리방안의 효과성 모니터링(안전과 함께 보건에 관해서도)
d) 산업안전보건 실시계획, 관리방안 및 운영기준의 적합을 모니터링하는 선행적 성과지표
e) 질병, 사고(재해, 아차사고 등을 포함한다) 및 기타 불충분한 안전보건 성과의 사실적 (historical) 증거를 모니터링하는 사후적 성과지표
f) 그 후의 개선조치 및 예방조치 분석을 용이하게 하는 데 필요한 모니터링 및 측정 데이터 및 결과의 기록

만약 성과를 모니터링하거나 측정하기 위해 기기가 요구되는 경우에는, 조직은 필요에 따라 기기의 교정 및 유지보수의 절차를 수립하고 유지하여야 한다. 교정, 유지보수활동 및 결과의 기록은 보유되어야 한다.

(2) 9.1.2 준수평가

9.1.2 준수평가

조직은 법적 및 기타 요구사항의 준수를 평가하기 위한 프로세스를 수립, 이행 및 유지하여야 한다.

조직은

a) 준수를 평가하는 빈도와 방법을 결정하여야 한다.
b) 준수를 평가하고, 필요한 경우에는 조치를 하여야 한다.
c) 법적 및 기타 요구사항의 준수상황에 관한 지식 및 이해(理解)를 유지하여야 한다.
d) 준수평가 결과에 대한 문서화된 정보를 보유하여야 한다.

① 이 조문은 ISO 14001에서 환경에 고유하게 규정된 "법적 및 기타 요구사항의 준수상황"과 동일한 요구사항을 산업안전보건에 고유한 요구사항으로 규정하고 있다.

② 준수평가는 준수가 일상적으로 유지되고 있는지를 별도로 확인하고, 준수를 확실하게 하기 위한 것이다.

③ a) 준수평가의 빈도는 기본적으로는 조직이 스스로 결정하면 되지만, 작업환경측정과 같이 측정빈도, 평가방법까지 법령에 규정되어 있는 경우도 있다.

④ b) 준수평가의 결과, 법령의 규정 등으로부터 일탈되어 있는 사항이 있는 경우에는 10.2의 규정에 따라 OHSMS가 의도하는 결과를 달성하기 위하여 필요한 조치를 취하는 것이 요구된다. 그러나 설령 가장 효과적인 관리시스템이라 하더라도 어떠한 시점에서도 완전한 준수는 보장하지 못한다. 이와 같은 사정을 토대로 부속서 SL 개념 문서(concept document)에서는 관리시스템에 의해 미준수로 연결되는 시스템 부적합이 신속하게 검출되고, 개선조치가 취해지는 한에 있어서는 준수로부터 벗어나 있다고 간주되지 않는 것이 바람직하다는 견해가 제시되어 있다.

⑤ c)와 관련해서는 조직은 준수상황에 관한 지식 및 이해를 유지하기 위하여 여러 방법을 이용할 수 있다. 준수평가를 실시하고 있는 개인의 역량과 관련하여, 법령의 지식을 가지고 "법적 및 기타 요구사항", "일하는 사람의 안전보건에의 영향을 포함한 준수 및 미준수의 잠재적 결과", "역할에 수반하는 의무와 책임", "상황 또는 업무의 변화에 의해 필요하게 된 역량의 갱신"을 고려하여 역량을 가지고 있는 것이 확인된 자가 준수평가를 실시하는 것을 규칙(rule)화하는 것도 준수상황에 관한 지식 및 이해를 유지하는 하나의 방법이다.

[참고] 부속서 A.9.1.2의 요점

(1) 준수평가의 빈도 및 타이밍은 요구사항의 중요성, 운영조건의 변동, 법적 및 기타 요구사항의 변화, 그리고 조직의 과거 성과에 따라 다를 수 있다.
(2) 준수상황에 관한 지식 및 이해를 유지하기 위해서는 여러 방법이 이용된다.

[참고] OHSAS 18001:2007과의 비교

9.1.2(준수평가)는 OHSAS 18001 4.5.2(준수평가)에 대응한다.

4.5.2 준수평가

4.5.2.1 준수에 관한 의지[4.2 c) 참조]에 상응하여, 조직은 적용하여야 할 법적 요구사항의 준수를 정기적으로 평가하기 위한 절차를 수립, 이행 및 유지하여야 한다(4.3.2 참조).

조직은 정기적인 평가 결과에 대한 기록을 보존하여야 한다.

참고: 법적 요구사항의 차이를 이유로 정기적 평가의 빈도가 달라져도 무방하다.

4.5.2.2 조직은 스스로가 동의하는 기타 요구사항의 준수를 평가하여야 한다(4.3.2 참조). 조직은 이 평가를 4.5.2.1에 있는 법적 요구사항의 준수평가에 반영해도 되고, 별도의 절차를 수립해도 된다.

조직은 정기적인 평가 결과에 대한 기록을 보존하여야 한다.

참고: 조직이 동의하는 기타 요구사항의 차이를 이유로 정기적 평가의 빈도가 달라져도 무방하다.

2) 9.2 내부감사

(1) 9.2.1 일반

9.2.1 일반

조직은 OHSMS가 다음의 상황에 있는지 여부에 관한 정보를 제공하기 위하여 계획된 시간 간격으로 내부감사(internal audit)를 실시하여야 한다.

a) 다음 사항에 적합하다.
   1) OHS 방침 및 목적을 포함한 OHSMS에 대한 조직 자체의 요구사항
   2) 이 규격의 요구사항

b) 효과적으로 실시되고 유지되고 있다.

① 내부감사에 관한 이 일반적 요구 조문의 의도는 조직의 관리시스템이 관리시스템 규격 요구사항과 조직 자체가 부과한 관리시스템에 관한 모든 추가 요구사항 쌍방에 적합하고, 관리시스템이 계획대로 유효하게 실시 및 유지되고 있는지를 확인하기 위하여 감사를 실시하는 것을 규정하는 것에 있다.

② 조직은 내부감사를 정기적으로 실시하는 것이 요구되고 있다. 이 내부감사의 목적으로는 다음의 두 가지를 명확히 하는 것이라고 규정되어 있다.

- OHSMS에서 조직 자체가 규정한 요구사항 및 이 규격의 요구사항에 조직의 관리시스템이 적합한지
- OHSMS가 유효하게 실시 및 유지되고 있는지

특히, 유효하게 실시 및 유지되고 있는지를 확인하기 위해서는 이 규격 요구사항을 표면적으로 확인할 뿐만 아니라, 업무의 추진방식의 실태를 추적하여 하나씩 있는 그대로 체크하는 것이 필요하다.

[참고] OHSAS 18001:2007과의 비교

9.2.1(일반)은 OHSAS 18001 4.5.5(내부감사)에 대응한다.

4.5.5 내부감사

조직은 다음 사항을 위하여 미리 정해진 간격으로 OHSMS의 내부감사가 실시되도록 하여야 한다.

a) 조직의 OHSMS가 다음 어느 쪽에 해당하는지를 결정한다.
  1) 이 OHSAS 규격의 요구사항을 포함하여 조직의 OHSMS를 위하여 계획된 내용에 적합한지 여부
  2) 적절하게 실시되어 왔고 유지되고 있는지 여부
  3) 조직의 방침 및 목표를 충족하기 위하여 유효한지 여부

b) 감사결과에 관한 정보를 경영진에게 제공한다.

---

(2) 9.2.2 내부감사 프로그램

9.2.2 내부감사 프로그램

조직은

a) 빈도, 방법, 책임, 협의 및 계획에 관한 요구사항 및 보고를 포함하는 감사 프로그램을 계획, 수립, 이행 및 유지하여야 한다. 감사 프로그램은 관련된 프로세스의 중요성과 이전의

감사결과를 고려에 넣어야 한다.

b) 각 감사에 대하여 감사기준 및 감사범위를 명확히 하여야 한다.

c) 감사 프로세스의 객관성과 공정성을 보장하도록 감사자를 선정하고 감사를 실시하여야 한다.

d) 감사의 결과를 관련된 경영진에게 보고하는 것을 보장하여야 한다. 관련된 감사결과가 취업자와 그 대표(있는 경우) 및 다른 이해관계자에게 보고되는 것을 보장하여야 한다.

e) 부적합에 대처하기 위한 조치를 취하고, 산업안전보건 성과를 계속적으로 향상시켜야 한다(10 참조).

f) 감사 프로그램의 이행 및 감사 결과의 증거로서 문서화된 정보를 보유하여야 한다.

참고: 감사 및 감사자의 역량에 관한 상세한 정보는 ISO 19011 참조

---

① 이 조문의 의도는 조직의 관리시스템이 본 규격에 적합하고 계획대로 유효하게 실시·유지되고 있는지를 확인하기 위하여, '필요하고 충분한' 정보를 제공하도록 내부감사 프로그램을 계획, 실시 및 유지하는 것에 관한 요구사항을 규정하는 것이다.

② 감사 프로그램이란, 특정한 목적을 달성하기 위한, 정해진 기간 내에 실행하도록 계획된 일련의 감사이고, 감사를 계획, 준비, 실시하기 위하여 필요한 활동 모두를 포함하는 것이다.

내부감사 프로그램에서는 다음 사항이 요구된다.

- 감사 대상이 되는 프로세스의 중요성 및 이전까지의 감사결과를 토대로 내부감사를 계획하고 스케줄을 정한다.
- 내부감사를 계획하고 실시하기 위한 방법론을 확립한다.
- 내부감사 프로세스의 중요성 및 독립성을 고려에 넣어 감사 프로그램 내의 역할 및 책임을 할당한다.
- 계획되고 있는 각 감사에 대한 감사기준(방침, 절차, 판정기준 등), 감사방법(체크리스트, 의견청취, 기록·문서류, 현장확인 등) 및 감사범위[장소, 조직단위(부문), 활동, 프로세스 및 감사 대상이 되는 기간 등]

③ 내부감사 프로그램은 내부직원이 계획, 실시 및 유지하는 것도, 조직을 대리하여 활동하는 외부사람이 운영적 관리를 하는 것도 가능하다. 어느 경우도 내부감사 프로그램의 작성자(관리자) 및 감사자의 선정은 7.2(역량)의 요구사항을 충족할 필요가 있다.

④ 내부감사의 결과는 7.4(커뮤니케이션)의 요구사항에 따라 감사의 대상이 된 부문에 대한 책임을 지고 있는 관리직 및 취업자, 그 대표를 포함하여 기타 적절하다고 간주되는 모든 자에게 보고한다.

⑤ 내부감사 프로그램의 실시 및 감사결과의 증거를 나타내는 문서류는 7.5(문서화된 정보)의 요구사항에 따라 작성 및 관리한다. 경향을 포함한 내부감사의 결과에 관한 정보는 9.3(경영진 검토)의 요구사항에 따라 검토한다.

⑥ a)의 고려해야 할 사항과 관련하여, 품질과 환경에서는 "조직에 영향을 미치는 변경"이 요구되고 있지만, 본 규격에는 포함되어 있지 않다. 조직에서는 자명한 것이어서 명기되어 있지 않다고 이해하고 고려에 넣는 것이 바람직하다.

⑦ c)와 관련하여 '감사자의 역량'으로 고려해야 할 것은 ISO 45001 규격 요구사항의 이해, 감사절차, 감사기법 및 산업안전보건에 관한 지식과 기능, 교육·연수수강, 업무경험, 감사자훈련, 실제 감사경험, 개인적인 특질 등이 있다.

⑧ d)와 관련하여 ISO 45001에는 OHSMS의 성공을 위해서는 취업자의 참가가 매우 중요하다는 관점에서, 비관리직도 감사결과를 보고하는 대상에 추가되어 있다.

⑨ e)에서는 내부감사에서 개선하여야 할 점을 명확히 하고, 부적합이 있는 경우에는 10(개선)의 규정에 따라 OHSMS의 적절성, 타당성 및 효과성을 계속적으로 개선할 것을 요구하고 있다.

⑩ 참고에 기재되어 있는 ISO 19011에는 내부감사 프로그램의 수립, 관리시스템의 감사 실시 및 감사자의 역량 평가에 관한 안내가 규정되어 있다.

[참고] 부속서 A.9.2의 요점

(1) 감사 프로그램의 정도는 OHSMS의 복잡성 및 성숙도를 토대로 하는 것이 바람직하다.

(2) 조직은 내부감사자로서의 감사자의 역할을 평상시의 할당된 직무와 분리하는 프로세스를 둠으로써 내부감사의 객관성 및 공평성을 확립하거나, 이 기능을 위하여 외부인을 활용할 수도 있다.

[참고] OHSAS 18001:2007과의 비교

9.2.2(내부감사 프로그램)는 OHSAS 18001 4.5.5(내부감사)에 대응한다(감사프로그램 부분).

4.5.5 내부감사

감사 프로그램은 조직활동의 위험성 평가 결과 및 이전까지의 감사 결과를 토대로 조직에 의해 계획, 수립, 이행 및 유지되어야 한다.

다음 사항에 대처하는 감사절차를 수립, 이행 및 유지하여야 한다.

a) 감사의 계획 및 실시, 결과 보고 및 이것에 수반하는 기록의 보유에 관한 책임, 역량 및 요구사항

b) 감사기준, 적용범위, 빈도 및 방법의 결정

감사자의 선정 및 감사의 실시는 감사 프로세스의 객관성 및 공평성을 보장하여야 한다.

---

3) 9.3 경영진 검토

9.3 경영진 검토

최고경영진은 조직의 OHSMS의 계속적인 적절성, 타당성 및 효과성을 보장하기 위하여 미리 정해진 간격으로 조직의 OHSMS를 검토하여야 한다.

경영진 검토는 다음 사항을 고려하여야 한다.

a) 이전까지의 경영진 검토 결과 취해진 조치의 상황
b) 다음 사항을 포함한 OHSMS와 관련된 내부 및 외부의 문제의 변화
   1) 이해관계자의 수요 및 기대
   2) 법적 및 기타 요구사항
   3) 리스크 및 기회
c) 산업안전보건 방침과 산업안전보건 목표가 달성된 정도
d) 다음에 제시하는 경향을 포함한, 산업안전보건 성과에 관한 정보
   1) 사고, 부적합, 개선조치 및 계속적 개선
   2) 모니터링 및 측정 결과
   3) 법적 및 기타 요구사항의 준수평가의 결과
   4) 감사 결과
   5) 취업자의 협의 및 참가
   6) 리스크 및 기회
e) 효과적인 OHSMS를 유지하기 위한 자원의 타당성
f) 이해당사자와의 관련 커뮤니케이션
g) 계속적 개선의 기회

경영진 검토의 결과(output)는 다음 사항에 관련된 결정을 포함하여야 한다.

- 의도하는 결과를 달성하기 위한 OHSMS의 계속적인 적절성, 타당성 및 효과성
- 계속적 개선의 기회
- OHSMS 변경의 필요성
- 필요한 자원
- 필요한 경우 조치
- OHSMS와 기타 사업 프로세스의 통합을 개선할 기회
- 조직의 전략적 방향에 대한 시사

최고경영진은 경영진 검토의 관련 결과를 취업자 및 그 대표(있는 경우)에게 전달하여야 한다(7.4 참조).

조직은 경영진 검토의 결과의 증거로서 문서화된 정보를 보유하여야 한다.

---

① 경영진 검토에 관한 이 조문의 의도는 최고경영진이 5.1(리더십 및 의지)의 실증의 일환으로서, OHSMS의 전략, 계획에 관여한 후 OHSMS의 이행, 유지, 계속적 개선에도 관여하여 조직이 의도하는 결과를 확실하게 달성하게 하는 데 있다.

② 경영진 검토의 목적은 최고경영진이 관리시스템의 성과를 전략적으로 그리고 비판적으로 평가하고 개선점을 제안하는 것이다. 이 검토는 단순한 정보의 제시가 아닌 것이 바람직하고, 산업안전보건 성과의 평가 및 계속적 개선을 위한 기회의 파악에 중점을 두는 것이 바람직하다. 최고경영진 자신이 이 검토에 참가하는 것이 요구된다. 특히 (조직의 상황에서) 변화하는 환경, 의도하는 결과로부터의 일탈 또는 유익한 결과를 수반하는 이점을 가져오는 바람직한 상태와의 관계에서, 최고경영진이 직접 관리시스템의 변경을 추진하고, 계속적 개선의 우선사항을 지휘하는 계기가 된다.

③ OHSMS의 효과성을 측정하는 적절한 척도의 결정은 조직의 재량에 맡겨져 있다. OHSMS가 조직의 사업 프로세스 및 전략적 방향성과 얼마만큼 일체화되어 있는지에 대한 평가를 포함하는 것이 바람직하다. 검토에는 공급자 및 수급인, 조직 내부의 변경 등에 관한 정보를 포함할 수 있다.

④ 검토는 최고경영진이 가장 주의를 기울일 필요가 있는 관리시스템의 요소에 초점을 맞추는 방법(예: 득점표)으로 정보를 제시할 수 있다. 검토는 다른 경영진 검토와 동시에 계획해도, 다른 비즈니스 또는 관리시스템의 수요를 충족하는 것을 목적으로 계획해도 무방하다.

e)의 자원의 타당성에는 취업자의 교육훈련 및 역량도 포함된다.

⑤ 밑부분에는 경영진 검토의 결과에 해당하는 것으로 7개 항목이 열거되어 있다. 제8절의 규정에 따라 설정된 기준에 비추어 산업안전보건 목표의 달성상황에 대해, 제9절의 규정에 따라 설정한 성과평가의 기준에 비추어 평가 결과로서 확인되어 최고경영진에게 투입(input)으로서 보고된다.

경영진 검토에서는, 의도하는 결과를 달성할 수 없는 경우 효과성이 부족한 상태라고 판단하고, 경영진 검토의 결과로서 OHSMS 변경의 필요성, 필요한 자원, 필요한 경우 조치 등에 관련된 결정을 한다. 최고경영진은 이를 7.4(커뮤니케이션)의 요구사항에 따라 취업자 및 그 대표에게 전달하고 필요한 조치를 실시한다.

⑥ 경영진 검토 결과의 문서류는 7.5(문서화된 정보)의 요구사항에 따라 작성하여 관리한다.

[참고] 부속서 A.9.3의 요점

(1) 경영진 검토에서 사용되는 용어의 설명

a) 적절성(suitability)이란, OHSMS가 조직, 조직의 운영, 문화 및 사업시스템에 어떻게 부합하고 있는지를 의미한다.

b) 타당성(adequacy)이란, OHSMS가 충분한 레벨에서 실시되고 있는지 여부를 의미한다.

c) 효과성(effectiveness)이란, OHSMS가 의도하는 결과를 달성하고 있는지 여부를 의미한다.

(2) 9.3 a)부터 g)의 항목은 모두에 대해 동시에 대처할 필요는 없고, 각 항목별로 언제, 어떻게 대처할 것인지를 정하면 된다.

[참고] OHSAS 18001:2007과의 비교

9.3(경영진 검토)은 OHSAS 18001 4.6(경영진 검토)에 대응한다.

4.6 경영진 검토

최고경영진은 조직의 OHSMS가 계속적으로 적절하고 타당하며 효과적이라는 것을 보장하기 위하여 미리 정해진 간격으로 OHSMS를 검토하여야 한다. 검토에는 산업안전보건 방침 및 산업안전보건 목표를 포함하여 OHSMS의 개선 기회 및 변경 필요성의 평가를 포함하여야 한다. 경영진 검토의 기록은 보유되어야 한다.

경영진 검토의 대상은 다음 사항을 포함하여야 한다.

a) 내부감사의 결과 및 적용 가능한 법적 요구사항 및 조직이 약속한 기타 요구사항에 대한 준수평가의 결과

b) 참가와 협의의 결과

c) 불만을 포함한 외부 이해관계자의 관련 의견

d) 조직의 산업안전보건 성과

e) 목표가 달성된 정도

f) 사고조사, 개선조치 및 예방조치의 상태

g) 종전의 경영진 검토의 후속 조치

h) 법적 요구사항 및 기타 요구사항의 전개를 포함한 변화 상황

i) 개선 권고

경영진 검토의 결과는 조직의 계속적 개선과 부합하고 다음 사항의 가능한 변경과 관련된 결정 및 조치를 포함해야 한다.

a) 산업안전보건 성과

b) 산업안전보건 방침 및 목적

c) 자원

d) OHSMS의 다른 요소

경영진 검토의 관련 결과는 커뮤니케이션 및 협의에 이용될 수 있도록 해야 한다.

10. 개선

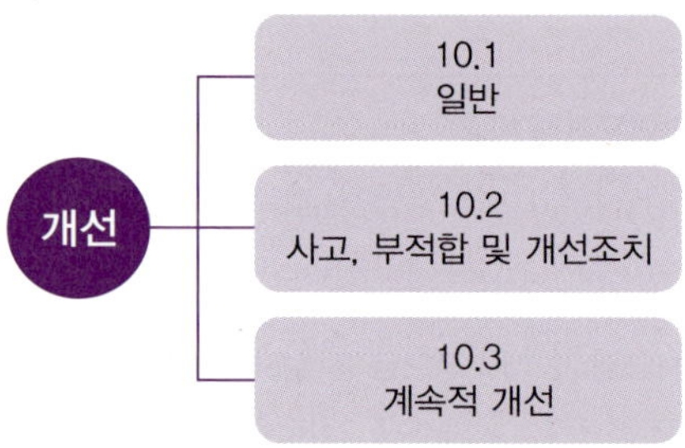

조직은 PDCA 사이클에 따라 OHSMS를 개선할 것이 요구된다. 본 조문에서는 개선의 기회를 파악할 것, 개선조치를 취할 것, 계속적 개선을 추진할 것이 추정되고 있다. 개선은 모니터링, 측정, 분석 및 성과평가(9.1), 내부감사(9.2) 및 경영진 검토(9.3)의 요구사항에 따라 OHSMS를 평가하고, 리스크 및 기회에 대한 대처(6.1), 산업안전보건 목표 및 그것의 달성을 위한 계획수립(6.2)에 따라 취해야 할 적절한 개선을 계획하는 것을 의미한다.

1) 10.1 일반

10.1 일반

조직은 개선의 기회(제9절 참조)를 정하고, OHSMS가 의도하는 결과를 달성하기 위하여 필요한 조치를 실시하여야 한다.

① 본 조문에서 요구하고 있는 개선의 기회는 6.1.2.3의 "a) 산업안전보건 성과를 향상시키는 산업안전보건 기회, b) OHSMS를 개선하기 위한 기타 기회"와 동일한 것이다. 본문의 "개선의 기회(제9절 참조)"의 표현 중 '(제9절 참조)'로 인용되고 있는 조문은 다음과 같다.

9.1.1: 산업안전보건 성과를 평가하고 OHSMS의 효과성을 판단할 것이 요구된다.

9.2.2 e): 산업안전보건 성과를 계속적으로 향상시키는 것이 요구된다.

9.3 g): 계속적 개선의 기회를 경영진 검토에서 다룬다.

② "OHSMS가 의도하는 결과를 달성하기 위하여 필요한 조치를 실시하여야 한다."라고 되어 있듯이, 이 규격의 요구사항은 '의도하는 결과'로 시작되어(4.1), '의도하는 결과'(10.1)로 끝나고 있다. '의도하는 결과'는 ISO 45001의 등뼈라고도 말할 수 있고, 조직은 규격의 서문, 적용범위에 서술되어 있는 '의도하는 결과'를 참고로 한 조직 고유의 '의도하는 결과'를 명확히 해두어야 한다.

[참고] 부속서 A.10.1의 요점

(1) 조직은 개선을 위한 조치를 취할 때에, 산업안전보건 성과의 분석 및 평가, 준수평가, 내부감사 및 경영진 검토로부터의 결과를 고려하는 것이 바람직하다.

(2) 개선의 예에는 개선조치, 계속적 개선, 획기적인 변화, 혁신 및 조직재편이 포함된다.

[참고] OHSAS 18001:2007과의 비교

10.1(일반)에 대응하는 OHSAS 18001의 요구사항은 없다.

2) 10.2 사고(incident), 부적합 및 개선조치

10.2 사고, 부적합 및 개선조치

조직은 보고, 조사 및 대책을 포함하여 사고 및 부적합을 결정하고 관리하기 위한 프로세스를 수립, 이행 및 유지하여야 한다.

사고 또는 부적합이 발생할 경우, 조직은

a) 사고 또는 부적합에 제때 대응하여야 하고, 해당되는 경우에는
   1) 사고 또는 부적합을 관리하고 시정하기 위한 조치를 취하여야 한다.
   2) 사고 또는 부적합에 의해 발생한 결과를 처리하여야 한다.

b) 사고 또는 부적합이 재발하거나 다른 곳에서 발생하지 않도록 하기 위하여, 취업자(5.4 참조)의 참가와 다른 관련 이해관계자의 관여를 통해, 다음 조치에 의해 사고 또는 부적합의 근본원인을 제거하기 위한 개선조치를 취할 필요성을 평가한다.
   1) 사고를 조사하거나 부적합을 검토하는 것
   2) 사고 또는 부적합의 원인을 규명하는 것
   3) 유사한 사고가 발생하였는지, 부적합이 존재하는지 또는 사고·부적합이 발생할 가능성이 있는지 여부를 명확히 하는 것

c) 필요에 따라 산업안전보건 리스크 및 기타 리스크에 대한 기존 평가를 재검토한다(6.1 참조).

d) 관리방안의 우선순위(8.1.2 참조) 및 변경 관리(8.1.3 참조)에 따라 개선조치를 포함한 모든 필요한 조치를 결정하고 이행한다.

e) 조치를 실시하기 전에, 새로운 또는 변경된 위험원에 관련되는 산업안전보건 리스크를 평가한다.

f) 개선조치를 포함하여 취해진 모든 조치의 효과성을 재검토한다.

g) 필요한 경우에는 OHSMS를 변경한다.

개선조치는 발생한 사고 또는 부적합의 영향 또는 잠재적 영향에 적합하여야 한다.

조직은 다음에 제시하는 사항의 증거로서 문서화된 정보를 보유하여야 한다.

– 사고 또는 부적합의 성질 및 이들에 대해 취해진 모든 후속조치
– 모든 조치 및 개선조치의 결과(조치의 효과성을 포함한다)

조직은 이 문서화된 정보를 관련 취업자 및 그 대표(존재하는 경우)와 기타 관련 이해당사자에게 전달하여야 한다.

참고: 부당한 지체 없는 사고 보고 및 조사는 가능한 한 신속하게 위험원을 제거하고 연관된 산업안전보건 리스크를 최소화하게 할 수 있다.

---

① 본 조문의 의도는 발생해서는 안 되는 것(사고 및 부적합)이 발생한 경우, 근본원인을 찾아내어 그 원인을 제거하고 재발하지 않도록 하는 것에 있다. 사고 또는 부적합이 발생한 경우의 조직의 대응, 그것에 관련된 기록의 보유, 나아가 이해관계자에의 전달에 대해 요구사항을 규정하고 있다. 조직은 무엇이(어느 정도의 것이) 사고이고 무엇이 부적합인지를 결정해 두어야 한다. 이 결정은 그 후 수정하는 것도 있을 수 있으므로, 그것을 위한(사고, 부적합을 결정하고 관리하기 위한) 프로세스의 확립을 본 조문에서는 요구하고 있다.

② 근본원인의 파악은 용이한 것은 아니지만, 발생한 것의 요인은 반드시 하나인 것은 아니라는 점을 염두에 두고 분석하는 것이 바람직하다. 발생한 사건을 시계열로 거슬러 올라가면, 어느 정도 근본원인(발생원인의 시작)이 보이게 된다. 경우에 따라서는 사람, 기계·설비, 환경, 방법, 원재료 등의 다기에 걸친 분석이 요구된다.

③ 산업안전보건에서 중요한 것은 동일한 문제를 두 번 다시 일으키지 않는 것이다. 본 조문에서는 다음 3단계를 재발방지대책으로 생각하고 있다.

ⓐ 발생한 현상을 원래대로 되돌리고 수정한다.

ⓑ 근본원인을 명확히 한다.

ⓒ 근본원인을 제거한다.

여기서, ⓐ는 '긴급처치'로 불리는 것으로 우선 부상을 입은 사람을 보호하는 등 사고에 대해 긴급한 조치를 취하는 것을 말한다. ⓑ는 왜 그 사고가 발생하였는지 그 원인을 조사하고, 그 근본원인을 찾아내는 것이다. ⓒ와 관련해서는, 근본원인을 제거하려면 '5Why분석'이 효과적이라고 말해지고 있다.

④ 근본원인을 규명하여 파악(원인분석)하려면, '왜'를 자문자답하여 반복하는 것이 효과적이다. 이것은 '5Why분석'이라고도 불리고 있다. 이것에 의해 논리적인 사고, 현지현물, 사실·데이터에 근거한 과학적 접근 등이 가능해지고, 근본원인을 오류 없이 파악할 수 있게 된다. '왜'를 자문자답하는 경우 '원인탐구 흐름도'(그림 13)를 참고하는 것이 바람직하다. 이 흐름도는 (안전)작업절차를 기준으로 하여 작업절

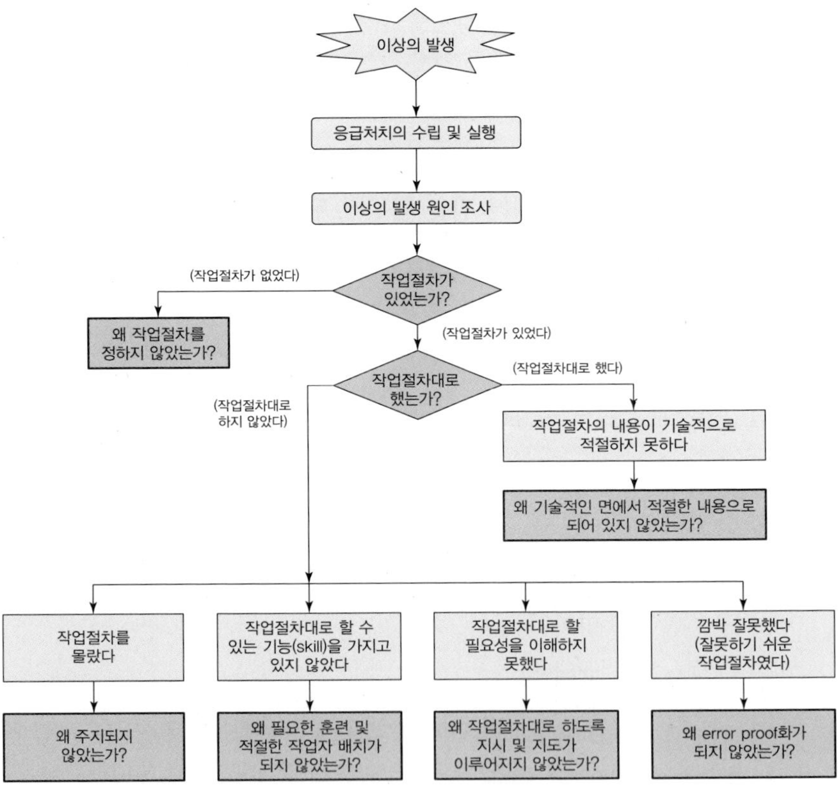

● 그림 13. 원인탐구 흐름도

차가 없는 경우, 작업절차가 있었지만 작업절차대로 하지 않은 경우, 작업절차가 있고 작업절차대로 한 경우로 대별하는 식으로 구성되어 있다. 이 중 작업절차대로 하지 않은 경우에 대해서는 '몰랐다', '할 수 없었다', '하지 않았다', '깜박 잘못했다'로 다시 구분할 수 있다. 관계자가 작업절차의 내용을 알지 못한 것은 교육이 부족하였다고 볼 수 있고, 알고 있었는데도 할 수 없었던 경우 훈련에 문제가 있었다고 할 수 있다. 그리고 작업절차에 관한 지식·기능이 있었는데도 의도적으로 준수하지 않은 것은 작업절차의 중요성이 이해되지 않았기 때문이다. 나아가, 작업절차대로 하려고 하였지만 깜박 잘못하는 경우도 있는데, 이 경우에는 error proof화가 필요하다. 어떤 경우에도 '왜'를 반복하는 것이 효과적이다. 이 흐름도에 따라 사고 및 부적합을 구분하여, 어느 유형이 많은지를 명확히 한 후에 해당 유형에 초점을 맞추어 근본원인을 더욱 파고들 필요가 있다. 예를 들면, 작업절차가 없는 경우가 많은 때에는 왜 작업절차가 정해져 있지 않았는지, 알지 못했다가 많은 경우에는 왜 주지되어 있지 않았는지, 깜박 잘못했다가 많은 경우에는 왜 error proof화가 되어 있지 않았는지를 규명한다.

[참고] 부속서 A.10.2의 요점

(1) 사고, 부적합 및 개선조치의 예에는 다음 사항이 포함될 수 있다.

a) 사고: 부상을 수반하거나 수반하지 않는 평평한 장소에서의 넘어짐, 다리의 골절, 석면증, 난청, 산업안전보건 리스크로 이어질 수 있는 건물 또는 차량 피해

b) 부적합: 보호구가 적절하게 기능하지 않음, 법적 및 기타 요구사항을 충족하지 못함, 소정 절차가 준수되지 않음

c) 개선조치(관리방안의 위계에서 제시. 8.1.2 참조): 위험원 제거, 덜 위험한 재료로 대체, 장치 또는 도구의 재설계 또는 수정, 영향을 받는 취업자의 역량 향상, 사용빈도의 변경, 개인보호구 사용

(2) 근본원인분석은 재발방지를 위해 취해질 수 있는 대책에 대한 정보(input)를 얻기 위하여 무엇이 발생하였는지, 어떤 식으로 발생하였는지, 왜 발생하였는지를 분석함으로써, 사고 또는 부적합과 관련된 가능한 모든 요인을 조사하는 것을 의미한다.

(3) 조직이 사고 또는 부적합의 근본원인을 규명할 때에는 분석 대상인 사고 또는 부적합의 성질에 적합한 방법을 사용하는 것이 바람직하다. 근본원인분석의 초점은 예방이다. 이 분석에 의해 커뮤니케이션, 역량, 피로, 설비 또는 절차에 관련된 요인을 포함하여 시스템의 결함에 기여하는 복수의 요인을 파악할 수 있다.

(4) 10.2 f)의 개선조치의 효과성의 검토는 이행된 개선조치가 근본원인을 얼마나 적절하게 억제하였는지를 파악하는 것이다.

[참고] OHSAS 18001:2007과의 비교

10.2(사고, 부적합 및 개선조치)는 OHSAS 18001 4.5.3.1(사고조사), 4.5.3.2(부적합, 시정조치 및 예방조치)에 대응한다.

4.5.3.1(사고조사)

조직은 다음 사항을 위하여 사고를 기록, 조사, 분석하기 위한 절차를 수립, 이행 및 유지하여야 한다.

a) 사고발생의 원인이거나 사고발생의 기여요인이라고 생각되는, 내재하는 산업안전보건 결함 및 기타 요인을 결정한다.

b) 개선조치의 필요성을 명확히 한다.

c) 예방조치의 기회를 명확히 한다.

d) 계속적 개선의 기회를 명확히 한다.

e) 이와 같은 조사 결과를 주지시킨다.

조사는 시의적절하게 실시하여야 한다.

파악된 모든 개선조치의 필요성 또는 예방조치의 기회는 4.5.3.2의 관련 부분에 따라 처리하여야 한다.

사고조사의 결과는 문서화하여 유지되어야 한다.

4.5.3.2(부적합, 개선조치 및 예방조치)

조직은 현재(顯在)하거나 잠재하는 부적합에 대응하기 위한, 그리고 개선조치 및 예방조치를 취하기 위한 절차를 수립, 이행 및 유지하여야 한다.

이 절차에서는 다음 사항에 대한 요구사항을 정하여야 한다.

a) 부적합을 파악하고 수정하며, 이것의 산업안전보건 결과를 완화하기 위한 조치를 취하는 것

b) 부적합을 조사하고 원인을 확정하며 재발을 방지하기 위한 조치를 취하는 것
c) 부적합을 예방하기 위한 조치의 필요성을 평가하고, 부적합의 발생을 방지하기 위하여 수립된 적절한 조치를 이행하는 것
d) 취해진 개선조치 및 예방조치의 결과를 기록하고 주지시키는 것
e) 취해진 개선조치 및 예방조치의 효과성을 검토하는 것

개선조치 및 예방조치가 새롭거나 변경된 위험원 또는 새롭거나 변경된 관리방안에 대한 필요성을 확인하는 경우, 그 절차는 이행에 앞서 위험성 평가를 통해 제안된 조치를 취하도록 요구하여야 한다.

실제의 또는 잠재적인 부적합의 원인을 제거하기 위하여 취해지는 모든 개선조치 또는 예방조치는 문제의 크기에 상응하고 직면한 산업안전보건 리스크에 부합하는 것이어야 한다.

조직은 개선조치 및 예방조치로부터 발생한 모든 필요한 변경이 OHSMS 문서에 반영되도록 하여야 한다.

3) 10.3 계속적 개선

10.3 계속적 개선

조직은 다음 사항에 의해 OHSMS의 타당성(suitability), 적절성(adequacy) 및 효과성(effectiveness)을 계속적으로 개선하여야 한다.

a) 산업안전보건 성과의 향상
b) OHSMS를 지지하는 문화 촉진
c) OHSMS의 계속적 개선을 위한 조치의 이행에 취업자 참가의 촉진
d) 계속적 개선의 관련 결과를 취업자 및 그 대표(있는 경우)에게 전달
e) 계속적 개선의 증거로서 문서화된 정보의 유지 및 보유

① OHSMS의 타당성, 적절성 및 효과성을 계속적으로 개선하는 것을 규정하고 있다. "효과성"은 "계획한 활동을 실현하고 계획한 결과를 달성한 정도"(3.13)로 정의되어 있는데, 타당성, 적절성이라는 용어와 함께 안전이 확보되도록 하기 위한 중요한 지표이다. 타당성, 적절성, 효과성의 의미는 부속서 A.9.3에 다음과 같이 설명되어 있다.

- 타당성이란, OHSMS가 조직, 그것의 운영·문화 및 사업시스템에 얼마나 적합한지를 의미한다.
- 적절성이란, OHSMS가 적절하게 이행되고 있는지 여부를 의미한다.
- 효과성이란, OHSMS가 의도한 성과를 달성하고 있는지 여부를 의미한다.

계속적 개선을 요구함과 아울러, 그 추진을 할 때 계속적 개선대책의 이행에 취업자의 참가 촉진을 요구하고 있다.

② "계속적(continual)"이란, 일정한 기간에 걸쳐 일어나는 것을 의미하지만, 도중에 중단이 있어도 무방하고, 중단 없이 일어나는 것을 의미하는 "연속적(continuous)"과는 다르다. 계속적 개선이라는 문맥에서는 일정한 기간에 걸쳐 정기적으로 개선을 하는 것이 요구된다.

③ 개선에는 예를 들면 수정, 개선조치, 계속적 개선, 현상을 타파하는 변경, 혁신 및 조직적 재편이 포함될 수 있다. "계속적 개선"은 "성과(3.27)를 향상시키기 위하여 반복적으로 이루어지는 활동"(3.37)이라고 정의되고 있다. 일상적으로 사용하고 있는 개선활동이라는 용어와 동일하게 이해해도 무방하다. 계속적 개선의 대상은 서비스, 절차, 프로세스 등 OHSMS에 관한 사항 모두이다. 계속적 개선은 PDCA 사이클의 모든 시기에 이루어지고, 그 결과가 나선형 향상(spiral up)으로 나타나는 개선인 것이다. 그리고 "성과(performance)"는 "측정 가능한 결과"(3.27)이다.

④ 개선이라고 하면 부적합을 시정하는 이미지가 있지만, 우수사례를 다른 부서, 공장에 전개하는 것도 계속적 개선이다. 성과평가, 내부감사, 경영진 검토 등을 할 때, 단순히 부적합에 대해 개선조치하는 것으로 그치지 않고, 우수사례를 명확히 하여 다른 부서, 공장에 수평전개하는 것이 바람직하다. 이를 통해 조직 전체의 안전보건 성과를 향상시키고, 나아가 조직의 안전문화의 향상으로 이어지며,

OHSMS를 계속적으로 개선하는 것이 가능해진다. 요컨대, OHSMS가 의도한 성과를 달성하기 위해 노사가 일체가 되어 OHSMS 전체적으로 내는 성과가 계속적 개선이 된다. 단순히 요구사항의 적합성을 확인하는 것이 아니라, 이를 넘어 안전보건 성과의 향상을 목적으로 하여 OHSMS를 운영하는 것이 중요하다.

⑤ 계속적 개선을 지원·촉진하는 조문으로는 이하가 제시된다.

- 6.1(리스크 및 기회에의 대처)
- 6.2(OH&S 목표 및 그것의 달성을 위한 계획수립)
- 9.1(모니터링, 측정, 분석 및 성과평가)
- 9.2(내부감사)
- 9.3(경영진 검토)

등

⑥ b)에서 "OHSMS를 지지하는 문화의 촉진"을 규정하고 있는데, 문화는 조직이 오랜 기간에 걸쳐 배양한 안전을 유지해 가기 위한 풍토이고, 이것이 강고하면 안전기반이 지탱될 수 있다.

[참고] 부속서 A.10.3의 요점

(1) 계속적 개선 문제의 예로는 다음과 같은 사항이 포함되지만, 이것으로 한정되지는 않는다.

a) 신기술

b) 조직의 내부 및 외부의 우수사례

c) 외부관계자로부터의 제안 및 권고

d) 산업안전보건에 관련된 문제에 대한 새로운 지식 및 이해

e) 새로운 재료 및 개량된 재료

f) 취업자의 능력 및 역량의 변화

g) 보다 적은 자원에 의한 성과 향상의 달성(즉, 간소화, 합리화 등)

[참고] OHSAS 18001:2007과의 비교

10.3(계속적 개선)은 OHSAS 18001 4.1(일반적 요구사항), 4.6(경영진 검토)에 대응한다.

4.1(일반요구사항)

조직은 이 OHSMS 규격의 요구사항에 따라 OHSMS를 수립, 문서화, 이행 및 유지하고 계속적으로 개선해야 하며, 이들 요구사항을 어떻게 충족할지 정하여야 한다.

(후략)

4.6(경영진 검토)

(중략)

검토는 산업안전보건 방침 및 산업안전보건 목표를 포함하여, OHSMS의 개선 기회 및 변경 필요성에 대한 평가를 포함하여야 한다.

(후략)

SUPPLEMENT

부록

부록 Ⅰ. OHSMS의 국제적 동향과 시사점

1. OHSMS의 의의

1) Management System 접근방식의 필요성

(1) 서론

① 국제적으로 조직(기업 등)이 현대 사회의 과제 해결에 대해 책임을 다하고 공헌하기 위하여 Management System이라고 하는 접근방식에 기초하여 조직을 경영하는 것의 중요성이 강조되고 있는 추세임

② 1980년대부터 품질 Management, 환경 Management, 식품안전 Management 등에 대하여 Management System 요구사항(requirement) 규격과 관련 규격이 국제표준기구(ISO)에서 마련되어 세계적으로 점차 확산되고 있음

③ 나아가, ISO에서 산업안전보건 분야에서의 Management System에 대한 요구사항 규격인 ISO 45001이 2018년 3월 12일에 발행(공표)되었음

④ 여기에서는 조직이 사회적 책임을 다하는 것을 통해 안전, 품질, 환경 등의 사회적 문제 해결에 공헌하기 위하여, 국제적으로 널리 인지된 접근방식을 자율적으로 구축·실시하고, 이의 적절성, 타당성 및 유효성을 실증하는 노력이라는 의미로 'Management System 접근방식'이라는 개념을 사용하기로 함

⑤ 적절성, 타당성 및 유효성은 Management System의 요구사항에 '적절'하고, 방침·목표가 조직의 사명과 사회적인 문제해결에 '타당'하며, 그 방침·목표를 달성하기 위하여 '유효'한 것을 의미함

(2) 부적절한 경영관리에 기인하는 조직의 불상사

① 제품품질, 제품안전, 식품안전, 폐기물의 불법투기, 환경규제 관련 자료의 조작 등 기업의 불상사가 끊이지 않고 있음

② 지구온난화 등의 지구환경변화에 기인하는 이상기상, 사회·조직활동에서의 경쟁 심화에 의한 정신적인 압박, 비정규근로자의 확대, 소득격차 확대 등에 의해 사회의 안전, 사람들의 안심을 위협하는 문제도 많아지고 있음

③ 이들 문제는 정치적 또는 경제적 접근방식에 의해 해결하여야 하는 경우도 많지만, 노동환경에서의 문제는 사람들이 일하는 직장, 조직에서의 무리한 매니지먼트에 기인하는 경우도 적지 않음

④ Management System 접근방식은 자유무역을 촉진하기 위하여 세계무역기구(WTO)의 협정인 적합성평가 제도에서 채택되었는데, 산업안전에서는 'New Approach'라고도 말함

⑤ 다만, 이것을 단순히 '국제기준'에의 추수(追隨)로 보는 것은 좁은 시각이고, 조직의 자기책임을 요구하는 한편, 조직의 자율적 능력을 높이는 방법으로 볼 필요가 있음

(3) 조직의 사회적 책임과 역할

① 현대 사회에서는 조직의 매니지먼트가 사회문제, 지구환경문제에 크게 영향을 미침에 따라 조직에 대한 사회적 기대·요청의 수준이 높아지고 있음

② 특히, 국제적 기준에 기초한 적절한 매니지먼트를 실시하고, 외부에서 보아도 투명성이 높은 Management System을 구축·운영하는 것을 조직이 실증하도록 요구받고 있음

③ 조직이 그 사회적 책임을 다하고 있는 것을 실증하면서 사회문제 또는 지구환경문제의 해결에 공헌하는 방법론으로서, Management

System 접근방식이 주목되고 있고 최근 35년간 세계에 보급되어 왔음

(4) 수동적 접근방식에서 Management System 접근방식으로

① 지금까지 우리나라 안전보건관리는 법령상의 명령통제기준(command & control regulation)을 중심으로 이루어져 왔고, 사업장의 안전보건관리를 법령상의 기준, 정부의 지침 등에 의지하려고 하는 조직풍토, 관행이 자리 잡고 있음. 사회 전반적으로 볼 때 아직까지 OHSMS의 실질적인 구축은 불충분하다고 생각됨

② 예를 들면, 사업장마다 위험원을 파악하고, 위험성(risk)을 평가하여 필요한 관리방안을 마련·추진해 나가고, 동시에 근로자의 안전과 건강을 유지·증진하기 위한 방침, 목표를 가지고 관리해 나가는 Management System은 충분히 이해되지 못하고 있고, 그 결과 사업장에 실질적으로 침투되고 있지 못하고 있음

③ 우리나라의 산업안전보건은 법규제, 정부지침 등에 의지하려는 성향이 강하고, 조직이 자율적으로 법규제 등의 불충분함을 보완하려고 하는 의식(자주성)이 부족한 경우가 많음

④ 아차사고를 포함한 각종 사고의 조사·분석 및 이들 결과를 활용한 재발방지대책, 나아가 미연방지대책은 결코 충분하다고는 말할 수 없는 상태임

⑤ 사업장 안전보건의 확보를 위한 '매니지먼트'는 개별 조직만의 문제는 아니고, 정부 정책(행정)으로서의 접근방식의 문제이기도 함. 즉, 행정에도 Management System 접근방식은 필수불가결한 방식임

⑥ 사고원인의 규명에 있어서, 단순히 특정인의 책임으로 규명을 종료시키는 경우가 적지 않지만, Management System이 우수한 조직에서는 종래부터 근본원인의 규명 시에 원인은 사람보다 시스템 자체에

있다고 생각하여, 시스템의 하드웨어, 소프트웨어의 문제점을 찾아내려고 하고, 경험주의적으로 시스템의 개선을 거듭해 가는 접근방식을 취하여 왔음

⑦ 사고원인 가운데 사람의 문제가 있다면, Management System이 잘 갖춰진 조직에서는 적어도 사람의 역량, 자질을 향상시키기 위한 교육훈련의 실시방법에 결함이 없었는지, 조직의 경영진이 이 문제에 대해 책임감을 가지고 관여해 왔는지 등에 대하여 규명을 하는 입장을 취함. 즉, 시스템에서 사고원인을 찾고자 노력함

⑧ 최종적으로 조직뿐만 아니라 행정 또한 Management System 접근방식의 필요성을 인식할 필요성이 있음

(5) 속인적(屬人的)·공학적 접근방식에서 Management System 접근방식으로

종래의 사업장 안전보건관리의 접근방식은 속인적 접근방식(인간 모델), 공학적 접근방식(공학 모델) 및 Management System 접근방식(시스템 모델)으로 구분하는 것이 가능함. 이와 같은 변천을 다음과 같이 정리할 수 있음

① 속인적 접근방식(인간 모델)

- 구성원들에 대하여 안전보건교육이 실시됨
- 구성원들에게 안전의식을 갖도록 하고 이들의 자각을 높임
- 발생한 사고에 대해 개인의 책임으로 귀착되는 경향이 강함

② 공학적 접근방식(공학 모델)

- 공학적·기술적인 위험성 감소조치가 취해짐
- 위험성 감소조치의 우선순위가 이해·대응되고 있음
- 사고가 발생하면, 공학적·기술적 미숙으로 귀착됨

③ Management System 접근방식(시스템 모델)

• 위험성 평가가 실시되고 OHSMS가 구축되어 운영됨
• 산업안전뿐만 아니라 보건, 정신건강도 배려되고 사람이 존중됨
• 매니지먼트의 적절성, 타당성, 유효성이 실증됨. 즉, Management System의 요구사항에 적절하고, 방침·목표가 사회적으로도 타당하며, 방침·목표를 달성하는 데 효과적임
• 사고가 발생하면, 근본적인 원인규명과 함께 최고경영자를 포함한 관계자의 책임소재가 명확하게 밝혀지고,[71] Management System 상의 문제가 검토됨

2) OHSMS의 개혁

(1) 서론

① 1972년에 발표된 로벤스(Robens) 보고서(Safety and Health at Work: Report of the Committee, 1970-72)는 복잡한 법률의 일원화, 사고방지 활동에의 근로자 참가를 장려하는 면에서도 진일보한 것이었지만, 산업안전보건행정의 개혁을 호소하면서 종래의 법적 기준에 따르게 하는 방법으로부터 시스템을 중시하는 접근방식으로의 전환을 주장한 점에서 획기적이었음

② OHSMS의 의의는 사업주가 근로자의 협력하에 일련의 프로세스를 정하고 계속적으로 행하는 자율적인 안전보건활동을 촉진함으로써, 산업재해의 방지를 도모함과 아울러 사업장에서의 안전보건수준의 향상에 기여하는 것을 목적으로 하는 것임

71) 책임소재를 밝힌다는 것은 비난(징벌)해야 한다는 것과는 의미가 다르다는 점에 유의해야 한다. 책임(accountability)과 비난(징벌)의 문제를 혼동해서는 안 된다. 누구나 자신의 잘못에 대해 책임져야 한다. 잘못을 한 사람이 잘못을 인정하지 않고 재발을 방지하려고 노력하지 않으면 교훈을 얻지 못하고 해당 경험으로부터 얻을 수 있는 것이 거의 또는 전혀 없게 된다(James Reason, *Managing Maintenance Error*, Ashgate, 2003, p. 97).

(2) 품질 Management System에서 시작된 'Management System 접근방식'

① 대처정권 시대의 영국에서는 일본의 강한 경제력을 연구하고, 종합적 품질 매니지먼트(TQM)를 참고로 1979년에 품질 Management System의 요구사항에 관한 영국규격(BS 5750)을 제정하고, 이것을 이용한 인증제도를 개시함

② 영국은 BSI를 중심으로 위 규격을 국제표준으로 하기 위하여 ISO의 기술전문가위원회 ISO/TC를 리드함

③ 마침내 1987년에 ISO에서 품질 Management System에 관한 ISO 9000 시리즈를 발행하기에 이름

④ 품질 Management System에 대한 국제규격의 작성과 인증제도의 보급에 성공한 영국은 조직에서의 환경보전활동 및 직장의 건강·안전에 관한 국제규격화와 인증제도의 확대를 지향하면서, 영국 국내에서 1992년에 BS 7750(환경 Management System 규격)을, 1993년에 BS 8750(OHSMS 규격)을 각각 제정함

⑤ BS 8750 폐지 후 BSI는 1996년에 OHSMS 가이드로서 BS 8800[비인증(non-certifiable) 지침]을 제정(2004년 개정)하였고, 2008년에는 BS 18004로 개정하여 발행함

(3) ISO 기준화

① ISO는 1987년에 ISO 9000 시리즈(품질 Management System)를, 1996년에 ISO 14000 시리즈(환경 Management System)를 각각 제정함

② ISO 9000/14000 시리즈 제·개정과정은 ISO에서의 OHSMS를 제정하는 움직임의 계기가 되었는바, ISO는 ISO 14000 시리즈 심의가 이루어지고 있던 1994년 5월 OHSMS의 ISO 규격화를 최초로 제안함

③ 이 제안에 대해 ISO에서는 규격화 필요 여부에 대한 일련의 논의를 거친 끝에 OHSMS의 필요성은 인정하는 분위기 속에서도 1997년 1월 ISO 규격화(표준화)를 보류함

④ ISO에서는 OHSMS에 관한 TC(Technical Committee)를 설치하자는 제안을 하였지만, 2000년 4월 각국의 ISO의 구성멤버에 의한 투표에서 부결됨

⑤ 2007년 ISO 규격 제정에 대한 설문조사에서는 찬성 13, 반대 10, 기권 1로 찬성표가 많았지만 주요국이 반대표를 던져 국제적인 지지를 받을 수 없다고 판단하고 ISO 규격 제정을 재차 보류함

⑥ 이는 OHSMS의 국제표준화가 반대된 것이라기보다는 ISO 규격화가 다수를 얻지 못하였다고 할 수 있는바, ISO 규격화가 보류·부결된 이유는 다음과 같이 정리될 수 있음

⑦ i) 사업장 안전보건은 각국의 법령에 사용자의 의무로 이미 명시되어 있고, ii) 사업장 안전보건은 윤리, 권리와 의무, 사회적 파트너의 참가와 관련되어 있기 때문에 국제규격의 제정은 곤란하며, iii) OHSMS에 대해서는 ILO 가이드라인을 기반으로 자국의 상황에 맞는 인증기준을 작성·운영하고 있는 국가가 많음

⑧ 이와 같이 OHSMS를 ISO 규격으로 만드는 작업은 그동안 3차례 보류·부결되다가 2013년 6월에 회원국들의 입장이 일전(一轉)하여 회원국 투표에서 ISO 규격화가 승인되기에 이름. 그 배경으로는 다음과 같은 점이 작용한 것으로 말해지고 있음

⑨ i) OHSAS 18001의 인증이 2012년 말 현재 82개국, 약 32,000개 조직으로까지 증가하였고, 산업안전보건 규격과 ISO 14001 등 다른 규격의 통합운영이 강하게 요청되고 있고, ii) OHSMS를 네임 밸류(name value)가 있는 ISO 규격으로 함으로써 국제적으로 OHSMS가 한층 더 확대되는 것을 기대할 수 있으며, iii) 종전부터 OHSMS를

ISO 규격으로 제정하는 것을 보류해 달라고 요청하여 오던 ILO가 ISO 규격화에 협조하게 되었음

⑩ ISO 규격은 당초 2016년 10월 제정을 목표로 하고 있었지만, 추진일정의 지연, ILO와의 의견 차이, DIS에 대한 승인 부결 등 때문에 제정이 늦어져 2018년 3월 12일에서야 제정되었음

(4) ILO-OSH 가이드라인과 OHSAS

① 국제노동기구(ILO)는 1999년 11월의 이사회에서 OSHMS 가이드라인의 개발 작업을 개시하기로 결정하고, 2001년 12월에 'ILO-OSH 2001'이라고 불리는 OSHMS 가이드라인을 처음으로 제정하였고, 2009년에 개정됨

② 이렇게 하여 ILO는 OSHMS에 관하여 유일한 국제기관으로서의 위상을 갖게 되었는데, 이는 산업안전보건 영역에서의 Management System의 규격은 ISO가 아니라 노·사·정 3자로 구성된 ILO에서 제정되어야 한다는 국제적 공감대가 형성된 결과라고 할 수 있음

③ 이 가이드라인은 심사등록기관에 의한 인증용으로 개발된 것은 아니며, 기업뿐만 아니라 회원국 정부를 대상으로 OSHMS의 확산을 촉진할 목적으로 개발됨

④ ILO-OSH 가이드라인에는 ILO 특유의 사항이 있는바, 국가·업종·규모에 의한 가이드라인 책정 등 유연성을 인정하고 있는 점과 가이드라인의 책정 단계부터 근로자의 참가를 중요시하고 있는 점이다.

⑤ ISO 규격의 제정이 보류되면서 BSI를 중심으로 여러 국가의 규격기관, 대규모 심사등록기관(인증기관), 안전보건전문기관 등이 Project Group을 조직하여 OSHMS 요구사항이자 인증제도에 사용 가능한 OHSAS 시리즈로서 1999년에 OHSAS 18001을, 2000년에 OHSAS 18001의 해설판인 OHSAS 18002를 각각 발행함

⑥ 2002년에 OHSAS 18001/18002를 1차 개정하였고, 2007/2008년에 2차 개정을 함

⑦ ISO 45001이 제정되기까지 OHSAS 18001/18002는 ISO 규격이 없는 상태에서 세계의 많은 국가에서 인증용의 규격(인증기준)으로 자리 잡아 왔고, 사실상의 국제표준[준(準)국제규격]으로서 국제적인 영향력을 가져 왔음

2. OHSMS의 원칙과 특징

- 매니지먼트와 관련된 국제적인 규격에 각각의 메니지먼트 원칙이 기술되어 있음
- 이러한 Management System을 구축하고 실시하는 조직이 이들 원칙을 준수하여야 Management System이 적절하고 타당하며 효과적일 수 있음
- 여기에서는 OHSMS의 원칙과 더불어 OHSMS의 특징인 참가와 협의 및 위험성 평가 사고방식 등에 대해 설명하고자 함

1) OHSMS의 원칙

- OHSMS 요구사항 규격은 'Management System'의 기초가 되는 규격으로서, 품질 Management System인 ISO 9001, 환경 Management System인 ISO 14001과 양립성(상호 모순되는 요소가 없음)이 도모되고 있음
- OHSMS는 다른 Management System과 공통적으로 다음과 같은 원칙을 가지고 있음

- **PDCA 원칙**: Management System 전체적으로 PDCA 모델에 의한 계획, 실시, 점검(평가), 조치(검토, 개선)라고 하는 구조
- **계속적 개선의 원칙**: PDCA를 반복하여 매니지먼트의 결과로서 성과의 향상을 지향하고 Management System을 계속적으로 개선시키는 것
- **약속과 헌신의 원칙**: 최고경영진의 약속과 헌신(조직의 방침으로서 조직이 지향하고 준수하여야 할 것을 약속하고, 그 달성에 스스로가 적극적으로 헌신하는 것)를 중시하는 것
- **예방의 원칙**: 문제가 발생하였을 때 개선조치를 확실히 하는 한편, 문제의 발생을 미연에 방지하기 위한 예방조치를 중시하는 것
- 이들 원칙 외에 명기되어 있지는 않지만, 조직이 당연히 준수하여야 할 원칙으로서, ⅰ) 법적 및 기타 동의사항의 준수 원칙, ⅱ) 근로자의 인권 존중 원칙, ⅲ) 근로자의 참가와 협의 원칙 등이 있음
- OHSMS는 특유의 원칙을 가지고 있는 것도 사실인바, 최대의 특징은 ILO에 의해 ILO-OSH 가이드라인으로 책정된 것에서도 알 수 있듯이, 노·사·정 3자 협의를 중시하고 있는 점, 근로자의 인권을 보호하는 것을 목적으로 하고 있는 점임
- OHSMS의 또 하나의 큰 특징은 위험원 파악으로 시작하여 위험성 감소방안의 추진으로 연결되는 '위험성 평가'에 관한 부분임

2) 참가와 협의

- ILO-OSH 가이드라인에서 '근로자의 참가'(3.2)는 OHSMS의 불가결한 요소로서 명확하게 자리매김되어 있음
- EU의 산업안전보건 기본지침(89/391/EEC)에서도 '협의 및 근로자 참가'(제11조)를 명확히 규정하고 있음
- 각국의 산업안전보건법령에서도 노사공동결정(단체협약 포함), 노사협의, 근로자대표 참가 등 다양한 참가방식을 통해 조직의 산업안전보건

문제의 결정과정에 근로자 참가를 보장하고 있음

- 종래의 각국의 노동행정관청, 노동단체는 ISO에서의 규격 제정 프로세스에 대하여 근로자의 참가가 명확히 되어 있지 않은 것을 비판의 논거로 삼아 왔음. 동일한 관점에서 OHSAS 18001에 대해서도 근로자 참가가 불명확한 점이 비판의 대상이 된 적이 있음
- 이 때문에 2007년판 OHSAS에서는 근로자 참가에 관한 요구사항이 '참가 및 협의'(4.4.3.2)의 형태로 정식으로 반영되었음

3) 위험성 평가

- 위험성 평가는 OHSMS의 기초가 되는 프로세스로서, 처음으로 OHSMS를 구축하는 조직에 있어서는 조직의 인진보긴을 파악하기 위하여 위험성 평가를 실시하는 것은 필수불가결함
- OHSMS 요구사항에서는 위험성 평가에 관련된 필요한 절차를 조직 스스로가 그 책임으로 마련·실시하고 유지하는 것이 기본임
- OHSMS 규격에는 위험성 평가에 관련된 여러 가지 개념이 등장하지만, 여기에서는 위험성 평가를 이해하기 위한 기본적인 개념을 소개하는 것으로 함

4) ALARP(As Low As Reasonably Practicable)

- ALARP는 원래 영국 산업안전보건청(Health and Safety Executive: HSE)에서 '합리적으로 실행 가능한 정도로 낮은'으로 정의되는 개념임
- 조직이 직면하는 위험성의 크기에는 다음 3가지가 있음. i) 위험성이 너무 커 일을 할 수 없는 위험영역, ii) 위험성이 적어 안심하고 일을 할 수 있는 수용영역, iii) 위험성이 i)과 ii)의 중간에 있고, 그 위험성 수준을 받아들이는 비용과 위험성을 감소하는 비용의 양면을 고려하여 현실적인 최저한의 수준을 고려하여야 하는 ALARP 영역

- ALARP 철학은 모든 위험성은 합리적으로 실행 가능한 한, 즉 합리적으로 가능한 최저의 수준에까지 감소하여야 한다는 것임

5) 위험성의 확대와 허용된 위험의 법리

- 대형화학플랜트, 대형제트여행기 등은 고에너지를 제어하여 유효한 활용을 함으로써 생활을 풍부하게 하는 것에 도움이 되고 있음
- 그러나 고에너지의 기계설비류는 그 대부분이 잠재적 위험성이 높은 것이기도 함
- 이와 같은 편리한 것을 잠재적 위험성이 높다는 것을 이유로 모두 금지해버리면, 과학기술과 사회의 발전은 정체되고 고도의 문명, 복지를 뒷받침하는 것조차 곤란해지게 됨. 즉, 잠재적 위험성이 높다는 이유로 이러한 것을 사용금지하는 것은 곤란함
- 잠재적 위험성은 적절한 제어기술을 개발·활용함으로써 생산에 종사하는 근로자, 인근주민, 상품으로 이용하는 소비자 등 이해관계자의 안전과 건강이 확보되는 (허용한도의) 범위에서 허용됨
- 이와 같이 위험성과 유용성의 쌍방의 영향, 편익 등을 고려하고 법적 기준, 판단기준을 허용한도로 삼는 접근방식이 현재까지의 일반적인 사고방식임
- 우리나라의 산업안전보건법령에 대해서도 이러한 사고방식이 법해석의 기반이 되고 있는바, 산업안전보건법령이 정하는 (허용)기준은 현재의 잠재적 위험성 제거기술, 감소기술의 수준, 구체적 타당성을 고려하여 정해진 것이라고 할 수 있음

6) 최첨단의 산업기술 분야에 대한 대책

- 최첨단의 산업기술 분야에서는 사고의 결과로부터 재해방지대책을 위한 (허용)기준을 신설·개정하는 산업안전보건법령의 기준에서 그 대응

이 지체되는 경우가 많음

- 따라서 최첨단 분야의 산업재해방지대책으로서는 최첨단 산업기술의 개발단계부터 독자적으로 잠재적 위험성의 사전평가를 행하고, 허용기준까지 위험성을 제거·감소하는 예방조치를 행하는 것이 필요함
- 조달 시에 제조·판매사에 최신 정보를 제출하게 하고, 새로운 위험원의 파악, 제거·감소기술의 파악 등 선제적(proactive) 산업재해방지대책을 미리 취하게 하는 것도 중요함
- 이와 같은 최첨단 분야의 대책에 관하여, ILO-OSH 가이드라인에서는 설계개발, 재료의 선정 등의 초기단계에서 폐기, 리사이클에 이르는 라이프사이클 전반에 걸쳐 산업재해예방을 위한 조치를 요구하고 있음

7) 위험성 감소방안

- 위험성 감소방안을 결정할 때 또는 기존의 감소방안에 대한 변경을 검토할 때에는 다음의 우선순위에 따라 위험성을 감소시키도록 고려하여야 함
- i) 제거, ii) 대체, iii) 공학적 감소방안, iv) 표지, 경고 및/또는 관리적인 감소방안, v) 개인보호구

3. ILO-OSH Guideline(ILO-OSH 2001)

1) 산업안전보건(OSH) 방침

- 사용자는 근로자 및 그 대표의 의견을 듣고 문서로 OSH 방침을 정하여야 하는바, OSH 방침의 요건은 다음과 같음

• i) 조직(organization)[72]의 특성에 부합하고, 조직의 규모 및 사업의 성격에 부합할 것, ii) 간결명료하게 기술되고 날짜가 기재되어 있으며, 사용자 또는 조직에서 가장 상위자의 서명 또는 보증에 의해 유효할 것, iii) 직장의 모든 근로자에게 전달되고, 용이하게 입수할 수 있을 것, iv) 계속적인 적합성을 위하여 수정될 것, v) 필요한 경우에는 외부관계자에게 이용될 수 있을 것

• 조직의 OSH 방침은 최소한 다음과 같은 기본원칙 및 목적을 포함하여야 함

• i) 업무와 관련된 부상, 불건강, 질병, 사고(사망 포함)의 발생을 방지하기 위하여 조직 내 모든 자의 안전과 건강을 확보할 것, ii) 안전보건에 관한 국가의 법령, 조직의 자율적 안전보건규정, 단체협약의 안전보건조항, 기타 조직이 승인한 안전보건요건을 준수할 것, iii) 근로자 및 그 대표와의 협의를 보장하고 OHSMS의 모든 요소에 그들의 적극적 참가가 촉진되도록 할 것, iv) OSHMS의 성과를 계속적으로 개선할 것

2) 실행책임 및 결과책임

• 사용자는 근로자의 안전보건의 확보에 모든 책임을 지고, 조직의 안전보건활동에 리더십을 발휘할 것

• 사용자 및 상급관리자는 OHSMS의 구축, 실시, 운용 및 OSH 목표의 달성을 위한 실행책임, 결과책임 및 필요한 권한을 담당자에게 배분할 것

72) 회사, 공사, 상점, 사업, 사업체, 기업, 공공기관, 협회 또는 이것들의 일부로서, 자체적인 기능과 관리력을 가지고 있는 것을 의미하고, 법인조직 여부, 공익이든 사익이든 관계없다. 하나 이상의 운영단위를 가지고 있는 조직의 경우에는 하나의 운영단위가 조직으로 간주된다(ILO-OSH 2001 Glossary).

3) 역량 및 교육훈련

- 사용자에게 필요한 OSH에 관한 역량이 정해지고, 모든 자가 안전보건에 관한 의무 및 책임을 이행하기 위한 능력을 가지도록 하기 위한 장치가 마련되고 유지될 것
- 사용자는 작업에 관련된 위험원 및 위험성을 파악하고, 이것을 제거하거나 관리하기 위한 OSH에 관한 충분한 역량 및 OHSMS를 실시하기 위한 OSH에 관한 충분한 역량을 가지거나 가지는 것이 가능한 입장에 있을 것
- 교육훈련은 가급적 모든 참가자에 대하여 비용을 요구하는 것 없이 행해지고 근무시간 중에 이루어질 것

4) OHSMS 문서화

- OHSMS 문서는 i) 조직의 OSH 방침 및 목표, ii) OHSMS의 이행을 위하여 부여된 주요한 OSH 매니지먼트의 역할과 책임, iii) 조직의 활동으로부터 발생하는 중요한 위험원/위험성 및 이것들의 제거 및 관리를 위한 장치, iv) OHSMS 틀 속에서 활용되는 구조, 절차, 지시서 및 기타 내부문서
- OHSMS 문서는 i) 명쾌한 문장으로 기술되고 사용하는 자가 이해할 수 있는 표현으로 나타낸 것일 것, ii) 정기적인 재검토가 이루어지고 필요에 따라 개정되고 조직의 모든 관계자에게 전달되며 용이하게 입수될 수 있을 것
- OSH 기록은 관계부서마다 조직의 필요에 따라 작성되고 관리되며 보존될 것, 그것은 특정되어 있고 추적하는 것이 가능하며 보존기간이 명기되어 있을 것

5) 커뮤니케이션

- 커뮤니케이션 구조와 절차가 정해지고 유지될 것. 그 목적은 i) 산업안전보건에 관련된 조직 내외의 커뮤니케이션을 확보하는 것, ii) OSH 정보에 대하여 조직 관련 계층 및 부서 간 커뮤니케이션을 확보하는 것, iii) 산업안전보건에 관한 근로자 및 그 대표자의 관심사항, 생각 및 의견제시가 받아들여지고, 검토되고, 대응되도록 하는 것임

6) 계획, 구축 및 이행

- OSH 계획을 작성하는 목적은 i) 최저기준으로서 국내 법령의 준수, ii) 조직의 OHSMS의 각 요소의 실시, iii) OSH 성과의 계속적인 개선에 도움이 되는 OHSMS를 확립하는 것임
- 초기조사, 그 후의 조사 또는 기타 이용 가능한 자료에 기초하여, 적절한 OSH 계획을 작성하기 위한 구조가 구축되어야 함. 이 계획의 구조는 다음 사항을 포함하여야 함
- i) 목표의 명확한 정의, 우선순위의 설정, ii) 명확한 책임 및 무엇을, 누가, 언제 할 것인지를 제시한 명확한 실시기준을 포함한 목적달성기준의 준비, iii) 목표달성을 확인하기 위한 측정기준의 준비, iv) 인적·경제적 및 기술적 지원을 포함한 충분한 자원 제공

7) OSH 목표

- OSH 목표는 방침과 일관성을 가지면서 초기조사 및 그 후의 조사에 기초하여 계측 가능한 목표이어야 함. OSH 목표의 요건은 다음과 같음
- i) 적용법규 및 산업안전보건에 관련되는 조직의 기술상·업무상의 의무와 모순되지 않을 것, ii) 최선의 성과를 달성하기 위하여 근로자의 보호의 계속적인 개선에 중점을 둘 것, iii) 현실적이고 달성 가능할

것, 문서화되고 조직의 모든 계층과 부서에 전달될 것, iv) 정기적으로 수정이 이루어지고 필요시 개정될 것

8) 방지·관리대책

- 방지·관리대책은 다음의 우선순위에 따라 실시되어야 함. i) 위험원 제거/위험성 감소, ii) 공학적 감소방안 또는 조직적 대책을 이용한 위험원/위험성의 발생원에서의 관리, iii) 관리적 대책을 포함한 안전작업시스템 설계에 의해 위험원/리스크를 최소한으로 하는 것, iv) 개인보호구 사용
- 위험원 제거 및 관리를 위한 절차 및 구조 요건은 다음과 같음. i) 정기적으로 검토되고 필요시 개정될 것, ii) 국내 법령에 적합하고 좋은 사례를 반영할 것, iii) 현행 지식상태를 고려할 것

9) 변경 관리

- 작업장의 위험원 파악 및 위험성 평가가 작업방법, 물질, 공정, 기계 등의 변경 또는 신규 도입에 앞서 실시되어야 함
- 변경의 결정에 대해서는, 조직의 영향을 받는 모든 자에게 적절히 알려지고 교육이 제공되어야 함

10) 긴급상황 예방, 대비 및 대응

- 긴급상황의 예방 및 대비·대응 제도(arrangements)가 구축되고 유지되어야 함. 이 제도는 재해, 긴급상황의 가능성을 파악하고, 이것에 관련된 산업안전보건 위험성의 예방을 다루어야 함. 그리고 제도는 조직의 규모와 성격에 맞춰 마련되는 것이 바람직함
- 긴급상황 예방, 대비 및 대응 제도는 가능한 경우 외부의 긴급서비스 기관 및 다른 단체와의 협력하에 구축되어야 함

11) 조달

- 조직의 안전보건 요구사항의 준수가 확인되고 평가되어야 하며, 구매 및 서비스 사양에 포함되어야 함
- 국내 법령 및 조직 자체의 OSH 요구사항이 물품 및 서비스의 조달 이전에 확인되어야 함
- 이들 사용 이전에 요구사항에 대한 적합을 확보하기 위한 장치가 마련되어야 함

12) 계약

현장에서 작업하는 수급인에 대한 제도는 i) 수급인을 평가하고 선정하기 위한 OSH 기준을 포함하고, ii) 작업 개시 전에 수급인과의 적절한 수준의 커뮤니케이션 및 협력관계를 구축하며, iii) 수급인의 근로자의 사고·재해의 보고제도를 포함하고, iv) 필요한 경우 수급인 또는 그의 근로자에게 주지 및 교육을 제공하며, v) 현장에서의 수급인의 활동성과를 정기적으로 조사하고, vi) 현장의 OSH 절차 및 제도가 수급인에 의해 준수되도록 하여야 함

13) 실시상황의 조사 및 측정

- OSH 성과를 정기적으로 조사하고 측정하며 기록하는 절차가 개발되고 마련되며 정기적으로 재검토되어야 함. 관리조직의 각 계층에서의 모니터링에 대한 실행책임, 결과책임 및 권한이 배분되어야 함
- 성과지표가 조직의 규모, 사업내용 및 OSH 목표에 맞춰 선정되어야 하고, 조직의 필요성에 부합하는 정성적이고 정량적인 측정이 고려되어야 함
- 모니터링은 i) OSH 성과에 대한 피드백, ii) 위험원 파악, 위험성 추정, 예방 및 관리를 위한 일상적 장치가 적절한지 및 효과적으로 실시되고

있는지 여부를 결정하기 위한 정보, iii) 위험원 파악, 위험성 감소조치 및 OHSMS에서의 개선에 대한 결정을 위한 기초를 제공하여야 함

14) 사고·재해 및 안전보건 성과에 미치는 영향에 대한 조사

- 작업에 관련된 사고에 대하여 직접원인 및 배경원인의 조사는 OHSMS의 불비를 확인하여야 하고 문서화되어야 함
- 이 조사결과는 안전보건위원회로부터의 권고와 아울러, 개선조치를 담당하는 적절한 자에게 전달되는 한편, 경영진 검토에 포함되어 계속적인 개선활동을 위하여 검토되어야 함
- 이 조사에 근거한 개선조치는 작업과 관련된 부상, 불건강, 질병, 사고 및 사망의 재발을 방지하기 위하여 실시되어야 함

15) 감사

- OHSMS 및 그 요소가 근로자의 안전보건을 확보하는 데 있어서 적절하고 충분하게 그리고 유효하게 기능하고 있는지 여부를 결정하기 위하여 정기적인 감사를 행하기 위한 제도가 마련되어 있어야 함
- 감사의 방침 및 프로그램이 개발되어야 하는바, 이것은 감사 능력의 지정, 감사의 범위, 빈도, 방법 및 보고를 포함하여야 함
- 감사는 조직의 OHSMS의 각 요소의 평가 또는 적절한 경우에는 이 요소의 하위세트의 평가를 포함하여야 함
- 감사는 감사 대상이 되는 활동으로부터 독립하고 역량 있는 내부 또는 외부의 자에 의해 행해져야 함

16) 경영진 검토

- 경영진 검토의 요건은 다음과 같음. i) OHSMS의 전반적인 전략이 계획된 목적에 합치되는지 여부를 결정하기 위하여 이를 평가할 것, ii)

OHSMS의 능력을 평가할 것, iii) OHSMS의 변경의 필요성을 평가할 것, iv) 결함을 적절한 시기에 평가하기 위하여 필요한 조치를 파악할 것, v) 우선순위의 결정을 포함한 피드백의 방향성을 제공할 것, vi) OSH 목표 및 개선조치의 활동에 대한 진전을 평가할 것 등

- 경영진 검토의 고려사항은 사고·재해조사의 결과, 성과 모니터링 및 측정, 감사활동, OHSMS에 악영향을 미칠 가능성이 있는 변경사항임
- 경영진 검토의 결과는 기록되고 관련된 OHSMS 각 요소의 책임자, 안전보건위원회, 근로자 및 그 대표자에게 공식적으로 전달되어야 함

17) 개선조치

- OHSMS의 모니터링, 측정, 감사 및 경영진 검토에 근거한 예방조치 및 개선조치를 위한 제도가 마련되고 유지되어야 함
- OHSMS의 평가 또는 기타 자료에 의해 위험성 및 위험성에 대한 방지대책 및 보호대책이 부적당 또는 부적당하게 될 가능성이 있다고 인정되는 때에는 대책이 강구·실시되고 적절하게 적당한 시기에 문서화되어야 함
- OHSMS의 각 요소 및 전체의 계속적인 개선을 위한 제도가 마련되고 유지되어야 함
- 조직의 안전보건 과정 및 성과는 안전보건 성과의 개선을 위하여 다른 조직들과 비교되어야 함

부록 II. OSHMS의 국제적 동향과 우리나라에서의 발전방안[73), 74)]

1. 배경 및 문제점

안전관리의 접근방법은 역사적으로 볼 때 일반적으로 속인적(屬人的) 모델, 공학적 모델 및 조직적 모델 순으로 발전되어 왔다.[75)] OSHMS[76)]는 이 중 가장 발전된 모델인 조직적 모델에 속한다고 할 수 있다. 국제적으로 휴먼에러 및 시스템안전의 전문가로 널리 알려져 있는 리즌(James Reason)은 OSHMS에 대해 가장 망라적이고 정교하며 세련된 방법이라고 평가하고 있다.[77)] OSHMS는 사업장의 안전보건관리를 위해 가장 효과적인 방법으로 널리 평가받고 있는 것으로서, 현재 안전보건 분야에서의 국제적인 메가트렌드라고 말할 수 있다.

따라서 사업장의 안전보건 강화를 위해 OSHMS를 널리 확산시키는 것은 당면한 시대적 과제이다. 그런 만큼 국제기구와 많은 재해예방 선진국에서는 정부와 민간전문기관이 합심하여 전문성을 바탕으로 OSHMS의 활성화와 내실화를 위하여 오래전부터 많은 노력을 지속적으로 전개해 오고 있다.

---

73) 정진우, 안전보건경영시스템(OSHMS)의 국제동향과 우리나라에서의 발전방안, 안전보건 연구동향 Vol. 10 No. 3(통권 제72호), 산업안전보건연구원, 2016, pp. 36–44.

74) 이 글이 발표된 이후 본 주제와 관련된 동향이 적지 않게 바뀌었지만, 이 글을 쓸 당시의 현장감을 살리기 위해 보완을 최소한으로 그쳤다.

75) James Reason, *Managing the Risks of Organizational Accidents*, Ashgate Publishing, 1997, pp. 224–226.

76) Occupational Safety and Health Management System(OSHMS)과 Occupational Health and Safety Management System(OHSMS)은 동일한 의미를 가지고 있다. 이 글에서는 편의상 OSHMS로 통일하여 사용하기로 한다.

77) Nicholas J. Bahr, *System Safety Engineering and Risk Assessment*, 2nd ed., CRC Press, 2014, p. 80.

우리나라에서도 산업안전보건공단(KOSHA), 민간인증기관 등을 중심으로 OSHMS 인증의 확산을 위해 오래전부터 나름대로의 노력이 이루어져 왔지만, OSHMS의 확산 및 내실이라는 측면에서는 적지 않은 한계가 노정되고 있다는 비판이 제기되고 있다. 이에 OSHMS의 활성화와 내실화를 위한 논의를 본격화하는 계기를 마련하는 차원에서 OSHMS를 둘러싼 국제적 동향을 토대로 우리나라에서의 OSHMS를 둘러싼 문제점 진단과 이에 대한 발전방안 모색이 필요한 시점이다.

2. 목적

국제적으로 주목받고 있는 OSHMS의 국제적 동향을 국제기구, 전문기관, 선진각국 정부의 움직임을 중심으로 살펴보고, 이러한 동향에 견주어 볼 때 우리나라에서의 OSHMS를 둘러싼 현황과 문제점이 무엇인지를 고찰하여 OSHMS에 대한 향후 발전방안을 모색해 보고자 한다.

3. 조사 및 분석내용

1) OSHMS의 개념 및 목적

OSHMS는 일반적으로 조직의 방침과 목적 그리고 이 목적을 달성하기 위한 프로세스를 설정하기 위한 조직의 상호 관련되어 있거나 상호 작용하는 요소들의 세트인 관리(경영)시스템의 일부로서, 조직의 안전보건방침을 이행하기 위해 활용되는 것으로 정의되고 있다.

그리고 OSHMS는 사업주가 근로자의 협력하에 일련의 프로세스를 정하고 계속적으로 행하는 자율적인 안전보건활동을 촉진함으로써 사업주가 사용하는 근로자와 그의 관리하에 있는 산업재해를 방지함과 아울러, 그들을 위한 안전하고 건강한 직장환경의 형성을 조성하고 사업장에서의 안전보건수준의 향상에 기여하는 것을 목적으로 한다. 다만, OSHMS는 또 하나의 OSH 프로그램은 아니고 관리방법이라는 점에 유의할 필요가 있다.

이러한 OSHMS에 의한 접근은 OSH 요구사항을 사업시스템과 통합하고 OSH 목적을 사업목적과 조정하는 것을 가능하게 하는 한편, OSH 요구사항을 다른 요구사항, 특히 품질환경 관련 요구사항과 조화시킨다. 그리고 OSH 프로그램을 마련하고 운영하는 논리적 틀(framework)을 제공하며, OSH의 지속적인 개선의 틀을 구축하여 준다.

2) OSHMS의 국제적 동향

OSHMS에 관해서는 국제기구, 국가규격기관, 정부 등에 의해 그동안 많은 기준과 가이드라인이 제정되어 왔다. 여기에서는 국제기구의 기준과 아울러, 개별국가의 규격과 정부 가이드라인 중 국제적으로 많이 거론되는 대표적인 규격과 정부 가이드라인을 중심으로 구체적으로 조사하여 소개하고자 한다.

(1) 국제기구

국제표준화기구(ISO)는 1987년에 ISO 9000 시리즈(품질관리시스템)를, 1996년에 ISO 14000시리즈(환경관리시스템)를 각각 제정하였다. ISO 9000/14000 제·개정과정은 OSHMS의 제정 움직임이 되었다. ISO는 ISO 14000 심의가 이루어지고 있었던 1994년 5월 OSHMS의 규격화(ISO 규격화)를 최초로 제안하였다. 이 제안에 대해 ISO에서는 규격화 필요 여부에 대한 일련의 논의를 거친 끝에 OSHMS의 필요성은 인정하는 분위기 속에서도 1997년 1월 “OSH 국제규격은 현 시점에서는 제정활동을 하지 않는다.”는 내용으로 ISO 규격화(표준화)를 보류하였다.

한편, 국제노동기구(ILO)는 1999년 11월의 이사회에서 OSHMS 가이드라인의 개발 작업을 개시하기로 결정하였다. 그리고 ISO에서는 'OSHMS에 관한 TC의 설치'를 하자는 제안을 하였지만, 2000년 4월 각국의 ISO의 구성멤버에 의한 투표에서 부결되었다. 그리고 2007년 ISO 규격 제정에 대한 설문조사에서는 찬성 13, 반대 10, 기권 1로 찬성표가 많았지만 주요국이 반대표를 던져 국제적인 지지를 받을 수 없다고 판단하고 ISO 규격 제정을 재차 보류하였다. 이는 OSHMS의 국제표준화가 반대된 것이라기보다는 ISO 규격화가 다수를 얻지 못하였다고 할 수 있다. ISO 규격화가 보류·부결된 이유는 다음과 같이 정리될 수 있다.

첫째, 안전보건은 각국의 법령에 사용자의 의무로 이미 명시되어 있다.

둘째, 안전보건은 윤리, 권리와 의무, 사회적 파트너의 참가와 관련되어 있기 때문에 국제규격의 제정은 곤란하다.

셋째, OSHMS에 대해서는 ILO 가이드라인을 기반으로 자국의 상황에 맞는 인증기준을 작성·운영하고 있는 국가가 많아 ISO 규격은 불필요하다.

넷째, ILO가 OSHMS 가이드라인을 2001년에 공표한 바 있어 ISO 규격이 제정되면 중복이 된다. 이렇게 하여 ILO는 OSHMS에 관하여 유일한 국제기관으로서의 위상을 갖게 되고, 2001년 12월에 ILO는 'ILO-OSH 2001'이라고 불리는 OSHMS 가이드라인을 처음으로 제정하였다. 이 가이드라인은 심사등록기관에 의한 인증용으로 개발된 것은 아니며, 기업뿐만 아니라 회원국 정부를 대상으로 OSHMS의 확산을 촉진할 목적으로 개발되었다.[78] 결국 산업안전보건 영역에서의 Management System의 표준은 ISO가 아니라 노·사·정 3자로 구성된 ILO에서 제정되어야 한다는 국제적 공감대가 형성되었다고 할 수 있다.

이와 같이 OSHMS를 ISO 규격으로 만드는 작업은 그동안 3차례 보류·

78) ILO, Guidelines on occupational health and safety management systems(ILO-OSH 2001), 2001, Introduction 참조.

부결되다가 2013년 6월에 회원국들의 입장이 일전(一轉)하여 회원국 투표에서 ISO 규격화가 승인되기에 이르렀다. 그 배경으로는 다음과 같은 점이 작용한 것으로 말해지고 있다.

첫째, OHSAS 18001의 인증이 2012년 말 기준 82개국, 약 32,000개 조직(organization)으로까지 증가하였고, 안전보건 규격과 ISO 14001 등 다른 규격의 통합운영이 강하게 요청되고 있다.

둘째, OSHMS를 명성(name value)이 있는 ISO 규격으로 함으로써 국제적으로 OSHMS가 더 한층 확대되는 것을 기대할 수 있다.

셋째, 종전부터 OSHMS를 ISO 규격으로 제정하는 것을 보류해 달라고 요청하여 오던 ILO가 ISO 규격화에 협조하게 되었다.

ILO 역시 ISO가 OSHMS를 제정하는 것에 그간 줄곧 반대 입장을 취하여 왔지만, ISO 규격이 ILO의 권한을 존중하고 ILO의 관련 국제기준을 존중한다는 조건하에 OSHMS의 ISO 규격화에 협력을 한다는 입장으로 선회하였다. ISO 규격은 당초 2016년 10월 제정을 목표로 하고 있었지만, 추진일정의 지연, ILO와의 의견 차이, DIS에 대한 승인 부결 등 때문에 2017년 하반기로 늦어질 전망이다.

(2) 전문기관

ISO 규격의 제정이 보류되면서 BSI(British Standards Institute)를 중심으로 여러 국가의 규격기관, 대규모 심사등록기관(인증기관), 안전보건전문기관 등이 Project Group을 조직하여 OHSAS 시리즈로서 1999년에 OHSAS 18001(Occupational Health and Safety Management Systems - Requirements)을, 2000년에 OHSAS 18001의 해설판인 OHSAS 18002(Guidelines for the implementation of OHSAS 18001)를 각각 발행하였다. 그리고 2002년에 OHSAS 18001/18002를 1차 개정하였고, 2007/2008년에 2차 개정을 하였다. 현재까지 OHSAS 18001/18002는 ISO 규격이 없는 상태에서 세계

의 많은 국가에서 인증용의 규격(인증기준)으로 자리 잡고 있고, 사실상의 국제표준[준(準)국제규격]으로서 국제적인 영향력을 가지고 있다.

그리고 그간 각 개별국가 차원에서도 각국의 유수의 안전보건전문기관이 OSHMS를 제정하여 왔다. 먼저, 영국의 BSI는 1994년에 ISO 규격의 잠재적 전신(precursor)으로서의 역할을 기대하면서 OSHMS Guide인 BS 8750(Guide to OHSMS)을 개발하였다. 그리고 1996년에 BS 8750을 폐지하고 OSHMS Guide로서 BS 8800(Guidance on OHSMS)을 제정하고 2004년에 개정을 하였다. 또한 2008년에는 BS 8800을 BS 18004(Guide to achieving effective health and safety performance)로 개명(改名)하면서 개정하였다. 이와 함께 OHSAS 18001:2007은 영국기준인 BS OHSAS 18001:2007로 채택되었다. BS OHSAS 18001은 다분히 인증을 의도한 것이지만, BS 8800과 BS 18004는 OSH에 관한 일반적인 가이드라인으로서의 성격을 가지고 있다.

미국은 2005년에 ANSI(American National Standards Institute) 공인(accredited) 규격위원회 Z10에 의해 OSHMS에 관한 국가규격(표준)인 ANSI/AIHA Z10-2005를 제정하였고, 2012년에 이를 ANSI/AIHA Z10-2012로 개정하였다. 이 규격의 간사기관(secretariat)이 2017년에 AIHA(American Industrial Hygiene Association)에서 ASSE(American Society of Safety Engineers)[79]로 변경됨에 따라 규격 이름도 ANSI/ASSE Z10-2012(R2017)[80]로 변경되었다. 이 규격은 인증을 배제하지는 않지만 인증을 의도하고 있지는 않다.

호주와 뉴질랜드 규격기관(Standards Australia, Standards New Zealand)은 1997년에 양국의 OSHMS 공동규격인 AS/NZS 4804(Occupational health and safety management systems - General guidelines on principles,

79) ASSE는 2018년에 ASSP(American Society of Safety Professinals)로 조직 이름이 변경되었다.

80) 이것은 2019년에 ANSI/ASSP Z10.0-2019로 개정되었다.

systems and supporting techniques)를 제정하였고 2001년에 개정판을 발행하였다. 그리고 2001년에 OSHMS 규격과 별개로 종전의 인증규격인 AS 4801:2000과 NZS 4801:1999를 통합하여 AS/NZS 4801(Occupational health and safety management systems - Specification with guidance for use)을 제정하였다.

일본은 중앙노동재해방지협회(JISHA)에서 1996년에 JISHA guideline을 제정하였고, 2001년에 후생노동성의 OSHMS Guideline(1999년)을 토대로 JISHA guideline을 전면 개정하여 현재의 'JISHA방식 적격 OSHMS기준'을 발행하고, 일본에서 최초의 인증기관으로서 인증사업을 시작하였다.

우리나라는 산업안전보건공단에서 1999년에 OSHMS 인증규격으로서 KOSHA 2000을 처음으로 제정하였고, 2003년에 OHSAS 18001과 ILO 가이드라인을 참조하여 현재의 OSHMS 인증규격인 KOSHA 18001로 전면 개정하였다.

(3) 정부

OSHMS 가이드라인 제정은 국가규격제정기관, 민간전문기관의 고유영역은 아니다. 선진각국 정부는 OSHMS의 확산을 위하여 국가 차원의 OSHMS 가이드라인을 제정하였다. 규제기관인 정부가 OSHMS를 제정하여 보급하게 되면 이를 사업장에 널리 확산시키는 데 효과적일 것이다.

영국 HSE는 OSHMS를 강화하기 위한 목적의 guidance로서 1991년에 HSG 65(Successful Health and Safety Management)를 제정(HSG 제1판)하였고, 1997년에 이를 개정하였다(HSG 제2판). 그리고 2013년에는 guidance의 제목을 'Managing for health and safety'로 바꾸면서 내용을 좀 더 발전시켰다(HSG 제3판). HSG 65의 핵심적 요구사항은 OSHMS의 그것과 유사하여 HSG 65는 일반적으로 OSHMS의 일종으로 인식되고 있다.

미국 OSHA는 사업주에 대해 근로자의 안전보건 확보를 법적 기준을 상회하는 수준으로 유도할 목적으로 1982년부터 OSHMS의 일종인 VPP(Voluntary Protection Programs)를 시행하였고, 2009년에는 이 프로그램에 참가하는 방법 등을 추가하는 내용으로 개정하였다.

호주 연방정부는 OSHMS guideline을 제정하여 기업, 특히 중소기업을 대상으로 OSHMS를 촉진하기 위해 적극적인 역할을 수행하고 있다.

일본 후생노동성은 1999년에 OSHMS에 관한 가이드라인을 제정하였고, 2006년에 개정하여 오늘에 이르고 있다. 후생노동성의 이 지침은 기업의 규모와 업종을 불문하고 모든 기업을 대상으로 OSHMS의 구축과 이행을 촉진하기 위한 일반적인 원칙과 절차를 제시하고 있다. 안전보건전문기관인 JISHA(Japan Industrial Safety and Health Association)의 OSHMS에 관한 구체적인 기준 및 운영도 이 지침을 토대로 하고 있다.

3) OSHMS를 둘러싼 문제점

OSHMS의 국제적 동향을 토대로 우리나라에서의 OSHMS를 둘러싼 현황과 문제점을 정리해보면 첫째, 영국, 미국, 일본, 독일 등 선진국의 경우에는 OSHMS 인증과 별개로 이의 활성화를 위한 정부 차원의 정책(지침)이 존재하는 반면, 우리나라는 정부 차원의 OSHMS 지침이 마련되어 있지 않고 산업안전보건공단의 인증기준만 존재한다. 그 결과, 공공기관(정부 포함)에 의한 지도·홍보의 공백이 발생하고 있으며, OSHMS의 저변 확산에 한계가 노정되고 있다. 즉, 인증을 신청하거나 신청하려고 하는 기업만을 대상으로 지도·홍보가 이루어지고 있고 인증에 대한 관심과 의지가 부족한 그 밖의 대부분의 기업에 대해서는 지도·홍보에서 방치되어 있다.

둘째, 인증을 받고자 하는 기업의 경우 인증 자체에 매몰되고 있는 경향이 보인다. 인증을 받은 후의 사후관리에는 관심이 적고, '인증을 위한 인증' 경향도 적지 않게 발견되고 있다. 인증 자체와 인증 유지의 객관성을 담보하기 위한 제도적 장치가 미흡한 상태라고 할 수 있다.

셋째, 인증기준 자체의 국제기준과의 정합성이 많이 떨어지는 등 인증기준에 대한 내용 보완이 필요하다. 운영적 측면에서 볼 때에도 인증기관에서 OSHMS 인증을 수여하는 것에 관심이 집중되어 있어 인증이 형식으로 흐르는 경우가 적지 않다는 세간의 지적 또한 있다.

넷째, 인증기준에 대한 공식적인 해설지침이 없다 보니 기업(사업장)이 인증을 받고자 할 때 인증기준에 대한 충분한 이해가 없는 상태에서 외부 인증컨설팅기관에 전적으로 의존하는 경향까지 발생하고 있다. 반면에 ISO(draft), ILO, OHSAS, 선진국의 인증기준 모두 상세한 guidance를 바탕으로 구체적인 지침을 제시함으로써 기업(사업장)의 자발적이고 적극적인 활동을 유도하고 있다.

다섯째, 인증기관의 OSHMS에 대한 전문성이 부족하다는 평가가 있다. 인증기관의 심사원부터가 국제기준의 취지와 내용 및 기업의 안전보건상황에 대한 깊이 있는 이해가 부족하고, 산업안전보건법령 등 안전보건에 대한 지식 자체가 미흡한 경우가 있다.

4. 정책 제언

ILO 가이드라인에서는 OSHMS에 대한 국가적인 체계의 구축과 이행을 촉진하기 위한 정부정책을 마련하도록 권고하고 있다. 즉, 조직의 OSHMS 구축과 이행 활성화를 위해서는 정부정책이 필수불가결하다는 것을 역설하고 있다. 그런 만큼 우리나라에서도 OSHMS의 활성화를 위한 정부정책이 조속히 마련될 필요가 있다.

공공기관에서는 기업(사업장)을 대상으로 OSHMS 인증만이 아니라, (인증까지는 가지 않더라도) OSHMS의 전반적인 활성화·실질화에 초점을 맞추어 적극적인 지도·홍보가 필요하다.

또한 OSHMS의 중요내용을 법규에 좀 더 반영하려는 노력이 필요하다. 예컨대, 안전보건방침 표명, PDCA 등을 안전보건관리책임자의 직무로 추가할 필요가 있다(법 제13조 관련). 영국, 일본, 노르웨이, 싱가포르 등의 경우 OSHMS 보급의 활성화를 위해 OSHMS의 중요내용을 법령에 강제화하고 있다. 그리고 OSHMS에 대한 정부 차원의 지침(기준)을 고시로 제정하는 근거가 이미 산업안전보건법 시행령(제3조의2 제3항)[81]에 마련되어 있는 만큼, 하루빨리 관련 고시(정부 지침)를 제정하고 이에 대한 해설지침을 마련하여 보급할 필요가 있다. 우리나라와 같이 OSHMS에 대한 인식이 낮은 상황에서는 해설지침서가 반드시 필요하다.

마지막으로 인증기준의 국제기준과의 정합성 제고 등 인증기준 내용을 충실화하고, 체계적인 OSHMS 인증심사원 육성을 통해 인증기관 심사원들의 전문성을 강화할 필요가 있다.

5. 향후 과제

OSHMS에 관한 새로운 국제기준이 될 ISO 45001은 각국에서 대부분 강제기준이 아닌 임의기준으로 활용될 전망이지만, ISO의 국제적 위상을 감안할 때 ISO 45001은 OSHMS에 관한 명실상부한 국제기준으로서 국제적으로 많은 영향을 미칠 것으로 생각된다. 선진국을 중심으로 많은 국가에서는 ISO 45001 제정을 전제로 이미 상당한 논의와 준비를 해나가고 있다. 우리나라에서도 ISO 제정을 계기로 OSHMS의 활성화와 내실화를 위한 방향과 방법에 대한 사회적 논의가 정부를 중심으로 본격적으로 이루어지길 기대한다.

81) 이 논문을 쓸 당시에는 OSHMS에 대한 정부 지침(고시)을 제정할 근거를 두고 있었지만, 2019. 12. 24. 산업안전보건법 시행령 개정으로 이 제정 근거가 삭제되었다. OSHMS에 대한 몰이해에 따른 개악이라고 할 수 있다.

부록 III. 선진국의 OHSMS

1. 영국의 OHSMS[82)]

1) 서설

성공적인 안전보건관리는 조직 내 모든 관계자, 특히 의사결정자의 의지(commitment)로 시작된다. 의사결정자의 행동(불행동)은 나머지 종업원의 태도에 강력한 영향을 미친다. 그러나 의지는 단지 입에 발린 말(lip service)로 그쳐서는 안 된다. 구조적이고 계획적인 접근이 채택되어 이행되어야 하고 적절한 자원이 이용되어야 한다. 안전보건은 항상 모든 레벨의 관리자(management)의 최상의 책임으로 간주되어야 하고, 특정한 임무가 주어진 관리자만의 책임으로 간주되어서는 안 된다. 상위 지위에 있는 자들이 보이는 무관심한 태도나 지식의 부족은 조직 전체에 빨리 침투될 것이다.

안전보건관리 프로그램의 성공은 문제에 대한 구조적인 접근에 투여되는 노력에 비례한다. 채택되어야 할 5단계가 있다는 점과 각 단계에서 요구되는 투입요소는 직면한 특별한 문제와 채택되는 해결방안에 달려 있다는 점이 일반적으로 받아들여지고 있다. HSE는 HSG 65(Successful Health and Safety Management)라는 소책자를 재발행하였는데, 이것은 안전보건관리에 많은 참고가 된다. 새로운 HSG 65는 안전보건은 생산성, 경쟁력 및 수익성의 중요한 부분으로 간주되어야 한다는 원리에 기초해 있다.

82) 이 부분은 주로 HSE, Managing for health and safety, 3rd ed., 2013을 참고한 것이다. 이것은 영국 정부(HSE)의 OHSMS에 대한 지침에 해당한다.

(1) 방침

산업안전보건 방침은 모든 근로자에게 알릴 필요가 있는 문서화된 방침으로 한정되는 것은 아니며, 모든 레벨의 경영진에 의해 안전보건 고려에 최우선순위가 주어질 것을 요구하는 방침이면서 그 방침을 이행할 자원을 마련하는 약속이어야 한다. 적절한 안전보건규칙 및 절차는 작업시스템에 관한 내용뿐만 아니라 도구, 장비, 물질, 서비스 등을 위한 내용이 포함되어야 한다. 이 방침의 이행을 위하여 조직의 모든 활동이 고려된다.

(2) 조직

방침의 이행을 감독할 총괄적인 책임은 고위경영진(senior management)의 기능이어야 하지만, 특별한 책임은 특정 부문에 할당될 수 있다. 효과적인 커뮤니케이션이 이루어질 필요가 있고, 자격(역량)이 정해져야 하며, 참가가 모든 수준에서 장려되어야 한다.

(3) 계획

구축된 안전보건조직을 통한 방침의 실제적인 이행이 세부계획의 대상이다. 위험성 평가가 수행되어야 하고, 교육수요가 파악되어야 하며, 결점은 교정되어야 하고, 관리수단이 도입되어야 한다. 각 조직은 그 자신의 특별한 문제에 대처하는 데 가장 적합한 방법을 채택하고 그 자신의 해결방안을 마련하여야 한다.

(4) 성과측정

미리 정해진 기준과 목적이 설정되어 있으면, 추가 조치가 취해질 필요가 있는 영역과 추가 개선이 필요한 영역을 파악하기 위한 성과측정이 가능할 것이다. 성과측정은 또한 근원적인 원인 또는 약점을 파악하여야 하고, 현재의 안전보건관행을 전반적으로 강화하여야 한다.

(5) 성과검토

체계적으로 그리고 주기적으로 이루어지는 안전보건 감사는 안전보건 관리 프로그램의 성공 또는 다른 것을 드러낼 것이다. 통계는 분석되고, 사고는 검토되며, 교훈은 학습되고, 추가 조치를 위한 권고가 이루어질 필요가 있다. 새롭고 발전된 지식이 주목되고 고려될 수 있으며, 다른 조직의 경험 또한 고려될 수 있다. 성공적인 안전보건관리는 문제가 발생한 후에 그것에 대처하는 능력보다는 문제가 발생하기 전에 그것을 예견하는 능력에 달려 있는 경우가 많다.[83]

(6) PDCA 접근

HSE는 안전보건을 관리하는 POPMAR(Policy, Organizing, Planning, Measuring performance, Auditing and Review) 모델을 사용하는 것에서 'Plan, Do, Check, Act' 방법으로 이동하였다.

'Plan, Do, Check, Act' 방법으로의 이동으로 시스템과 관리(경영)의 행동적 측면의 균형이 달성된다. 'Plan, Do, Check, Act' 방법은 안전보건관리(경영)를 독자적인 시스템으로서보다는 전체적인 관리(경영)의 중요한 한 부분으로 취급한다.

① Plan

- 지금 어디에 있는지와 어디에 있을 필요가 있는지에 대하여 생각해라.
- 달성하고 싶은 것, 누가 무엇에 대해 책임이 있는지, 어떻게 목표를 달성할 것인지 그리고 성공을 측정하는 방법을 말해라. 방침과 그것을 전달할 계획을 문서화하는 것이 필요할 수 있다.

---

83) 이상은 Rachel Moore LLB, The Law of Health & Safety at Work 2015/16, 24th ed., Croner pp. 165-166을 참조하였다.

- 성과를 측정하는 방법을 정해라. 재해발생수치를 고찰하는 것을 넘어 성과측정을 하는 방법에 대해 생각하라. 후행지수 외에 선행지수를 찾아라. 이것들은 선제적인 그리고 사후적인(반응적인) 지수로 불리기도 한다.
- 화재와 그 외의 다른 긴급상황을 고려하라. 사업장을 공유하는 모든 자와 협력하고 그들과 계획을 조정하라.
- 변경계획을 세우고, 적용되는 모든 구체적인 법적 요구사항을 파악해라.

② Do

- 위험성 프로파일(profile)을 확인해라.
  - 위험성을 평가하고, 무엇이 작업장(사업장)의 위해를 일으킬 수 있는지, 그것이 누구에게 어떻게 피해를 줄 수 있는지, 그리고 위험성을 관리하기 위하여 무엇을 할 것인지를 확인해라.
  - 우선순위를 결정하고 가장 큰 위험성을 확인해라.
- 계획을 전하기 위한 활동을 조직해라.

  특히 다음 사항을 목표로 한다.
  - 모든 사람이 무엇이 필요한지를 명료하게 이해하고 문제를 토론할 수 있도록 근로자를 참여시키고 전달해라 – 긍정적인 태도와 행동을 발전시켜라.
  - 필요한 경우 충분한 조언을 포함하여 적절한 자원을 제공해라.
- 계획을 이행해라.
  - 예방적이고 보호적인 조치에 대해 정하고 그것을 적절하게 적용시켜라.
  - 작업을 하기 위한 도구와 장비를 제공하고 그것들이 계속 유지되도록 해라.
  - 계획이 준수되고 있는지를 확인하기 위하여 감독해라.

③ Check

- 성과를 측정해라.
  - 계획이 이행되었는지를 확인해라 – '서류작업(paperwork)' 그것만으로는 좋은 성과지표가 아니다.
  - 위험성이 어떻게 잘 관리되고 있는지 그리고 목표를 달성하고 있는지를 평가해라. 어떤 상황에서는 공식적인 감사가 유용할 수 있다.
- 재해, 사고, 아차사고의 원인을 조사해라.

④ Act

- 성과를 검토해라.
  - 재해와 사고, 질병 데이터, 에러 및 다른 조직의 것을 포함하여 관련 경험으로부터 배워라.
  - 최신화가 필요한지를 파악하기 위해 계획, 방침 문서 및 위험성 평가를 재검토해라.
- 감사 및 점검 보고서를 포함하여 다양한 source에서 얻어진 교훈을 토대로 조치를 해라.

Plan, Do, Check, Act는 최종적인 조치로 간주되어서는 안 된다. 특히 다음과 같은 경우에는 한 번 이상의 사이클을 돌릴 필요가 있다.

- 개시할 때
- 새로운 공정, 생산물 또는 서비스를 개발할 때
- 변화를 실행할 때

2) 안전보건관리의 핵심적 요소

조직은 안전보건을 관리하는 적합한 제도를 마련할 법적인 의무를 가지고 있다. 조직의 업종, 규모 또는 성격이 무엇이든 안전보건을 효과적으로 관리하는 열쇠는 다음과 같다.

- 리더십 및 관리(적절한 사업 프로세스를 포함하여)
- 훈련된/숙련된 노동력
- 사람들이 신뢰를 받고 참여하는 환경

성공적인 전달은 한 번만의 개입에 의해서는 거의 달성될 수 없다. 지속적이고 체계적인 접근방법이 필요하다. 이것은 정식의 OHSMS를 필요로 하지 않을 수 있지만, 어떠한 접근방법이 사용되든, 십중팔구 PDCA 단계를 포함한다. 그러나 어떠한 프로세스 또는 시스템이든 그 성공은 조직 내의 사람들의 태도와 행동에 달려 있다.

(1) 법적 의무

모든 조직들은 임금대장, 직원문제, 재무 및 품질관리를 취급하는 관리 프로세스 또는 제도를 가지고 있다 – 안전보건을 관리하는 것도 다르지 않다.

Management Regulations(Management of Health and Safety at work Regulations 1999)는 사용자로 하여금 안전보건 리스크를 통제하는 제도를 마련하도록 요구하고 있다. 조직은 최저기준으로서 다음 사항을 포함하여 법적 요구사항을 충족하기 위하여 요구되는 프로세스와 절차를 가져야 한다.

- 문서화된 안전보건방침(5인 이상을 고용하고 있는 경우)
- 근로자 및 수급인, 고객, 파트너 등 조직의 사업에 의해 영향을 받는 사람들에 대한 위험성 평가 – 중요한 결과를 문서로 기록하라(5인 이상을 고용하고 있는 경우). 모든 위험성 평가는 '적합하고 충분'하여야 한다.

- 위험성 평가에서 도출되는 예방적·보호적 조치의 효과적인 계획, 조직, 관리, 모니터링 및 검토를 위한 장치(arrangements)
- 유능한 안전보건 조언에 대한 접근방법
- 근로자에게 사업장의 위험과 근로자들이 보호받는 방법에 대한 정보 제공
- 위험을 취급하는 방법에 관하여 근로자에 대한 설명 및 교육
- 감독이 충분하고 적절한지의 확인
- 작업 중의 위험과 예방적·보호적 조치에 대하여 근로자들과 협의

(2) 위험성 프로파일링(profiling)

유능한 리더와 라인관리자는 그들의 조직이 직면하는 위험성을 알고, 그것들을 중요성의 순서로 분류하며, 그것들을 관리하기 위한 조치를 취한다. 위험성의 범위는 안전보건 위험성의 범위를 넘어 품질, 환경, 자산의 손실을 포함하는데, 한 영역에서의 문제는 다른 영역의 문제에 영향을 미친다.

(3) OHSMS

정식의 Management System 또는 Framework는 조직이 안전보건을 관리하는 데 도움을 줄 수 있다. 이것의 사용 여부는 조직이 결정할 일이다.

언어와 방법론은 다양하지만, 핵심적 조치는 일반적으로 PDCA로 환원될 수 있다.

(4) 문서화

안전보건 문서는 단순히 문서작업의 양보다는 효과성에 초점을 두고 실용적이고 간결하게 하라.

OHSMS의 형식적인 문서화에 너무 많이 초점을 두는 것은 OHSMS 이행

(implementation)의 인적 요소에 대처하는 것을 방해할 것이다 – 초점이 실질적으로 위험성을 관리하는 것보다 시스템 자체의 프로세스에 두어진다.

(5) 태도와 행동

안전보건을 효과적으로 관리하는 것은 단지 Management System 또는 Safety Management System을 가지는 것에 대한 것이 아니다. 어떤 프로세스 또는 시스템이든 그 성공은 역시 조직 안에 있는 사람들의 태도와 행동에 달려 있다(이것은 종종 '안전문화'라고 불린다).

3) 수행할 필요가 있는 것을 하고 있는가?

(1) 위험성 프로파일링

조직의 위험성 프로파일링은 안전보건 위험성을 지휘하고 관리하는 모든 측면의 방법을 알려 준다.

모든 조직은 그 자신의 위험성 프로파일링을 가지고 있을 것이다. 이것은 조직에게 가장 중요한 안전보건문제를 결정하기 위한 출발점이다. 일부 기업에서는, 위험성은 명확하고 즉각적인 안전상의 위험원인 반면에, 또 다른 일부 기업에서는 위험성은 보건과 관련된 것이어서 질병을 식별할 수 있을 때까지는 오랜 시간이 걸릴 수 있다.

위험성 프로파일링은 다음 사항을 검토한다.

- 조직이 직면한 위협(위험성)의 성격과 수준
- 발생하고 있는 나쁜 영향의 가능성
- 위험성의 각 유형과 관련된 문제와 비용의 수준
- 이들 위험성을 관리하기 위한 조치방안의 유효성

위험성 프로파일링의 결과는 위험성이 정확하게 파악되고 개선조치를 위한 우선순위가 올바르게 매겨지며 사소한 위험성에는 너무 많은 비중을 두지 않는 점일 것이다. 위험성 프로파일링은 어떠한 위험성 개선조치가 필요한지에 대한 결정을 알려주기도 한다.

(2) 안전보건의 지휘 및 관리

모든 계층(level)의 리더들은 자신들 부서에서의 안전보건 위험성의 범위(range)를 이해할 필요가 있고, 그것들(위험성) 각각에 대해 비례적인 주의를 기울일 필요가 있다. 이것은 위험성 평가, 조치 이행, 감독, 모니터링에 들이는 상세함과 노력의 수준에도 적용된다.

Leaders

- 중요한 위험성과 적절한 조치의 이행에 주의를 지속하라.
- 자신들의 행위에 의해 자신들의 의지를 실증하라. 그들은 중요한 안전보건문제를 인식하고 있다.
- 안전보건에 대해 근로자와의 협의를 보장하라.
- 불안전한 행동에 적절한 방법으로 대처하라.

안전보건관리

- 안전보건을 관리하기 위해 체계적인 접근방법이 사용된다.
- 사람들은 그들의 작업과 관련된 위험성과 개선조치를 이해하고 있다.
- 수급인은 동일한 기준을 준수한다.
- 적절한 문서를 이용할 수 있다.
- 사람들은 그들의 역할과 다른 사람들의 역할을 이해하고 있다.
- 관리수단이 작동되고 있는지와 기준이 이행되고 있는지를 확인하기 위하여 그리고 일이 잘못된 후 실수로부터 배우기 위하여 성과가 측정된다.

법규의 준수를 넘어

- 정식 시스템(예: ISO 45001)이 사용되는 경우, 외부로부터 인증(certification)을 받아왔는가 – 당해 인증이 인정(accreditation)받고 있는가?
- 안전보건은 business process에 통합되어 있다.
- 다른 조직과 성과를 비교하기 위하여 벤치마킹이 사용되고 있다.
- 공급망(supply chain)이 안전보건을 개선하도록 촉구된다.
- 건강(wellness) 프로그램이 적절하다.

산업보건문제의 관리

- 조직 안의 작업 관련 질병문제를 처리하는 것은 안전문제에 대해서만큼 간단하지 않다. 무엇이 취해질 필요가 있는지를 파악하기 위해 올바르고 적당한 조언을 얻는 것이 중요하다. 즉각적인 질병 위험과 질병이 발견되기 전에 잠복기간을 가질 수 있는 질병 위험, 이 두 가지를 모두 고려할 필요가 있는 점을 유념하라.
- 중요한 직업병 문제는 석면, 화학물질, 생물학적 인자, 분진, 소음, 수작업 및 진동에의 노출에 기인하여 발생하는 질병을 포함한다.

(3) 역량

실질적으로 효과적인 안전보건관리를 위해서는 조직의 모든 면과 모든 수준(계층)의 노동력에 걸친 역량(competency)이 필요하다.

역량은 책임을 떠맡는 능력이고 지속적으로 인정된(recognised) 수준으로 활동을 수행할 능력이다. 실무적인 기술, 지식 및 경험과 생각하는 기술, 지식 및 경험을 조합한 것이다.

Management Regulations는 사용자에게 그들이 법적 기준을 준수하기 위해 취할 필요가 있는 조치를 스스로 이행하는 것을 돕기 위하여 1명 이상의 적격자(competent person)를 지명할 것을 요구하고 있다. 그것은 근로자, 소유자/관리자 또는 외부 컨설턴트일 수 있다. 이 적격자는 중요한 위험성과 심각한 결과를 초래하는 위험성에 초점을 맞추어야 한다.

사용자, 관리자, 감독자, 근로자 또는 수급인, 특히 안전에 중요한 역할을 하는 자(예: 공장 유지보수 엔지니어) 모두의 역량이 중요하다. 역량은 개인들이 그들의 활동과정에 있는 위험성을 인식하고 그 위험성을 억제하고 관리하기 위하여 올바른 조치를 적용할 수 있도록 한다.

역량에 대한 효과적 조치의 지표

- 모두가 비즈니스에 의해 생기는 위험성을 알고 있고 그것들을 관리할 방법을 이해하고 있다.
- 핵심적인 책임자/직무담당자가 파악되고 명확하게 설정된 역할과 책임이 있다.
- 사람들은 그들의 책임을 완수하기 위하여 필요한 교육, 기술, 지식 및 경험을 가지고 있고 그렇게 할 충분한 시간이 부여되어 있다.
- 교육은 정규시간 동안에 실시되고 근로자들은 비용을 부담하지 않는다.
- 학습된 교훈과 우수사례(good practice)는 내부적으로 그리고 외부적으로 공유된다.

(4) 작업자 협의 및 관여

작업자 협의 및 관여는 위험이 효과적으로 관리되도록 하는 데 있어 중요하다. 근로자의 협의 및 관여를 위한 법적 요구사항은 다음 사항을 포함한다.

- 정보제공
- 설명

- 훈련
- 근로자와의 협의에 참여하는 것. 특히 인정된 노동조합

근로자 관여는 요구되는 최저기준을 넘어(상회하여) 안전보건관리에서 근로자들의 충분한 참여를 말한다.

가장 효과적인 점으로는 충분한 참여가 사용자와 근로자 사이의 관계가 협력, 신뢰 및 공동의 문제해결에 기초하는 문화를 조성한다는 점이다. 근로자는 사업장의 위험성을 평가하는 데 참여하고 사용자와 협력하여 사업장의 안전보건방침의 마련과 검토에도 관여한다.

- 설명, 정보 및 교육은 근로자에게 안전하고 위생적인 방법으로 일할 수 있도록 제공된다.
- 안전대표는 최대한의 범위에 걸쳐 기능을 수행한다.
- 근로자들은 (직접적으로 또는 그들의 대표를 통하여) 그들의 안전보건과 관련되는 문제 및 위험성 평가의 결과에 대해 시의적절하게 협의된다.

작업환경이 주기적으로 변화하는 동적인 장소(상황)에서는 작업자 협의 및 관여는 위험성이 효과적으로 관리되도록 하는 데 있어 기본적인 것이다.

중소규모 업체는 특정 이슈에 대한 면담, 툴박스 회의(toolbox talks), 정기 회의와 같은 보다 간단하고 덜 공식적인 장치를 적절히 가지는 경향이 있다.

대규모 업체는 비공식적인 장치도 있을 것이지만, 협의의 공식적인 장치를 필요로 하거나 가지고 있을 가능성이 있다.

조직의 변화와 같은 중요한 문제에 대해 안전위원회와 안전회의뿐만 아니라 적절한 수의 안전대표를 포함한 효과적인 협의 장치가 있을 필요가 있다.

법규의 준수를 넘어

- 안전보건문제에 피드백 메커니즘이 존재한다. 예컨대, '제안함'(suggestions box) 운영, 경영진과의 다소 격식을 차린 공개회의(open meeting) 또는 팀 회의(team meeting, 근로자에 의해 리드될 수 있다)
- 관리자와 근로자들 간에 안전보건에 관한 공동결정(joint decision)이 이루어진다.

4) 효과적인 방안의 마련

적용되는 주요 조치는 다음과 같다.

- **계획**
  - 조직방침의 결정
  - 이행계획 수립
- **이행**
  - 조직의 위험성 프로파일링
  - 안전보건의 체계화
  - 조직의 계획 이행
- **확인**
  - 성과측정
  - 재해·사고조사
- **개선**
  - 성과의 검토
  - 교훈의 터득

가. 계획

조직의 안전보건방침을 이행하기 위하여, 조직은 위험성에 비례하는 효과적인 OHSMS를 마련하고 유지하여야 한다.

조직은 효과적인 안전보건관리를 위한 방향을 설정하여야 한다. 명확한 방향을 설정하는 방침은 조직 전체적으로 안전보건 의무와 이익의 커뮤니케이션을 확보하는 데 도움을 줄 것이다.

방침은 법적 요구사항을 충족하고, 안전보건 문제를 방지하며, 조직이 곤란이 발생하거나 새로운 위험성이 도입되는 경우 이에 대응하는 것을 가능하게 한다.

- 조직이 어디에 있는지와 어디에 있을 필요가 있는지에 대하여 생각하라.
- 조직이 무엇을 달성하기를 원하는지, 누가 무엇에 책임을 질 것인지, 조직의 목적을 어떻게 달성할 것인지 그리고 조직의 성공을 어떻게 측정할 것인지를 말하라. 이 방침과 이 방침을 이행할 계획을 기록하는 것을 필요로 할 수 있다.
- 조직이 성과를 어떻게 측정할 것인지를 결정하라. 사고지표를 상회하여 이것을 실시하는 방법을 생각하라 – 선행지수와 후행지수를 찾아라.
- 화재와 그 외 긴급상황을 고려하라. 조직의 사업장을 공유하는 모든 자와 협력하고 그들과 계획을 조정하라.
- 변경에 대해 반드시 계획을 수립하고 조직에 적용되는 특정 법적 요구사항을 파악하라.

(1) 조직 방침의 결정

① **방침은 무엇을 커버하여야 하는가?**: 효과적인 안전보건 결과를 달성하는 것의 중요한 부분은 전략을 가지고 명확한 계획을 만드는 것이다.

안전보건을 관리하기 위하여 무엇을 할 것인가에 대하여 생각할 필요가 있다. 그리고 누가 무엇을 어떻게 할 것인가를 정할 필요가 있다. 이것이 조직의 안전보건방침이다. 조직이 5명 이상의 근로자를 고용하고 있으면 그 방침은 기록되어야 한다.

조직의 방침은 모든 사람이 안전보건이 어떻게 관리될 것인지를 이해하도록 조직이 따라야 할 명확한 방향을 설정하고 전 종업원에게 공유되어야 한다.

② **방침 작성의 최적임자**: 방침은 조직의 다음 사항을 반영할 필요가 있기 때문에, 조직 밖의 누군가보다는 조직 내의 누군가에 의해 작성되어야 한다.

- 가치와 신념
- 안전하고 건강한 환경을 제공하려는 의지

③ **조직의 방침에 대한 협의 및 이행**: 방침은 종업원들과 협의하여 작성되어야 하고 조직의 top에 있는 사람(소유자 또는 중역)에 의해 서명되어야 한다. 가장 중요한 점은 조직이 자신과 종업원들의 조치를 확인하고 그동안 해왔던 진술(주장)을 반영해야 한다는 것이다.

(2) 이행계획 수립

① **계획이 필수적인 이유**: 계획은 안전보건방침의 이행을 위해 필수적이다. 위험성의 적절한 관리(control)는 조직의 모든 구성원에 의한 조정된 조치(이행)를 통해서만 달성될 수 있다. 안전보건관리를 위한 효과적인 시스템은 조직이 다음 사항에 대한 계획을 수립하는 것을 요구한다.

- 위험성을 관리한다.
- 변화하는 수요에 대응한다.
- 안전보건에 대한 적극적인 태도와 행동을 유지한다.

② **효과적인 계획수립**: 효과적인 계획수립은 위험성을 파악하고 관리하는 것에 의한 예방과 관련되어 있다. 이것은 오랜 기간 후에서야 명백해질 수 있는 보건위험을 처리할 때 특히 중요하다.

조직의 방침을 설정하는 것에 추가하여, 계획수립은 법적 준수와 긴급상황 처리를 위한 절차를 확보하기 위한 조치를 포함하여야 한다. 그것은 조직 전체의 사람들을 커버하여야 한다.

조직이 안전보건을 관리하기 위해 이용할 시스템을 계획하는 것은 다음 사항을 포함한다.

- 적합하고 균형적인 제도, 위험성 control시스템, 사업장 예방조치를 설계, 구축, 이행하는 것
- 개선을 하는 중에도 그 시스템을 운영하고 유지하는 것
- 그것을 조직의 다른 측면(품질, 환경 등)의 관리방법과 연계시키는 것

성공적으로 계획을 수립하기 위하여 조직은 다음을 확실히 할 필요가 있다.

- 현 상황에 대한 정확한 정보를 토대로, 조직이 지금 어디에 있는지
- 법적 요구사항의 사용과 비교를 위한 기준설정을 토대로, 조직이 어디에 있을 필요가 있는지
- 목표점에 도달하기 위해 어떤 조치가 필요한지

효과적인 방침 개발 및 계획수립 시 핵심 조치

Leaders

- 목적에 대해 발표하라. 조직이 자신의 근로자와 자신의 활동에 의하여 영향을 받을 수 있는 그 밖의 모든 사람에 대하여 안전하고 위생적인 환경을 유지하기 위하여 무엇을 할 것인지를 말하라.
- 모든 사람의 역할과 책임을 명확하게 설정하라. 특별한 역할을 가진 사람들, 예컨대 임원, 감독자/관리자, 안전대표, 근로자, 화재관리인, 응급치료사 및 적격자를 포함하라.

• 일이 어떻게 처리될 것인지 그리고 일이 성사되도록 하기 위해 어떤 자원이 배분될 것인지를 말하라. 조직의 법적 의무를 충족하는 것을 지원하기 위한 적절한 시스템과 절차의 세부사항을 포함하라. 예컨대,
  – 위험성 평가가 어떻게 실시될 것인지
  – 교육과 장비의 안전한 사용을 위한 계획은 무엇인지
  – 조직은 지정자와 구매자가 구매 시에 위험성을 평가할 능력을 갖추고 있는지를 확인하기 위하여 무슨 수단을 가지고 있는지. 예컨대, 그들이 적합한 개인보호구를 구입하기 위한 요구사항을 알고 있는지
  – 재해/사고는 어떻게 조사될 것인지
  – 근로자들과 어떻게 협의할 것인지
  – 장비는 어떻게 유지될 것인지
  – 조직의 계획의 성공을 어떻게 측정(평가)할 것인지
• 조직이 안전보건 성과를 어떻게 측정(평가)할 것인지를 생각하라. 성과목표(예: 재해/휴업의 감소 또는 문제/아차사고 보고의 증가)는 있는가.
• 조치에 우선순위를 매겨라.
• 안전보건에 대한 의지를 실증하기 위한 방침문서(policy statement)에 서명하라.

Managers

• 도급인은 방침을 개발할 때 도급인의 조직과 관련된다면, 수급인의 관리에 대하여 생각하라.
• 조직의 방침과 계획을 언제 수정할 것인지를 파악하라. 예컨대,
  – 프로세스와 직원의 변화와 같은 변화가 있었을 때에
  – 조직 내부에서 재해·사고조사를 실시한 후에 또는 다른 조직의 재해·사고조사로부터 교훈이 얻어진 경우에
  – 근로자대표와 협의한 후에
  – 제조업체 또는 동일 영역·업종에 있는 다른 업체로부터 새로운 정보를 얻은 경우에
• 조직에 의해 고용되어 있지 않거나 관리되고 있지 않지만 동일한 부지를 공유하는 다른 점유자와 협의하라.

근로자 협의 및 관여

• 근로자 또는 근로자대표와 조직의 계획을 논의하라.
• 모든 사람이 요구되는 것을 알도록 계획을 전달하라.

역량

• 계획과 방침을 개발할 때, 법령에 부합하기 위하여 필요한 역량의 수준을 고려하라.

나. 이행

이행은 합리적으로 실행 가능한 한에서 근로자와 조직의 작업에 의해 영향을 받는 다른 사람들의 안전보건을 확보하기 위한 효과적인 Management System에 달려 있다.

조직은 위험성이 현명하게, 책임감 있게 그리고 균형적으로 처리되도록 하기 위한 Management System과 방법을 도입하여 사람들을 보호하는 것을 목적으로 한다.

- **조직의 위험성 프로파일링**
  - 위험성을 평가하라. 사업장에서 무엇이 위해를 초래할 수 있는지, 그것이 누구에게 어떻게 위해를 끼칠 수 있는지 그리고 그 위험성을 관리하기 위하여 무엇을 할 것인지를 파악하라.
  - 우선순위가 어떻게 되는지를 결정하라. 그리고 가장 큰 위험성을 파악하라.
- **안전보건의 체계화**

  특히 다음을 목적으로 한다.
  - 무엇이 필요한지에 대해 모든 사람이 분명히 알고 그리고 문제를 논의할 수 있도록 근로자를 참여시키고 커뮤니케이션하라. 적극적인 태도와 행동을 함양하라.
  - 필요시 적합한 조언을 포함하여 적절한 자원을 제공하라.
- **조직의 계획 이행**
  - 예방적이고 보호적인 필요한 조치를 결정하고 그것들을 시행하라.
  - 일을 하기 위한 적절한 도구와 장비를 제공하고 그것들이 유지되도록 하라.
  - 모든 사람이 그들의 작업을 이행하기 위한 역량을 갖추도록 교육하고 설명하라.
  - 제도가 준수되고 있는지 확인하기 위하여 감독하라.

(1) 조직의 위험성 프로파일링

효과적인 leader들과 line manager들은 그들의 조직이 직면하는 위험성을 알고 있고, 중요도의 순서로 그것들에 대해 등급을 매겨 그것들을 관리하기 위한 조치를 취한다.

위험성의 범위는 안전보건 위험성을 넘어서 품질, 환경 및 재산피해를 포함한다. 그런데 한 영역에서의 문제는 다른 영역에 영향을 미친다. 예를 들면, 불안전한 지게차 운전은 물품 손상의 결과로 서비스 또는 품질의 문제를 초래할 수 있다.

위험성 프로파일링은 조직이 직면한 위협의 성격과 수준을 검토한다. 그것은 불리한 영향이 발생할 가능성, 위험성의 각 유형과 관련된 혼란과 비용의 수준, 방지수단의 효과성을 검토한다.

조직은 다음과 같은 구체적인 용어를 사용하지는 않겠지만, 일반적으로 다음 사항을 커버하는 위험성 프로파일링을 하게 될 것이다.

- 조직이 직면한 위험성의 성격과 수준
- 불리한 영향이 발생할 가능성과 혼란의 수준
- 위험성의 각 유형과 관련된 비용
- 이들 위험성을 관리하기 위한 조치의 효과

위험성 평가

어떤 유형의 위험성이 고려될 필요가 있는가?

일부 조직에서는 기계류 방호장치와 같이 안전보건 위험성이 명백하고 즉각적인 안전문제일 수 있는 반면, 일부 조직에서는 위험성이 보건과 관련되어 질병을 식별할 수 있을 때까지 오랜 시간이 걸릴 수 있다.

안전보건 위험성은 재난적 영향을 가지지만 아주 드물게 발생하는 것(석유 정제장치 폭발과 같은 높은 위험, 낮은 빈도의 사건)부터 덜 심각한 결과를 가

지지만 보다 자주 발생하는 것(낮은 위험, 높은 빈도의 사건)까지 걸쳐 있다.

높은 위험, 낮은 빈도의 사건은 사업을 파괴할 수도 있어 위험성 프로파일링에서 높은 우선순위에 놓일 것은 확실하다.

누가 평가를 하여야 하는가?

위험성 평가는 평가대상인 작업, 공정 또는 물질에 대한 지식을 가지고 있는 누군가에 의해 완료되어야 한다. 근로자와 그들의 안전대표는 소중한 정보원이다.

adviser 또는 consultant가 위험성 평가를 지원할지라도, 관리자들과 근로자들은 여전히 관여(참여)되어야 한다.

누가 영향을 받을 수 있는가?

다음의 자에게 잠재적 위해를 고려하여 조직의 모든 활동을 고려하라.

- 근로자
- 수급인
- 공중(公衆)
- 생산물과 서비스를 사용하는 자
- 지역주민과 같이, 조직의 사업활동에 의해 영향을 받는 그 밖의 모든 사람

위험성이 각각의 그룹, 예컨대 젊은 또는 비숙련 근로자, 임신근로자, 장애근로자, 외국인근로자 또는 고령근로자에게 어떻게 영향을 미치는지에 대해 반드시 고려하라. 조직의 공급망(supply chain) 또한 고려하라. 그것이 적절하게 관리되지 않으면, 그 네트워크에 있는 다른 사람들의 활동이 조직의 안전보건 위험성에 영향을 미칠 수 있다.

법령이 위험성 평가에 관하여 말하고 있는 것

법령은 위험성 평가가 '적합하고 충분'하여야 한다고 규정하고 있다. 가령 위험성 평가는 다음과 같이 실시되어야 한다.

- 적절한 check가 이루어졌다.
- 누가 영향을 받는지 물었다.
- 관련될 수 있는 사람들의 수를 고려하여 모든 명백하고 중요한 위험성을 다루었다.
- 예방조치가 합리적이고 잔류위험성이 낮다.
- 공정 내의 근로자 또는 근로자대표를 포함시켰다.

위험성 평가의 구체성의 수준은 위험성에 비례하고 작업의 성격에 적합하여야 한다. 일반적으로 생활과 관련된 일상적 활동에서 발생하는 위험성이 무시될 수 있는 것처럼, 중요하지 않은 위험성은 작업활동이 중요하지 않은 위험성을 악화시키거나 중요하게 변경하지 않으면, 보통 무시될 수 있다.

조직의 위험성 평가는 합리적으로 인식하는 것이 예상될 수 있는 것만을 포함하여야 한다. - 조직이 예견할 수 없는 위험성을 미리 고려하도록 기대되지는 않는다.

위험성 수준의 평가

작업활동에 기인하는 위험성의 수준은 위험성 평가가 얼마나 복잡할 필요가 있는지를 결정한다.

소규모기업

위험성이 조금밖에 없거나 단순한 소규모기업의 경우, 적합하고 충분한 위험성 평가는 정보를 토대로 한 판단에 기초한 그리고 적절한 guidance를 이용한 간단한 과정일 수 있다.

중규모기업 또는 보다 큰 위험성을 가진 기업

이런 경우 위험성 평가는 보다 정교할 필요가 있다. 조직은 일부 영역의 위험성 평가에 대해 전문가 조언을 필요로 할 수 있다.

예를 들면, 다음과 같다.

- 전문가 지식을 필요로 하는 위험성. 예컨대, 특별히 복잡한 공정 또는 기술
- 전문가의 분석적 기법을 필요로 하는 위험성. 예컨대, 공기질을 측정하고 그 영향을 평가하는 것

대규모 및 높은 위험 사업장

이 사업장들은 가장 발달된 그리고 정교한 위험성 평가를 필요로 할 것이다.

대량의 위험물질을 사용하거나 저장하는 제조현장, 대규모 광물채취 현장 또는 원자력발전소의 경우, 위험성 평가는 법적으로 요구되는 안전보고서의 중요한 일부분이고, 양적인 위험성 평가와 같은 기법을 채택할 것이다.

위험성 control

위험성을 control할 때 문제를 조직의 근로자와 논의하고 이미 무엇이 이루어졌는지에 대해 생각하라. 그 다음에 그것을 업계표준과 비교하라. 예컨대, 이것(업계표준)은 HSE, 사업주단체, 업종별 협회, 노동조합 또는 안전전문기관으로부터의 업종에 독특한 조언일 수도 있다.

위험성 평가는 다음과 같은 경우에는 예상될 수 있는 넓은 범위의 위험성에 보다 집중하여야 할 것이다.

- 작업의 성격이 꽤 자주 변화할 수 있는 경우에 또는 작업장(사업장) 그 자체가 변화하고 발전하는 경우(예: 건설현장)
- 근로자들이 현장을 옮겨 다니는 경우

결과의 기록

중요한 결과를 기록하라. 이것들은 위험성을 관리하기 위한 예방적이고 보호적인 조치에 대한 기록, 그리고 위험성을 충분하게 감소시키기 위하여 추가적인 조치가 취해질 필요가 있다면 어떤 추가적인 조치(예: 건강진단)가 필요한지에 대한 기록을 포함하여야 한다.

건강진단

위험성 평가는 특정 안전보건규칙(예: The Control of Substances Hazardous to Health Regulations 2002)에 의해 건강진단이 요구되는 상황을 확인하게 될 것이다.

또한 건강진단은 위험성 평가가 다음의 모든 기준이 적용된다는 것을 보이는 경우에 실시되어야 한다.

- 관계작업과 관련된 인식 가능한 질병 또는 부정적인 건강상태가 있다.
- 질병 또는 상태의 징조를 발견하기 위한 타당한 기법을 이용할 수 있다.
- 질병 또는 상태가 특정한 작업조건하에서 발생할 합리적인 가능성이 있다.
- 진단이 적용되는 근로자들의 안전보건을 보호하는 데 도움을 줄 가능성이 있다.

효과적인 위험성 프로파일링 시 핵심 조치

Leaders

- 누가 안전보건 위험성의 소유자로서의 책임을 지는지를 파악하라.
- 당신의 조직에 대한 가능한 최악의 사건의 결과에 대하여 생각하라.
  - 그 영향을 통제하기 위한 계획이 적절한지를 어떻게 확신하는가?
- 위험성 평가가 적격자에 의해 실시되는지를 확인하라.
  - 이것은 안전보건을 효과적으로 관리하기 위한 필요한 기술, 지식 및 경험을 가지고 있는 누군가이다.
- 위험성 프로파일링 과정의 전체적인 틀을 뒷받침하라.
  - 조직이 조직 내의 중요 위험성을 알고 있는지 확인하라.
  - 사소한 위험성에는 너무 많은 우선순위가 부여되지 않았는지 그리고 중요한 위험성이 간과되지 않았는지를 확인하라.
- 누가 위험성 control을 이행하는 것에 책임이 있는지 파악하라.
- 변화하는 기술의 영향을 반드시 평가하라.
  - 자산소유의 변화와 관련된 문제에 대하여 생각하라. 이것은 설계 정보와 지식이 전달되지 않은 경우에는 위험성 프로파일을 증가시킬 수 있다.
  - 노후화된 설비와 장비의 영향이 검토되었는가?

Managers

위험성을 파악하라

- 사업에 기인하는 안전보건 위험성을 파악하라. 그리고 그것들에 우선순위를 매겨라. 위해의 심각성과 사고 발생 가능성에 대하여 생각하라. 순위가 높은 위험성에 집중하라.
- 적절한 자원이 배분될 수 있도록 위험성이 인정되고 있는지를 확인하라.
- 그 밖의 위험성이 안전보건의 저하에 기인하는 것인지를 숙고하라.

누가 영향을 받을 수 있는가?

조직의 작업활동에 의해 영향을 받을 모든 사람에 대해 생각하라. 어떤 그룹은 증가된 위험하에 있을 수 있다는 것을 유의하라. 예컨대, 젊거나 숙련되지 않은 근로자, 임신근로자, 장애근로자, 외국인근로자 또는 고령근로자

감소조치

- 감소조치가 현재의 조치로 적절한지 또는 추가 조치가 필요한지 검토하라.
- 감소조치의 완전한 이행은 시간이 걸릴 수 있다는 것을 인지하라. 그렇다면 위험성을 최소화하기 위한 잠정조치를 이행하라.

보고, 기록 및 검토

- 위험성 control 성과를 정기적으로 내부 보고하라. 그리고 그것이 외부적으로도 이행되어야 하는지를 검토하라.
- 문서작업은 필요한 최소한의 수준으로 유지되도록 하라. 조직이 5인 이상의 근로자를 사용하면 위험성 평가를 기록할 필요가 있다.
- 조직의 위험성 프로파일을 정기적으로 검토하라. 조직 내부의 변화는 위험성 프로파일에 영향을 미칠 수 있다. 예컨대, 불경기, 회복과 같은 경제적 사이클, 업무부하의 증가, 경험수준의 저하

근로자 협의 및 관여

- 근로자들은 조직의 위험성 프로파일을 이해하고 있는가?
  - 근로자들은 파악된 위험성에 대처하기 위한 필요한 정보, 설명 및 교육을 받았는가?
- 모든 영역의 위험성이 파악되었는지를 확실히 하기 위하여 조직의 모든 부분에서 근로자 및 근로자대표와 협의하라.

역량

- 조직 전체의 폭넓은 지식이 위험성 프로파일을 작성하는 데 필요하다.
- 고위험조직에서는 위험원을 파악하고 위험성을 분석하기 위하여 어떤 전문가 조언이 필요한지를 파악하라.
- 근로자들이 위험성 감소에 대해 확실히 교육을 받고 정보를 가지도록 하라.

(2) 안전보건의 체계화

'안전보건의 체계화'는 긍정적인 안전보건 결과를 촉진하는 4가지 영역의 활동에 붙여진 총합적 표지(명칭)이다.

- **조직 내 관리**(감독자의 역할): 리더십, 관리, 감독, 성과기준, 지시, 동기부여, 책임, 보상 및 제재
  - 수급인의 관리: 수급인을 사용하는 모든 자는 수급인들과 그들(수급인들)의 활동에 의해 영향을 받을 수 있는 그 밖의 모든 자에 대해 안전보건책임을 가진다.

- **협력**: 적극적인 협의 및 관여(참여)를 통한 근로자, 근로자대표, 관리자들 간
- **커뮤니케이션**: 눈에 보이는 행동, 문서화된 자료, 대면 토론을 통한 조직 전체적인 커뮤니케이션
- **역량**: 채용, 선정, 교육, 코칭, 전문가 조언 및 무관심의 회피를 통한 개인의 역량
  - 능력 및 교육: 사람들이 그들의 작업을 안전하고 건강위험 없이 수행하고 기술, 지식 그리고 궁극적으로 역량을 획득하는 것을 돕는다.
  - 전문가 조력: 조직의 사업이 위험하거나 복잡한 공정을 가지고 있으면 전문가의 도움이 필요할 수 있다.

조직 내 관리: 감독자의 역할

리더, 라인관리자 및 감독자의 조치는 위험을 효과적으로 관리를 하는 데 있어 모두 중요하다.

조직은 감독에 대한 그들의 접근방법을 정해야 한다. 어떤 방법의 감독을 활용하든지 간에 감독자 또는 팀리더의 역할은 효과적인 관리를 실시하는 데 중요하다.

그들이 작업자들과 갖는 상시적인 접촉 때문에 그들은 다음 사항을 확실히 하는 데 중요한 기여를 할 수 있다.

- 안전하게 건강에 대한 위험 없이 작업하는 방법을 모든 자가 알고 있다.
- 모든 작업자가 조직의 규칙을 따른다.

감독자는 작업자들이 역량을 갖추게 되고 계속하여 역량을 갖추고 있도록 코치, 조력 또는 지도할 수 있다.

안전보건을 효과적으로 감독하기 위한 핵심 조치

Leaders

- 감독자의 역할과 책임을 명확히 하고, 그들이 자신의 역할을 수행할 때 반드시 교육받고 역량을 갖추도록 해라. 그리고 리스크 관리의 일부분으로서 감독의 중요성을 인식하도록 해라.
- 감독자, 팀리더가 '작업이 잘 완료되는 것'의 일부분으로서 안전보건문제에 대처하기 위한 충분한 자원을 확보하도록 하라.

Managers

- 작업의 복잡성과 위험 수준에 따라 각 작업에 필요한 감독 수준을 고려해라. 어떤 경우에는 예컨대 교대전환 시, 신규 또는 비숙련 근로자가 있을 경우에는 높은 수준의 감독이 필요하다는 것을 인식하라.
- 위험성 평가를 할 때 그리고 변경의 영향을 관리할 때 감독자를 포함시켜라.
- 감독자와 라인관리자로 하여금 안전보건에 대한 긍정적인 태도를 갖도록 해라. – 그들이 모범적으로 지휘를 하고 안전한 작업시스템을 조성해야 한다.
- 감독자가 작업을 이해하여 감독자가 효과적이고 안전한 결정을 할 수 있도록 해라.
- 감독자들이 그들에게 기대되는 것을, 특히 비상시에 그것을 이해하고 있는지를 확인해라.
- 감독자들이 작업계획을 수립하였는지, 그리고 작업이 건강에의 위험 없이 안전하게 완성되도록 충분한 자원을 배정하였는지를 확인해라.
- 근로자에 대해 좋은 모범이 설정되어 있는지, 그리고 감독자가 규칙을 이행하는지를 확인해라.
- 1명 이상의 감독자/라인관리자가 공정에 관여하고 있으면, 커뮤니케이션, 조정, 협력이 잘 이루어지고 있는지 확인해라.

근로자 협의 및 관여

- 감독자는 다음과 같이 근로자들과 그 대표의 참여를 지원할 수 있다.
  - 그들의 작업에서의 있을 수 있는 위험과 취하여야 하는 예방조치에 대한 토론을 촉진함으로써
  - 그들의 안전보건에 영향을 미칠 수 있는 모든 조치의 도입 시

역량

감독자는 근로자를 감독할 역량을 갖추고 있어야 하고, 작업의 중요한 안전 측면을 알고 있어야 한다.

수급인(하청업체) 관리

수급인을 사용하는 모든 자는 수급인과 그들의 활동에 의해 영향을 받는 그 밖의 모든 자에 대해 안전보건책임을 가진다. 수급인들 자신 또한 법적인 안전보건책임을 가진다. 안전보건을 확보하는 데 있어 모든 사람이 수급인들이 수행할 필요가 있는 역할을 반드시 이해하도록 하라.

수급인의 사용 자체가 나쁜 안전보건수준을 초래하는 것은 아니지만, 미흡한 관리는 부상, 질병, 부가적인 비용 및 지연을 초래할 수 있다. 수급인과 밀접하게 일하는 것은 도급인 자신의 근로자와 수급인들의 위험을 감소시킬 것이다.

수급인은 특별한 위험에 있을 수 있다는 것을 명심하라. 그들은 도급인의 사업장에 경험이 없고, 따라서 도급인 조직의 절차, 규칙, 위험원 및 위험에 생소할 수 있다. 정기적으로 작업을 하는 수급인이라도 이 점이 상기될 필요가 있다. 필요한 관리수준은 물론 작업의 복잡성에 비례할 것이다.

중대한 재해요인을 가지고 있는 현장에서는 현장에 잠재적으로 매우 많은 수의 수급인이 있다고 가정하고 관리의 주기와 범위를 고려해라.

수급인을 효과적으로 관리하기 위한 핵심 조치

Leaders

- 수급인이 수행하기를 기대하는 작업에 대하여 확실히 이해하고, 요구되는 자격요건에 대하여 생각하라.
- 일이 계획대로 되지 않을 경우 뜻하지 않은 사고에 대해 주의 깊게 생각하라.
- 수급인의 선정 시 도급인이 안전보건에 대해 부여하는 중요성을 설명하라.
- 비용을 줄이기 위해 손쉬운 방법이 취해지지 않도록 하고, 작업과 안전의 충돌(대립)이 없도록 하라.
- 일에 충분한 시간과 자원을 배정하라. – 작업을 계획, 준비 및 실행할 때
- 중대한 안전보건문제가 있는 경우에는 작업을 중지하는 관리상의 결정을 지지하라.

Managers

- 수급인의 안전보건 성과를 모니터링하라.
  - 작업이 개시되기 전에 당해 작업이 어떻게 관리되고 감독될 것인지에 대해 숙고하라.
  - 수급인의 안전보건계획을 입수하라.
  - 조정 및 커뮤니케이션을 확실히 하기 위하여 개시 전 회의를 개최하라. 부정확한 생각(판단)을 하지 않게 한다.
  - 수급인의 활동을 모든 점검과 체크에 포함시킨다.
  - 정기적인 진행회의를 개최하고 안전보건문제가 발생할 때 이를 상정하라.
- 수급인과 작업에 대한 위험성 평가를 공동으로 실시하라.
  - 도급인 사업장의 일부 위험성은 수급인에게는 명백하지 않을 수 있음을 유념하라.
  - 사업장 내부에 있는 특정 위험성, 예컨대 석면의 존재에 대해 수급인에게 말하라.
  - 작업방법 설명서(method statement) 또는 안전작업시스템을 공유하라.
  - 위험성에 대해 근로자와 수급인에게 말하고, 수급인에게 그들이 도급인의 사업장에 들여올 위험성에 대해 도급인에게 알리도록 하라.
- 올바른 절차를 준비해라.
  - 문서화되어 있는 안전시스템이 실제로 수행되도록 하라.
  - 모든 사람이 작업을 수행할 역량을 갖추도록 하고 수급인들이 오리엔테이션 교육을 받도록 하라.
  - 기계·설비에 대한 격리절차(isolation procedure)가 명확히 되도록 하라.
- 사고가 발생하는 경우
  - 중대한 안전보건문제가 있는 경우에는 작업을 중지하라.
  - 모든 사고의 근본원인을 조사하고 대처해라. 그리고 관련된 모든 자에게 조사결과를 feedback하라.
- 모든 사람이 위험성을 이해하고 있는지를 체크하라.
  - 수급인들이 위험성과 그것을 관리할 조치를 완전히 이해하기 전에는 작업이 개시되지 않도록 하라.
  - 도급인이 제공하고 있는 정보, 설명 및 교육을 수급인이 이해하도록 하라.

근로자 협의 및 관여

- 모든 근로자들은 문제를 보고할 커뮤니케이션의 명확한 라인을 가지고 있어야 한다.
- 근로자들과 수급인들이 그들에게 무엇이 기대되고 있는지 전달하고 조정해라. 그리고 모든 자가 그들의 개인적 역할을 이해하도록 하라.

역량

- 툴박스 회의, 설명 또는 코칭을 통해 교육문제를 역점적으로 다루어라.
- 수급인의 역량이 어떻게 입증될 것인지를 숙고하라.
  - 수급인이 이전의 안전보건 성과를 증명할 수 있는가? 예컨대, 증명서, 사전자격조사표
  - 수급인이 안전보건교육을 입증할 수 있는가?
  - 필요시 인허가의 증거가 입수될 수 있는가? 예컨대, 가스안전등록
- 도급인의 조직 내에서 수급인의 경험 부족이 위험성을 초래할 것인가? 그렇다면, 이것은 어떻게 다루어질 것인가?

협력

근로자 참여는 무엇인가?

조직이 신뢰, 존경 및 협력에 기초한 진정한 경영진·종업원 파트너십을 발전시키는 경우에, 이것은 필수적인 법적 최저기준을 상회하는 종업원 참여(예컨대, 협의를 상회한다)를 의미한다.

그러한 적절한 파트너십을 통해, 안전보건문제가 공동으로 해결되고 관심, 의식 및 해결책이 자유롭게 공유되고 행동의 준거가 되는 문화가 전개된다.

종업원 참여의 효과는 운영방법과 위험성 관리가 모든 사람(근로자, 그들의 대표 및 관리자)의 이익에 맞춰지고 모든 사람의 협력과 보조가 맞춰지는 것이다.

수급인과의 협력

협력의 두 번째 측면은 조직의 공급망(supply chain)에서 다른 사람뿐만 아니라 수급인과 협력하는 것이다.

안전보건이 조직의 모든 종업원에게 영향을 미치기 때문에, (수급인의 근로자를 포함한) 모든 작업자들이 안전보건관리에 참여하는 것이 사리에 맞다.

근로자를 참여시키는 방법

작업자를 참여시키는 것은 안전보건을 그 밖의 누군가에 의한 무언가로서 간주되는 것이 아닌 일상적인 업무의 일부분으로 통합하는 열쇠이다.

조직은 안전보건관리에 그들의 작업자를 관여시키는 적절한 방법을 찾을 수 있다. 소규모 기업의 경우에는 이것은 다음과 같은 간단한 것일 수 있다.

- 작업자들이 토의하거나 그들의 관심을 제기할 수 있는 열린 커뮤니케이션을 장려하는 것(예: 툴박스 회의, 제안함, 게시판, 안전보건순찰)
- 작업자들이 위험성을 파악하는 경우 이에 대해 긍정적인 평가(recognition)를 해주는 것

대기업의 경우에는 보다 정식의 안전보건 포럼 또는 위원회가 파트타임 근로자와 수급인을 포함할 필요가 있는 종업원 참여를 가능하게 하는 수단일 수 있다.

외부기관과의 연락

사용자는 외부기관과의 모든 필요한 연락처가 준비되고, 근로자들이 중대하고 급박한 위험(예: 화재)을 나타내는 상황에서 무엇을 할지를 알 수 있도록 절차를 마련할 필요가 있다.

조직은 응급처치, 응급의료 및 구조작업을 위한 효과적인 방법(제도)을 갖출 필요가 있다. 이것은 근로자들이 필요한 전화번호를 알도록 하고, 중요한 위험이 있는 경우에는 그들이 필요로 하는 모든 도움과 연락할 수 있도록 하는 것만을 의미할 수도 있다.

외부기관과의 연락과 방법은 기록되어야 하며, 필요한 경우 검토되고 수정되어야 한다.

공유된 사업장

많은 사업주가 사업장을 공유하고 그들의 근로자가 동일한 위험에 직면하는 경우에는 한 명의 사용자가 그들 자신과 다른 사업주들을 대표하여 연락처를 정해 놓아야 한다.

고위험 또는 복잡한 사업장

고위험 또는 복잡한(complex) 사업장의 경우 사용자는 응급구조대 및 응급기관과 일상적으로 접촉하기 위하여 적절한 직원을 지정하여야 한다.

사용자는 긴급상황(정상근무시간이 아닌 시간에 발생할 수 있는 긴급상황을 포함하여) 발생 시에 응급구조대 및 응급기관이 적절한 조치를 취하도록 충분한 정보를 제공하여야 한다.

비상조치

사용자는 모든 근로자가 중대하고 급박한 위험 시에 준수하여야 할 절차를 명확하게 설명하여야 한다.

근로자들과 작업장(사업장)의 다른 사람들은 그들이 언제 작업을 중지하여야 하는지 그리고 그들이 안전한 장소로 어떻게 이동하여야 하는지를 알 필요가 있다. 어떤 경우에는 이것은 사업장으로부터의 완전한 대피를 필요로 할 것이고, 또 어떤 경우에는 종업원의 일부 또는 모두가 사업장의 보다 안전한 장소로 이동하는 것을 의미할 수 있다.

비상계획 및 외부기관과의 협력

경찰관, 소방관, 다른 긴급서비스근로자들은 공중에 대한 그들의 책임을 이행하기 위하여 이따금 중대하거나 급박한 위험의 상황에서 일할 필요가 있을 수 있다. 비상절차는 이들의 이러한 책임과 그런 근로자들이 안전한 장소로 이동할 수 있기 전의 시간 지연(time delay)을 반영하여야 한다.

중대한 위험이 남아 있으면 긴급상황 후에 작업이 재개되어서는 안 된다. 어떤 의심(불확실함)이 있으면, 전문가의 지원이 요청되어야 한다. 예컨대, 응급구조대 및 응급기관으로부터.

위험구역(danger areas)

위험구역은 위험성의 수준이 수용 가능하지 않은 작업환경이지만, 근로자는 특별한 예방조치를 취하지 못하고 들어가야 한다. 그런 구역은 꼭 정적인 것은 아니며, 그곳에서는 사소한 변경 또는 비상사태가 정상적인 작업환경을 위험구역으로 변환시킬 수 있다.

관련된 위험원은 전 구역(예: 독성가스의 경우)에 거칠 필요는 없고, 예컨대 근로자가 아무것도 안 덮이고 전류가 흐르는 전기전도체에 접촉할 위험성이 있는 경우와 같이 소극적일 수도 있다. 해당 구역은 부주의한 접근을 방지하기 위하여 제한되어야 한다.

위험구역에 재출입하기 위한 예외적 상황

비상서비스근로자들의 경우, 중대한 위험구역에 다시 들어가는 것이 필요하다고 생각되는 상황이 있을 수 있다(예컨대, 사람이 위험에 놓여 있는 경우).

그런 예외적 상황이 예상될 수 있는 경우, 조직의 절차는 취해져야 할 특별한 보호조치(그리고 요구되는 사전교육)와 그러한 조치 권한을 부여하기 위해 필요한 조치를 자세하게 설명하여야 한다.

효과적으로 협력하기 위한 핵심 조치

Leaders

- 조직의 관리자들로부터 근로자와 협의하고 이들을 참여시키겠다는 약속을 얻어내라.
- 가시적이고(눈에 띄고) 의사소통을 하며 관심사를 듣고 공동으로 문제를 해결함으로써 근로자 참여에 대한 의지를 증명해 보여라.

- 효과적인 협의가 되도록 자원을 배분하라.
- 정보가 공유되기 위한 가장 좋은 방법을 근로자 및 그 대표와 논의하라.

Managers

- 조직의 근로자들이 어떻게 협의되기를 원하는지를 발견하라. 조직이 협의하는 방법은 다음 사항의 영향을 받을 것이다.
  - 조직의 크기와 구조
  - 종업원의 다양성
  - 수행되는 작업유형
  - 노동조합 대표성
  - 현장 밖에서 일하는 사람들
  - 존재하는 위험의 성격
- 조직이 정보를 어떻게 공유할 것인지에 대하여 생각하라.
  - 수급인과 언어장벽을 가지고 있을 수 있는 자들을 반드시 고려하라.
- 법령에 따라, 조직은 근로자들의 안전보건에 상당히 영향을 미칠 수 있는 변화에 대하여 근로자들과 협의하여야 한다. 그러한 변화들은 다음 사항을 포함한다.
  - 새롭거나 다른 절차
  - 작업유형
  - 장비
  - 부지(건물)
  - 작업방법(예컨대, 새로운 교대패턴)
  - 적격자(competent person)에게 조직의 안전보건법령에 따른 의무 이행을 지원하도록 하기 위한 방안
  - 조직이 근로자들의 작업에서 있음직한 위험에 대해 그들의 근로자에게 제공하여야 하는 정보와 그들이 취하여야 하는 예방조치
  - 안전보건교육의 계획
  - 새로운 기술 도입의 안전보건 영향
- 근로자들의 안전에 관련된 문제에 대하여 그들과 적절한 시기에 협의하도록 하기 위한 계획을 수립하라. 이것은 근로자들이 안전보건을 '전문가들'에게 맡겨진 어떤 것이 아니라, 정상적인 작업활동의 일부분이라고 느끼는 것을 의미한다.
- 합의가 되지 않는다면 어떻게 할 것인지를 정하라.
- 교대근로자 및 파트타임근로자가 고려되었는가?
- 조직의 비상절차를 수립할 때, 필요하면 외부기관과 접촉하도록 하라.

역량

- 조직이 근로자들과 협의하고 그들을 참여시키는 법적 요구사항에 잘 알도록 하라.
- 관리자들과 근로자들이 생각과 경험을 공유할 수 있도록 이들에 대한 공동의 안전보건교육을 계획하라.
- 관리자들은 근로자들에게 말하는 것에 대해 확신이 있어야 한다.
- 조직의 근로자들이 안전대표를 지명하였다면, 조직은 그들이 그들의 역할을 수행할 수 있도록 하는 교육을 받는 데 필요한 유급시간을 부여받도록 하여야 한다.
- 근로자들이 비상시에 무엇을 하여야 할지를 알도록 하라.

커뮤니케이션

안전보건관리에서 성공하기 위해서는 상향식·하향식의 효과적인 커뮤니케이션이 조직 전체적으로 이루어질 필요가 있다.

조직은 위험성 평가에서 확인된 근로자들의 안전보건 위험과 위험을 관리하는 데 필요한 보호적·예방적 조치에 대해 근로자들에게 정보를 제공할 필요가 있다.

제공된 정보는 다음 사항을 고려하여 적절하게 전달되어야 한다.

- 근로자들의 역량수준
- 조직의 크기와 구조

효과적으로 커뮤니케이션하기 위한 핵심 조치

Leaders

커뮤니케이션이 이루어질 수 있도록 시간이 배분되는 것을 보장하라.

Managers

넘치는 정보에 대한 계획을 세워라. 수급인, 적은 수준의 지식을 가지고 있는 모든 사람, 영어가 모국어가 아닌 사람에게 메시지를 어떻게 전달할 것인지에 대한 계획을 반드시 세워라.

무엇이 전달될 필요가 있는지, 누구에게 전달될 필요가 있는지에 대하여 생각하라. 조직의 안전보건방침, 위험성 평가 결과 및 안전한 작업시스템은 어떻게 공유될 것인가에 대하여 생각하라.

안전에 중요한 일에 대한 명확한 커뮤니케이션 절차를 제시하라.

필요한 경우, 응급기관과의 커뮤니케이션 계획을 세워라. 누가 이것을 조정할 것인가? 그리고 이것은 어떻게 이루어질 것인가?

커뮤니케이션이 변경 관리 절차에 포함되도록 하라.

문서로 된 설명이 명확하고 최신화되도록 하라.

안전의 중요한 메시지에 주의가 기울여지도록 하고, 이것이 이해되도록 하라.

근로자 협의 및 참여

커뮤니케이션 활동 계획을 수립할 때 근로자 또는 그들의 대표를 참여시켜라. 그들은 조직 내부의 커뮤니케이션 장벽을 파악하고 해결하는 데 도움을 줄 수 있을 것이다.

근로자들은 의견을 주고 그들의 관심사항을 전할 수 있는가?

조직의 커뮤니케이션 계획에서 종업원 내부의 취약집단을 고려하였는가?

역량

Line manager들이 조직 내부의 모든 수준에서 대면(對面) 토의를 수행하기 위하여 필요한 기술을 갖추도록 교육 또는 코칭 계획을 세워라.

역량

조직은 법령을 준수하기 위하여 필요한 조치를 이행하는 것을 지원하기 위하여 1명 이상의 적격자를 지명하여야 한다. 조직이 법령을 준수하기 위하여 필요한 역량의 수준을 결정하는 것은 중요하다. 판단은 조직의 위험성 프로파일을 기초로 이루어질 수 있다.

누가 적격자가 되어야 하는가?

소규모, 저위험 환경

역할은 반드시 자격을 갖추고 있지 않지만 사업에 대한 지식과 경험을 가지고 있는 조직 내의 소유자 또는 누군가에게 배분되어야 한다.

그러나 필요한 경우 보다 경험이 풍부한 조언이 구해질 수 있도록 지명된 사람이 그의 권한 밖의 이슈를 인식할 수 있는 것이 중요하다.

대규모, 고위험 환경

위험성 프로파일은 법령을 준수하기 위하여 전문적인 조언자를 고용하는 것을 제시할 수 있다.

역량의 핵심 조치

Leaders

- 조직의 위험성 프로파일을 고려하라. 그리고 조직이 법적 의무를 준수하기 위한 내부의 충분한 역량을 갖추고 있는지를 확증하라.
- 근로자와 관리자가 그들의 책임을 이행할 수 있도록 하라.
- 지명된 적격자가 법령 및 업종관행의 변화에 최신 정보를 유지하기 위한 시간을 가질 수 있도록 하라.

Managers

- 적절한 가르침을 실행하라. 그리고 동료 행동을 통한 학습, 코칭 및 감독을 강화하라.
- 모든 근로자들이 그들의 일을 안전하고 건강위험 없이 수행하기 위하여 필요한 교육, 지식 및 경험을 갖도록 하라.
- 조직이 근로자들에게 제공하는 정보, 설명 및 교육을 그들로 하여금 이해하도록 하라.
- 작업을 할당하기 전에 근로자 개인들의 능력을 고려하라. 그들은 상황 또는 변화에 안전하게 대응할 능력을 가지고 있는가? 그들이 이것을 할 수 없으면, 결과는 어떻게 되는가?
- 작업자들의 아이디어와 제안을 발굴하는 방안을 제시하라.
- 다른 사람들이 스스로의 역량수준을 발전시키는 것을 도울 수 있는 지식과 경험을 가진 근로자들을 파악하라.
- 교육만으로는 역량이 발휘되지 않는다. 역량이 통합(강화)과 실제적 경험을 통해 발휘되도록 하라.
- 인적 요인이 다루어지도록 하라(예컨대, 피로의 영향).

근로자 협의 및 참여

- 근로자들이 그들의 지식 또는 경험에서의 차이를 파악하도록 하라.
- 근로자 또는 그들의 대표와 학습 및 계발 계획을 토의하라.

능력 및 교육

근로자들은 어떤 능력을 가져야 하는가?

법령을 준수하기 위하여, 근로자들은 그들의 의무를 안전하게 수행하기 위한 기술, 지식 및 경험을 가질 필요가 있다.

조직은 작업의 수요가 근로자 자신과 다른 사람에 대한 위험 없이 작업을 수행할 수 있는 능력을 초과하지 않도록 하기 위하여 근로자들의 역량을 고려하여야 한다.

조직 내의 모든 사람은 충분한 안전보건교육을 필요로 한다. 교육은 사람들이 안전하고 건강위험 없이 작업을 수행하기 위한 기술과 지식 그리고 궁극적으로는 역량을 획득하는 데 도움을 준다.

교육은 단지 정식의 '교실' 코스에 대한 것은 아니다. 많은 방법으로 이행될 수 있다. 예컨대, 다음과 같다.

- 비공식적, OJT
- 문서에 의한 설명
- 온라인 정보
- 무엇을 할지 단순히 누군가에게 말하기

근로자들은 그들의 작업에서 관련된 위험성과 이들 위험성을 감소시키거나 제거하기 위하여 취해질 필요가 있는 조치에 대한 정보가 제공되어야 한다.

교육이 특별히 중요한 경우

안전보건교육이 특별히 중요한 상황들이 있다. 예컨대, 다음과 같다.

- 사람들이 새로운 일을 하게 될 때

- 새롭거나 증가된 위험에 노출 시
- 현존 기술이 구식이고 최신화가 필요할 때

교육은 위험성 control에 대한 대체물이 아니다

교육은 적절한 위험성 control에 대한 대체물이어서는 안 된다. 예컨대 빈약하게 설계된 장비를 보충하기 위한 것은 아니다. 교육은 항구적인 개선조치가 취해질 수 있을 때까지 잠정적인 감소조치로서 적절할 수 있다.

능력 및 효과적인 안전보건교육에서의 핵심 조치

Leaders

교육이 이루어질 수 있도록 자원을 제공하라. 충분한 시간이 교육에 제공되도록 하라.
안전 관련 작업에 관여하고 있는 근로자와 관리자가 여전히 역량을 갖추고 있다는 것을 보증하는 시스템이 적절하도록 하라.
긴급 시의 대책이 적절하도록 하라. 중요한 직원이 조직을 갑자기 떠나면 어떻게 될까?
조직이 유능한 안전보건 조언에 접근하도록 하라. 이것은 교육받은 내부 조언자를 통해서일 수도 있고 유능한 외부컨설턴트를 통해서일 수도 있다.
안전보건교육의 개인적 준수를 증명하라. 근로자들은 당신을 따를 것이다.

Managers

교육계획

- 교육이 필요한지를 결정하라. 일, 그것을 수행하는 사람, 프로세스 및 요구되는 장비에 대하여 생각하라.
- 수급인이 교육받을 필요가 있을 것이라는 점을 명심하라.
- 채용 시 그리고 직원, 기계·설비, 공정, 물질 또는 기술의 변화가 있는 경우 교육수요를 확인하기 위한 시스템이 적절하도록 하라.
- 조직이 법령에 의해 어떠한 특별교육을 제공하여야 하는지를 파악하라(예: 지게차 운전).
- 교육수요에 우선순위를 매겨라.
- 교육이 취하는 형식을 정하라. 예컨대,
  - 정식의 코스 코칭

- 비공식적인 OJT
- 문서에 의한 설명
- 온라인 정보
- 무엇을 할지 단순히 누군가에게 말하기

• 새롭게 교육받은 근로자들은 그들이 그들의 의무를 수행하는 데 적합한 역량을 갖추도록 하기 위하여 면밀한 감독을 받아야 한다.

교육효과의 모니터링 및 평가

• 교육기록은 어떻게 유지될 것인가?
• 학습결과와 교육방법을 모니터링하라.
• 교육도구가 여전히 최신의 것이도록 정기적으로 검토하라.
• 역량의 부족이 사고의 원인으로 확인되면 교육의 개선을 검토하라.
• 교육에 대한 피드백을 수집하라.
• 교육이 그것의 목적을 달성하였는지를 판단하라. 교육의 결과로 개선이 있었는지를 검토하라. 개선이 없었다면, 개선을 추진하라.

근로자 협의 및 관여

• 교육에 대한 계획수립 및 체계화 시 근로자 또는 그들의 대표와 협의하여야 한다.
• 지명된 안전대표는 그들의 역할을 수행하고 이 역할의 교육을 받기 위하여 급여를 지급받아야 한다.

역량

• 교육도구 · 정보가 신뢰할 수 있는 source에서 나오도록 하라. 그리고 교육을 실시하는 사람이 그렇게 할 역량을 갖춘 사람이도록 하라.
• 교육이 아웃소싱되는 경우에는 교육실시자가 조직과 그것의 요구사항에 대해 충분한 이해를 하도록 하라.
• 기술이 정기적으로 사용되지 않으면, 역량수준이 떨어질 것이라는 점을 명심하라.
• 모의훈련(연습)은 일부 고위험작업에 대해 요구된다(예: 제어실 오퍼레이터의 전 현장 비상훈련).
• 근로자들이 교육 또는 설명을 받은 후 당연히 역량을 갖춘 것이라고 생각하지 말라. 확인하라.
• 근로자들의 능력을 검토하고, 필요한 경우 추가교육 또는 보수교육을 제공하라.

전문가 지원

전문가 도움이 필요한 경우

조직은 그 사업이 위험하거나 복잡한 공정을 가지고 있으면 전문가 도움을 필요로 할 수 있다. 그러나 많은 조직의 경우 관리자, 리더, 역량 있는 직원이 법령을 준수하기 위해 필요한 조치를 취할 수 있어야 한다.

법령이 전문가 지원에 대해 말하고 있는 것

조직이 외부의 지원을 끌어들일 필요가 있더라도, 조직은 다른 사람들에게 안전보건의 관리를 넘길 수 없다는 것을 명심하여야 한다. 그러나 전문가 또는 컨설턴트 지원은 조직의 전체적인 안전보건관리에 기여하는 데 사용될 수 있다.

조언자를 사용하는 것은 HSWAct(Health and Safety at Work etc Act 1974)에 따른 사용자의 안전보건에 대한 책임을 면제시켜 주는 것은 아니다. 그것은 이들 책임이 적절하게 이행될 것이라는 추가적인 보증을 줄 수 있을 뿐이다.

전문가 또는 컨설턴트가 조직에게 정확하고 균형 잡힌 조언을 제공할 역량이 있는 것은 필수적이다.

조언의 유용한 source는 다음 사항을 포함한다.

- 업종별 협회
- 안전그룹
- 노동조합
- 산업안전보건 컨설턴트 등록부에 등록된 컨설턴트
- 지역협의회
- 안전보건교육 제공자
- 안전보건장비 공급자

전문가 지원을 효과적으로 관리하기 위한 핵심 조치

Leaders

- 조직에 유능한 조언을 제공하기 위하여 적절한 자원이 이용될 수 있도록 하라.
- 전문가 도움을 얻기 위한 방안의 효과를 검토하라. – 부실하거나 잘못된 조언은 조직에 나쁜 영향을 미칠 수 있다.

Managers

- 조직이 정확하게 무엇에 대한 도움을 필요로 하는지에 대하여 생각하라.
- 조직이 전문가에 의해 주어진 조언을 이해하였는지, 제공된 해결방안이 합리적이고 실현 가능한 것인지를 확인하라.
- 조언을 이행하라. 조언의 영향을 모니터링하고 검토하라.
- 조직의 요구를 논의하기 위하여 전문가와 만나라. 그들이 조언을 제공하기 전에 조직에 대한 충분한 이해를 하는 것이 필수적이다.

근로자 협의 및 참여

전문가 또는 컨설턴트가 위험성을 평가하고 감소조치를 정할 때 근로자 또는 그들의 대표와 함께 작업하도록 하라.

역량

- 전문가가 도움에 적절한 사람인지를 어떻게 확인할 것인가?
- 그들은 해당 조직의 작업형태에서의 경험을 가지고 있는가?
- 전문가 또는 컨설턴트가 역량을 갖추고 있는지를 확인하였는가?

(3) 계획의 이행

모든 사람이 조직의 작업을 안전하게 수행할 역량을 갖도록 하는 것 그리고 조직의 제도(arrangements)가 준수되도록 하기 위해 충분한 감독이 이루어지도록 하는 것 외에, 다음과 같은 조치가 이루어지면 사업장 예방조치가 이행하기에 보다 용이할 것이다.

- 위험성 control시스템 및 관리제도(management arrangements)가 잘 설계되었다.

• 이 시스템과 방안이 현재의 사업 관행(business practice) 및 인간의 능력과 한계를 인식하고 있다.

중요한 조치

• 필요한 예방적·보호적 조치에 대해 정하라. 그리고 그것들을 시행하라.
• 일을 하기 위한 적절한 도구 및 장비를 제공하라. 그리고 그것들을 유지해라.
• 모든 사람이 그들의 작업을 수행할 역량을 갖추도록 교육하고 설명하라.
• 조직의 사내 제도가 준수되도록 감독하라.

문서화

안전보건에 관한 문서화는 서류작업의 단순한 양보다는 그것의 효과성에 중점을 두고 실용적이며 간결하여야 한다.

OHSMS의 공식적인 문서화에 너무 많이 중점을 두는 것은 조직이 OHSMS 이행의 인적 부분에 초점을 맞추는 것을 방해할 것이다. 주안점이 위험성을 실제로 control하는 것보다 시스템 그 자체의 프로세스에 두어진다.

어떤 경우에는 법령에서 적합한 기록을 유지할 것을 요구하고 있다.

위험성 control 계획의 이행

모든 근로자에게 영향을 미치는 상대적으로 사소한 위험성 control(예: 통로에 장애물이 없도록 하는 것)은 간단하게 설명된 많은 일반적인 룰(rule)에 의해 다루어질 수 있다.

보다 위험한 작업의 control은 보다 세밀한 위험성 control시스템을 필요로 할 수 있다. 고위험 작업의 control은 엄격하게 준수될 필요가 있는 상세한 사업장 예방조치와 위험성 control시스템(예: 작업허가시스템)을 요구할 수 있다.

유지보수작업의 유형, 빈도 및 복잡성은 위험성 평가에 의해 나타나는 위험원과 위험성의 정도 및 특성을 반영하여야 한다. 여러 가지의 위험성 control시스템에 투자되는 자원의 균형 또한 조직의 위험성 프로파일을 반영할 것이다.

계획을 효과적으로 이행하기 위한 핵심 조치

Leaders

- Leader는 인적 요소 문제를 다루기 위한 그리고 안전한 행동을 장려하기 위한 적극적인 조치를 취하여야 한다. 그들은 널리 퍼진 안전보건문화가 사람들의 안전 관련 행동을 형성하는 데 중요하게 영향을 미치는 것이라는 것을 인식할 필요가 있다.
- 필요한 자원을, 조직의 계획을 성공적으로 이행하는 데 이용할 수 있도록 하라. 자원은 인적 자원, 특별한 기능, 조직적 하부구조, 기술 및 재정자원을 포함한다.

Managers

- 문서를 관련된 위험의 복잡성에 비례하게 유지하라. 문서를 효과성 및 효율성을 위해 요구되는 최소한으로 유지하라.
- 계획의 이행을 위한 현실적인 기간을 종업원들과 합의하라.
- 관련된 모든 사람이 그들의 역할과 책임을 이해하고 그들이 목적을 달성하기 위하여 수행할 필요가 있는 조치를 이해하도록 하라. 특정 업무를 수행하는 데 누가 사전적, 사후적으로 책임이 있는지, 그리고 적합한지를 명확히 전달하라.
- 종업원을 이행에 참여시키기 위해 다양한 커뮤니케이션 채널을 이용하여 조직 내의 모든 수준에서 이행에 대한 manager의 의지를 실증하라. 이것은 가시적인 행동, 문서로 된 도구 및 대면토론을 통해 이루어질 수 있다.
- 사람들이 중요한 위험성과 이슈의 진전상황에 대한 정보를 계속적으로 제공받도록 하고 중요한 위험성과 이슈에 주안점을 두어라. 추가의 개선을 하는 것을 돕기 위한 기초로서 검토회의(또는 기존의 내부포럼)를 활용하라.
- 마일스톤 또는 성과지표에 대한 진행상황을 측정해라. 요구되는 것이 충족되고 있지 않다는 명백한 증거가 있으면 필요한 조정을 해라.
- 적극적인 태도와 행동을 창출하거나 강화하는 것을 촉진하는 의견제시와 안전한 행동을 인지하라.

- 조직의 제도가 조직에게 근로자와 수급인이 사업장 예방조치와 위험성 컨트롤을 따르고 있다는 확신을 주고 있는가?
- 안전회의와 다른 토론에서 이용 가능한 전문적 지식을 충분히 활용하라.

근로자 협의 및 참여

- 조직이 근로자들로 하여금 관심사를 제기하고 제안을 하도록 하는 시스템을 갖추도록 함으로써, 이행하는 동안 내내 근로자와 그 대표를 참여시키고 이들과 협의하라(예컨대, 제안제도, 온라인 커뮤니티, 위원회 등).
- 조직이 모든 피드백을 검토하거나 소지를 하거나 또는 신속한 반응을 제공하도록 하라.

역량

- 개인들의 역량이 경험, 교육을 통하여 발전되고, manager들이 코칭을 제공하며, 조직이 요구되는 전문가 조언을 활용함으로써 배우도록 하라.
- 진행상황 검토결과를 향후 교육계획에 반영하는 데 사용하라. 이것은 계속적인 개선을 돕고 자기도취를 막아준다.

다. 확인

모니터링과 보고는 안전보건제도의 중요한 일부분이다. management system은 조직으로 하여금 안전보건방침의 성과에 대해 특정한 보고와 일상적 보고를 받도록 한다.

- **성과측정**
  - 계획이 이행되었는지를 확인하라. '서류작업(paperwork)' 그 자체로 좋은 성과기준이 되는 것은 아니다.
  - 위험성이 얼마나 잘 관리되고 있는지 그리고 조직의 목표를 달성하고 있는지를 평가하라. 어떤 상황에서는 정식의 평가(audit)가 필요할 수 있다.
- **사고·재해조사**: 재해, 사고 또는 아차사고의 원인을 조사하라.

(1) 성과측정

조직에서 위험성이 관리되고 있는지를 체크하는 것이 중요하지만, 때때로 간과되는 단계이다. 이것은 조직에게 높은 수준의 안전보건을 계속적으로 유지하기 위하여 충분한 조치를 하고 있다는 확신을 줄 것이고, 조직이 장래에 어떻게 보다 좋은 조치를 할 수 있는지를 제시할 것이다.

체크하는 것은 합리적인 성과측정으로 뒷받침되는, 효과적인 모니터링 시스템을 구축하는 것을 포함한다.

사고를 조사하고 분석하는 것은 조직에서 안전보건을 이해하는 데에도 큰 기여를 할 것이다.

모니터링

조직은 모니터링이 가치를 추가하는 것으로서 단지 기계적인 체크 표시 연습이 아니라는 것을 확신할 필요가 있다.

양질의 모니터링은 문제를 확인할 뿐만 아니라, 무엇이 문제를 일으켰는지, 그리고 어떤 종류의 변화가 문제들을 해결하기 위해 필요한지를 조직이 이해하는 데 도움을 줄 것이다. 부실한 모니터링은 어떤 것이 잘못인지를 말해줄 수는 있지만, 이유를 이해하거나 그것에 대해 무엇을 해야 할지를 이해하는 데 도움을 주지 못할 것이다.

모니터링 방법

조직이 안전보건 성과를 모니터링할 때 사업의 다른 부분을 모니터링할 때 하는 것과 동일한 접근방법을 사용하라.

모니터링은 시간과 노력을 요한다. 따라서 적절한 자원을 배분하고 미리 모니터링에 관련된 직원을 교육시킬 필요가 있다. 기업들은 크기와 부분에 따라 다른 방법으로 안전보건을 모니터링할 수 있지만, 모두에 적용되는 동일한 기본원리가 있다.

모니터링은 시의적절할 필요가 있다. 다른 모든 사업시스템처럼, 조직은 과거의 특정 시점보다는 지금 조직에서 무엇이 발생하고 있는지를 알고 싶어 한다.

모니터링의 결과는 조직의 의사결정권자에게 보고가 된다면, 가장 많은 영향을 미칠 것이다. 모니터링이 조직에게 알리는 것에 따라 조치를 할 수 있도록 이사회 차원의 의지(확약)가 없으면, 정보를 수집하려는 조직의 모든 노력은 수포로 돌아갈 수도 있다.

모니터링 유형

모니터링의 많은 여러 가지 유형이 있지만 일반적으로는 선행적인 것 또는 후행적인 것으로 범주화될 수 있다.

- **선행적인 방법**: 관리제도의 설계, 개발, 적용 및 운영을 모니터링한다. 이것은 성격상 예방적인 경향이 있다. 예컨대,
  - 직원에 의한 건물, 기계·설비 및 장비의 일상적인 감독
  - 건강에의 피해를 예방하기 위한 건강진단
  - 기계·설비의 핵심부분에 대한 계획적인 기능 체크제도
- **후행적인 방법**: 불량한 안전보건방법의 증거를 모니터링하지만, 사업의 다른 부분으로 전달될 수 있는 보다 좋은 방법을 확인할 수도 있다. 예컨대,
  - 재해·사고조사
  - 질병사례 및 상병(sickness)결근기록의 모니터링

올바른 기준의 선정

대부분의 조직은 그들의 모니터링의 일부분으로서 성과기준을 사용한다. 사전에 정해진 다양한 기준들 대비 성과를 체크하는 것은 가장 자주

사용되는 모니터링 기법의 하나이다.

사용할 올바른 기준을 선정하는 것은 중요한 조치이다. 잘못된 기준을 사용하는 것은 조직에 도움은 거의 주지 않고 많은 불필요하고 비생산적인 결과를 야기할 수 있다.

성과를 효과적으로 측정하기 위한 핵심 조치

Leaders

- 이 프로세스에 대한 의지를 실증하라.
- 조직의 리더로서, 이사로서 법적 준수가 달성되고 유지되고 있는 것을 확인하고 확신할 수 있도록, 위로 성과를 보고하기 위한 시스템이 적절한지를 확인하라.
- 중대한 사고를 즉시 위로 보고하는 과정이 적절한지를 확인하라.
- 정기적으로 보고를 받고 검토하라.
- 결과에 질문하고 초라한 성적을 해결하기 위한 조치가 계획되어 있는지를 확인하라. 그리고 조직의 시스템이 안전보건업무를 관리하도록 하라.

Managers

누가 무엇을 모니터링할 것인지에 대해 생각하라

근로자대표와 안전보건 조언자뿐만 아니라 관리체인(management chain) 내의 다른 계층을 포함시킬 필요가 있다.

얼마나 자주 모니터링할 것인지 결정하라

- 균형을 갖추어라.
- 조직의 위험성 프로파일에 대해 생각하라.
- 중요한 위험성과 예방조치를 좀 더 자주 그리고 상세하게 모니터링하라.
- 일부의 모니터링과 점검의 주기는 법령에 의해 결정되어 있음을 명심하라.

조직의 기준이 상향되거나 하향되면 취할 조치를 계획하라

성과가 개선될 필요가 있다고 판단되는 경우, 조직이 무엇을 할지에 대한 뭔가의 생각을 갖고 있지 않으면 성과에 대한 정보를 얻어도 소용이 없다.

성과측정 결과를 사용하라

- 안전보건 성과를 개선하기 위하여
- 인적·조직적 실패로부터 배우기 위하여
- 배운 교훈을 자신의 조직 내부에서 그리고 다른 조직과 공유하기 위하여

성과기준을 방침에 대비하여 자주 검토하라

- 조직의 사업의 변화는 현재의 성과기준이 구식이라는 것을 의미할 수 있다.
- 관리자들이 선택한 기준이 그들이 안전보건을 얼마나 잘 관리하고 있는지를 이해하는 데 도움이 되지 않는다고 생각할 수도 있다. 이런 상황에서 관리자들은 그들의 접근방법을 최신화할 필요가 있다.

중요한 재해요인을 가진 현장의 경우, 중요한 작업 또는 기계·설비에 대한 성과측정에 중점을 두어라

- 사람들 간의 많은 상호 작용이 있는 안전에 중요한 작업
- 안전에 중요한 장치(예: 안전밸브)의 운영성과

근로자 협의 및 참여

- 안전보건 성과기준을 수립하고 모니터링할 때 조직의 근로자들을 참여시켜라.
  - 근로자들은 어떤 기준이 위험에 관하여 중요한지에 대하여 중요한 정보를 가지고 있을 수 있다.
- 모니터링 과정에 모든 사람을 참여시켜라.
  - 근로자들 자신의 영역을 모니터링하고 그들이 관찰하는 문제를 보고하도록 장려하라.
  - 보고를 조직 내부의 모든 사람들이 이용할 수 있도록 하라.

역량

모니터링의 결과를 향후의 교육계획에 반영하라.

(2) 재해·사고조사

많은 기업 또는 조직에서는 일이 항상 계획대로 진행되는 것은 아니다. 예상하지 못한 사고의 심각성을 줄이기 위하여 이에 대처하는 것을 준비할 필요가 있다. 조직이 정기적으로 평가되는 효과적인 계획을 가지고 있다면, 근로자들과 관리자들은 재해 또는 비상사태의 영향에 대처하는 데 있어 보다 많은 능력을 가지게 될 것이다.

조직은 위험성을 컨트롤하고 재해·사고가 발생하지 않도록 하는 데 도움을 주기 위해 조직이 시행하여 온 조치를 모니터링하고 검토하여야 한다. 조사결과는 재해 또는 사고가 재발되는 것을 방지하고 조직의 전반적

인 위험성 관리를 개선하기 위한 조치의 기초를 형성할 수 있다. 이것은 검토될 필요가 있는 위험성 평가 영역을 지적할 수도 있다.

효과적인 조사는 정보의 수집, 조사, 분석에 조직적이고 구조화된 접근 방법을 요구한다.

왜 조사하는가?

- 안전보건조사는 조직이 수행할 필요가 있는 모니터링 과정의 필수적인 부분을 형성한다. 아차사고를 포함한 사고는 조직에게 사정이 실제로 어떠한지에 대한 많은 것을 알려줄 수 있다.
- 재해와 보고된 직업성질환 사례를 조사하는 것은 조직에게 그들이 몰랐던 안전보건법기준의 위반을 발견하고 시정하는 데 도움을 줄 것이다.
- 조직이 사고를 철저히 조사하여 재발을 방지하기 위한 개선조치를 취하였다는 사실은 회사가 안전보건에 적극적인 태도를 가지고 있는 것을 증명하는 데 도움을 줄 것이다.
- 조직의 조사결과는 보험금 지급요구 시에 조직의 보험업자에게 중요한 정보를 제공할 수도 있을 것이다.

조사는 현재의 위험성 감소조치가 실패한 이유와 어떤 개선조치 또는 추가의 조치가 필요한지를 파악하는 데 도움을 줄 수 있다. 조사의 효과는 다음과 같다.

- 실제로는 어떤 상황이 발생하고 있는지 그리고 일이 실제로는 어떻게 이루어지고 있는지에 대한 정확한 요약정보를 제공할 수 있다(근로자들은 작업을 보다 용이하게 또는 빨리 하게 하면서 규칙을 무시하는 손쉬운 방법을 알 수 있다. 당신은 이것을 알 필요가 있다).

• 향후의 위험성 관리를 개선할 수 있다.
• 조직의 다른 부분이 배우는 데 도움이 될 수 있다.
• 효과적인 안전보건에 대한 조직의 의지와 근로자들의 안전보건에 대한 모럴과 생각을 개선하는 것에 대한 조직의 의지를 보일 수 있다.

아무도 다치지 않은 아차사고와 바람직하지 않은 상황을 조사하는 것은 재해를 조사하는 것만큼 유용하지만 그보다 용이할 수 있다.

노동조합이 조직되어 있는 사업장에서는 지명된 안전보건대표는 다음과 같은 권리를 가지고 있다.

• 사업장에서의 잠재적인 위험원과 위험한 사건을 조사한다.
• 사업장 재해의 원인을 조사한다.

사고 보고

모든 사용자, 자영업자 그리고 작업 부지(work premises)를 컨트롤하고 있는 사람들은 RIDDOR(Reporting of Injuries, Diseases and Dangerous Occurrences Regulations)에 따른 의무가 있다.

그들은 작업 관련 부상, 질병사례, 위험한 사건을 보고하여야 한다. RIDDOR는 모든 작업활동에 적용되지만 모든 사고가 보고대상인 것은 아니다.

사고를 보고하는 것은 사용자들이 위험성이 효과적으로 컨트롤되도록 하기 위해 자체적으로 조사하는 것을 막지는 않는다.

효과적인 재해 · 사고조사를 위한 핵심 조치

Leaders

• 예상되지 않은 사건 다음에 당면의 위험성에 대처하기 위한 계획이 적절한지를 확인하라.

• leader가 재해, 사고 또는 업무상 질병사례에 대한 정보를 제공받는 보고 프로세스가 있는지를 확인하라.

• 유사한 업종 또는 조직체에 있는 다른 자의 재해·사고경험으로부터의 교훈을 검토하라. – 같은 실수가 회피될 수 있는가?

• 실패가 반복되면 책임이 추궁되도록 하라.

Managers

• 계획을 수립하라.
  – 근로자들은 무엇을 보고하여야 하는가?
  – 보고절차는 근로자들에게 어떻게 전달될 것인가?
  – 작업 관련 질병, 재해 또는 아차사고는 어떻게 보고될 것인가?
  – 누가 조사를 지원할 것인가?
  – 결과적으로 어떤 조치가 취해질 것인가?
  – 경향을 어떻게 파악할 것인가?

• 보고절차가 적합하고 실행 가능하도록 하라.

• 모든 사고·재해·아차사고 보고를 검토하고 경향을 파악하라.

• 파악된 위험성의 크기에 따라 모든 조사에서 균형을 잡아라. 무엇이 발생하였는지, 그리고 언제, 어디에서, 왜를 분명히 해라. 증거를 수집하라.
  – 증거가 무엇을 가리키는지를 검토하라.
  – 찾아낸 것과 산업표준/HSE Guidance 등을 비교하라.

• 우선순위가 높은 재해를 조사하라. – 사람들의 기억이 없어지기 전에 그리고 증거가 여전히 이용 가능할 때

• 직접적인 원인만이 아니라 근원적인 문제를 보아라.
  – 직접적인 원인: 건물, 기계·설비 및 물질, 절차 또는 사람
  – 근원적인 원인: 관리제도(management arrangements) 및 조직적 요인. 가령, 설계, 물질의 선정, 유지보수, 변경관리, 위험성 control의 적절성, 커뮤니케이션, 역량 등

• 조사결과를 기록·보존하라.
  – 그것들은 나중에 공식적인 조사 또는 법적 절차에서 요구될 수 있다.

• 복잡한 조사를 지원하기 위하여 전문가 도움을 활용하라. 예컨대, 중요한 재해위험을 포함하는 공정

근로자 협의 및 참여

• 계획수립 및 목표설정 과정에 근로자 또는 그들의 대표를 참여시켜라.
• 근로자대표와 공동조사를 실시하라.
• 모니터링 성과에 근로자 또는 그들의 대표를 관여시켜라.

역량

• 역량이 어떻게 성취되고, 평가되고 유지되는지를 검토하라.
• 조사자는 그들의 의무를 수행하기 위하여 필요한 교육, 지식 및 경험을 가지고 있는가?
• 교육문제가 재해·사고·아차사고의 원인에 기여하였는지를 검토하라.
• 필요하면 전문가 조언을 받아라.

라. 개선

조직이 안전보건성과를 검토하는 것은 중요하다.

그것은 조직으로 하여금 본질적인 안전보건원리 – 효과적인 리더십 및 관리, 역량, 근로자 협의 및 참여 – 가 조직에 구현되었는지 여부를 분명히 하도록 한다. 그것은 조직의 시스템이 위험성을 관리하고 사람들을 보호하는 데 효과적인 시스템인지를 알려 준다.

• **성과를 검토하라**
  - 다른 조직의 것을 포함하여 사고, 질병데이터, 에러 및 관련 경험으로부터 배워라.
  - 최신화가 필요한지를 알기 위하여 계획, 방침서류, 위험성 평가를 재검토하라.

• **배운 교훈에 따른 조치를 취하라**

  감사 및 점검 보고서를 포함하라.

(1) 성과 검토

검토의 실시는 조직의 안전보건제도가 여전히 합리적인지를 확인할 것이다. 예를 들면, 다음과 같이 할 수 있다.

- 안전보건정책의 타당성을 확인한다.
- 안전보건을 관리하기 위한 시스템이 효과적인지를 확인한다.

조직은 사업의 안전보건환경이 어떻게 변화하여 왔는지를 자각할 수 있다. 이것은 조직으로 하여금 새로운 위험성에 대처하도록 하는 한편, 더 이상 필요하지 않은 것을 하지 않도록 할 것이다.

또한 검토는 조직에게 안전보건 성공을 축하하고 촉진할 기회를 제공한다. 제3자들은 점점 더 파트너 조직들에게 안전보건 성과를 공개적으로 발표하도록 요구하고 있다.

검토의 가장 중요한 측면은 그것이 루프(loop)를 닫는다는 점이다. 검토의 결과는 조직이 안전보건에 관하여 앞으로 하려고 계획하는 것이 된다.

성과를 효과적으로 검토하기 위한 핵심 조치

Leaders

- 검토결과를 음미하라. 개선이 필요하면, 향후의 사고에 대응하기보다는 지금 행하라.
- 검토가 계획에 따라 이루어지는지 그리고 보고가 최소한 매년 1회씩 수석 leader에게 이루어지는지를 확인하라.
- 검토의 기회가 위험성이 합리적으로 실행 가능한 한에서 낮고 조직이 안전보건법령을 준수하고 있다는 확신을 줄 것인지를 확인하라.

Managers

검토의 목적은 무엇인가?

- 안전보건성과의 적절성에 대한 판단

- 안전보건을 관리하기 위한 시스템이 작동하고 있다는 확신
- 조직이 법령을 준수하고 있는 것의 확인
- 기준 설정
- 성과 개선
- 변화에 대응
- 경험으로부터 학습

누가 검토를 할 것인가?

이미도 디른 사업영역에 있는 독립적인 누군가가 그 과정에 가치를 추가할 수 있다.

어떤 유형의 정보가 수집될 것인가?

- 선제적인 모니터링(일이 잘못되기 전)
- 사후적인 모니터링(일이 잘못된 후)
- 재해·사고·아차사고 데이터
- 교육기록
- 점검보고서
- 조사보고서
- 위험성 평가
- 새로운 guidance
- 근로자 또는 그 대표에 의해 제기된 문제
- 법령에 의해 요구되는 체크. 예컨대 리프트 장비 및 압력용기

얼마나 자주 검토를 할 필요가 있는가?

이것은 위험성 프로파일에 따라 다를 것이다.

공급망(supply chain)에 대하여 생각하라

공급자, 수급인의 조치 또는 안전보건성과가 어떻게 조직에 영향을 미칠 수 있는가?

유사한 조직에서 발생하였던 사고를 검토하라

그것들은 조직에서 반복될 수 있는가?

검토결과를 보고하라

조직 내의 모든 사람에게 결과를 보고하는 것은 매우 중요하다.

개선조치가 이행되었는지를 확인하라

조치가 작동되도록 할 필요가 있다.

근로자 협의 및 참여

- 검토계획을 근로자 또는 근로자대표와 논의하라.

• 근로자대표의 점검에서 나온 정보를 검토에 반영하라.
• 조직의 검토결과를 근로자 또는 근로자대표와 논의하라. 근로자가 충분히 참여한다면 개선을 확보하는 데 보다 많은 성공을 가질 것이다.

역량

• 검토를 실시하는 사람들이 필요한 훈련, 경험 및 이 업무에서의 역량을 갖추기 위한 훌륭한 판단력을 가지도록 하라.
• 위험성이 복잡하고 중대한 결과를 초래할 수 있으면, 전문가 조언을 받거나 추가적인 교육을 제공함으로써 종업원 중의 한 명을 지원하는 것을 고려하라.
• 검토에 의해 파악된 교육수요가 처리(대처)되었는지를 확인하라.

(2) 교훈 얻기

교훈을 얻는 것은 다음 사항을 바탕으로 행동하는 것을 포함한다.

• 재해조사 및 아차사고 보고의 결과
• 모니터링, 감사 및 검토과정 시 확인된 조직적 취약점

잘 설계되고 구축된 관리제도에서조차도 모든 요구사항이 지속적으로 준수되도록 하는 것에 대해 여전히 도전이 있다.

재해 또는 질병사례 후에, 많은 조직들은 그 사건을 방지하였을 시스템, 규칙(rule) 절차 또는 수칙을 이미 가지고 있었지만 준수되지 않았다는 것을 깨닫는다.

근본적인 원인은 종종 인적 요인에 대한 적절한 고려 없이 설계된 제도 안에 또는 부적절한 행동이 경영진의 조치 또는 방치에 의해 암묵적으로 또는 명시적으로 용납되는 경우에 존재한다.

일이 잘못되는 경우 공통적인 요인

고위험 업종의 중요한 재해의 분석은 각기 다른 기술적 원인과 작업 맥

락을 가지고 있지만, 일이 잘못된 경우에 공통적으로 연루되어 있는 몇 가지 요인을 확인하여 왔다. 이 요인들은 다음 사항에 관련되어 있다.

- 리더십
- 태도 및 행동
- 위험성 관리 및 감독

조직의 이러한 측면이 기능부전이 되는 경우에, 중요한 위험이 조직 내부에 '보통상태'로 자리 잡게 되어 중대한 결과를 초래할 수 있다.

조직적 학습

조직적 학습은 안전보건관리의 중요한 측면이다. 보고 및 후속 시스템이 목적에 적합하지 않으면, 예컨대 비난문화가 아차사고를 보고하는 것에 대한 방해요인으로 작용한다면, 귀중한 지식이 없어질 것이다.

전에 일어난 사건의 근본적 원인이 조직 전체적으로 파악되지 않고 전달되지 않으면, 이것은 사건의 재발 가능성을 높인다.

많은 경우, 조직 내의 장벽은 – 여러 부서가 고립되어 운영되는 경우에 – 조직적 학습을 방해한다.

인적 요인

Leader들과 Manager들은 조직 내부에서 교훈이 효과적으로 학습되는 것을 방해할 수 있는 인적·문화적·조직적 문제를 인식할 필요가 있다.

교훈을 효과적으로 얻기 위한 핵심 조치

Leaders 및 Managers

- 안전이 핵심가치라는 것을 행동으로 보여라.
- 질문하는 태도를 장려하라. '걸러진 좋은 소식'만을 받지 않도록 하라. – 피드백과 건설적인 도전을 환영하고 있는가?
- '회피방법' 또는 절차위반을 초래하는 효과 없는 절차를 해결하라.
- 조직의 위험성 프로파일을 분명히 알고 있어라.
- 근로자들이 제어되고 있는 위험성을 이해하도록 하라.
- 자기만족을 피하라. – 자신의 지식과 능력이 최신의 것이 되도록 하는 것에 대한 책임을 져라.

근로자 협의 및 참여

- 근로자 또는 그들의 대표와 계획을 논의하라.
- 근로자들에게 어떤 일에 대해 지나치게 부담시키는 것을 회피하라.
- 근로자들을 조직적 변화에 참여시켜라.

역량

- 최고 수준(top-level)의 검토(감독)를 하는 자들이 최근의 안전보건문제의 중요성을 판단하고 다른 사업 결정과 접목할 충분한 전문성을 갖추도록 하라.
- 수급인은 역량을 갖추고 있어야 하고, 그들이 계속 그런 상태를 유지하도록 적절한 체크가 있어야 한다.
- 기업의 기억 상실을 회피하기 위한 조치를 취하라.

2. 미국의 OHSMS

1) OHSMS[84)]

| 제1절 | 조직의 상황 – 전략적 고려

이 절은 조직이 OHSMS의 범위를 정하는 데 도움이 된다. 조직은 다음과 같은 방법에 OHSMS를 조직의 상황에 맞춘다.

- 조직과 그 상황을 이해하는 것
- 취업자와 다른 이해관계자의 요구와 기대를 이해하는 것
- OHSMS의 범위를 정하는 것
- 조직의 통제하에 있는 활동을 정하는 것

1.1 조직과 그 환경의 이해

조직은 안전한 작업장을 제공하고 부상, 질병 및 사망을 방지하기 위하여, OHSMS가 의도하는 결과를 달성하기 위한 조직의 능력에 영향을 미치는 목적과 비전과 관련되는 외적 및 내적 이슈들을 정하여야 한다.

1.2 취업자와 다른 이해관계자의 수요와 기대의 이해

조직은 다음 사항을 결정해야 한다.

a) OHSMS에 관련되는 취업자와 다른 이해관계자

b) 취업자와 다른 이해관계자의 관련된 수요와 기대(즉, 요구사항)

c) 이 기대와 수요 중 어느 것이 법적 및 기타 요구사항이 되고 있는가 또는 될 수 있는가

84) ANSI/ASSP Z10.0–2019, Occupational Health and Safety Management Systems, 2019. 이것은 미국 규격제정기관의 OHSMS에 대한 규격으로서 미국 기업들에 대해 OHSMS 가이드라인으로 작용하고 있다.

1.3 OHSMS의 범위 결정

조직은 OHSMS의 범위를 설정하기 위하여 OHSMS의 경계와 적용 가능성을 결정해야 한다.

OHSMS는 조직의 OSH 성과에 영향을 미칠 수 있는, 조직의 통제 또는 영향하에 있는 활동, 재화 및 용역을 포함하여야 한다.

이 범위를 결정할 때, 조직은

a) 1.1에서 언급한 외적 및 내적 이슈들을 고려하여야 한다.

b) 1.2에서 언급한 요구사항을 고려하여야 한다.

c) 조직의 통제하에 있는 계획된 또는 수행된 작업 관련 활동을 고려하여야 한다.

범위는 문서화된 정보로 이용될 수 있어야 한다.

| 제2절 | 경영진 리더십과 취업자 참여

이 절은 경영진 리더십과 취업자 참여에 대한 요구사항을 정하고 있다. 최고경영진 리더십과 효과적인 취업자 참여는 OHSMS의 성공에 중요하다.

2.1 경영진 리더십

2.1.1 OHSMS

최고경영진은 조직에 대해 조직의 성격·규모와 조직의 산업안전보건 위험에 적합한, 이 기준의 요구사항에 일치하는 OHSMS를 구축·이행하고, 계속적으로 개선하며, 유지하도록 관리·지원하여야 한다.

2.1.2 OSH 방침

조직의 최고경영진은 OHSMS를 위한 기초로서 문서화된 OSH 방침을 수립하여야 한다. 이 방침은 다음 사항에 대한 의지를 포함하여야 한다.

a) 안전한 작업장의 제공 및 취업자 부상 및 질병의 방지
b) 위험성이 감소 및 취업자 안전보건의 개선
c) 효과적인 취업자 참여
d) 조직의 안전보건요구와의 부합
e) 준거법령의 준수
f) OHSMS를 이행하는 데 필요한 자원의 제공

OSH 방침은 취업자에게 전달되어야 하고, 필요한 경우 관계된 외부 이해관계자에게 이용될 수 있도록 하고 날짜가 기록되고 서명되어야 하며, 그렇지 않으면 최고경영진에 의해 공식적으로 승인·지지되어야 한다.

2.1.3 책임과 권한

최고경영진은 리더십을 제공하고, 다음 사항을 포함하여 OHSMS의 이행, 유지 및 성과 모니터링에 대한 전체적인 책임을 져야 한다.

a) OHSMS를 계획, 이행, 운영, 확인, 개선하고 검토하기 위하여 적절한 재정적, 인적, 조직적 자원을 제공하는 것
b) 역할을 명확하게 정하고 실행책임을 부여하며, 결과책임을 설정하고 계속적인 개선을 위한 효과적인 OHSMS를 이행할 권한을 위임하는 것
c) OHSMS를 조직의 다른 사업시스템과 프로세스에 통합하는 것 그리고 조직의 성과검토, 보상, 인정시스템이 OHSMS 방침 및 목적과 부합되도록 하는 것
d) 중요한 OHSMS의 역할과 책임은 문서화되고 커뮤니케이션되도록 하는 것

취업자는 조직의 OSH 규칙 및 요구사항의 준수를 포함하여 그들이 컨트롤하는 OSH 측면에 대한 책임을 져야 한다.

2.2 취업자 참여

조직은 다음과 같은 방법에 의해 위험원에 가장 근접하여 작업하는 자들을 포함하여 조직의 모든 적용 가능한 수준에서 취업자에 의한 OHSMS에서의 효과적인 참여를 보장하기 위한 프로세스를 수립하여야 한다.

a) 위험성의 수용 가능한 수준을 결정하고 취업자의 책임범위 내의 다른 의사결정을 하는 데 취업자의 의견과 관여를 포함하는 것

b) 주기적 토론을 통해 작업이 계획된 것과 다르게 행해질지도 모르는 이유를 이해하는 것

c) 취업자와 그 대표자에게 최소한 다음 과정에 참여할 권한을 제공하는 것

- 조직의 상황 – 전략적 고려(제1절)
- 경영진 리더십과 취업자 참여(제2절)
- 계획수립(제3절)
- 지원(제4절)
- 이행 및 운영(제5절)
- 평가 및 개선조치(제6절)
- 경영진 검토(제7절)

d) 취업자에게 OHSMS에 참여하는 데 필요한 시간과 자원을 제공하는 것

e) 취업자 및 그 대표에게 OHSMS에 관련된 정보에 대한 시의적절한 접근과 의사결정과정에의 접근을 제공하는 것

f) 참여의 방해물 또는 장애물을 파악하고 제거하는 것

2.3 OHSMS

조직은 이 규격의 요구사항에 따라, 필요한 프로세스들 및 그것들 간의 상호 작용을 포함하여 OHSMS을 수립, 이행 및 유지하고 계속적으로 개선하여야 한다.

| 제3절 | 계획수립

이 절은 OHSMS에 대한 전략적 또는 시스템 계획수립 요구사항을 정하고 있다. 운영적 계획수립은 이 규격의 모든 절에서 이루어진다. 전략적 계획수립 프로세스는 일차적으로 다음 사항으로부터의 정보를 기초로 한다.

- 조직의 상황 – 전략적 고려(제1절)
- 경영진 리더십과 취업자 참여(제2절)
- 지원(제4절)
- 이행 및 운영(제5절)
  - OHSMS 문제의 파악(5.2)
- 평가 및 개선조치(제6절)
- 경영진 검토(제7절)

이 절에서 계획수립은 OHSMS 문제들을 파악하고 그것들에 우선순위를 매기고 목표를 설정하며 목표들을 달성하기 위한 계획을 이행하는 데 도움이 되는 계속적이고 되풀이되는 과정이다. 이곳에서 그리고 규격 전체적으로 "운영적"이라는 단어는 관리시스템 프로세스 또는 이슈가 아니라 전술적 기계·설비/작업 수준 프로세스와 이슈에 대처하기 위해 널리 사용되고 있다.

3.1 검토 프로세스

조직은 조직의 상황(제1절), 경영진 리더십과 취업자 참여(제2절), 계획수립(제3절), 지원(제4절), 이행 및 운영(제5절), 평가 및 개선조치(제6절), 경영진 검토(제7절)를 포함하여 OHSMS의 현재 관행과 이 규격 요구사항 간의 차이를 파악하는 검토 프로세스를 수립하여야 한다.

조직은 OHSMS 문제를 파악하기 위하여 수집·검토되어야 할 정보와 데이터를 정하여야 한다. OHSMS 문제는 관리시스템을 구축 또는 개선하는 데 필요한 프로세스와 자원을 포함한다.

검토는 다음 사항에 관한 투입, 산출 및 정보를 포함하여야 한다.

a) 위험원 파악(5.2.1)

b) 시스템 결함의 파악(5.2.2)

c) 기회의 파악(5.2.3)

d) 법적 및 기타 요구사항의 파악(5.2.4)

e) 다른 관련 정보

3.2 평가 및 우선순위 설정

조직은 다음에 의해 지속적으로 OHSMS 문제를 평가하고 이의 우선순위를 설정하며 이에 대처하기 위한 프로세스를 수립하여야 한다.

a) 파악된 위험원, 위험성의 수준, 시스템 개선의 가능성, 치명적이고 중대한 부상 및 질병 가능성(FSII), 규격(standards), 법령(regulations), 타당성 및 잠재적인 긍정적·부정적 사업결과와 같은 요인들에 기초한 우선순위를 정하는 것

b) 위험원 및 위험성을 초래하는 시스템 결함과 관련된 근본적인 원인들 및 기여요인들을 파악하는 것

3.3 목적 및 목표

조직은 OHSMS 개선과 위험성 감소를 위한 가장 큰 기회를 제공하는 이슈들에 기초하여, 시간에 따른 개선 목표가 있는 문서화된 목적들을 설정하기 위한 프로세스를 수립하여야 한다. 목적들의 수와 내용은 다음과 같아야 한다.

a) 3.2에서 정해진 우선순위에 기초한다.

b) 다음과 같은 시스템 개선에 집중한다.

1) 위험성과 관련된 근본적 원인들과 기여요인들을 지속적인 방법으로 제거하거나 저감하는 것
2) 시스템상의 불필요한 제약(예: 불필요한 번거로운 절차)의 감소를 고려하는 것

c) 조직의 안전보건방침과 부합한다.
d) 잠재적 조치의 발생할 수 있는 의도하지 않은 결과를 방지하기 위하여 프로세스 또는 시스템이 작동하는 방법에 영향을 미치는 요인들에 대한 이해를 기초로 한다.
e) 지속적인 개선을 달성하기 위한 노력을 반영하기 위하여 적절한 간격으로 설정, 검토 및 수정된다.
f) 스케줄 또는 달성에 영향을 주는 변화하는 정보와 상태에 맞추어 변경된다.

3.4 이행계획과 자원의 배분

조직은

a) 목적을 달성하기 위하여 문서화된 이행계획을 수립하고 이행하여야 한다. 계획은 자원, 책임, 기간, 중간목표 및 진도의 적절한 측정을 명확히 해야 한다.
b) 이행계획의 설정된 목적을 달성하기 위하여 자원을 배정하여야 한다.
c) 주기적으로 검토(점검)하고 계획을 최신화하여야 한다.

| 제4절 | 지원

이 절은 효과적인 OHSMS를 달성하기 위한 지원에 대한 요구사항을 정하고 있다. 조직이 수립, 이행 및 유지하도록 요구받는 OHSMS 프로세스는 모두 지원을 필요로 한다. 지원은 훈련, 커뮤니케이션, 교육 및 문서화뿐만 아니라 필요한 인적 및 재정적 자원을 포함한다.

4.1 자원

조직은 OHSMS의 구축, 이행, 유지 및 계속적인 개선을 위해 요구되는 자원을 정하고 제공해야 한다.

4.2 교육, 훈련 및 역량

조직은 다음 사항을 위한 프로세스를 수립하여야 한다.

a) 모든 취업자(지도부, 감독자, 관리자, 엔지니어, 수급인 등을 포함한다)에게 요구되는 OHSMS 역량을 명확히 정하고 평가한다.

b) 적절한 교육, 훈련, 기타 수단을 통하여 취업자들이 해당하는 OHSMS 요구사항과 그것의 중요성을 이해하고 그들의 책임을 수행할 역량을 갖추도록 한다.

c) 취업자 역량을 달성하기 위한 교육, 훈련 또는 기타 수단의 효과성을 평가한다.

d) 교육 및 훈련에 참여하기 위한 효과적인 접근수단을 보장하고 참여의 장벽을 제거한다.

e) 훈련이 취업자들이 이해하는 방법과 언어로 제공되도록 한다.

f) 훈련이 계속적이고 적절한 방식으로 제공되도록 한다.

g) 강사가 취업자를 훈련하기에 적합하도록 한다.

4.3 인식 및 커뮤니케이션

조직은 다음 사항을 위한 프로세스를 수립하여야 한다.

a) OHS 정보가 무엇을, 언제, 누구에게 그리고 어떻게 내부 및 외부에 전달될 것인지를 정한다.

b) 커뮤니케이션 수단을 고려할 때 법적 및 기타 요건 그리고 다양성 측면(예: 성, 언어, 문화, 읽고 쓰는 능력, 장애)을 고려한다.

c) OHSMS에 관한 관련된 커뮤니케이션에 대응한다.

d) 커뮤니케이션되어야 할 OHS 정보가 OHSMS에서 생산된 정보와 모순되지 않도록 하고, 신뢰할 만하며, 커뮤니케이션 프로세스를 수립할 때 내적 및 외적 이해당사자의 견해가 고려되도록 한다.

e) 수급인을 포함하여 조직의 영향을 받는 계층, 이해당사자와 조직의 OHSMS 및 이행계획 진척과 변화에 대한 관련 정보를 커뮤니케이션한다. OHSMS 정보는 다음 사항에 대한 인식을 포함한다.

1) OHS 방침과 목적

2) 향상된 OHS 성과의 이익

3) 조직의 조치가 OHSMS의 효과성과 그것의 목적·목표의 달성에 미치는 영향

4) 이행 계획 및 상태

5) 작업이 계획(상정)되는 방법과 수행(이행)되는 방법 간의 차이

6) 조직적 요인과 리더십 결정이 OHS 성과에 어떻게 영향을 미치는지 또는 어떻게 의도하지 않은 결과를 초래하였는지에 대한 피드백

7) 사고조사로부터의 학습

8) 관련된 OHS 리스크 그리고 연관된 제어 및/또는 경감 전략

9) 작업안전에 대한 불확실한 상황, 환경이나 적절한 기계·설비의 이용불가능에 대해 잘 모르는 상황 또는 자신들이나 다른 사람들의 생명 또는 건강에 급박하고 중대한 위험을 일으킬 수 있다고 생각되는 작업조건에 직면한 상황에서 작업을 중지하고 자신들이나 다른 사람들을 대피시킬 권한, 그리고 그렇게 행동한 것에 대한 부당한 결과로부터 보호받기 위한 장치

f) 작업 관련 부상, 질병, 증상, 사고, 위험원 및 리스크에 대한 즉각적인 보고를 받는다.

g) OHS를 촉진하는 의사결정이 사업성과에 불리하게 영향을 미칠 때에도, 관리자 및 감독자에게 그런 의사결정을 하도록 장려한다.

h) 작업자에게 가능한 위험원 관리, 계속적인 개선 기회 및 보고 절차에 관한 제안을 하도록 장려한다.
i) 수급인, 관련된 외부 이해당사자의 OHS에 영향을 미치는 변화가 있는 경우 그들과 협의한다.
j) 위 모든 것들에 대한 장벽을 파악하고 제거하거나 저감한다.

4.4 문서 관리 프로세스

조직은 1) 효과적인 OHSMS를 이행하고, 2) 이 규격 요구사항의 준수를 증명하거나 평가하기 위하여 OHSMS에 의해 구체화된 문서를 생산하고 유지하기 위한 프로세스를 수립하여야 한다. 프로세스는 다음 사항을 충족하여야 한다.

a) OHSMS는 관리될 필요가 있는 문서들을 파악한다. 이 문서들은 재검토되고, 필요한 경우 개정날짜와 함께 최신화된다.
b) 문서는 읽기 쉽고 용이하게 확인·접근할 수 있어야 하고, 손상, 마모 또는 손실로부터 보호되어야 하며, 일정 기간 보존된다.
c) 취업자의 개인 데이터와 기밀에 속하는 의학적 정보는 내부 정책 및 지방·주·연방법령 및 프라이버시법규에 따라 관리된다.

| 제5절 | 이행 및 운영

이 부분은 효과적인 OHSMS의 이행을 위해 요구되는 운영적 요소들을 설명한다. 이 요소들은 OHSMS의 근간을 제공하고 계획수립 과정에서 목적을 추구하기 위한 수단을 제공한다. 또한 이 요소들의 적용은 계속적인 개선을 지지하기 위하여, 계획수립 과정에 지속적으로 피드백되는 경험과 지식을 시스템적으로 발생시킨다. 조직의 프로세스와 위험원의 특성에 따라 추가적인 요소들이 필요할 수 있다.

5.1 운영적 계획 및 관리

조직은 다음 사항을 포함하여 OHSMS의 요구사항을 충족하기 위해 필요한 프로세스를 계획, 이행, 관리 및 유지하여야 한다.

a) 계획수립 과정에서 생기는 목적을 달성하는 것을 포함하여 계획수립(제3절)에서 확인된 것들
b) 조직과 그것의 활동에 적용될 수 있는, 이 절에서 확인된 운영요소를 정하고 이행하는 것
c) 프로세스가 설계된 대로 작동하는지를 결정하는 기준 또는 수단을 정하는 것
d) 가능할 때에는 어떤 경우에 있어서나 OHSMS를 현행 사업 프로세스 및 시스템에 통합하는 것

5.2 OHSMS 이슈의 파악

조직은 OHSMS 이슈의 파악을 위한 프로세스를 수립, 이행 및 유지하여야 한다. OHSMS 이슈는 제1, 2, 3, 4, 5, 6, 7절과 관련된 활동 동안 확인될 수 있다.

조직은 5.2에서 파악된 중요한 OHSMS 이슈들에 관한 문서화된 정보를 유지 및 보존하여야 한다.

5.2.1 위험원 파악

조직은 지속적이고 선제적인 위험원 파악을 위한 프로세스를 수립, 이행 및 유지하여야 한다. 위험원 파악 프로세스 동안, 다음에서 생기는 위험원을 포함하여 일상적 및 비일상적 활동과 상황이 고려되는 것이 바람직하다.

a) 하부구조, 기계·설비, 재료, 물질 및 작업장의 물리적 상태
b) 재화 및 서비스 설계, 연구, 개발, 시험, 생산, 조립, 건설, 서비스 제공,

유지 및 폐기

c) 취업자의 건강에 부정적으로 영향을 미칠 수 있는 화학적, 물리적 및 생물학적 인자 및 인간공학적 및 사회심리적 스트레스 요인
d) 인적 요인
e) 작업조직 및 시스템 결함
f) 작업이 수행되는 방법
g) 과거의 조직 내·외부의 관련 사고
h) 프로세스 혼란(upset)과 같은 예기치 않은 작용 및 긴급상황
i) 조직의 통제하에 있지 않지만 취업자와 작업장에 영향을 미칠 가능성이 있는 활동(예: ▲인접 시설, ▲조직의 취업자들이 있을 필요가 있는 별개의 작업장)

위험원 파악은 설계 프로세스 전체에 걸쳐 위험원을 예상하는 것을 포함한다(5.5).

5.2.2 시스템 결함의 파악

조직은 OHSMS와 관련되는 시스템 결함의 파악을 위한 프로세스를 수립, 이행 및 유지하여야 한다.

5.2.3 기회의 파악

조직은 다음 사항을 파악하기 위한 프로세스를 수립, 이행 및 유지하여야 한다.

a) 조직, 정책, 프로세스 또는 그것의 활동에의 계획된 변화 동안을 포함하여 OHS 성과를 향상시키기 위한 OHS 기회
b) 작업, 작업조직 및 작업환경에의 취업자를 적응시키기 위한 기회
c) 위험원을 제거하고 OHS 위험성을 저감하기 위한 기회

d) OHSMS를 개선하기 위한 기타 기회

5.2.4 법적 및 기타 요구사항의 파악

조직은 다음 사항의 프로세스를 수립, 이행 및 유지하여야 한다.

a) 위험원, OHS 위험성 및 OHSMS에 적용 가능한 최신의 법적 및 기타 요구사항에 대한 접근수단을 정하고 가진다.

b) 법적 및 기타 요구사항이 조직에 적용되는 방법과 커뮤니케이션될 필요가 있는 것을 정한다.

c) OHSMS를 수립, 이행 및 유지하고 계속적으로 개선할 때 법적 및 기타 요구사항을 고려한다.

d) 법적 및 기타 요구사항과의 성과 차이를 파악한다.

5.3 위험성 평가

조직은 위험성의 수준을 결정하고 적절한 조치를 위한 우선순위 부여를 가능하게 하기 위하여 5.2에서 확인된 OHSMS 이슈들에 적절한 위험성 평가 프로세스를 수립하고 이행하여야 한다.

프로세스는 고위험 작업, 활동 및 업무의 파악 및 문서화도 포함하여야 한다.

파악(identification) 프로세스는 영향을 받는 부서 및 직원으로부터의 투입을 반영하여야 한다. 위험성 평가 프로세스는 위험성을 증가시킬 수 있는 조건을 창출하는 과도한 생산 압력, 빈약한 커뮤니케이션, 자원의 부족과 같은 조직적 요인의 고려를 포함하여야 한다. 위험성 평가 프로세스는 조직이 위험성의 수준과 수용 가능한 리스크 수준을 정하는 방법을 포함한 의사결정 프로세스를 확인하여야 한다.

위험성 평가 프로세스는 믿을 만한 최악의 시나리오와 결과, 긴급상황, 계획되지 않은 혼란, 일상적 및 비일상적 활동을 고려하여야 한다.

5.4 감소조치의 우선순위

조직은 다음과 같은 감소조치 우선순위에 기반하여 위험성 감소의 수용 가능한 수준을 달성하기 위한 프로세스를 수립하여야 한다.

a) 제거

b) 덜 위험한 물질 공정, 작업 또는 장비로의 대체

c) 공학적 조치

d) 경고

e) 관리적 조치

f) 개인보호구

5.4.1 수용 가능한 리스크 수준을 달성하기 위한 이 감소조치 우선순위의 적용은 다음 사항을 고려하여야 한다.

a) 제어되고 있는 위험성의 성격과 정도

b) 바람직한 위험성 감소의 정도

c) 적용 가능한 지방정부, 연방정부 및 주정부 법령, 규격의 요구사항

d) 산업계에서 인정된 모범사례

e) 고려되고 있는 감소조치의 효과성, 신뢰성 및 내구성

f) 인적 요인(인간공학을 포함한다)

g) 이용 가능한 기술

h) 비용 효과성

i) 조직의 내부기준

j) 작업활동에서 발생하지 않는 노출을 포함하여 잠재적 보건 노출을 제거하거나 완화하기 위한 전략

5.5 설계 검토 및 변경 관리

조직은 설계 및 재설계 단계에서 위험원을 방지하거나 그렇지 않으면 컨트롤하기 위한 적절한 조치를 확인하고 이행하는 프로세스를 수립하여야 한다. 그리고 변경 관리에 대해 잠재적 위험성을 수용 가능한 수준으로까지 감소하도록 요구하는 상황에 대한 적절한 조치를 확인하고 이행하는 프로세스를 수립하여야 한다.

설계, 재설계 및 변경 관리에 대한 프로세스는 다음 사항을 포함하여야 한다.

a) 작업 및 이와 관련된 안전보건 위험원의 파악

b) ▲인간공학, ▲설계 또는 설계 결함에 의해 유발되는 휴먼에러, ▲설계가 성공적인 작업 완료를 불필요하게 어렵게 하는 경우를 포함한 인적 요인과 관련된 위험원의 인식

c) 적용 가능한 법령, 코드, 규격, 내·외부의 인정된 지침의 검토

d) 감소조치의 적용(감소조치의 우선순위 - 5.4)

e) 설계검토와 변경 관리의 적절한 범위와 정도의 결정

f) 취업자 참여

5.5.1 적용 가능한 생애주기 단계

설계 검토 및 변경 관리 동안 적용 가능한 모든 생애주기 단계(설계, 조달, 건설, 운영, 유지보수 및 해체)가 고려되어야 한다.

5.5.2 프로세스 검증

조직은 설비, 문서, 직원 그리고 작업에서의 변화에 기인하여 발생하는 OHS 위험성이 컨트롤되도록 하기 위하여 이들 변화가 평가되고 관리되는 것을 검증하기 위한 적절한 프로세스를 가지고 있어야 한다.

5.6 조달(구매)

조직은 다음을 위한 프로세스를 수립하여야 한다.

a) 작업환경에 도입되기 전에 구입된 물품, 원재료, 기타 상품 및 관련 서비스와 연관된 잠재적 OHS 위험성을 확인하고 평가한다.

b) 잠재적 OHS 위험성을 컨트롤하기 위해 조직에 의해 구입되는 공급품, 장비, 원재료 및 기타 상품 및 관련 서비스에 대한 요구사항을 정한다.

c) 구입되는 생산품, 장비, 원재료 및 기타 상품 및 관련 서비스가 조직의 OHS 요구사항에 부합하도록 한다.

d) OHSMS의 성과에 영향이 있는 경우에 아웃소싱되는 계획에 대처한다.

e) 수급인이 OHSMS 요구사항을 충족할 수 있도록 한다(5.7).

5.7 수급인

조직은 다음과 같은 잠재적 OHS 위험성을 확인, 평가 및 컨트롤하기 위한 프로세스를 수립하여야 한다.

a) 조직의 사업장에서 수급인의 계획적·비계획적 활동·작업, 물질에 기인하는 도급인의 취업자에 대한 잠재적 OHS 위험성

b) 조직의 활동 및 작업에 기인하는 수급인의 취업자에 대한 잠재적 OHS 위험성

c) 수급인의 활동 및 작업에 의해 영향을 받을 수 있는 작업장에서의 다른 이해당사자에 대한 잠재적 OHS 위험성

조직은 OHSMS의 요구사항이 수급인에 의해 충족되도록 하기 위한 프로세스를 수립하여야 한다. 이 프로세스는 수급인에 대한 적절한 OHS 성과·선정기준을 포함하여야 한다.

복수 사용자가 있는 사업장에서는, 조직은 OHSMS의 관련 부분을 다른 해당 조직과 조정하기 위한 프로세스를 이행하여야 한다.

OHS에 대한 결과책임과 실행책임은 계약에 대하여 그리고 작업의 설정된 범위와 함께 명확하게 정해져야 한다.

5.8 산업보건

조직은 다음 사항을 포함하여 취업자의 건강을 보호하기 위한 산업보건 프로세스를 수립하여야 한다.

a) 취업자의 건강에 나쁜 영향을 미칠 수 있는 화학적, 물리적 및 생물학적 요인 및 인간공학적 및 사회심리적 스트레스 요인에 대한 예상, 인식, 평가, 컨트롤 및 (컨트롤이 작동하고 있고 효과적이라는) 확인

b) 응급처치를 포함하여 작업 관련 부상 및 질병의 예방, 초기 발견, 진단 및 치료

c) 취업자의 일을 안전하게 그리고 생산적으로 수행할 능력에 영향을 미칠 수 있는 작업 관련 및 작업 비관련 의학적 상태에 대한 인정 및 합리적 조치

d) 산업보건 문제가 대처되는 것을 보장하기 위해 이 관리시스템의 다른 측면과의 통합

5.9 비상사태 준비

조직은 다음 사항을 포함하여 긴급상황을 파악하고 방지하며, 이에 대비하고 대응하기 위한 프로세스를 수립하여야 한다.

a) 발생할 수 있는 긴급상황에 기인하는 위험성을 방지하고 최소화하기 위한 계획의 수립 및 문서화

b) 훈련 및 유사한 활동을 통한 비상계획의 주기적 점검

c) 다음 사항을 포함하여 필요한 경우 계획 및 절차를 평가하고 최신화

하는 것

- 긴급 계획수립 과정으로부터 배운 학습
- 사업의 지속성에 영향을 미치는 사고로부터의 회복의 일환으로서 OHS 위험성 및 감소조치의 파악

d) 응급치료와 다른 긴급처치를 포함하여 부상과 질병에 대한 준비 및 그것의 처치

e) 적절한 훈련 및 필요한 자격, 물품, 자원, 물품 및 역량의 대비

| 제6절 | 평가 및 개선조치

이 절은 다음 사항의 프로세스에 대한 요구사항을 규정하고 있다.

a) 모니터링, 측정 및 평가(6.1), 사고조사(6.2) 및 감사(6.3)를 통해 OHSMS의 성과를 평가한다.

b) 수용 가능한 리스크 수준으로 제어되고 있지 않은 부적합, 시스템 결함, 위험원 및 사고가 OHSMS(6.4)에서 발견되는 경우 개선조치를 취한다.

c) 경영진 리더십 및 취업자 참여 프로세스(제2절), 계획수립 프로세스(제3절), 지원 프로세스(제4절), 이행 및 운영 프로세스(제5절) 및 경영진 검토(제7절)의 일환으로서 평가활동의 결과를 포함한다.

6.1 모니터링, 측정 및 평가

조직은 OHSMS를 모니터링·평가하고, OHS 성과를 평가하며, 가능한 개선을 위해 시스템의 나머지에 피드백을 제공하여야 한다.

조직은 결과(후행지표)를 평가하고 개선(선행지표)을 촉진하기 위하여 어떤 지표를 모니터링하고 측정할 필요가 있는지를 결정해야 한다.

a) 부상, 질병 및 사망자와 같은 결과의 측정

b) 다음 OHSMS 요소의 지표와 같이 개선을 촉진하는 프로세스들의 측정

1) 경영진 리더십 및 취업자 참여(제2절)

2) 계획수립(제3절)

3) 지원(제4절)

4) 이행 및 운영(제5절)

5) 평가 및 개선조치(제6절)

6) 경영진 검토(제7절)

모니터링, 측정 및 평가의 결과는 의학적 비밀에 관한 해당 법령에 유의하면서 관련 당사자에게 전달되어야 한다.

6.2 사고조사

조직은 사고의 발생을 초래할 수 있거나 이에 기여할 수 있는 OHSMS 부적합 및 다른 요인들에 대처하기 위하여, 사고의 보고, 조사 및 분석에 관한 프로세스를 수립하여야 한다. 조사는 조사절차에서 역량을 확실히 보이는 직원에 의해 수행되고 적시에 실시되며 취업자 참여를 포함하여야 한다.

조직은 보고의 장애물이 제거되도록 해야 한다.

6.3 감사

조직은 다음의 프로세스를 수립하여야 한다.

a) OHSMS가 위험원을 파악하고 위험원, 위험성, 시스템 결함 및 개선 기회를 파악하고 컨트롤하기 위한 프로세스를 포함하여 이 기준의 요구사항에 부합하여 구축, 이행 및 유지되었는지 여부를 결정하기 위하여 주기적인 감사를 계획하고 실시한다.

b) 감사는 감사되고 있는 활동과 독립되어 있는 역량 있는 자들에 의해

행해지도록 한다.

c) 영향을 받는 개인들과 개선조치에 책임 있는 자들에게 감사결과의 우선순위를 매기고 감사결과를 문서화하고 전달한다.

d) 즉각적인 개선조치가 취해지도록 당장에 사망, 중대재해 또는 질병을 초래할 것으로 예상되는 감사에서 확인된 상황을 즉시 전달하여, 6.4에 따른 개선조치를 촉구한다.

6.4 개선조치

조직은 다음의 개선조치 프로세스를 수립하여야 한다.

a) 허용 가능한 위험성 수준으로 제어되고 있지 않은 부적합, 시스템 결함, 위험원 및 사고에 대처한다.

b) 허용 가능한 수준으로 제어되고 있지 않은, 개선 및 예방조치와 연관된 새로운 위험원 및 잔여의 위해위험요인을 파악하고 이에 대처한다.

c) 허용 가능한 수준으로 제어되고 있지 않은, 사망 또는 중대한 재해/질병(FSII)을 초래할 수 있는 고위험 위험원에 대한 조치를 신속하게 취한다.

d) 취업자 참여를 설명한다.

e) 취해진 개선조치의 효과성을 검토하고 보장한다.

6.5 피드백 및 조직적 학습

조직은 OHSMS를 지원하기 위하여 조직 내에 지식을 생산, 보유 및 전달하는 프로세스를 수립하여야 한다.

| 제7절 | 경영진 검토

이 절은 OHSMS의 주기적인 경영진 검토에 대한 요구사항을 규정하고 있다.

7.1 경영진 검토 프로세스

조직은 최고경영진이 최소한 1년에 1회 OHSMS를 검토하고 그것의 계속된 적합성, 적절성 및 효과성을 보장하기 위하여 개선을 권고하는 프로세스를 수립하여야 한다.

경영진 검토 프로세스의 입력정보는 특히 다음 사항을 포함하여야 한다.

a) 위험성 감소의 진전

b) 위험성과 시스템 결함을 확인, 평가하고 우선순위를 매기는 과정의 효과성

c) 위험성과 시스템 결함의 근원적인 원인에 대처하는 것의 효과성

d) 시스템 피드백 루프로부터의 학습

e) 취업자, 취업자대표, 이해당사자의 의견

f) 개선조치의 상태와 효과성 및 변하고 있는 상황

g) OHSMS 감사 및 이전의 경영진 검토의 후속조치

h) 조직의 목적 및 목표를 충족시키는 방향으로의 진전

i) 변하고 있는 상황, 자원 수요, 사업계획과의 조정, OHS 방침과의 조화를 고려할 때, 기대(예상)와 비교한 OHSMS의 성과

j) 조직에서의 변화에 관한 최고경영진으로부터 정보 및 OHS에의 잠재적 영향을 가진 최고경영진의 활동

7.2 경영진 검토 결과 및 후속조치

검토의 마지막에 최고경영진은 다음 사항을 결정하여야 한다.

a) 사업전략 및 상태에 기반한 OHSMS의 미래 방향

b) 조직의 방침, 우선순위, 목적, 자원, 기타 OHSMS 요소의 변화 필요성

조치사항들은 경영진 검토 결과로부터 개발되어야 한다. 경영진 검토의 결과 및 조치사항은 기록되고, 영향을 받는 개인들에게 전달되어야 하며,

완료될 때까지 추적되어야 한다.

2) 위험성 평가(Risk Assessment) 및 위험성 감소[85), 86)]

|제1절| 정의

1.1 설계: 라이프사이클 동안 의도된 목적과 기능을 충족하기 위하여 기계류를 계획하고 개발하는 것

1.2 가드: 위험영역에의 출입을 막는 방벽

1.3 피해: 사람의 부상 또는 건강장해

참고) 이것은 기계류와의 직접적인 상호 작용의 결과이거나 소유물 또는 환경에 대한 손상 결과로 간접적일 수 있다.

1.4 위험원: 피해의 잠재적인 근원

1.5 위험영역: 즉각적인 또는 절박한 위험원에 노출되는 영역 또는 공간

1.6 위험상황(hazardous situation): 사람이 위험원에 노출되는 환경

참고) 위험상황은 작업/위험원의 조합(한 쌍)으로 부르기도 한다.

1.7 (기계류의) 의도된 사용: 기계류가 공급자에 의해 제공된 정보에 적합하거나 설계, 제조, 기능에 부합하여 일상적이라고 생각되는 용도

참고) 의도된 사용은 공급자의 설명서의 준수를 포함하기도 하는데, 이것은 합리적으로 예견 가능한 오사용을 고려하여야 한다. 이 의도된 사용은 사용자에 의해 결정될 수도 있다.

---

85) ANSI B11.TR3-2000, Risk Assessment and Risk Reduction - A Guide to Estimate, Evaluate and Reduce Risks Associated with Machine Tools, 2000. 11. 5.

86) 미국에서 위험성 평가는 법제화되어 있지 않고 ANSI에 의해 기술표준(ANSI B11.TR3-2000)으로 제정되어 있는바(제목: 위험성 평가 및 위험성 감소 – 기계류와 관련된 위험성의 추정, 판단 및 감소 가이드), 많은 기업에서는 이 표준에 따라 위험성 평가를 실시하고 있다. 기계류에 한정되어 있지만, 모든 업종에 적용될 수 있는 일반적인 성격의 내용도 많이 있는 점을 감안하여 이 기술표준을 중심으로 위험성 평가를 설명하기로 한다.

1.8 (기계류의) 라이프사이클: 기계류의 단계는 다음을 포함한다.

- 설계 및 제조
- 운송, 시운전, 재조립, 설치, 초기 조정, 이전
- 사용(예: 설치, 교육/프로그래밍, 프로세스 변환, 조작), 관리[청소, 트러블 해결(문제발견), 유지보수(계획된, 계획되지 않은)]
- 중지, 해체 및 폐기(안전이 관련되는 범위에서)

1.9 기계류: 특정 용도를 위하여 함께 결합된 적절한 기계류 작동장치, 제어부 및 동력부를 가지고 있는 움직이는, 연결된 구성품 또는 부품의 집합체

1.10 제조자: (1.20 공급자 참조)

1.11 오퍼레이터: 생산작업을 수행하고 기계류를 제어하는 개인

1.12 보호장치: 독자적으로 또는 가드와 함께 위험성을 저감하는(가드 외의) 장치

참고) 이것은 개인보호구(예: 손도구, 안전장갑·안경, 안면보호창, 안전화)를 포함하지 않는다.

1.13 보호조치(protective measures): 위험원을 제거하거나 위험성을 감소시키기 위하여 사용되는 설계, 안전방호(safeguarding), 관리적 대책, 경고, 교육 또는 개인보호구

참고) 일반적으로 ANSI B11 Standards는 개인보호구와 관리적 대책을 포함하는 이 용어 대신에 'safeguarding'이라는 용어를 사용한다.

1.14 합리적으로 예견 가능한 오사용: 공급자 또는 사용자에 의해 의도되지 않았으나 사람의 행동으로부터 초래될 수 있는 방법에 의한 기계류의 예상 가능한 사용

참고) 다음과 같은 행동은 위험성 평가에서 고려되어야 한다.

- 기계류의 계획적인 오사용을 배제한 부정확한 행동
- 기계류의 사용 중 오작동, 사고, 고장 등의 경우 사람의 반사적인 행동

- 작업 수행 중 '최소저항경로'를 채택함으로써 초래되는 행동
- 일정한 사람들(예: 자격이 없거나 훈련받지 않은 사람들)의 예상 가능한 행동

1.15 잔류위험성: 보호조치가 취해진 이후에 남는 위험성(그림 15 참조)

1.16 위험성: 피해의 발생 가능성과 피해의 중대성의 조합

1.17 위험성 평가: 기계류의 의도된 사용, 작업, 위험원 및 위험성 수준이 결정되는 과정

1.18 안전방호(safeguarding): 가드, 안전방호장치, 인식장치, 안전방호수단 및 안전작업절차

1.19 안전기능: 기계류의 기능, 피해의 위험성을 증가시키는 기계류의 오작동

1.20 공급자: 기계류 또는 시스템의 모두 또는 부분을 제공하거나 이용할 수 있게 하는 자

참고) 일정한 상황에서(예: 제조자, 개조자, 통합자로서 역할하는 경우) 사용자는 공급자로서 역할하기도 한다.

1.21 작업: 기계류의 라이프사이클 동안 기계류에서 또는 기계류 주변에서 이루어지는 모든 활동

1.22 허용 가능한 위험성: 주어진 작업과 위험원의 조합(위험상황)에 대하여 수용되는 위험성(6.5 참조)

1.23 사용자: 기계류, 시스템 또는 관련 장비를 이용하는 자

참고) 일정한 상황(예: 제조자, 변경자, 통합자)에서 사용자는 공급자로 행위할 수 있다.

| 제2절 | 위험성 평가 및 위험성 감소의 개관

2.1 개요

기계류의 설계 및 사용 시 허용 가능한 위험성에 도달하기 위하여 위험

성 평가와 위험성 감소를 이용한다. 이 절차를 수행하는 일반적인 접근은 그림 14에 제시되어 있다.

허용 가능한 위험성에 도달하기 위한 절차에서의 단계는 다음과 같다.

a) 이 절차를 실시하기 위하여 적절한 정보를 수집한다(2.2 참조).

b) 기계류의 제한사항을 결정한다(제3절 참조).

c) 기계류의 라이프사이클에 걸쳐 수행되는 작업과 관련된 위험원을 확인하고 기록한다(제4절 참조).

d) 잠재적 부상·질병(피해)의 중대성 및 그 피해의 발생 가능성에 대하여 파악된 개별적 작업 및 관련 위험원과 연관된 위험성을 분석한다(제5절 참조).

e) 위험성이 허용 가능한지 여부를 결정하기 위하여 각 위험성을 평가한다(6.5 참조).

각 위험성이 처음에 허용 가능하지 않으면, 피해의 중대성과 피해의 발생 가능성을 감소시킬 보호조치가 적용될 필요가 있다. 이들 보호조치의 하나 이상의 선택은 관련된 위험성이 허용 가능할 때까지(제6절 참조), 그림 15에서 제시된 바와 같은 우선순위에 따라 이행되어야 한다.

이 절차의 단계들은 기록되어야 한다(제7절 참조).

2.2 위험성 평가 및 위험성 감소를 위한 정보

2.2.1 위험성 평가를 위한 정보는 다음 사항을 포함하여야 하지만, 이것에 한정되지 않는다.

- 기계류의 제한사항(제3절 참조)
- 기계류의 라이프사이클 동안 필요조건(1.8 참조)
- 설계도, 개요서, 시스템 설명서, 기계류의 성격을 입증하는 다른 수단
- 에너지원에 관한 정보

- 재해 및 사고 사례
- 건강장해 정보
- 시스템 배치도와 제안된 구축 중이거나 현존하는 시스템 통합서

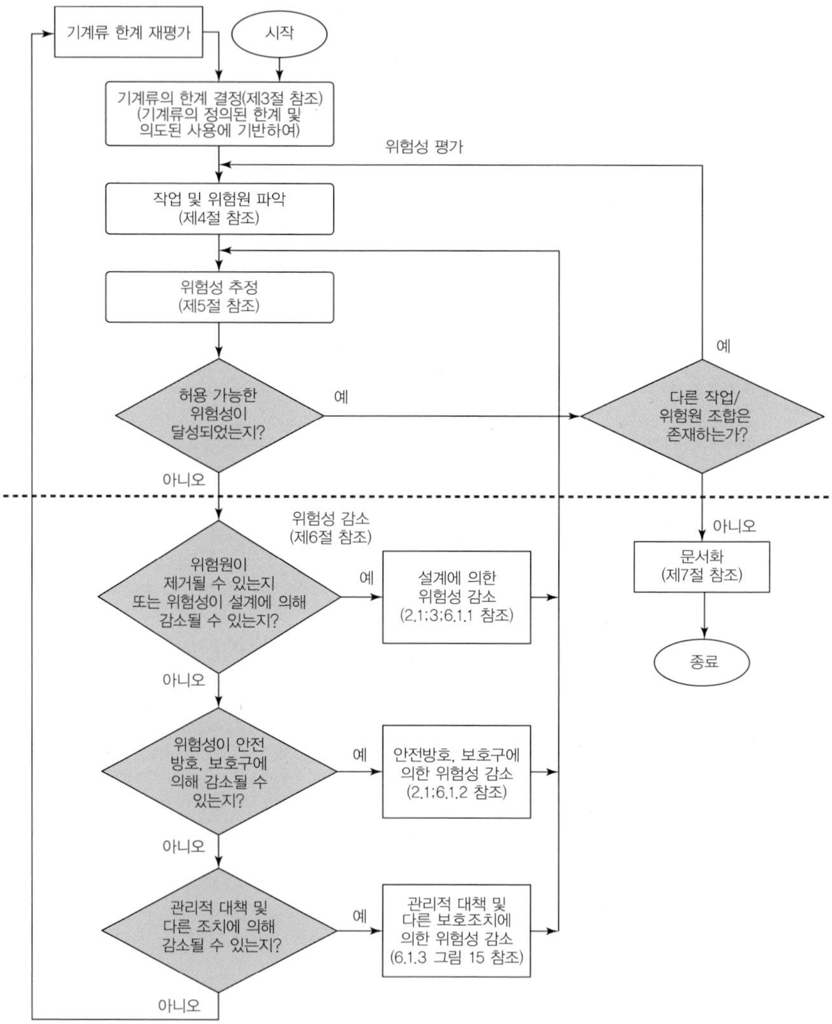

● 그림 14. 위험성 평가 및 위험성 감소 과정

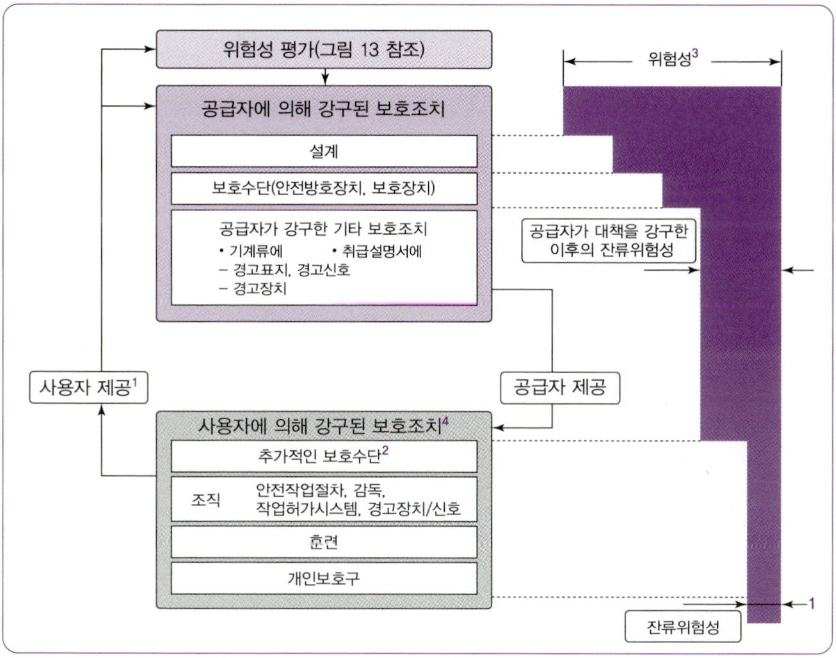

1 기계류의 의도된 사용에 관하여 일반적으로 사용자 집단으로부터 받은 정보 또는 특별한 사용자로부터 받은 정보이다.

2 기계류의 의도된 사용에서 계획되지 않은 특별한 프로세스에 따라 요구되는 보호조치이다.

3 공급자·사용자는 보호수단 추가가 추가적인 위험원을 늘리거나 다른 위험원에 의한 위험성을 증가시킬 수 있다는 것을 고려하여야 한다.

4 사용자에 의해 취해진 위험성 감소는 모든 요소가 이행될 수 없거나 순서대로 묘사되지 않을 수 있기 때문에 집합적으로 고려되어야 한다.

그림 15. 보호조치를 적용하는 우선순위를 나타내는 공급자와 사용자의 관계

정보는 설계가 개발되거나 변경이 요구되면 최신화되어야 한다.

2.2.2 사용자는 작업과 위험원을 파악할 때 영향을 받는 작업자를 고려하여야 한다. 이것들은 다음 사항을 포함한다.

- 오퍼레이터와 조력자
- 보전요원

- 엔지니어
- 기술요원
- 판매직원
- 설치 및 해체요원
- 관리직원
- 피훈련자
- 통행인
- 설계자
- 경영자
- 감독자
- 안전요원
- 안전위원회
- 안전컨설턴트
- 손실관리자

2.2.3 추가로 사용자는 다음 사항을 파악하여야 한다.

a) 아래의 사람에 대한 훈련수준, 경험 또는 능력
   - 오퍼레이터
   - 조력자
   - 보전요원
   - 기술요원
   - 피훈련자

b) 합리적으로 예견될 수 있는 경우 기계류와 관련된 위험원에 그 밖의 사람이 노출되는 상황

2.2.4 위험원과 재해상황에 대한 충분한 정보가 이용 가능하고 적절한 경우에는 다른 유형의 기계류와 관련된 유사한 위험상황과의 비교가 가능하다.

2.2.5 재해경험의 부재(absence), 적은 수의 재해 또는 낮은 심각성의 재해가 낮은 위험성의 자동적인 추정으로 받아들여져서는 안 된다.

2.2.6 양적 분석의 경우, 데이터에 대한 신뢰가 있는 경우 데이터베이스, 핸드북, 실험실 및 공급자의 설명서와 같은 것으로부터의 정보가 사용될 수 있다. 이 데이터와 관련된 불확실성은 문서에 제시되어야 한다(제7절 참조).

2.2.7 전문가 의견이 다른 데이터를 보충하기 위하여 사용될 수 있다.

2.3 위험성 평가 및 위험성 감소의 책임

공급자와 사용자의 협력적 노력이 위험성 평가와 위험성 감소를 통한 허용 가능한 위험성의 목표를 달성하기 위하여 필요하다(2.2.1 참조). 공급자가 허용 가능한 위험성을 달성할 수 없는 경우에는(6.5 참조), 사용자가 추가적인 보호조치를 적용하여야 한다(그림 14, 15 참조). 가능한 한 공급자와 사용자 간 효과적인 커뮤니케이션이 권장되지만, 위험성 평가의 성공은 이 관계에 의존하지 않는다.

위험성을 판단하는 것은 추론된 판단과 기계류와 연관된 작업 및 위험원에 정통한 개인들의 전문성에 의존한다. 개인적 편차 및 전문적 훈련의 편차는 결과에 영향을 미칠 수 있다(예: 소음이라는 위험원에 숙달된 개인은 소음문제에는 상당한 주의를 기울일 것이지만 다른 위험원에는 충분한 주의를 기울이지 않을 수 있다). 이러한 편차를 최소화하기 위해 팀 접근이 권장된다. 개인이 위험성 분석의 입안을 담당할 수 있지만, 관련된 직원들(예: 오퍼레이터,

보전요원, 엔지니어)로 구성된 팀이 위험성 평가와 감소 노력에 참여하는 것이 바람직하다.

2.3.1 기계류의 공급자와 사용자 양자가 위험성 평가와 위험성 감소의 책임을 진다(그림 15 참조). 공급자가 기계류에 대한 위험성 평가에 참여할 수 없는 경우에는 사용자가 책임을 부담한다.

2.3.2 공급자는 우선순위에 따라 설계기법, 보호수단(safeguards), 사용정보를 통하여 위험성을 감소시켜야 한다(제6절 참조).

2.3.3 사용자는 추가적인 보호수단, 조직적 조치, 훈련, 개인보호구를 통해 추가로 위험성을 감소시켜야 한다. 사용자가 기계류를 설계, 제조, 변경, 개조하는 경우 사용자는 공급자로 간주된다.

| 제3절 | 기계류 또는 시스템의 한계 결정

위험성 평가 과정은 기계류/시스템의 제한을 파악하는 것으로 시작한다.

- 사용상의 제한. 예: 기계류의 의도된 사용, 생산율, 사이클 주기, 속도, 힘, 사용물질, 관련된 자의 수
- 공간상의 제한. 예: 이동범위, 기계류 설치의 공간요구사항, 유지, 오퍼레이터-기계류 상호 작용
- 시간상의 제한. 예: 도구의 유지 및 내구성, 기계적·전기적 요소, 유동체
- 환경상의 제한. 예: 온도, 습도, 소음, 위치
- 상호 작용상의 제한. 예: 다른 기계류, 보조장비, 에너지원 등

| 제4절 | 작업 및 위험원 파악

4.1 기계류와 관련된 모든 작업은 파악되어야 한다. 작업 범주의 예는 다음 작업을 포함하지만 이것에 한정되지 않는다.

- 포장 및 운송
- 짐 내리기 및 풀기
- 시스템 설치
- 시동 및 작동
- 설치 및 시험
- 운전(모든 모드)
- 도구 변화
- 계획된 유지보수
- 계획되지 않은 유지보수
- 주요 수리
- 고장 후 복구
- 고장의 발견 수리
- 정비
- 해체
- 폐기

4.2 작업과 관련된 모든 위험원은 파악되어야 한다. 부록 A는 이 과정을 지원하는 예시를 제공한다.

4.3 기계류의 의도된 사용 및 합리적으로 예견 가능한 오사용과 연관된 모든 작업은 파악되어야 한다. 이것은 기계류의 라이프사이클의 모든

단계를 포함하여야 한다. 의도된 사용은 공급자의 사용(을 위한) 정보의 고려사항을 포함한다. 의도된 사용은 사용자에 의해 결정될 수 있다.

4.4 유사한 기계류에 대한 위험성 평가 정보는 작업과 위험원이 상당할 경우에는 출발점으로 사용될 수 있다. 이 정보의 사용이 사용의 특정 조건에 대한 이 기술보고서의 설명과 같이 위험성 평가 과정을 따를 필요성을 제거하지는 않는다(예: 플라스틱 절단에 사용되는 절단기가 고기 절단에 사용되는 절단기에 상당할 경우, 다른 물질과 연관된 위험성은 평가되어야 한다).

| 제5절 | 위험성 추정

5.1 개요

일정한 위험상황에 대한 위험성 추정은 위험성을 결정하기 위하여 사용된다. 그것은 모든 형태의 운영과 하나 이상의 보호조치를 중지하거나 변경할 필요가 있는 경우 각종 상황에 대한 작업방법을 설명하여야 한다. 고려될 수 있는 위험성 요소는 피해의 심각성과 피해의 발생 가능성이다.

이 절의 나머지는 위험성의 수준을 추정하는 가능한 방법을 설명한다. 다른 위험성 추정방법은 동등하게 수용될 수 있다. 예를 들면,

- ANSI/RIA R15.06:1999 - 산업용 로봇 및 로봇 시스템 - 안전 요구사항
- MIL STD 882D - 시스템 안전 프로그램 요구사항

5.2 피해의 심각성

피해의 심각성은 잠재적 부상 또는 질병의 정도를 표현한다. 이 정도는 부상 또는 질병의 정도와 관련된 치료의 정도에 기초한다(사망부터 부상 없음까지). 다음은 심각성 수준의 예시이다.

- 치명적: 사망, 영구장해 부상 또는 질병(작업으로 복귀 불가)
- 심각: 심한 기능장해 부상 또는 질병(일정시점에서는 작업으로 복귀 가능)
- 보통: 응급처치 이상을 요구하는 중요한 부상 또는 질병(동일한 직무로 복귀 가능)
- 사소: 부상이 없는 경우 또는 응급처치 이상을 요구하지 않는 사소한 부상(근로손실이 없거나 거의 없음)

위험성을 결정할 때 피해의 설득력 있는 최악의 심각성이 선택되어야 한다.

5.3 피해의 발생 가능성

피해의 발생 가능성은 빈도, 지속성, 접촉 정도, 훈련, 지시 및 위험원의 발현을 고려하여 추정된다. 다음은 가능성 수준의 예시이다.

- 확정적: 발생하는 것이 거의 확실
- 일어날 수 있음: 발생 가능성이 높음
- 일어날 것 같지 않음: 거의 발생할 것 같지 않음
- 일어날 수 없음: 제로에 가까운 정도로 일어날 것 같지 않음

가능성을 추정할 때 가장 높은 가능성의 수준이 선택되어야 한다.
피해의 발생 가능성을 추정할 때 다음 요인이 중요하게 고려된다.

- 위험원에의 접촉(5.3.1 참조)
- 작업을 하는 사람(5.3.2 참조)
- 기계류/작업 이력(5.3.3 참조)
- 작업장 환경(5.3.4 참조)
- 인적 요인(5.3.5 참조)

• 안전기능의 신뢰성(5.3.6 참조)
• 보호조치의 무효화 및 회피 가능성(5.3.7 참조)
• 보호조치를 유지할 능력(5.3.8 참조)

5.3.1 위험원 접촉

위험성 추정 시 고려되는 위험원 접촉은 다음 사항을 포함할 수 있지만 이것에 한정되지 않는다.

• 위험상황의 빈도 및 지속기간
• 접촉 정도(예컨대 팔, 신체 전체)
• 노출되는 사람 수

5.3.2 작업을 수행하는 사람

위험성 추정은 주어진 시간에 작업을 수행할 종업원의 훈련수준, 기술 및 경험을 고려하여야 한다.

5.3.3 기계류/작업 이력

위험성 추정 시 고려되는 기계류/작업 이력은 다음 사항을 포함할 수 있지만 이것에 한정되지 않는다.

• 신뢰성 및 다른 통계자료
• 재해의 경험
• '아차사고'의 경험
• 위험성 비교

재해경험의 부재, 적은 수의 재해 또는 낮은 심각성의 재해가 낮은 위험성의 자동적인 추정으로 받아들여져서는 안 된다.

5.3.4 작업장 환경

위험성 추정 시 고려되는 작업장 환경요인은 다음 사항을 고려하지만 이것에 한정되지 않는다.

- 정비
- 작업장 배치
- 통행/작업공간, 사다리, 계단, 층계참, 좁은 통로
- 조명
- 소음
- 환기
- 온도, 습도

5.3.5 인적 요인

위험성 추정 시 고려되는 인적 요인은 다음 사항을 포함하지만 이것으로 한정되지 않는다.

- 절차의 생략, 추가 또는 연속적인 절차 수행에 기인하는 실수
- 기계류 설계 시 인간공학적 원리 및 위험성 감소 시 인간공학적 원리의 효과 적용(기계류와 인간의 상호 작용 - ANSI B11.TR 1)
- 사람들 간 상호 작용
- 위험원과 그들의 위험성 인지
- 확립되고 안전한 작업관행으로부터 일탈할 동기
- 누적된 노출의 영향(예: 반복적 운전, 소음, 화학물질 노출)
- 감소된 시력, 증가된 소음

• 작업을 수행하는 자의 특성(예: 기술, 경험, 훈련)

5.3.6 안전기능의 신뢰성

위험성 추정 시 고려되는 기계류의 안전기능의 신뢰성은 분석 시의 기계류에 중요한 기계적, 전기적, 전자적, 수력적, 공기적 제어시스템을 포함하지만 이것에 한정되지 않는다.

5.3.7 보호조치의 무효화 및 회피 가능성

위험성 추정은 보호조치를 무효화하거나 회피할 가능성과 유인을 고려하여야 한다. 보호조치를 무효화할 가능성은 보호조치 및 그것의 설계상세의 유형에 달려 있다.

위험성 추정 시 고려되는 보호조치의 무효화 또는 회피 유인은 다음 사항을 포함하지만 이것에 한정되지 않는다.

• 보호조치가 작업이 수행되는 것을 방해한다.
• 보호조치가 생산성을 떨어뜨리거나 사용자의 다른 활동이나 편리성을 방해한다.
• 보호조치가 사용하기 어렵다.
• 오퍼레이터 외의 자가 위험원에 노출된다.
• 보호조치가 직원에 의해 인지되지 않거나 그것의 기능에 적합한 것으로 받아들여지지 않는다.

프로그램화할 수 있는 시스템의 사용은 이들에 대한 접근이 제대로 감독되지 않는 경우에는 무효화 또는 회피할 추가의 가능성을 낳는다. 이것은 진단적 목적 또는 프로세스 교정 목적을 위한 원격 접근이 요구되는 경우 특히 중요하다.

5.3.8 보호조치의 유지 능력

위험성 추정 시 고려되는 보호조치의 유지 능력은 보호조치가 위험성 감소의 요구수준을 충족하는 데 필요한 조건에서 유지될 수 있느냐 여부에 대하여 평가되어야 한다.

5.4 위험성 수준의 추정

위험성 수준은 5.2 및 5.3의 결과를 기반으로 피해의 심각성 수준과 피해의 발생 가능성을 적용하여 추정된다.

| 제6절 | 위험성 감소

6.1 개요

위험성 평가 과정은 위험성의 수준(피해의 발생 가능성과 중대성)을 산출한다. 위험성이 허용될 수 없다고 결정되면, 보호조치를 통해 그 위험성을 감소시킬 필요가 있다. 위험성의 감소는 하나 이상의 보호조치의 적용결과이다.

보호조치에 의한 가능한 위험성 감소의 정도는 선택된 보호조치와 필요할 때 보호조치가 작동할 가능성에 달려 있다. 보호조치의 사용의 실행과 용이성은 위험성 감소의 요구 정도에 적합하여야 한다. 위험성이 위험성 감소과정(그림 14 참조)의 각 단계에서 허용 가능한지를 결정할 때, 다음 요인에 대하여 보호조치의 적용을 평가(검토)할 필요가 있다.

- 위험성 감소 편익
- 기술적 가능성
- 경제적 영향
- 인간공학적 영향

- 생산성
- 지속성 및 유지 가능성
- 유용성

보호조치의 유형은 고려대상인 기계류에 대한 작업과 관련 위험원에 의해 결정된다. 보호조치는 위험성 감소의 요구되는 정도를 제공할 수 있도록 선정되어야 한다.

보호조치는 6.1.1, 6.1.2, 6.1.3과 그림 15에서 제시한 바와 같은 우선순위로 적용되어야 한다.

6.1.1 설계에 의한 위험원 제거 또는 위험성 감소

설계에 의한 위험원 제거 또는 위험성 감소는 위험성의 가장 높은 정도를 제공한다.

- 덜 유해·위험한 물질 및 물체로의 대체(예: 독성)
- 물리적 특성의 변경(예: 날카로운 가장자리, 전단부분)
- 에너지 감소
- 작업 또는 위험원의 발생 감소
- 중요한 안전기능에 대한 통제기술[예: 모니터링/확인, 용장성(redundancy), 다양성]의 사용

6.1.2 보호수단의 적용

보호수단은 최소한 적용 가능한 ANSI B11 Standard에 따라 적용되어야 한다.

위험성 감소의 가장 높은 정도를 제공하는 보호수단은 다음과 같다.

- 위험원에 모든 신체 부분의 의도적인 노출을 방지하고 특별한 잠금장치 또는 고정장치로 안전하게 된 방벽가드 또는 보호장치. 이동 가능한 경우 이 보호수단은 이 절에서 설명되는 바와 같이 시스템 제어기준을 사용하여 인터록되어야 한다.
- 성과(performance)의 지속성을 확보하기 위해 작동에 대한 자기검사가 이루어지고 용장성(redundancy)을 가지고 있는 제어시스템

높은/보통의 위험성 감소를 제공하는 보호수단은 다음과 같다.

- 위험원에 부주의한 노출에 대한 간단한 방호를 제공하는 방벽 가드 또는 보호장치. 그 예로서는 고정 차폐물, 척(chuck) 가드, 이 절에서 설명되는 바와 같은 시스템 통제기준을 사용한 간단한 인터로킹된 이동 가능한 방벽이 있다.
- 사용을 위한 조정을 필요로 하지 않는 물리적 장치
- 실행의 지속성을 확보하기 위해 수동적으로 확인될 수 있는 대리기능성을 가지고 있는 제어시스템

가장 낮은 정도의 위험성 감소를 제공하는 보호수단은 다음과 같다.

- 위험원에 대한 촉각 또는 시각적 인지를 제공하는 물리적 방벽, 또는 부주의한 노출에 대한 최소한의 보호. 그 예로서는 푯말, 로프, 이동성 보호물·차폐물이 있다.
- 전기적·전자적·수력적·공기적 장치 및 단일계통적 형태를 사용하는 관련 제어시스템

보호조치가 프로그램화된 장치에 달려 있는 경우에는 이 장치들의 신

뢰성과 시스템은 위험성 수준에 적합하여야 한다.

6.1.3 관리적 대책 또는 다른 보호조치의 실행

설계에 의한 위험원 제거, 위험성 감소 또는 보호수단의 적용은 아래에서 설명하는 바와 같이 다른 보호수단을 사용하기 전에 실행 가능한 한 충분히 수행되어야 한다. 관리적 대책 또는 다른 보호조치(사람의 행동에 의존하는)는 다음과 같은 조합을 포함한다.

- 경고(예: 사인, 조명, 알람, 인식 방책)
- 사용정보(예: 지시매뉴얼, 지시기호)
- 안전한 작업관행 및 다른 관리적 대책
- 훈련(예: 주기적 훈련, 현장훈련, 증명서 교부)
- 개인보호구의 적용
- 감독(예: 용의주도한, 적격자에 의한)

6.1.2 및 6.1.3에서 설명한 개념의 예로서, 동력프레스에서의 작동지점에서의 고정된 방책가드는 바람직한 보호수단이고, 높은 위험성을 허용 가능한 수준으로 감소하기에 충분할 수 있다. 장치는 적용을 위해 적절하게 선택되고 관리적 조치와 결합하여 사용하지 않으면 유사한 정도의 위험성 감소를 달성할 수 없다. - 적절한 조정, 정비, 사용을 포함하여. 동일한 방법으로, 조명커튼(light curtain)은 높은 정도의 신뢰성을 가지고 있는 관리 시스템과 결합하여 사용되지 않으면 유사한 정도의 위험성 감소를 달성할 수 없다.

6.2 하나 이상의 보호수단의 제거 또는 미작동을 요구하는 작업은 보호수단이 언제든지 완전히 작동하는 위치로 복구되는 것을 보장하기 위하

여 관리적 대책을 가지고 있어야 한다.

6.3 위험성 감소 과정 동안 새롭게 도입된 새로운 작업/위험원의 조합은 평가되고 있는 작업/위험원 조합에 대한 위험성 평가 과정을 반복함으로써 파악되어야 한다.

6.4 기계류/시스템(예: 의도된 사용, 작업, 하드웨어, 소프트웨어)에 변경이 이루어지는 경우에는, 변경되거나 영향을 받는 기계류/시스템의 부분에 대해 위험성 평가/위험성 감소 과정이 반복되어야 한다.

6.5 허용 가능한 위험성의 달성

위험성 감소 과정은 6.1과 양립하는 보호조치가 적용되고 허용 가능 위험성이 확인된 작업/위험원 조합과 기계류 전체에 대하여 달성될 때 완성된다.

6.6 다양한 보호조치 및 그것이 위험성 요소(risk factors)에 영향을 미치는 방법에 포함되어야 할 사항

a) 설계(위험원 제거 또는 피해의 중대성 감소)

- 피해의 중대성에 가장 큰 영향 있음
- 노출에 대한 영향 있더라도 거의 없음

b) 보호수단

- 노출 감소에 가장 큰 영향 있음
- 피해의 중대성에 미치는 영향 있더라도 거의 없음

c) 사용정보(경고, 기호)

- 노출에 대한 영향 없거나 거의 없음
- 피해의 중대성에 대한 영향 없음

d) 사용자에 의해 이행되는 추가 보호수단

- 추가 보호수단에 의해 '커버되는' 위험상황 노출에 가장 큰 영향 있음
- 피해의 중대성에 대한 영향 있더라도 거의 없음

e) 안전작업절차, 감독, 작업허가시스템

- 노출에 대한 영향 거의 없음
- 피해의 중대성에 대한 영향 없음

f) 교육, 개인보호구

- 피해의 중대성에 대한 영향 있음(개인보호구)
- 노출에 대한 영향 있더라도 거의 없음

| 제7절 | 문서화

7.1 공급자 문서

위험성 평가 및 위험성 감소 과정의 공급자 문서는 실시된 절차와 달성된 결과를 증명하여야 한다. 공급자는 실시된 보호조치 및 사용자, 시스템 통합자, 기계류 사용에 관련된 다른 사람에 의해 이행될 추가의 보호조치에 대한 권고사항에 대한 문서를 제공하여야 한다.

7.2 사용자 문서

위험성 평가 및 위험성 감소 과정의 사용자 문서는 실시된 절차와 달성된 결과를 증명하여야 한다. 사용자 문서는 실시된 보호조치와 그 결과로서의 잔류위험성을 포함하여야 한다.

7.3 공급자와 사용자 간 협력

공급자와 사용자 간 협력은 위험성 평가, 위험성 감소 과정 및 그 과정의 문서화를 위해 권장된다.

공급자와 사용자의 위험성 평가와 위험성 감소 문서는 다음 사항을 포함한다.

a) 평가가 이루어진 기계류(예: 설명서, 제한사항, 의도된 사용)

b) 실시되어 온 관련된 전제[예: 부하, 강도, 안전(설계)요인]

c) 확인된 위험상황(작업/위험원)

d) 위험성 평가의 기반이 되는 정보

- 사용된 자료와 정보원(예: 재해 이력, 유사한 기계류에 적용된 위험성 감소로부터 얻어진 경험)
- 사용된 자료와 관련된 불확실성 및 위험성 평가에의 영향

e) 보호조치에 의해 달성될 목표

f) 파악된 위험원을 제거하거나 위험성을 감소하기 위하여 이행된 보호조치(예: 기준 또는 다른 설명서로부터)

g) 기계류와 관련된 잔류위험성

부록 A: 위험원 및 위험상황(ISO 14121 부록 A 인용)

No.	위험원, 위험상황
1.0	다음 사항에 기인하는 **물리적 위험원** (1) 예: 기계 부품 또는 가공 대상물 a) 형상 b) 상대 위치 c) 질량 및 안정성(중력의 영향을 받아서 작동하는 구성요소의 위치 에너지) d) 질량 및 속도(제어 또는 무제어 운동 시의 구성요소) e) 부적절한 기계 강도
	(2) 예: 기계 내부의 에너지 축적 f) 탄력성 구성요소 g) 가압하의 액체 및 기체 h) 진공 효과
1.1	눌림의 위험원
1.2	전단의 위험원
1.3	절상 또는 절단의 위험원

(계속)

No.	위험원, 위험상황
1.4	말려들어감의 위험원
1.5	인입 또는 포착의 위험원
1.6	충돌의 위험원
1.7	찔림 또는 관통의 위험원
1.8	찰과상의 위험원
1.9	고압 유체의 주입 또는 분출의 위험원
2.0	**전기적 위험원**
2.1	충전부에 사람이 접촉(직접 접촉)
2.2	결함 상태에서 충전부에 사람이 접촉(간접 접촉)
2.3	고전압의 충전부에 접근
2.4	정전기 현상
2.5	열방사, 또는 단락 또는 과부하 등에서 일어나는 용융물의 방출이나 화학적 효과 등 기타 현상
3.0	다음과 같은 결과가 초래되는 **열적 위험원**
3.1	극도의 고온 또는 저온의 물체 또는 재료에 사람이 접촉해서 발생하는 화재 또는 폭발 및 열원에서의 방사로 인한 화상, 열상 및 기타 상해
3.2	덥거나 추운 작업환경을 원인으로 하는 건강장해
4.0	다음과 같은 결과가 초래되는 **소음에서 발생하는 위험원**
4.1	청력 상실(들리지 않음), 기타 생리적 문제(평형감각의 상실, 의식 상실)
4.2	구두 전달, 음향 신호, 기타 장애
5.0	**진동에서 발생하는 위험원**
5.1	각종 신경 및 혈관 장애를 일으키는 기계를 손에 들고 사용
5.2	특히 열악한 자세와 조합되었을 때의 전신 진동
6.0	**방사선에 의해 발생하는 위험원**
6.1	저주파, 무선주파 방사, 마이크로파
6.2	적외선, 가시 광선 및 자외선 방사
6.3	X선 및 γ선
6.4	α선, β선, 전자 또는 이온빔, 중성자
6.5	레이저광
7.0	**기계류에 의해 처리 또는 사용되는 재료 및 물질**(또는 해당 구성요소)에서 발생하는 위험원
7.1	유해한 액체 기체 미스트, 연기 및 분진과의 접촉 또는 흡입에 의한 위험원

(계속)

No.	위험원, 위험상황
7.2	화재 또는 폭발의 위험원
7.3	생물(예를 들어, 곰팡이) 또는 미생물(바이러스 또는 세균)의 위험원
8.0	다음 항목에서 발생하는 위험원과 같이 **기계류의 설계 시 인간공학 원칙을 무시해서 발생하는 위험원**
8.1	부자연스러운 자세 또는 과잉 노력
8.2	손-팔 또는 발-다리에 대한 부적절한 인체측정학적 고찰
8.3	개인보호구 사용의 무시
8.4	부적절한 국부 조명
8.5	정신적 과부하 및 과소 부하, 스트레스
8.6	휴먼에러, 인간행동
8.7	수동 제어기의 부적절한 설계, 배치 또는 식별
8.8	시각 표시 장치의 부적절한 설계 또는 배치
9.0	**위험원의 소합**
10.0	다음 사항에서 발생하는 **예기치 못한 시동, 예기치 못한 초과 주행/초과 속도** (또는 어떤 유사한 문제)
10.1	제어 시스템의 고장/혼란
10.2	에너지 공급의 중단 후의 회복
10.3	전기 설비에 대한 외부 영향
10.4	기타 외부 영향(중력, 바람 등)
10.5	소프트웨어의 에러
10.6	오퍼레이터에 의한 에러(인간의 특성 및 능력과 기계류의 부조화로 인한)
11.0	**기계류를 가능한 최상의 상태에서 정지시키는 것이 불가능**
12.0	**공구 회전 속도의 변동**
13.0	**동력원의 고장**
14.0	**제어 회로의 고장**
15.0	**부착상의 오류**
16.0	**운전 중의 파괴**
17.0	**낙하 또는 분출하는 물체 또는 유체**
18.0	**기계의 안정성의 결여/전도**
19.0	**사람의 미끄러짐, 발이 걸림 및 전락(기계에 관계되는 것)**

3. 일본의 OHSMS[87)]

(목적)

제1조 이 지침은 사업주가 근로자의 협력하에 일련의 과정을 정하여 계속적으로 행하는 자주적인 안전위생[88)]활동을 촉진함으로써, 산업재해의 방지를 도모함과 아울러, 근로자의 건강증진 및 쾌적한 직장환경의 형성의 촉진을 도모하고, 이를 통해 사업장에서의 안전위생수준의 향상에 기여하는 것을 목적으로 한다.

제2조 이 지침은 노동안전위생법의 규정에 근거하여 기계, 설비, 화학물질 등에 의한 위험 또는 건강장해를 방지하기 위해 사업주가 강구하여야 할 구체적인 조치를 정하는 것은 아니다.

(정의)

제3조 이 지침에서 다음의 각 호에 열거하는 용어의 의의는 각각 당해 각 호에 정하는 바에 따른다.

1. OHSMS: 사업장에서 다음에 열거하는 사항을 체계적이고 계속적으로 실시하는 안전위생관리에 관한 일련의 자주적 활동에 관한 구조로서, 생산관리 등 사업실시에 관한 관리와 일체가 되어 운영되는 것을 말한다.

   가. 안전위생에 관한 방침(이하 「안전위생방침」이라 한다)의 표명

   나. 위험성 평가 및 그 결과에 근거하여 강구하는 조치

   다. 안전위생에 관한 목표(이하 「안전위생목표」라 한다)의 설정

---

87) 労働安全衛生マネジメントシステムに関する指針(2019년 7월 1일 厚生労働省 告示 第54号). 일본 후생노동성은 1999년에 OHSMS에 관한 가이드라인(1999년 4월 30일 労働省 告示 第53号)을 제정하였고, 2006년에 1차 개정, 2019년에 2차 개정을 하였다. 이것은 일본 정부(후생노동성)의 OHSMS에 대한 지침이다.

88) 일본에서의 '위생'은 우리나라의 '보건'에 해당하는 의미를 가지고 있다.

라. 안전위생에 관한 계획(이하 「안전위생계획」이라 한다)의 작성, 실시, 평가 및 개선

2. 시스템감사: OHSMS에 따라 행하는 조치가 적절하게 실시되고 있는지 여부에 대하여 안전위생계획의 기간을 고려하여 사업주가 행하는 조사 및 평가를 말한다.

(적용)

제4조 OHSMS에 따라 행하는 조치는 사업장 또는 법인이 동일한 2개 이상의 사업장을 하나의 단위로 하여 실시하는 것을 기본으로 한다. 단, 건설업에 속하는 사업의 업무를 행하는 사업주에 대해서는 당해 업무의 도급계약을 체결하고 있는 사업장 및 당해 사업장에서 체결한 도급계약에 관련된 일을 행하는 사업장을 아울러 하나의 단위로 하여 실시하는 것을 기본으로 한다.

(안전위생방침의 표명)

제5조 ① 사업주는 안전위생방침을 표명하고, 근로자 및 관계수급인, 기타 관계자에게 주지시키는 것으로 한다.

② 안전위생방침은 사업장에서의 안전위생수준의 향상을 도모하기 위한 안전위생에 관한 기본적 사고방식을 제시하는 것이고, 다음 사항을 포함하는 것으로 한다.

1. 노동재해의 방지를 도모하는 것
2. 근로자의 협력하에 안전위생활동을 실시하는 것
3. 법 또는 그것에 근거한 명령, 사업장에서 정한 안전위생에 관한 규정(이하 「사업장 안전위생규정」이라 한다) 등을 준수하는 것
4. OHSMS에 따라 행하는 조치를 적절하게 실시하는 것

(근로자의 의견의 반영)

제6조 사업주는 안전위생목표의 설정 및 안전위생계획의 작성, 실시, 평가 및 개선에 있어, 안전위생위원회 등(안전위생위원회, 안전위원회, 위생위원회 등을 말한다. 이하 동일)의 활용 등 근로자의 의견을 반영하는 절차를 정함과 아울러, 이 절차에 근거하여 근로자의 의견을 반영하는 것으로 한다.

(체제의 정비)

제7조 사업주는 OHSMS에 따라 행하는 조치를 적절하게 실시하는 체제를 정비하기 위하여, 다음의 사항을 실시하는 것으로 한다.

1. 시스템 각급 관리자[사업장에서 그 사업의 실시를 총괄관리하는 자(법인이 동일한 2개 이상의 사업장을 하나의 단위로 하여 OHSMS에 따라 행하는 조치를 실시하는 경우에는 당해 단위에서 그 사업의 실시를 총괄관리하는 자를 포함한다) 및 제조, 건설, 운송, 서비스 등의 사업실시부문, 안전위생부문 등에서의 부장, 과장, 계장, 직장 등 관리자 또는 감독자로서 OHSMS를 담당하는 자를 말한다. 이하 동일]의 역할, 책임 및 권한을 정함과 아울러, 근로자 및 관계수급인, 기타의 관계자에게 주지시킬 것
2. 시스템 각급 관리자를 지명할 것
3. OHSMS에 관련된 인재 및 예산을 확보하도록 노력할 것
4. 근로자에 대해 OHSMS에 관한 교육을 실시할 것
5. OHSMS에 따라 행하는 조치의 실시에 있어 안전위생위원회 등을 활용할 것

(명문화)

제8조 ① 사업주는 다음 사항을 문서에 의해 정하는 것으로 한다.

1. 안전위생방침
2. OHSMS에 따라 행하는 조치의 실시단위

3. 시스템 각급 관리자의 역할, 책임 및 권한

4. 안전위생목표

5. 안전위생계획

6. 제6조, 다음 항, 제10조, 제13조, 제15조 제1항, 제16조 및 제17조 제1항의 규정에 근거하여 정해진 절차

② 사업주는 전항(前項)의 문서를 관리하는 절차를 정함과 함께 그 절차에 근거하여 당해 문서를 관리하는 것으로 한다.

(기록)

제9조 사업주는 안전위생계획의 실시상황, 시스템감사의 결과 등 OHSMS에 따라 행하는 조치에 관하여 필요한 사항을 기록함과 함께, 당해 기록을 보유하는 것으로 한다.

(위험성 평가)

제10조 ① 사업주는 법 제28조의2 제2항에 근거한 지침 및 법 제57조의3 제3항에 근거한 지침에 따라 위험원을 조사하는 위험성 평가 절차를 정하는 한편, 그 절차에 근거하여 위험성 평가를 실시하는 것으로 한다.

② 사업주는 법령, 사업장 안전위생규정 등에 근거하여 실시하여야 할 사항 및 전항(前項)의 위험성 평가 결과에 근거하여 근로자의 위험 또는 건강장해를 방지하기 위한 조치를 결정하는 절차를 정함과 함께, 이 절차에 근거하여 실시하는 조치를 결정하는 것으로 한다.

(안전위생목표의 설정)

제11조 안전위생방침에 근거하여 다음에 열거하는 사항을 토대로 안전위생목표를 설정하고, 당해 목표에서 일정 기간에 달성하여야 할 도달점을 명확히 하는 한편, 당해 목표를 근로자 및 관계수급인 기타 관계자에게

주지하는 것으로 한다.

1. 전조(前條) 제1항의 규정에 의한 조사결과
2. 과거의 안전위생목표의 달성상황

(안전위생계획의 작성)

제12조 ① 사업주는 안전위생목표를 달성하기 위하여, 사업장에서의 위험성 평가 결과에 근거하여 일정 기간으로 한정하여 안전위생계획을 작성하는 것으로 한다.

② 안전위생계획은 안전위생목표를 달성하기 위한 구체적인 실시사항, 일정 등에 대하여 정하는 것이고, 다음 사항을 포함하는 것으로 한다.

1. 제10조 제2항의 규정에 의해 결정된 조치의 내용 및 실시시기에 관한 사항
2. 일상적인 안전위생활동의 실시에 관한 사항
3. 건강의 유지증진을 위한 활동의 실시에 관한 사항
4. 안전위생교육 및 건강교육의 내용 및 실시시기에 관한 사항
5. 관계수급인에 대한 조치의 내용 및 실시시기에 관한 사항
6. 안전위생계획의 기간에 관한 사항
7. 안전위생계획의 수정에 관한 사항

(안전위생계획의 실시 등)

제13조 ① 사업주는 안전위생계획이 적절하고 계속적으로 실시하는 절차를 정하는 한편, 이 절차에 근거하여 안전위생계획을 적절하고 계속적으로 실시하는 것으로 한다.

② 사업주는 안전위생계획을 적절하고 계속적으로 실시하기 위하여 필요한 사항에 대하여 근로자 및 관계수급인, 기타 관계자에게 주지시키는 절차를 정하는 한편, 안전위생계획을 적절하고 계속적으로 실시하기

위하여 필요한 사항을 이들에게 주지시키는 것으로 한다.

(긴급상황에의 대응)

제14조 사업주는 미리 산업재해 발생의 급박한 위험이 있는 상황(이하 「긴급상황」이라고 한다)이 발생할 가능성을 평가하고, 긴급상황이 발생한 경우에 노동재해를 방지하기 위한 조치를 정하는 한편, 이것에 근거하여 적절하게 대응하는 것으로 한다.

(일상적인 점검, 개선 등)

제15조 ① 사업주는 안전위생계획의 실시상황 등의 일상적인 점검 및 개선을 실시하는 절차를 정하는 한편, 이 절차에 근거하여 안전위생계획의 실시상황 등의 일상적인 점검 및 개선을 실시하는 것으로 한다.

② 사업주는 다음번의 안전위생계획을 작성하는 데 있어, 전항(前項)의 일상적인 점검, 개선 및 조사 등의 결과를 반영하는 것으로 한다.

(노동재해발생원인의 조사 등)

제16조 사업주는 사고 등이 발생한 경우 이것들의 원인조사, 문제점의 파악 및 개선을 실시하는 절차를 정하는 한편, 노동재해, 사고 등이 발생한 경우에는 이 절차에 근거하여 이것들의 원인 조사, 문제점 파악 및 개선을 실시하는 것으로 한다.

(시스템감사)

제17조 ① 사업주는 정기적인 시스템감사의 계획을 작성하고, 제5조로부터 전조(前條)까지 규정하는 사항에 대하여 시스템감사를 적절하게 실시하는 절차를 정하는 한편, 이 절차에 근거하여 시스템감사를 적절하게 실시하는 것으로 한다.

② 사업주는 전항(前項)의 시스템감사의 결과, 필요가 있다고 인정할 때에는 OHSMS에 따라 행하는 조치의 실시에 대하여 개선을 행하는 것으로 한다.

(OHSMS의 재검토)

제18조 사업주는 전조(前條) 제1항의 시스템감사의 결과를 토대로, 정기적으로 OHSMS의 타당성 및 유효성을 확보하기 위하여, 안전위생방침의 재검토, 이 지침에 근거하여 정해진 절차의 재검토 등 OHSMS의 전반적인 재검토를 하는 것으로 한다.

| 참고문헌 |

1. 국내 문헌

- 한국노동연구원, 『2023 KLI 해외노동통계』, 2023.
- 한국산업안전보건공단, 안전보건경영시스템(KOSHA-MS) 인증업무 처리규칙, 2019.

2. 일본 문헌

- 厚生労働省労, 働安全衛生マネジメントシステムに関する指針(2019년 7월 1일 厚生労働省 告示 第54号).
- 厚生労働省, 労働安全衛生マネジメントシステムに関する指針(1999년 4월 30일 労働省 告示 第53号).
- 中央労働災害防止協会編, 『これだけでわかる ISO 45001-導入から実践までのポイント』, 中央労働災害防止協会, 2018.

3. 구미 문헌

- Ahmadon Bakri, et al., Occupational Health and Safety(OSH) Management Systems: Towards Development of Safety and Health Culture, Proceedings of the 6th Asia-Pacific Structural Engineering and Construction Conference (APSEC 2006), 2006.
- ANSI/AIHA Z10-2012, Occupational Health and Safety Management Systems, 2012.
- ANSI/ASSP Z10.0-2019, Occupational Health and Safety Management Systems, 2019.
- ANSI B11. TR3-2000, Risk Assessment and Risk Reduction — A Guid to Estimate, Evaluate and Reduce Risks Associated with Machine Tools, 2000. 11. 5.
- Bayerishe Staatsministerium für Familie, Arbeit and Soziales, Occupational Health and Risk Management System(OHRIS), 1998.

- Camberidge Dictionary.
- Edgar H. Schein, *Organizational Culture and Leadership*, 5th ed., Wiley, 2017.
- HSE, Managing for health and safety, 3rd ed., 2013.
- ILO, Guidelines on occupational safety and health management systems(ILO-OSH 2001), 2001.
- ILO, Guidelines on occupational safety and health management systems(ILO-OSH 2001), 2nd ed., 2009.
- IOHA, Occupational Health and Safety Management Systems: Review and Analysis of International, National, and Regional Systems and Proposals for a New International Document, 1998.
- IOSH, Systems in focus: Guidance on occupational safety and health management systems, 2015.
- ISO 45001:2018, Occupational health and safety management systems — Requirements with guidance for use.
- ISO 45002:2003, Occpatational health and management systems — General guidelines for the implementation of ISO 45001:2018.
- ISO 45003:2021, Occupational health and safety management — Psychological health and safety at work — Guidelines for managing psychosocial risks.
- ISO 45004:2024, Occupational health and safety management — Guidelines on performance evaluation.
- ISO/IEC 17021-1:2015, Conformity assessment — Requirements for bodies providing audit and certification of management systems — Part 1: Requirements.
- ISO/IEC Directives, Part 1, Consolidated ISO Supplement — Procedures for the technical work — Procedures specific to ISO, 2024.
- ISO/TC 176/SC 2/N 544R3, 2008.
- James Reason, *Managing Maintenance Error*, Ashgate, 2003.
- James Reason, *Managing the Risks of Organizational Accidents*, Ashgate Publishing, 1997.

- Lord Robens(chairman), Safety and Health at Work Report of the Committee, 1970–1972.
- Lynda Robson et al., "The Effectiveness of Occupational Health and Safety Management Systems: A Systematic Review", Safety Science 45, 2007.
- Milton P. Dentch(eds), *The ISO 45001:2018 Implementation Handbook — Guidance on Building an Occupational Health and Safety Management System*, ASQ Quality Press, 2018.
- Nicholas J. Bahr, *System Safety Engineering and Risk Assessment,* 2nd ed., 2014.
- OHSAS 18001:2007, Occupational Health and Safety Management Systems Requirements.
- OHSAS 18002:2008, Occupational health and safety management system — Guidelines for the implementation of OHSAS 18001:2007.
- OSHA, OSHA Safety and Health Program Management Guidelines, 2015.
- Oxford Learner's Dictionaries.
- Rachel Moore LLB, *The Law of Health & Safety at Work 2015/16*, 24th ed., Croner, 2015.
- Ramesh C Grover and Sachin Grover, *Providing Safe & Healthy Workplace with ISO 45001:2018: Implementation of OHSMS*, Notion Press, 2019.

찾아보기

저자 소개

정진우

1986년 서울대학교 자연과학대학 치의예과에 입학하였으나 5년 동안 학과 공부보다는 주로 인문사회과학 서적을 탐독하는 데 열중하였다. 사회과학 계통으로 진로를 바꾸고 법학, 행정학, 경제학, 사회학 등 다양한 사회과학을 공부하였다. 최종적으로는 일본 교토대학교와 고려대학교에서 사회법 중 산업안전보건법으로 석사학위(법학)와 박사학위(법학)를 받았다. 우리나라에서는 학문으로서 안전학(Safety Science)이 거의 불모지에 가까웠기에 그의 안전학 연구는 자의 반 타의 반 개척자의 길을 걸을 수밖에 없었다. 고용노동부에서 오랫동안 산업안전보건정책업무를 담당하였고, 2015년부터 서울과학기술대학교 안전공학과 교수로 재직 중이다.

학문의 지평은 법학 등 개별학문을 넘어 안전을 다양한 사회과학에 접목시키는 융복합적(학제적) 연구로 넓히고 있다. 그는 안전학은 그 특성상 융복합적 연구가 필수불가결하다고 생각한다. 여러 외국어(영어, 독어, 일어) 문헌에 대한 자유로운 접근이 큰 장점이다. 선진국의 안전에 관한 경험과 이론을 우리 현실에 맞는 내용으로 소개하고, 이론적으로 척박한 우리나라 안전학을 정립하고 발전시키는 데 많은 시간을 할애하고 있다. 이 책도 우리 사회의 안전학에 관한 이론적 깊이를 심화하고 안전학의 지평과 저변을 확장하려는 노력의 일환이다.

연구분야는 이 책의 제목인 안전보건관리시스템 외에 안전관리, 안전심리, 안전문화, 안전관계법으로서 안전학 전반에 걸쳐 있다. 그는 실무 수준에서 벗어나지 못하고 있던 우리나라 안전을 학문 수준으로 끌어올린 국내 최고의 안전학자로 평가받고 있다.

저서로는 본서 외에 《산업안전보건법론》, 《산업안전보건법 국제비교》, 《위험성평가해설》, 《산업안전관리론 – 이론과 실제》, 《산업안전보건법》, 《안전심리》, 《안전관리론》, 《안전과 법 – 안전관리의 법적 접근》, 《안전문화 – 이론과 실천》, 《중대재해처벌법》 등이 있다. 이 중 3권은 세종도서와 대한민국학술원 우수학술도서로 선정되었다.

| 3판 |

안전보건관리시스템

2021년 7월 5일 초판 발행
2023년 2월 23일 2판 발행
2025년 4월 30일 3판 발행

지은이 정진우
펴낸이 류원식
펴낸곳 **교문사**

편집팀장 성혜진 | **책임진행** 윤정선 | **디자인** 신나리 | **본문편집** 디자인이투이

주소 10881, 경기도 파주시 문발로 116
대표전화 031-955-6111 | **팩스** 031-955-0955
홈페이지 www.gyomoon.com | **이메일** genie@gyomoon.com
등록번호 1968.10.28. 제406-2006-000035호

ISBN 978-89-363-2665-4(93530)
정가 33,000원